天基探测与应用前沿技术丛书

主编 杨元喜

高精度卫星测绘技术与工程实践

High-Precision Satellite Mapping Technology and Engineering Practice

唐新明 祝小勇 胡 芬 等 著

国防工业出版社
·北京·

内 容 简 介

本书在介绍全球主要测绘卫星总体情况的基础上，分析高精度卫星测绘技术与实现方法，重点阐述了我国民用1:10000比例尺立体测图卫星高分七号（GF-7）的总体设计、精度理论分析及模拟仿真、亚米级线阵相机和面阵相机几何检校、轨道和姿态高精度处理、激光测高仪检校、两线阵相机和激光测高数据处理、可见光与激光复合测绘以及高分七号卫星数据产品。相关的技术、方法可为测绘科研工作者提供有益的参考和借鉴，1:10000比例尺卫星影像数据产品可广泛服务于测绘遥感和地理信息以及相关的资源环境等领域。

本书全面介绍国产1:10000比例尺测绘卫星立体测图数据处理的实现方法和工程技术，体现了测绘理论、方法与工程实践的结合，可作为测绘、遥感、摄影测量专业及其他相关专业的工程技术人员的研究参考书。

图书在版编目（CIP）数据

高精度卫星测绘技术与工程实践 / 唐新明等著．北京：国防工业出版社，2024. 7. --（天基探测与应用前沿技术丛书 / 杨元喜主编）. -- ISBN 978-7-118-13120-8

Ⅰ. V474.2

中国国家版本馆CIP数据核字第20248VD572号

※

国防工业出版社出版发行

（北京市海淀区紫竹院南路23号　邮政编码100048）

雅迪云印（天津）科技有限公司印刷

新华书店经售

*

开本 710×1000　1/16　**印张** 26½　**字数** 486千字

2024年7月第1版第1次印刷　**印数** 1—1500册　**定价** 198.00元

国防书店：（010）88540777　　书店传真：（010）88540776

发行业务：（010）88540717　　发行传真：（010）88540762

天基探测与应用前沿技术丛书
编审委员会

本书撰写人员

唐新明

祝小勇　胡　芬　周　平

李国元　岳庆兴　谢俊峰

高小明　唐洪钊　莫　凡

朱广彬　张　涛　王伟玺

丛书序

天高地阔、水宽山远、浩瀚无垠、目不能及，这就是我们要探测的空间，也是我们赖以生存的空间。从古人眼中的天圆地方到大航海时代的环球航行，再到日心学说的确立，人类从未停止过对生存空间的探测、描绘与利用。

摄影测量是探测与描绘地理空间的重要手段，发展已有近200年的历史。从1839年法国发表第一张航空像片起，人们把探测世界的手段聚焦到了航空领域，在飞机上搭载航摄仪对地面连续摄取像片，然后通过控制测量、调绘和测图等步骤绘制成地形图。航空遥感测绘技术手段曾在120多年的时间长河中成为地表测绘的主流技术。进入20世纪，航天技术蓬勃发展，而同时期全球地表无缝探测的需求越来越迫切，再加上信息化和智能化重大需求，“天基探测”势在必行。

天基探测是人类获取地表全域空间信息的最重要手段。相比传统航空探测，天基探测不仅可以实现全球地表感知（包括陆地和海洋），而且可以实现全天时、全域感知，同时可以极大地减少野外探测的工作量，显著地提高地表探测效能，在国民经济和国防建设中发挥着无可替代的重要作用。

我国的天基探测领域经过几十年的发展，从返回式卫星摄影发展到传输型全要素探测，已初步建立了航天对地观测体系。测绘类卫星影像地面分辨率达到亚米级，时间分辨率和光谱分辨率也不断提高，从1:250000地形图测制发展到1:5000地形图测制；遥感类卫星分辨率已逼近分米级，而且多物理原理的对地感知手段也日趋完善，从光学卫星发展到干涉雷达卫星、激光测高卫星、重力感知卫星、磁力感知卫星、海洋环境感知卫星等；卫星探测应用技术范围也不断扩展，从有地面控制点探测与定位，发展到无需地面控制点支持的探测与定位，从常规几何探测发展到地物属性类探测；从专门针对地形测量，发展到动目标探测、地球重力场探测、磁力场探测，甚至大气风场探测和海洋环境探测；卫星探测载荷功能日臻完善，从单一的全色影像发展到多光谱、高光谱影像，实现“图谱合一”的对地观测。当前，天基探测卫星已经在国土测绘、城乡建设、农业、林业、气象、海洋等领域发挥着重要作用，取得了系列理论和应用成果。

任何一种天基探测手段都有其鲜明的技术特征，现有天基探测大致包括几何场探测和物理场探测两种，其中诞生最早的当属天基光学几何探测。天基光学探测理论源自航空摄影测量经典理论，在实现光学天基探测的过程中，前人攻克了一系列技术难关，《光学卫星摄影测量原理》一书从航天系统工程角度出发，系统介绍了航天光学摄影测量定位的理论和方法，既注重天基几何探测基础理论，又兼顾工程性与实用性，尤其是低频误差自补偿、基于严格传感器模型的光束法平差等理论和技术路径，展现了当前天基光学探测卫星理论和体系设计的最前沿成果。在一系列天基光学探测工程中，高分七号卫星是应用较为广泛的典型代表，《高精度卫星测绘技术与工程实践》一书对高分七号卫星工程和应用系统关键技术进行了总结，直观展现了我国 1∶10000 光学探测卫星的前沿技术。在光学探测领域中，利用多光谱、高光谱影像特性对地物进行探测、识别、分析已经取得系统性成果，《高光谱遥感影像智能处理》一书全面梳理了高光谱遥感技术体系，系统阐述了光谱复原、解混、分类与探测技术，并介绍了高光谱视频目标跟踪、高光谱热红外探测、高光谱深空探测等前沿技术。

天基光学探测的核心弱点是穿透云层能力差，夜间和雨天探测能力弱，而且地表植被遮挡也会影响光学探测效能，无法实现全天候、全时域天基探测。利用合成孔径雷达（SAR）技术进行探测可以弥补光学探测的系列短板。《合成孔径雷达卫星图像应用技术》一书从天基微波探测基本原理出发，系统总结了我国 SAR 卫星图像应用技术研究的成果，并结合案例介绍了近年来高速发展的高分辨率 SAR 卫星及其应用进展。与传统光学探测一样，天基微波探测技术也在不断迭代升级，干涉合成孔径雷达（InSAR）是一般 SAR 功能的延伸和拓展，利用多个雷达接收天线观测得到的回波数据进行干涉处理。《InSAR 卫星编队对地观测技术》一书系统梳理了 InSAR 卫星编队对地观测系列关键问题，不仅全面介绍了 InSAR 卫星编队对地观测的原理、系统设计与数据处理技术，而且介绍了双星“变基线”干涉测量方法，呈现了当前国内最前沿的微波天基探测技术及其应用。

随着天基探测平台的不断成熟，天基探测已经广泛用于动目标探测、地球重力场探测、磁力场探测，甚至大气风场探测和海洋环境探测。重力场作为一种物理场源，一直是地球物理领域的重要研究内容，《低低跟踪卫星重力测量原理》一书从基础物理模型和数学模型角度出发，系统阐述了低低跟踪卫星重力测量理论和数据处理技术，同时对低低跟踪重力测量卫星设计的核心技术以及重力卫星反演地面重力场的理论和方法进行了全面总结。海洋卫星测高在研究地球形状和大小、海平面、海洋重力场等领域有着重要作用，《双星跟飞海洋测高原理及应用》一书紧跟国际卫星测高技术的最新发展，描述了双星跟飞卫星测高原理，并结合工程对双星跟飞海洋测高数据处理理论和方法进行了全面梳理。

天基探测技术离不开信息处理理论与技术，数据处理是影响后期天基探测产品成果质量的关键。《地球静止轨道高分辨率光学卫星遥感影像处理理论与技术》一书结合高分四号卫星可见光、多光谱和红外成像能力和探测数据，侧重梳理了静止轨道高分辨率卫星影像处理理论、技术、算法与应用，总结了算法研究成果和系统研制经验。《高分辨率光学遥感卫星影像精细三维重建模型与算法》一书以高分辨率遥感影像三维重建最新技术和算法为主线展开，对三维重建相关基础理论、模型算法进行了系统性梳理。两书共同呈现了当前天基探测信息处理技术的最新进展。

本丛书成体系地总结了我国天基探测的主要进展和成果，包含光学卫星摄影测量、微波测量以及重力测量等，不仅包括各类天基探测的基本物理原理和几何原理，也包括了各类天基探测数据处理理论、方法及其应用方面的研究进展。丛书旨在总结近年来天基探测理论和技术的研究成果，为后续发展起到推动作用。

期待更多有识之士阅读本丛书，并加入到天基探测的研究大军中。让我们携手共绘航天探测领域新蓝图。

杨元喜
2024 年 2 月

序　一

光阴似箭，岁月如梭。转眼间，离资源三号01星发射10年多了。记得2012年1月9日，我国首颗民用高分辨率立体测图卫星资源三号在太原卫星发射基地成功发射。虽然卫星发射非常成功，但能不能实现1∶50000比例尺立体测图的精度还是一个巨大的问号。毕竟，在当时，我国的卫星技术、传感器技术相对还比较落后，之前发射的卫星，离1∶50000比例尺立体测图的要求差距很大。即使当时最好的卫星，立体测图的精度也不稳定，能否真正实现1∶50000比例尺卫星立体测图是一项巨大的考验。

在原国家测绘地理信息局的领导下，在国家国防科工局和中国航天科技集团公司五院（以下简称航天五院）的大力支持下，测绘行业和航天领域密切配合，通过反复的论证、精心的设计、高精度的事后处理，终于成功实现了1∶50000比例尺立体测图卫星的巨大突破。其间，龚健雅院士、航天五院曹海翊总设计师、孙承志和唐新明等付出了巨大的心血，他们对卫星的指标进行了深入的研究，立足国产元器件水平不高的实际，制定了采用三线阵相机的设计方案，将星敏感器和相机进行一体化安装。唐新明带领团队提出了两步法检校的方法，通过反复的探索和实践，大幅修正了卫星的内/外方位元素的误差，将卫星影像的几何精度从原先的700m提高到10m左右，一举突破了国产卫星几何检校的技术难题，实现了国产卫星1∶50000比例尺立体测图的技术突破，为我国卫星测绘技术的发展书写了新的篇章。

资源三号卫星取得成功以后，实现1∶10000比例尺立体测图成为下一个重点目标，唐新明等与航天五院团队又开始了新的“长征”。从2013年开始，测绘团队与航天团队密切配合，在反复论证的基础上，提出了“两线阵相机+激光测高仪”的设计方案，将三线阵改成两线阵，但增加了一个激光测高仪，利用激光测高的精度来修正卫星的高程误差。之所以这样设计，是因为现有的光学手段还难以实现 1.5m 的高程精度。

在现有条件下，国产的激光测高精度到底如何，还是需要实践检验的，毕竟卫星的成本是高昂的。他们在资源三号 02 星上开展了激光测高的先行试验，验证了激光测高的可行性。2016 年 5 月，资源三号 02 星成功发射，经过 1 个月的外场检校，卫星实现了米级精度的激光测高。在这个过程中，他们掌握了卫星激光的测高技术，成功实现了对激光测高的几何检校和数据处理，为 1∶10000 比例尺立体测图卫星高分七号的研制奠定了坚实的基础。

2019 年 11 月 3 日，高分七号卫星在太原卫星发射中心成功发射。卫星后视相机的分辨率达到 0.65m，前视相机也达到了 0.79m。在只有光学相机的时候，卫星立体测图的精度只有 3~5m，与资源三号卫星相差不多，但在激光测高的辅助下，高分七号卫星的立体测图精度可以达到 1m，在平原地区的高程精度甚至可以达到 0.6m。通过对几何检校技术的不断改进，卫星影像的平面定位精度在无地面控制的条件下也达到 5m 之内。

高分七号卫星总体上实现了国产卫星 1∶10000 比例尺的立体测图，满足了 1∶10000 比例尺对丘陵、山地和高山地的测图精度要求。虽然在平原地区的精度还达不到 0.3m 的标准要求，但他们实现的这个精度对卫星测绘来说是非常高的。要知道，美国发射了 WorldView 卫星的分辨率达到了 0.31m，平面精度达到 3m，而高程精度也只能达到 2m。从测绘的角度看，虽然高分七号卫星的分辨率和平面精度不如美国的 WorldView 卫星，但高程精度已经超过了美国的 WorldView 卫星。

取得这样的成绩，离不开航天团队和测绘团队付出的大量努力，其中唐新明及其团队在地面处理方面开展了大量的实践。他们构建了高精度几何检校场，设计了激光地面探测器，开展了激光几何检校，研制了激光数据处理系统，实现了激光与可见光的复合处理，完成了从 1∶50000 比例尺到 1∶10000 比例尺的技术创新。

本书是他们对高分七号卫星数据处理的技术总结。书中详细介绍了高分七号卫星的设计方法、立体模式的构建、激光检校与处理的方法、激光与光学复合的处理以及工程实践。本书不只是原理性的介绍，而是我国卫星测绘工程技术的具体实践，是实实在在的工作积累。

是为序。

刘先林

2023 年 12 月 5 日

序　二

高分辨率对地观测系统重大专项（高分专项）是《国家中长期科学与技术发展规划纲要（2006—2020年）》确定的16个重大科技专项之一，在网络上被亲切地称为“中国人自己的全球观测系统”。高分七号是国家高分专项中的第七颗卫星，也是民用高分卫星的最后一颗。民用的高分卫星有高分一号、二号、三号等家族，一般编号越大，难度越大。对自主卫星来说，实现1:10000比例尺立体测图，难度相当大，毕竟卫星的平面精度要达到5m、高程精度要达到1.5m，挑战巨大。在十年前，这是不可想象的事情。当时我们国家还在为1:50000比例尺的测绘精度而奋斗，大家都在为能否实现平面25m、高程5m的精度而殚精竭虑。

2012年1月，资源三号卫星成功发射，在航天和测绘人的共同努力下，资源三号卫星在无控制点的条件下，实现了平面精度10m、高程精度5m，突破了国产卫星难以测图的整体技术瓶颈，打破了国外对我国卫星测绘的技术壁垒和数据垄断。

能不能在资源三号卫星的基础上进一步拓展，实现1:10000比例尺卫星的立体测图，成为我国卫星测绘的下一个难题。测绘专家和航天专家在一起，向新的目标发起了挑战。

测绘的难点在于精度，如何利用现有的测绘手段实现1:10000比例尺测图，高程是关键。大家知道激光测距的精度很高，但激光测高仪能不能和光学相机安装在同一个平台上，实现1:10000比例尺测图精度，这是一项巨大的挑战。这项技术在国外也没有先例。美国于2016年发射的WorldView卫星影像分辨率达到0.31m，它采用机动摆扫的方式实现单相机立体测图，卫星影像的平面精度达到2~3m，高程精度达到2m。但是，即使WorldView卫星实现2m的高程精度，还是无法满足1∶10000比例尺立体测图的精度要求。在激光测高方面，美国2002年发射了激光测高卫星，激光测高的高程精度在平坦地区可以达到0.15m。不过，美国并没有采用激光测高仪和光学相机相结合的方法在同一个平台上实现立体测图。虽然有论文宣称采用美国ICESAT的测高数据辅助WorldView，可实现1∶10000比例尺甚至1∶5000比例尺立体测图，但这毕竟只是科学研究，需要花费大量的人力才能实现激光点与影像的精确定位，工程上能否实现业务化的测图还是一个未知数。

为什么美国等发达国家没有采用"激光测高仪+可见光相机"实现1∶10000比例尺卫星立体测图？到底是因为他们已经有了足够的控制点不需要激光辅助，还是因为卫星激光的难以使用而不采用这个方案，或者有别的什么原因，我们无从猜测。

对于中国来说，我国地大物博，需要1∶10000比例尺基础地理信息的行业和部门众多。1∶10000比例尺，对我国经济建设和社会发展来说，是不可或缺的基础信息。无论是国土空间规划还是导航电子地图，无论是城市治理还是乡村振兴，1∶10000比例尺基础地理信息几乎是大家都需要用的基础性资源。同时，随着国人"走出去"步伐的加快，对国外的高精度基础地理信息的需求也越来越多，如何获取全球1∶10000比例尺的高精度地理信息迫在眉睫。

为了实现1∶10000比例尺卫星立体测图，测绘专家在资源三号卫星基础上开始了新的技术"长征"。航天五院曹海翊总设计师带领团队实现了高精度的相机研制、高精度的星敏研制以及高精度平台的研制，中国科学院舒嵘团队实现了卫星激光测高仪的研制，唐新明团队突破了卫星激光检校技术、激光与可见光复合技术和亚米级相机检校技术。他们成功地把激光测高仪与立体相机结合在一起，首次实现了激光与可见光复合测绘。这不仅实现了激光的高精度测高，还实现了激光测高仪与可见光相机的复合，也就是说，卫星激光可以辅助可见光进行业务化的测绘，同时反过来还可以改善激光高程点的状态，为激光的应用提供了新的可能。从这一点上讲，他们实现的是复合测绘，而不是辅助测绘。

通过8年的不懈努力，我国航天部门和测绘部门通力协作，实现了国产卫星1∶10000比例尺立体测图的技术突破，在这里向他们表示祝贺。在祝贺的同时，希望他们能提供更多的数据共享，把高精度数据应用于更加广阔的领域，实现更大的价值。同时也希望他们能再接再厉，早日突破 1∶2000/1∶5000 比例尺卫星立体测图，实现更高精度的卫星立体测图。

2023 年 11 月 25 日

前　言

1∶10000 比例尺基础地理信息是国民经济、社会发展和国家安全的基础性保障。无论是数字地球还是实景三维中国建设，无论是自然资源监测还是国土空间规划，无论是城市管理还是农村建设，从国内到海外，从政府管理到人民生活，国家对 1∶10000 比例尺立体测图都有十分迫切的需求。

虽然在 2012 年初我国成功发射了 2m 级民用立体测图卫星资源三号，实现了 1∶50000 比例尺立体测图，解决了我国立体测绘卫星从无到有的问题，但是亚米级卫星立体测绘的数据基本来源于国外，严重受制于人。同时，这些卫星立体影像数据价格奇高，许多区域还难以获得。

《国家中长期科学和技术发展规划纲要》指出，要根据国家战略需求和发展形势的变化，对重大专项进行动态调整、分步实施。将提高国家的基础测绘能力，提升为国家经济社会发展的保障能力，解决制约国家基础空间数据获取的瓶颈问题，原国家测绘地理信息局（已并入自然资源部）与国防科工局和中国航天科技集团公司等部门一起，提出自主研发我国 1∶10000 比例尺立体测图卫星的总体思路。测绘部门和航天部门组成了大总体论证团队，针对 1∶10000 比例尺卫星立体测图的星地一体化指标、卫星研制参数、工程技术路线、研制风险等，开展高分七号卫星的技术论证，以期尽早实现有控制和少控制点条件下的 1∶10000 比例尺立体卫星测绘，服务于国家经济社会高质量发展。

在项目组前期论证的基础上，高分七号卫星于 2015 年 8 月正式获得国家立项批复。高分七号卫星，不仅是我国首颗民用亚米级光学传输型立体测绘卫星，也是高分系列卫星中几何精度要求最高的科研型卫星，主要应用于1∶10000 比例尺立体测图生产及更大比例尺地理信息产品的更新。高分七号卫星及其运载火箭分别由中国航天科技集团公司所属中国空间技术研究院和上海航天技术研究院研制，星上搭载的激光测高仪由中国科学院上海技术物理研究所研制。自然资源部是高分七号卫星的牵头主用户，主要目标是通过高精度的测绘检校和数据处理，突破激光与可见光的复合测绘技术，实现 1∶10000 比例尺卫星立体测绘技术，满足自然资源以及住建、统计等用户对高精度立体测绘数据的迫切需求，提升我国遥感卫星及应用技术水平，提高我国亚米级高分辨率立体影像数据自给率。

高分七号卫星的成功发射，代表着我国将跨入 1∶10000 比例尺航天测绘新时代，有效提升自主遥感卫星的立体信息获取能力，为国家基础测绘、自然资源监测、土地集约节约利用、土地督察、生态修复以及国土空间规划的实施提供立体空间信息保障，是自然资源管理以及数字中国建设的有效手段；同时也可为城市管理、统计分析以及农业、林草、水利、环境、减灾等提供高精度的三维空间信息，对国民经济高质量发展、国家治理体系和治理能力现代化、生态文明建设以及国防安全保障具有重要意义。

高分七号卫星采用主被动光学复合测绘新体制，星上搭载了两线阵立体相机、激光测高仪等有效载荷，其中两线阵立体相机基高比 0.67，可有效获取 20km 幅宽、优于 0.8m 分辨率的全色立体影像和 3.2m 分辨率的多光谱影像。两波束激光测高仪以 3Hz 的观测频率进行对地观测，可获取全波形数据，激光足印的光斑小于 30m。高分七号卫星不仅具备同轨道前后视立体成像能力及亚米级空间分辨率优势，还能利用激光测高仪获得高精度高程信息，实现对地表的三维立体观测，提升光学立体影像在无控条件下的高程精度。

高分七号卫星是实现我国 1∶10000 比例尺卫星测绘能力的关键工程，采用“亚米级两线阵光学相机+激光测高仪”复合测绘新体制。两线阵相机的基高比只有 0.67，与资源三号的 0.89 相比，相应的高程精度理论上下降 1/2 左右，且两线阵的稳定性低于三线阵。为实现 1∶10000 比例尺测图高程精度，高分七号卫星利用多视场星敏感器提高姿态测量精度和可靠性，利用全波形激光测高仪获取高程控制点，同时利用在激光测高仪上的足印相机，提高激光指向角测量精度并检验激光测高数据的可靠性，在此基础上进行光学立体影像、激光测高数据和足印影像等一体化复合处理。目前美国等发达国家也没有这样复杂的卫星系统，其数据处理和产品生产的流程复杂，卫星数据的工程化应用面临巨大挑战。与资源三号相比，高分七号不仅要实现更高的姿态处理精度和光学相机的检校，还要解决激光测高仪高精度检校、两线阵相机与激光、面阵足印相机之间的几何关系、几何精度检验与优化等一系列关键技术问题。

在自然资源部、国防科工局等部门的领导下，项目组开展了高分七号卫星应用关键技术联合攻关，突破了高分七号卫星激光测高仪在轨回波和足印影像综合模拟、卫星成像模拟和测图精度分析、两线阵光学载荷相机检校、激光测高仪几何检校等关键技术。

在大家的共同努力下，上述技术已取得实质性进展。通过在轨测试，高分七号卫星的平面精度优于5m（目前工程化应用的平面精度已经达到3.5m），高程精度优于1.2m（丘陵地区）。高分七号卫星数据能够用于测制1:10000比例尺地形图，精度远高于资源三号的1:50000比例尺测图。

高分七号卫星发射入轨后，已与资源三号卫星组建光学立体测绘卫星星座，组网运行后有效提高了国土立体覆盖能力，能够更快更好地支撑国土测绘、全球测图和自然资源监测。

高分七号卫星的研制成功，打破了亚米级卫星立体遥感影像依赖国外卫星的局面，开启了我国1:10000比例尺自主卫星测绘的新时代。本书结合高分七号卫星工程实践，对卫星1:10000比例尺立体测图技术进行总结。全书共9章。第1章主要介绍高分七号卫星总体情况、卫星立体测绘技术和发展趋势。第2章阐述卫星测绘的总体设计及模拟仿真，包括需求分析、总体设计、精度理论分析、仿真分析。第3章是高分七号卫星平台以及亚米级相机的几何检校技术，包括高精度定轨、姿态后处理、姿态建模以及线阵相机检校、面阵相机检校。第4章描述高分七号卫星激光测高仪检校技术，包括激光测高检校方法、检校场设计与选址、检校场布设方案、检校场踏勘、地面激光探测器设计、激光测高检校等。第5章介绍高分七号卫星两线阵相机数据处理技术，包括辐射校正处理、严密成像模型构建和有理函数模型构建。第6章是高分七号卫星激光测高数据处理，包括激光测高严密几何模型、测绘标准处理方法、激光测高产品设计与激光测高产品体系、产品质量控制策略。第7章阐述可见光与激光复合测绘技术，包括激光高程控制点提取、线面相机联合处理、有理函数模型精化及复合测绘处理。第8章为高分七号卫星测绘应用系统研制及产品研发，包括高分七号卫星数据产品分级体系、高分七号卫星测绘影像产品处理系统研制、主要测绘产品研制。第 9 章是卫星影像应用以及展望，包括 1∶10000 比例尺立体测图生产、自然资源管理、相关行业应用以及后续展望。

综上，本书主要介绍了 1∶10000 比例尺卫星测绘的实现技术，有原理性介绍，更多的是工程实现技术。

本书第 1 章由唐新明、胡芬、高小明、李国元执笔，第 2 章由唐新明、谢俊峰、高小明、周平、岳庆兴执笔，第 3 章由唐新明、祝小勇、朱广彬、莫凡执笔，第 4 章由唐新明、谢俊峰执笔，第 5 章由祝小勇、唐洪钊执笔，第 6 章由李国元、唐新明执笔，第 7 章由周平、唐新明执笔，第 8 章由唐新明、周平执笔，第 9 章由张涛、唐新明、王伟玺执笔。全书由胡芬、曲典、杨晓梦编辑，唐新明统稿。高分七号卫星工程参与的人员众多，在这里，对大家的贡献表示衷心的感谢!

由于高分七号卫星发射的时间不长，应用还没有非常全面地开展，有些问题认识还不够深入，加上技术问题涉及的内容复杂，对技术的把握还有不少欠缺，本书难免有不少问题甚至错误，恳请读者批评指正。

唐新明

2023 年 10 月

目　录

第1章　概　论

1.1　光学卫星立体测绘技术

1.1.1　光学卫星立体测绘模式

测绘卫星一般是指具备立体测图或高程测量能力的卫星，主要任务是通过立体观测得到地面目标的物理属性、几何属性，获取具有现势性的地理空间信息，测制各种比例尺的地形图[1]。采用光学传感器的高分辨率光学测绘卫星以其光学遥感可视性好、时空分辨率与几何定位精度高、技术实现性好等特点得以迅速发展。所谓光学卫星立体测绘，就是从不同视角多次对同一目标摄像，获得地物的立体影像对，然后利用卫星平台的导航定位数据、姿态数据以及其他辅助数据，通过构建影像成像模型，利用影像匹配或者摄影测绘前方交会等方法解算地物平面和高程信息。

卫星测绘与平台和传感器的性能高度相关。由于不同国家的工业基础、任务需求等因素差异，所采取的技术路线也不尽相同。虽然传感器包括线阵和面阵两种类型，但在当前情况下，线阵传感器推扫成像仍然是主流。随着面阵传感器成像能力的不断加强，面阵相机将有可能替代线阵相机，实现面阵相机的卫星摄影测量。目前，已经有一些卫星安装了视频传感器，连续获取了卫星视频影像。

对线阵相机来说，根据目前航天摄影测量的技术发展和构像方式的不同，主要有三线阵、双线阵和单线阵等立体观测方式。三线阵和双线阵立体观测方式在卫星平台技术复杂度和测绘效率上有一定优势，例如，法国 SPOT-5 卫星由两台相机获取前视和后视影像，日本 ALOS PRISM、我国的资源三号卫星由三台相机获取前视、正视和后视影像，均具备了获取大范围同轨立体影像的能力。单线阵/面阵立体观测的成像方式、交会角度更加灵活多样，交会角度及基高比可通过自主规划控制调整到最优，且同轨或异轨测绘方式可选，不足之处在于基高比随时间变化，同轨测绘的时长受限相对较多。

一般来说，地形测绘中，高程精度比平面精度要求高，因此如何提高卫星测绘的高程精度是一个难点。为解决这个问题，在高分辨率光学测绘卫星上搭载激光测高仪，将激光测距数据参与摄影测量处理，是一种可选途径。

1.1.1.1 三线阵立体测绘

具有特定交会角的正视、前视和后视三台独立的电荷耦合元件（CCD）扫描相机的组合体就是三线阵测绘相机。由于三台相机安装在一个卫星平台上，因此三线阵测绘卫星具有相机几何结构稳定、基高比高、立体影像时间近乎一致、对卫星平台稳定度要求较低等优点。卫星在飞行中，任意推扫就会形成三个不同视角且相互重叠的图像。三线阵测绘模式最早于 20 世纪 80 年代由德国科学家提出并实施，是工程化较早的专用测绘卫星形式。我国很早就引入了这一设计理念，20 世纪 90 年代，中国科学院长春光学精密机械与物理研究所开展了三线阵测绘相机研发。2000 年，哈尔滨工业大学作为卫星总体单位，主持了“试验一号”立体测绘微小卫星研制，成功在轨验证了三线阵测绘技术可行性。之后我国的天绘一号（TH-1）系列卫星、资源三号系列卫星均采用了三线阵方式，解决了我国 1∶50000 比例尺测绘产品生产以及 1∶25000 比例尺地形图修测问题，为我国的国土测绘事业做出了巨大贡献[2-7]。三线阵测绘模式对卫星的姿态机动性要求不高，只需推扫即可获得较大幅宽的立体影像，适用于长条带、大区域立体测图。

1.1.1.2 双线阵立体测绘

我国幅员辽阔，对于获取全国范围内 1∶10000 比例尺的测绘数据有较高的覆盖要求，单线阵敏捷方式测绘效率不能满足国家对数据快速覆盖与更新的要求。随着测绘精度要求的提升，空间分辨率等载荷性能也随之提升，使得星载相机的焦距、体积和质量也在不断增加，现有的卫星平台和运载包络很难同时搭载三台高分辨率相机满足高精度测绘要求。综合考虑研制难度、平台承载能力以及任务研制周期等因素，双线阵测绘体制被用于国内外 1∶10000 比例尺光学立体测绘卫星，以印度的 IRS-P5、我国高分七号卫星和高分十四号卫星等为代表[7-8]。星上两台线阵相机以不同角度安装，通过卫星的飞行，分别获取地物的前视影像和后视影像，即两视立体像对[9]。在轨测试和应用结果表明，高分七号卫星可以满足无控制点条件下1:10000比例尺测绘产品的生产，可以说是国土测绘的利器。但与三线阵相比，双线阵测绘方式缺少一个正视视角影像参与测量平差处理，对平台姿态平稳性要求更高[10-11]。

1.1.1.3 单线阵立体测绘

采用单线阵体制可以回避三线阵/双线阵相机分辨率难以进一步提高的技术瓶颈，在提高测绘相机分辨率的同时，减小整星的规模。对于单线阵立体测绘体制而言，卫星平台必须是敏捷平台。随着超高精度、超高稳定、超高敏捷平台技术的发展，世界航天大国都在大力发展敏捷光学卫星。从发展趋势看，敏捷卫星单线阵立体测绘将成为国际上亚米级和分米级光学遥感卫星的主流成像体制。通过敏捷机动和多星组网，可实现快速多角度成像，全方位获得地物三维立体信息，具备对同一地点的快速重访能力，有效缓解高空间分辨率与高时间分辨率之间的矛盾。

（1）单线阵同轨立体测绘。单台高分辨率相机通过卫星姿态机动控制获取同轨立体像对，进而实现立体测绘。单线阵同轨立体测绘还具有侧摆和不侧摆等多种模式，卫星以美国 Maxar Technologies 公司的 WorldView 系列、法国意大利联合研制的 Pleaides、韩国的 KOMPSAT 以及我国的高景一号（SuperView-1，SV-1）等商业高分辨率遥感卫星为典型代表。与三线阵/双线阵相比，单线阵同轨立体成像需要卫星来回摆动。由于受到成像时长的限制，无法获取长条带的大区域图像。

（2）单线阵异轨立体测绘。异轨立体测绘是指利用不同轨道对同一目标的不同视角进行成像，获得立体像对，用于生产立体测绘产品。可以说，所有的可以侧摆成像的高分辨率卫星均具有异轨立体成像能力。例如，法国的SPOT-5卫星既有同轨立体模式，也有异轨立体模式，可提供丰富的立体测绘产品。异轨立体测绘可以获得较长的条带，但是立体像对的获取一般需要较长时间（取决于卫星轨道设计），目标区域天气的变化可能会带来获取和处理的困难。ZY-3、TH-1等国产高分辨率光学测绘遥感卫星均沿用SPOT-5、IRS-P5、ALOS等卫星的多线阵同轨立体摄影测量体制，具有立体观测条件理想、数据获取高效、利于大规模测绘产品生产等特点，此类卫星还具备一定程度的侧摆能力，能够获取异轨立体影像。研究表明，选取 ZY-3 卫星在两个轨道上分别侧摆 10°和-10.6°获取的同一地区全色正视相机影像，构成连续覆盖 4 景区域的异轨立体影像，在少量控制点条件下，满足 1∶50000 比例尺精度要求[12]。2019 年发射的吉林一号高分 02 星具有相邻 2 天分别左右侧摆重访同一目标区域的能力，获取的异轨立体像对在少量控制点条件下，具备制作符合 1∶10000 比例尺精度要求的数字地形产品的潜力。由此可见，单线阵异轨立体测绘可以作为同轨立体测绘的一种补充手段。

1.1.1.4 主被动复合测绘

对卫星测绘来说，除了光学相机是测绘的主要手段，近年兴起的激光测高也是一种地形测量的有效手段[13]。激光雷达（LiDAR）是一种利用激光来测距的设备，具有方向性好、测距精度高等特点。如果把激光雷达安装在卫星上，就变成了激光测高仪。激光测高仪获取的是一个个激光光斑的测距数据。对星载激光测高仪进行在轨检校后，可以获得高精度的高程数据，用于辅助高分辨率光学卫星测绘，提高卫星高程方向的精度[14]。ZY3-02 是我国第一颗搭载激光测高仪的立体测绘遥感卫星，激光测高仪主要用于开展在轨测试激光复合测绘试验，同时测量激光载荷星下点高程，与三线阵光学相机高精度的平面测图能力相复合，以进一步提高整颗卫星的综合测图精度；资源三号 03 星（ZY3-03）搭载了业务化的激光测高仪，实现了“三线阵相机与激光测高仪主被动复合测绘”，有效提高了光学卫星立体测绘的高程精度。

高分七号卫星有效载荷由双线阵相机和激光测高仪组成。双线阵相机由前视相机和后视相机组成，前、后视相机与卫星+Z 轴的交会角分别为 26°和 5°，两台相机同一时刻从不同方向对地面景物成像。在航向重叠区域，利用 2 台相机在不同时刻对同一地物的影像获取 5 谱段立体图像，从而实现卫星立体测绘功能。由于双线阵相机的基高比只有 0.67，与资源三号的 0.89 相比，理论高程误差相应地增加 1 倍左右，且两线阵的稳定性低于三线阵。为实现 1∶10000 比例尺测图高程精度，高分七号卫星利用多视场星敏感器提高姿态测量精度和可靠性，利用全波形激光测高仪获取高程控制点，同时利用在激光测高仪上的足印相机，提高激光指向角测量精度并检验激光测高数据的可靠性，在此基础上进行光学立体影像、激光测高数据和足印影像等一体化复合处理。激光测高仪用来获取地面 2 波束激光测距信息，通过计算激光发射和接收之间的时间差来进行卫星和地球表面距离的测量；同时，激光测高仪的足印相机能够记录激光波束的出射方向，实现相机影像数据和激光数据的精密关联，从而构建“亚米级双线阵相机与激光测高仪主被动复合测绘”的新体制。

1.1.1.5 面阵立体测绘

近年来，随着面阵成像的高分辨率视频卫星的不断发展，如美国的SkySat卫星、中国的吉林一号视频星和英国Earth-i公司的Vivid-i卫星等，产生了一种新的立体测绘方式——视频星立体测绘。视频星采用凝视面阵成像方式成像，通过卫星姿态的不断调整，使光轴始终指向地面目标，从而获取凝视视频。虽然面阵凝视方式获取的立体图像区域不如多线阵立体测绘卫星范围那么大，但也能达到较高的指标。例如，经测试，吉林一号视频星一次过境就可获取100km^2的立体测绘数据，DSM和DEM产品在2m格网条件下的相对高程精度优于3m[15]。此外，多基高比大面阵相机航天立体测绘，也是高分辨率对地观测条件下快速有效实现高精度立体测绘的一种发展方向。

1.1.2 光学卫星立体测绘关键技术

1.1.2.1 卫星及载荷总体设计

为提高成像质量和影像定位精度，需要在卫星系统的轨道测量、姿态测量、时间同步以及载荷测量精度等方面采取有效的技术手段，确保精度达到相应的要求。在轨道定位方面，国内已采用双频GPS系统与卫星激光测距组合的方式，使卫星的定轨精度达到厘米量级；通过建立以北斗系统为主的国产精密定轨系统，形成我国低成本、实用化、高精度的定轨服务能力，未来有望将定轨精度提升至厘米级甚至毫米级。在姿态测量方面，在卫星上安装多台甚高精度星敏感器和高精度陀螺仪，建立姿态数据的联合滤波模型，可实现亚角秒甚至毫角秒级的姿态测量精度。在时间同步方面，优化星上时间同步系统，确保影像所打入时标与有效信息真实时刻的一致性，可进一步提高时间测量的一致性。在高精度光学相机研制和稳像技术方面，解决高超稳定度卫星平台控制、超长焦距微畸变光学系统设计、探测器阵列拼接等技术难题；针对成像过程中微振动引入的外方位元素随机误差，采取主被动隔振等技术保证相机成像的稳定性。线阵CCD测绘相机对自身精度要求很高，在卫星发射之前，对内方位元素和畸变的实验室精密标定是保证高精度测绘的一个重要方面。

1.1.2.2 高精度定轨和姿态后处理

高精度的卫星轨道和姿态数据是实现测绘卫星高精度应用的前提。高精度定轨是指利用测轨技术获得的大量观测量，采用几何法、动力学法、简化动力学法等低轨卫星定轨方法，建立函数模型和统计模型，求取卫星位置向量和速度向量。姿态后处理主要是指姿态数据精化，包括多视场星敏陀螺联合定姿、卫星平台颤振分析等技术，以提高惯性系下的星敏绝对定姿精度和长周期姿态模型精度。

1.1.2.3 卫星在轨几何检校

卫星发射及运行过程中载荷状态会发生较大改变，地面测量的各类设备安装、相机镜头畸变等关键参数值会发生变化。要获得理想的定位精度，在轨运行期间需要进行星地一体化的高精度几何检校，包括建设地面检校场、数字检校场，研发星地一体化的观测仪器、观测方法和观测数据处理模型，制定科学的高精度同步观测校正方案，规范卫星在轨几何检校的技术处理环节和业务流程，实现卫星检校的内外业同步、多星交叉、多检校场联合，提升卫星的测绘精度。

(1) 线阵相机几何检校。针对光学相机系统误差补偿问题，需要研究高分辨率相机的单片电荷耦合器件（CCD）检校参数、CCD 之间拼接参数、CCD 与镜头之间的参数等问题。针对相机搭载的多谱合一器件，研究多谱段交叉定标方法，解决参考数据与待标定卫星数据的谱段不完全相同、获取时相不一致等引起的匹配粗差大、匹配成功率不高的问题。

(2) 激光测高精度检验与优化。在分析星载激光测高的各类误差源的基础上，需要解决地面探测器设计与研制、激光足印位置预报、检校场选址与探测器布设方案设计、激光测高在轨几何检校等关键技术，构建激光测高仪严密几何定位模型，开展激光波形的仿真模拟、波形参数分解以及单激光器的高程精度检验，检验激光器的光轴指向夹角、光斑的质心变化规律，进一步提高高程控制点精度，支撑后续摄影测量以及其他与高程有关的应用[16-17]。

1.1.2.4　可见光与激光一体化复合检验模型构建

在上述高程点获取以及高精度姿态处理的基础上，研究面阵足印相机的检校、线面相机的复合、激光与光学影像的复合，以及激光、面阵以及线阵相机的一体化复合等问题，形成复合有理多项式系数模型，解决高精度立体模型构建等关键技术问题。

1.1.2.5　无畸变基础影像产品生产

无畸变基础影像产品生产（传感器校正）是对相机内部畸变进行修正。考虑到卫星平台振动的影响，传感器校正处理也可以看成是基于稳态重成像的颤振畸变校正。稳态重成像是指卫星平台在平滑的姿态、平滑的轨道和稳定的积分时间状态下对原始成像进行二次成像，从而得到理想无畸变的影像。也就是说，通过建立原始成像模型与虚拟稳态重成像模型的几何关系，将原始影像转化为稳态成像影像，校正原始影像的变形，同时得到高精度有理函数模型系数。这一过程主要包括三个步骤：首先，建立原始分片影像的严密成像几何模型，这依赖于高精度姿态测量、轨道测量以及准确的相机检校模型，即准确恢复影像原始成像几何状态；然后，建立稳态重成像模型，虚拟影像的探元指向角由虚拟 CCD 确定，虚拟扫描行的投影中心计算方法与原始影像投影中心计算方法相同，虚拟扫描行的姿态角则是由滤波处理后姿态角中内插获取；最后，建立原始影像与虚拟影像的坐标映射关系，通过影像重采样得到校正后影像。

1.1.2.6　区域网平差

区域网平差是指利用一定区域内相邻影像间同名像点连接关系，在少量控制点或无控制点条件下，按照一定的平差模型来修正区域内所有影像的几何成像模型，在提高单景影像几何定位精度的同时，消除影像间相对几何误差，保证影像间物方定位的一致性，为后续区域影像拼接及测绘产品生产提供高精度几何基础。

区域网平差一般是在传感器校正生成的有理函数模型（RFM）基础上，结合附加参数变换模型构建区域网平差模型，以单景影像作为平差单元进行平差处理。基于轨道约束的区域网平差主要针对具有多景相邻的标准景影像需进行区域定向的情况，能在稀疏控制下保证最终的平差精度，且其精度结果明显好于常规基于 RFM 的标准景卫星影像区域网平差的精度结果[18]。基于虚拟控制点的超大区域无控制区域网平差方法和星载激光测高数据辅助的区域网平差方法，在地面控制点获取困难情况下为提升国产卫星高程测量精度提供了重要技术途径[19-20]。

当前，随着高分辨率光学卫星观测和测量性能、敏捷机动能力、星上轨道和姿态测量精度的不断提高，以及星载激光测高、全球 DEM 等多源摄影测量数据的涌现，光学卫星立体测绘逐渐从传统依赖控制数据的处理技术向自主、无控制的自动化处理方向发展，不仅具备立体测量和高精度定位能力，还具有越来越宽的有效谱段，可同步实现地物测量与大气探测。

1.2 国内外立体测图卫星概况

一般来说，光学遥感卫星主要采用光学相机等手段获取影像，服务地形测绘、资源调查、生态监测和应急响应等需求。在光学卫星中，以立体测图为主要功能的卫星一般称为光学立体测绘遥感卫星，如法国的 SPOT5、日本的 ALOS 卫星、印度的 CartoSat 卫星和中国的资源三号卫星等。

立体测图卫星是获取一个国家乃至全球基础地理信息的主要手段，是一个国家重要的空间基础设施，也是维护国家安全的重要基石。作为一种重要的空间战略资源，世界各国纷纷发展本国的立体测图卫星或者具有立体测图能力的卫星。国外具有立体测图功能的商用卫星的空间分辨率已从数十米提高到当前的 0.31m，从满足 1:250000 比例尺地形图制图发展到满足 1:5000 比例尺地形制图。我国首颗民用高分辨率光学立体测图卫星资源三号于 2012 年 1 月 9 日成功发射，正视分辨率 2.1m，主要应用于我国 1:50000 比例尺测绘产品制作、1:25000 比例尺及更大比例尺的地形图的修测与更新。2019 年发射的光学立体测绘卫星高分七号，其全色分辨率达 0.7m，实现了 1:10000 比例尺卫星立体测绘能力。

1.2.1 国外发展现状

进入 21 世纪，随着对地观测技术的飞速发展和对地观测应用的逐步深入，国际上商业光学测绘遥感卫星加速升级换代，影像分辨率、几何辐射精度、获取效率等性能指标不断提升[21]。美国和法国在高分辨率光学卫星测绘遥感技术领域走在了世界前列。

美国的光学遥感卫星技术处于世界领先水平，拥有连续对地观测长达40余年的Landsat系列（从1972年开始）、世界上第一颗提供高分辨率卫星影像的商业遥感卫星IKONOS（从1999年开始），以及世界上最先提供亚米级分辨率的商业卫星QuickBird（2001年）。不仅如此，美国还发展了标志着分辨率优于0.5m的商用遥感卫星GeoEye（2008年进入实用阶段）和代表了美国当前商业遥感卫星最高水平的WorldView系列卫星（从2007年开始）。

21世纪初，以美国为首的西方航天大国开始全面发展军民两用高分辨率侦测一体式光学卫星，形成了既能绘制大范围基础地图又能绘制区域大比例尺地图的能力，并且对卫星的快速姿态机动和高精度控制稳定能力提出了严格要求。新型光学卫星能够在姿态机动的过程中开启光学相机进行成像，并具备多点目标成像、多角度目标立体成像、多条带拼幅成像等工作模式，对于宽度与长度明显大于相机成像幅宽的区域目标，能够在多条带拼幅成像模式下将区域目标分解为多个可观测的条带，然后利用卫星的姿态机动能力连续调整相机指向，根据成像指令依次扫描各个条带以实现对区域目标的完全覆盖。

国外高分辨率可见光成像卫星非常重视提高卫星的系统几何定位精度。2007年，美国新一代遥感卫星WorldView-1发射成功，随后GeoEye-1、WorldView-2、Pleiades、WorldView-3相继发射，标志着超高分辨率的商业遥感卫星时代的到来，这些卫星都提供优于0.5m的地面分辨率。法国早期的SPOT卫星系列几何精度一直处于较低的水平，其中SPOT-1卫星几何定位精度只有628m；进入21世纪以后，随着全球导航定位系统、星敏感器以及数据处理理论等相关技术的不断成熟，在2002年发射的SPOT-5卫星几何定位精度达到了16m，2021年发射的Pleiades Neo卫星几何定位精度达到了5m。国外卫星几何定位精度情况统计如表1.1所列。

表1.1 国外卫星几何定位精度情况统计

序号	卫星名称	发射时间	轨道高度/km	平面精度/m	高程精度/m
1	SPOT1	1986-02-22	822	628	7
2	SPOT2	1990-01-22	822	488	7.3
3	SPOT3	1993-09-26	822	350	—
4	SPOT4	1998-03-24	822	316	6.7
5	SPOT5	2002-05-04	822	16	4.9
6	IKONOS	1999-09-24	681	10	7.8
7	GeoEye-1	2008-09-06	681	5	6

续表

序 号	卫 星 名 称	发 射 时 间	轨道高度 /km	平面精度 /m	高程精度 /m
8	OrbView-3	2003-06-26	470	14	10
9	QuickBird	2001-10-18	450	23	2.6
10	WorldView-1	2007-09-18	450	6.5	2
11	WorldView-2	2009-10-08	770	6.5	2
12	Pleiades	2011-12-16	695	3	2
13	WorldView-3	2014-08-13	617	3	2
14	Pléiades Neo	2021-04-29	620	5	1

相比于法国的高分辨率商业卫星，IKONOS、QuickBird、WorldView-1、WorldView-2、GeoEye-1 达到了十几米甚至米级的系统几何定位精度（CE90），其中 WorldView-3 几何定位精度更是达到优于 3.5m（CE90）的水平，如图 1.1 所示。

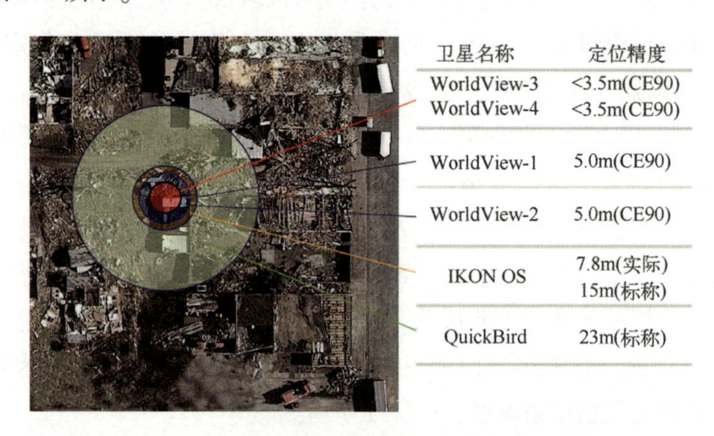

图 1.1 美国高分辨率商业卫星定位能力示意图

（资料来源：GeoBasis-DE/联邦测绘局，2014 年；发布日期：2015 年 3 月 31 日）

1.2.1.1 美国 GeoEye 卫星

1）基本情况

美国 GeoEye 公司于 2008 年 9 月发射了 GeoEye-1 卫星，代表了当时商用光学遥感卫星的技术水平和发展趋势，标志着分辨率优于 0.5m 的商用遥感卫星进入实用阶段。GeoEye 卫星运行在轨道高度为 681km、倾角 98°的太阳同步轨道，轨道周期为 98min，降交点地方时为 10:30，全色分辨率达到 0.41m，4

谱段多光谱分辨率为 1.64m，成像幅宽为 15.2km（表 1.2）。

表 1.2　GeoEye-1 卫星性能参数

卫星名称	发射时间（年份）	传感器	分辨率/m（全色/多光谱）	重访周期/天	幅宽/km	定位精度（平面/高程）	应用领域
GeoEye	2008	GeoEye Imaging System	0.41/1.64	2~3	15.2	有地面控制点时 0.5m/NA①；无地面控制点时 3m/6m	测图/资源/环境

① NA：无有效数据。

2）特点分析

GeoEye 卫星具有空间分辨率高、测图能力强、重访周期短和星座观测能力等特点。该卫星是真正的半米卫星，姿态灵活、获取能力强、内外精度高。GeoEye 卫星具有很强的测图能力，能够获取单片影像与立体像对，可以在轨旋转，在一次通过时拍摄更多影像。在无地面控制点的情况下，GeoEye 单张影像能够提供优于 3m 的平面定位精度，立体影像能够提供 4m（CE90）的平面定位精度和 6m 的高程定位精度，可直接用于 1∶10000 比例尺及更大比例尺的地图制图[22]。

1.2.1.2　美国 WorldView 卫星

1）基本情况

WorldView 系列卫星代表了美国当前商业遥感卫星的最高水平，它由 4 颗（WorldView-1、WorldView-2、WorldView-3 和 WorldView-4）卫星组成，其中 WorldView-1 和 WorldView-2 分别在 2007 年和 2009 年发射，WorldView-3 和 WorldView-4 分别在 2014 年和 2016 年发射。但是，WorldView-4 于 2019 年因控制力矩陀螺故障导致整星失效。

WorldView-1 卫星运行在轨道高度为 499km、倾角为 98°的太阳同步轨道上，降交点地方时为 10:30，周期为 93.4min。WorldView-1 卫星仅有全色成像能力，最高分辨率达到 0.41m。卫星装有控制力矩陀螺、星敏感器、固态惯性敏感器和 GPS 等姿态轨道控制设备，具有很高的定位精度。它的侧摆能力也较强，能够快速瞄准要拍摄的目标和有效地进行同轨立体成像，单星重访周期为 1.7 天。无地面控制点时，影像定位精度可以达到 5.8~7.6m。

WorldView-2 卫星运行在轨道高度为 770km、倾角为 97.8°的太阳同步轨道上，轨道周期 100min，降交点地方时为 10:30。全色分辨率为 0.46m，多光谱分辨率为 1.84m，幅宽为 16.4km。主要载荷为 WV-110 相机，增加了 8 个多光谱谱段。无地面控制点时，影像定位精度可以达到 8.5~10.7m。

WorldView-3 是第一颗地面分辨率达到 0.31m 的商业卫星。卫星轨道为太阳同步轨道，降交点地方时 13:30，轨道高度为 770km，成像幅宽为 13.1km，平均重访周期小于 1 天，设计寿命为 10~12 年。卫星实现多项性能的提升，能提供 0.31m 的全色分辨率、1.24m 的多光谱分辨率、3.7m 的短波红外分辨率，以及 30m 的 CAVIS（云、气溶胶、水蒸气、冰和雪的简称）波段分辨率[23]。WorldView-3 除了提供 0.31m 分辨率的全色影像和 8 波段多光谱影像外，还提供 8 波段短波红外（SWIR）影像。卫星具有极高的空间分辨率，可以分辨更小、更细的地物，能够与航空影像相媲美。其覆盖可见光、近红外、短波红外的波谱特征，使 WorldView-3 拥有极强的定量分析能力，在植被监测、矿产探测、海岸/海洋监测等方面拥有广阔的应用前景（表 1.3）。

表 1.3　美国 WorldView 系列卫星性能

卫星名称	发射时间（年份）	传感器	分辨率/m（全色/多光谱）	重访周期/天	幅宽/km	定位精度（平面/高程）	应用领域
WorldView-1	2007	WorldView-1	0.45/—	1.7	16	有控 2m/NA 无控 5.8~7.6m/NA	测图/海洋
WorldView-2	2009	WorldView-2	0.46/1.84	1.1（优于 1m 分辨率）/3.7（0.52m 分辨率）	16.4	有控 2m/NA 无控 8.5~10.7m/NA	测图/海洋
WorldView-3	2014	WorldView-3	0.31/1.24	1	13.1	无控<3.5m/NA	测图/灾害/海洋

2）特点分析

WorldView 系列的三颗卫星空间分辨率均在 0.5m 以内，而最新的 World-View-3 更是以 0.31m 的超高空间分辨率成为全球最高分辨率的商业遥感卫星。WorldView-1 是全色数据，WorldView-2 增加了 8 波段多光谱数据，WorldView-3 在 WorldView-2 的基础上进行了改进，又增加了 8 个波段，包括 SWIR 区域的波段，这使得 WorldView-3 可以观测到比其他商业卫星更广范围的电磁光谱，比起多光谱数据要精确很多，是第一颗多光谱超高分辨率商用卫星。WorldView 系列的三颗卫星无地面控制点时定位精度在 10m 以内，而 WorldView-3 在无地面控制点的情况下，对地面目标的定位精度能够控制在 3.5m 以内。

1.2.1.3 法国 Pleiades 卫星

1）基本情况

Pleiades 卫星是法国和意大利签署的空间对地观测卫星系统发展计划。Pleiades 高分辨率卫星星座由两颗完全相同的卫星 Pleiades 1A 和 Pleiades 1B 组成，分别于 2011 年 12 月和 2012 年 12 月成功发射。Pleiades 1A 和 Pleiades1B 组成双子星，其全色影像分辨率达到 0.5m，成像幅宽达到 20km，整星能以-40°~+40°倾角前、后视成像，具有三维立体成像的能力，双星配合可以实现全球任意地区的每日重访，快速满足对任何地区的超高分辨率数据获取需求。在无地面控制点的情况下，能够获得 3m 定位精度，利用地面控制点能够获得 1m 定位精度。

Pleiades 的新一代卫星为 Pleiades-Neo，Pleiades-Neo 包括 Pleiades-Neo 3、Pleiades-Neo 4、Pleiades-Neo C、Pleiades-Neo D，其用途为超高分辨率土地和植被观测。Pleiades-Neo 拥有 7 个可见光近红外（VNIR）信道，包括 6 个多光谱波段以及 1 个全色波段，多光谱影像分辨率达到 1.2m，全色影像分辨率达到 0.3m，成像幅宽达到 14km，整星能以-52°~+52°倾角前、后视成像，具有三维立体成像的能力。Pleiades-Neo 3 和 Pleiades-Neo 4 两颗卫星分别于 2021 年 4 月和 2021 年 8 月发射（表 1.4）。Pleiades-Neo C 和 Pleiades-Neo D 尚在计划中。

表 1.4 法国 Pleiades 卫星性能

卫星名称	发射时间（年份）	传感器	分辨率/m（全色/多光谱）	重访周期/天	幅宽/km	定位精度（平面/高程）	应用领域
Pleiades1A Pleiades1B	2011 2012	HiRI	0.5/2	1	20	有控 1m/NA 无控 3m/NA	测图/资源/环境
Pléiades-Neo3 Pléiades-Neo4	2021 2021	Pléiades-Neo	0.3/1.2	2	14	<5	测图/资源/环境

2）特点分析

Pleiades 卫星的空间分辨率高，可以实现全色波段 0.5m 和多光谱波段 2m 的空间分辨率。它的观测模式灵活，Pleiades 卫星上装有 4 组陀螺驱动装置，可以在 7s 内将卫星姿态调整 5°，或在 25s 内调整 60°。在姿态调整方面，Pleiades 卫星可以在沿卫星飞行方向和垂直方向进行-30°~+30°的有效侧视成像。在立体成像方面，除可以实现传统的两视角立体成像外，还可以通过调整卫星的姿态实现三视角的立体成像。由于采取星座式运行，以及卫星可以大角度调整飞行姿态，Pleiades 卫星的重访能力得到了加强，双星配合可以实现全球任意地区的每日重访[24]。

与上一代星座相比，Pleiades-Neo 在技术上拥有以下两大特点。第一，引入了数据中继系统。采用静止轨道卫星进行指令和数据中继，紧急模式下从发送指令到接收数据可在 40min 内完成。用户上传指令可在 15～25min 内完成，图像获取的时间为 20～50min。Pleiades-Neo 搭载了 Ka 频段的指令接收机和激光数据中继终端，用户向欧洲数据中继卫星系统（EDRS）静止轨道卫星发送任务规划指令，经过其中继后发送给 Pleiades-Neo。图像数据也可经过 EDRS 卫星中继下传，这样可以避免卫星不在地面站覆盖区域时无法接收指令和下传数据的问题，大幅缩短响应时间。第二，轻量化技术水平显著提升。相比上一代“昴宿星”0.65m 口径相机，新一代“昴宿星”在采用 1.35m 大口径相机的同时，整星质量下降到 920kg，说明欧洲在卫星轻量化技术方面取得较大成果[25]。

1.2.1.4 印度 Cartosat 系列卫星

1）基本情况

Cartosat-2、2A 和 2B 卫星分别于 2007 年、2008 年和 2010 年发射。Cartosat-2 设计寿命 5 年，运行在高度 630km、倾角 97.91°的太阳同步轨道，重访周期 4 天。Cartosat-2 卫星与已失效的 Cartosat-1 相比，分辨率有了很大提高，全色相机分辨率高达 0.8m，幅宽 9.6km。印度对于 Cartosat-2 的性能比较满意，进一步发射其同型号卫星 Cartosat-2A 和 Cartosat-2B。Cartosat-2C、2D、2E 和 2F 分别于 2016 年、2017 年、2017 年和 2018 年发射，2D、2E 和 2F 是 CartoSat-2C 卫星任务的后续，是 2C 号卫星的几乎相同的复制品，这四颗卫星全色相机影像分辨率达到 0.65m，多光谱相机影像分辨率为 2m。

CartoSat-3 于 2019 年 11 月发射，是印度第三代具有高分辨率成像能力的制图卫星，可实现全色、多光谱和高光谱的地球观测任务。该卫星具有三个成像有效载荷：全色模式下地面分辨率为 0.25m；4 波段的多光谱模式下分辨率为 1.13m；高光谱模式下分辨率为 12m。此外，在 CartoSat-2 系列的基础上，它还增加了一个分辨率为 5.7m 的中波红外相机[26]。同时配备的自适应光学装置（Adaptive Optics Devices）能够使 Cartosat-3 卫星的成像效果显著提高，因此，在 Cartosat-3 的卫星图像上，可以清楚识别车辆、飞机的部分细节和道路标记等战术单元，有效地加强了印度图像情报的获取能力[27]。

Cartosat 系列卫星性能见表 1.5。

表 1.5 印度 Cartosat 系列卫星性能

卫星名称	发射时间	传感器	分辨率/m（全色/多光谱）	重访周期/天	幅宽/km	应用领域
Cartosat-2/2A/2B	2007/2008/2010	PAN	0.8	4	9.6	
Cartosat-2C/2D/2E/2F	2016/2017/2017/2018	PAN/ HRMX	0.65/2	1	10	资源/测图
Cartosat-3	2019	PAN/ MX	0.25/1	5	16	资源/测图

2）特点分析

CartoSat-2 系列卫星的影像分辨率已达到 0.8m，后一代遥感卫星 CartoSat-3 系列的性能进一步提高，该系列首颗卫星 CartoSat-3 已实现 0.25m 的全色分辨率和 1m 的多光谱分辨率。经过多年的发展，CartoSat 系列卫星所携带的线性成像自动扫描仪的分辨率不断提高，现在已发展到高分辨率等级。除此之外，传感器的波段频谱也在不断拓展，从曾经单一的绿光、红光发展至可见光全色波段。成像方式也多种多样，CartoSat 系列卫星的有效载荷现在可以支持连续条带成像、点场景成像和推扫模式成像。其空间分辨率不断提升，从 2.5m 提高至 0.8m，再发展至 0.25m，在分辨率方面已达到全球卫星的顶尖水平[27]。

1.2.1.5 韩国 Kompsat 系列卫星

1）基本情况

Kompsat 系列为韩国卫星，中文译为“阿里郎卫星”。Kompsat 项目共规划 7 颗卫星，分别为 Kompsat-1、Kompsat-2、Kompsat-3、Kompsat-3A、Kompsat-5、Kompsat-6 和 Kompsat-7，其中 Kompsat-1、Kompsat-2、Kompsat-3、Kompsat-3A 和 Kompsat-7 是光学卫星，Kompsat-5 和 Kompsat-6 是雷达卫星。目前 Kompsat-1 已失效，Kompsat-2/3/3A 在轨，Kompsat-7 预计 2023 年后发射。

Kompsat-2 是低轨道光学成像卫星，于 2006 年 7 月 28 日发射，卫星设计寿命 3 年，目前仍在超期服役中。Kompsat-2 卫星平台由韩国研制，主要有效载荷“多光谱相机”（MSC）由韩国和以色列合作研制，MSC 具有自动标称成像模式和立体成像模式。

Kompsat-3 卫星用于接替 Kompsat-2 卫星，执行高分辨率成像和测绘任务，于2012年5月17日发射，卫星设计寿命4年。卫星有效载荷是1台名为“先进地球成像系统”（AEISS）的高分辨率推扫成像仪，全色和多光谱分辨率分别达到0.7m和2.8m，由阿斯特里姆德国公司协助研制。

Kompsat-3卫星的增强版Kompsat-3A卫星在2015年3月发射，是Kompsat系列中首颗具备红外成像能力的卫星，全色、多光谱和红外分辨率分别达到0.55m、2.2m和5.5m。

Kompsat系列卫星性能参数见表1.6。

表1.6 韩国Kompsat系列卫星性能参数

卫星名称	发射时间（年份）	传感器	分辨率/m（全色/多光谱）	重访周期/天	幅宽/km	定位精度（平面/高程）	应用领域
Kompsat-2	2006	全色/多光谱	1/4	3	15	<80m（无地面控制点）	测图/海洋/资源/环境
Kompsat-3	2012	AEISS	0.7/2.8	NA	15	<70m（无地面控制点）	
Kompsat-3A	2015	AEISS、IIP	0.55/2.2	3.7	13	NA	陆地观测

2）特点分析

韩国光学遥感卫星数量较少，但是技术起点较高，更加注重监测能力。Kompsat系列卫星机动灵活，可以进行多轨立体成像，其影像分辨率从Kompsat-1的6.6m，发展到Kompsat-2的1m，再到Kompsat-3的0.7m，直到Kompsat-3A的0.55m，已经掌握了半米级别的光学遥感卫星技术[28]。Kompsat-2、3、3A这三颗高分辨率卫星在轨道运行的数据获取上因其临近我国，具有较高的利用价值，在韩国本土及一些国家已基本涵盖了所有的高分辨率遥感数据可应用的领域，并取得了丰硕的成果；可以用来进行1:5000比例尺地形图测绘，监测大比例尺灾情和研究对策，公路规划，铁路和石油管道走向，从立体影像中提取高分辨率DEM模型，综合水资源的管理，城市规划和区域扩张检测[29]。Kompsat-3A立体影像进行解析空中三角测量，定向后生产的数据精度能满足1:10000比例尺地形类别为丘陵的平面及高程精度要求，与航空影像相比，具有时效性高、覆盖面积大、所需控制点少的优点，大幅度节约成本，提高工作效率，缩短1:10000比例尺地形图的更新周期[30]。

1.2.2 国内发展现状

我国分别于2012年和2019年发射了资源三号卫星和高分七号卫星，分别实现了1:50000和1:10000比例尺高精度立体测图，资源三号02星、资源三号03星分别于2016年5月和2020年7月成功发射，目前资源三号系列后续星以及高分七号业务星也在立项过程中，1∶10000和1∶50000比例尺立体测图观测体系基本建立。从更高分辨率、更高精度的角度来看，我国于2020年7月发射的0.41m的高分辨率多模综合成像（以下简称“高分多模”）卫星代表着我国民用遥感卫星最高分辨率水平，以高景一号、北京三号、吉林一号等为代表的其他商业卫星的最高分辨率水平已达到或优于0.5m，但都无法满足1∶5000/1∶2000大比例尺立体测绘精度需求。

2016年12月发射的高景一号（SuperView-1）双星是中国航天科技集团公司商业遥感卫星系统“16+4+4+X”的首发星，由2颗分辨率为0.5m的光学小卫星组成，也是当前我国分辨率最高的商业遥感卫星。卫星各配置一台高性能光学相机，全色分辨率达到0.5m，多光谱分辨率为2m，幅宽12km。SuperView-1卫星拥有多条带拼幅成像、多目标成像、立体成像和连续条带成像四种成像模式，其中多条带拼幅成像模式满足了宽覆盖影像获取的需求，可最多实现5条带拼接成像，覆盖面积达60km×70km，兼具了高分辨率和大幅宽的双重优势。高分多模卫星配置一台高分辨率相机，全色分辨率优于0.5m，多光谱优于2m，8个多光谱谱段，相机在高分二号卫星的基础上进行优化设计，可对地物实现更精细的定量化应用。采用敏捷遥感卫星平台，支持6种成像工作模式，可实现无控制点目标定位精度优于10m。俯仰/滚转方向姿态可机动±45°，绕任意轴机动25°时间总计不超过20s。与目前国际先进的World-View-2卫星在功能性能指标上基本相当，属于同一水平的光学遥感卫星。

1.2.2.1 高景一号卫星

1）基本情况

高景一号是国内首个具备高敏捷、多模式成像能力的商业卫星星座。高景一号01/02卫星于2016年12月发射，卫星全色分辨率0.5m，多光谱分辨率2m，轨道高度530km，幅宽12km，降交点地方时为10:30。单次最大可拍摄60km×70km影像。高景一号03/04星于2018年发射。目前，4颗0.5m高分辨率遥感卫星高景一号01、02、03、04星已成功组网，在同一轨道上以90°夹角飞行，不但具备拍摄连续条带、多条带拼接、按目标拍摄等多种采集模式，还具备立体采集能力，可根据用户需求持续不断地采集数据。四星组使得全球任一点可实现1天重访，我国完全自主的遥感卫星商业化运营服务迈出了第一步（表1.7）。

表 1.7　高景一号卫星性能

卫星名称	发射时间（年份）	传感器	分辨率/m（全色/多光谱）	重访周期/天	幅宽/km	定位精度/m（平面）	应用领域
SuperView-01/02	2016	全色/多光谱	0.5/2	4	12	9.5（CE90）	高分辨率陆地观测/灾害监测
SuperView-03/04	2018	全色/多光谱	0.5/2	1	12	9.5（CE90）	高分辨率陆地观测/灾害监测

2）特点分析

高景一号分辨率高，全色分辨率高达 0.5m，多光谱分辨率为 2m，能够显示细腻的地物细节，适用于高精度地图制作、变化监测和影像深度分析。光谱方面具有全色波段和四个标准多光谱波段：蓝色、绿色、红色和近红外波段。单景最大可拍摄 60km×70km 影像。星下点幅宽高达 12km，对大面积地表观测和环境监测具有优势。可迅速精准实现星下点成像，常规侧摆角最大为 30°，执行重点任务时可达到 45°。具有星下点成像、侧摆成像、连续条带、多条带拼接、立体成像、多目标成像等多种工作模式。大于 4T 的星上储存空间，形成强大的采集能力。四星组网可实现每日超过 2×10^6km^{2}的采集量。在全球任何地方，可实现每天观测一次。

1.2.2.2　北京三号卫星

1）基本情况

北京三号卫星（BJ-3）是继北京一号和北京二号遥感卫星星座之后，由二十一世纪空间技术应用股份有限公司推出的北京系列后续卫星星群（表 1.8）。

表 1.8　北京三号卫星性能

卫星名称	发射时间（年份）	传感器	分辨率/m（全色/多光谱）	幅宽/km	定位精度/m（平面）	应用领域
北京三号 A 星	2021	全色/多光谱	0.5/2	23	8	高分辨率陆地观测/灾害监测
北京三号 B 星	2022	全色/多光谱	0.5/2	23	8	高分辨率陆地观测/灾害监测
北京三号国际合作星	2021	全色/多光谱	0.3/1.2	14	8	高分辨率陆地观测/灾害监测

北京三号 A 星是我国首颗任意航迹成像遥感卫星，2021 年 6 月 11 日在太原卫星发射中心成功发射，整星质量约 1200kg，设计寿命 8 年。卫星具有

“三超三智”特点，实现超高敏捷、超高稳定、超高精度的观测能力，同时采用了智能任务规划、智能图像处理、智能复合控制等先进技术。

北京三号B星于2022年8月24日在太原卫星发射中心成功发射。该卫星延续并提升了北京三号A星的技术特点和优势。

北京三号国际合作星是二十一世纪空间技术应用股份有限公司与欧洲空客公司合作研制的新一代甚高分辨率卫星。北京三号国际合作星座由四颗0.3m分辨率卫星组成，首批两颗卫星分别于2021年4月29日与8月17日成功发射，后续卫星计划于2022年发射，每颗卫星质量约1000kg，设计寿命10年。

2）特点分析

北京三号A星、B星采用了星载智能观测技术，星上装载高分辨率大幅宽全色/多光谱双相机组合体，能开展星上自主任务规划和在轨图像智能处理，实现任意航迹成像和反向推扫成像的动中成像模式，还具有同轨多目标成像、同轨多条带拼接成像、同轨多角度立体成像、同轨短时间动态监视成像等成像模式。

北京三号国际合作星与北京二号卫星和北京三号卫星相比，增加了深蓝和红边两个多光谱波段。深蓝光谱具有较强的水体穿透力，能够进行水深测量，适合于水体泥沙水质监测以及近海海底地形测量等应用。另外，深蓝光谱具有更高的大气散射特性，有利于区分阴影中的不同地物。红边波段适用于植被监测和农业相关的遥感应用。当植被冠层密闭时，NDVI会饱和，使用红边波段能够区分不同的植被冠层密度。

北京三号卫星均具同轨多角度立体成像能力，可大范围采集立体像对及三像对数据。

1.2.2.3 高分多模卫星

1）基本情况

高分多模卫星是国家民用空间基础设施规划部署建设中高分辨率综合光学遥感科研卫星，于2020年7月3日在太原成功发射，采用政府与社会资本合作（PPP）模式建设实施，自然资源部为牵头主用户，主用户包括应急管理部、农业农村部、生态环境部、住房和城乡建设部、国家林业和草原局等。该星运行于太阳同步轨道，配置了高分辨率光学相机、大气同步校正仪和星间激光通信终端等有效载荷。高分多模卫星作为我国首颗民用分辨率优于0.5m同时具有多种敏捷成像工作模式的光学遥感卫星，进一步提升了我国亚米级卫星数据保障能力，可用于1:10000比例尺乃至1:5000比例尺平面测图，还可广泛应用于资源调查、生态环境、住建、农业农村、减灾与应急、林业和草原等领域。

2）特点分析

高分多模卫星在高分辨率、九谱段（1个全色波段、8个多光谱波段）、灵活成像、星上在轨数据处理和定量应用方面具有多项创新，具备灵活机动监测特性以及在轨实时数据处理能力，实现了四个“首次”：首次突破了同目标同轨多角度成像、任意向主动推扫成像等敏捷成像技术；首次具备我国民用卫星大气同步观测以及高分辨率图像地面大气校正处理的业务化应用能力；首次在轨实现星-星-地全链路中继数据传输，卫星应急响应能力大幅提升；首次实现星上特定区域图像的快速提取与处理技术在轨应用。

1.2.2.4 吉林一号卫星

1）基本情况

吉林一号卫星星座是长光卫星技术股份有限公司在建的商业光学遥感卫星星座。目前已实现了72颗卫星在轨运行，主要包括1颗光学A星、2颗多光谱卫星、4颗高分02系列卫星、3颗宽幅系列卫星以及36颗高分03D系列卫星。其中，光学A星于2015年10月7日以“一箭四星”的方式发射入轨；多光谱卫星于2019年1月21日发射入轨；高分02系列以及宽幅系列卫星于2019年至2022年陆续发射入轨；高分03D系列卫星于2021年开始以“一箭十星”“一箭十六星”等多种形式发射入轨。

吉林一号卫星星座可为国土安全、地理测绘、土地规划、农林生产、生态环保、智慧城市等各领域提供高质量的遥感信息和产品服务。

2）特点分析

吉林一号卫星星座由涵盖高分辨、大幅宽、视频、多光谱等多系列的高性能光学遥感卫星组成。光学A星全色分辨率0.72m，多光谱分辨率2.88m，幅宽大于11.6km，定位精度可达到10m。多光谱01星、多光谱02星搭载了多光谱成像仪、短波、中波、长波红外相机等载荷，具有宽波段、多光谱、大幅宽等特点，可获取5m分辨率、110km幅宽、26谱段的遥感数据，定位精度约50m（CE90）。高分02系列卫星可获取全色分辨率0.75m、多光谱分辨率3m、幅宽优于40km的高清影像，具备立体成像能力，定位精度可达到10m。高分03D系列卫星全色分辨率0.75m，多光谱分辨率3m，幅宽优于17km，静态推扫模式下的定位精度可达20m。宽幅01系列卫星是同时期全球幅宽最大的亚米级光学遥感卫星，其中，宽幅 01A 星可获取全色分辨率优于 0.75m、多光谱分辨率优于 3m、幅宽大于 136km 的遥感影像，宽幅 01B/C 星可获取全色分辨率优于 0.5m、多光谱分辨率优于 2m、幅宽大于 150km 的遥感影像，定位精度可达到 20m。

1.3 立体测图卫星发展趋势

立体测图卫星是航天高精尖技术的聚集地，发展超高分辨率立体测图卫星是建设航天强国的必由之路，也是维护国家地理信息安全的重要举措。新型基础设施建设是践行新发展理念、推动高质量发展的重要举措，以超高分辨率立体测图卫星为代表的新型空间信息基础设施是国家新基建的重要组成部分。传统航空摄影技术手段能够获取分米级甚至厘米级的超高分辨率遥感影像，但存在作业成本高、周期长、受制于地域和天气条件等局限性。新型基础测绘、新型城镇化发展、城市精细化管理、自然资源三维调查监测、“一带一路”倡议实施等，对超高分辨率卫星遥感数均存在旺盛的需求。发展我国自主超高分辨率立体测图卫星是推动新型空间信息基础设施建设，支撑国民经济高质量发展，提升国家治理体系和治理能力现代化的重要手段。

超高分辨率立体测图卫星已成为国际上新一代遥感卫星的重要发展方向[31]。美国、法国、印度等国家已经发射或正在规划几何分辨率为 0.3m 甚至 0.2m 的高精度测图卫星星座，积极抢占世界航天科技和遥感应用的高地。未来，以空间分辨率优于 0.3m 的超高分光学遥感卫星预计将继续朝着如下几个方面发展。

（1）影像空间分辨率进一步提高。美国 Albedo 公司宣布获得了美国国家海洋和大气管理局（NOAA）的许可，可以销售分辨率为 10cm 的商业光学图像，成为全球遥感卫星发展的新标杆。要开展 1:2000 比例尺的立体测图，影像的空间分辨率应该达到 0.2m，而 10cm 分辨率的卫星影像有望开展 1:1000 比例尺测图。

（2）星座组网常态化发展。超高分辨率的光学遥感卫星，其幅宽一般受限，敏捷机动和星座组网成为超高分辨率卫星的标配，而对同一地点的重访能力将进一步提升。美国正在建设的 WorldView-Legion 星座由 6 颗卫星组成，预期将实现全球任意地点每天 15 次的观测能力，将对应急监测和快速响应提供重要的支撑。法国计划建设由四颗卫星组成的 0.3m 分辨率的 Pléiades Neo 星座，已于 2021 年 4 月和 8 月先后成功发射了两颗卫星，并计划于 2022 年实现四星组网。

(3) 几何定位精度进一步提升。目前超高分辨率光学遥感卫星已实现了CE90平面5m甚至3.5m的无控几何定位精度，少量控制条件下WorldView-3卫星等能实现平面和高程均优于1.0m的超高几何定位精度。后续，高精度的卫星将朝着无控制点平面和高程精度0.5m，有控制点平面和高程精度0.2m的方向前进。

(4) 载荷的集成型、智能型发展受到关注。未来，高分辨率光学相机、多光谱相机、激光测高仪等多载荷集成，可加强各类对地观测数据的互补性，提升数据融合效率，实现一星多用。智能型测绘卫星则有望解决数据采集、数据传输和数据处理的效率问题，提高测绘产品的现势性。例如，通过星上智能感知，减少无效观测和载荷动力消耗；通过星上处理和智能识别，减少星地信息传输压力和地面接收系统压力；基于下传的局部更新数据，减少地面大规模数据处理的压力[7]。

我国已突破自主卫星1∶50000~1∶10000比例尺立体测图关键技术，在轨的资源三号01星、资源三号02星、资源三号03星和高分七号卫星构成了我国1∶50000~1∶10000比例尺光学立体测绘卫星星座。为确保高精度自主卫星数据源的长期、稳定、连续，提升立体影像的有效覆盖能力，多颗后续立体测图卫星的立项研制工作已陆续启动。2020年7月发射的高分多模卫星代表着当时我国民用遥感卫星最高分辨率水平，分辨率达到0.41m；以高景一号、北京三号、吉林一号等为代表的其他商业卫星的最高分辨率水平达到0.5m，也具备了1∶50000比例尺立体测图精度。总体上看，国产高分辨率遥感卫星在功能性能指标上与国际先进水平基本相当，但在超高分辨率立体测图卫星研发与应用方面，与国际领先水平仍有一定差距，与大比例尺立体测绘的精度要求还相差较远，核心技术领域存在一些“卡脖子”问题，相关工程技术难题还有待突破。未来，需加快部署卫星预研、卫星研制和应用示范，逐步构建1∶50000、1∶10000、1∶2000等国家基本比例尺的卫星测绘技术体系，在分辨率和几何辐射精度等方面全面赶上甚至超越国际领先水平，同时，深入挖掘卫星应用场景和数据价值，提高应用效益，为建设航天强国奠定基础。

高分七号卫星作为我国首颗民用亚米级高分辨率光学立体测绘卫星，是高分系列卫星中测图精度要求最高、技术难度极大的科研型卫星，开启了我国自主高精度航天测绘新时代。本书结合高分七号卫星工程实践，对1∶10000比例尺高精度卫星立体测绘技术进行总结。

1.4 高分七号卫星工程概况

1.4.1 卫星工程简介

高分七号（GF-7）是我国首颗 1∶10000 比例尺立体测图卫星，安装了两台高分辨率测绘相机和一台全波形线性体制激光测高仪，采用“两线阵+激光测高”的技术手段实现 1∶10000 比例尺卫星立体测图精度。

高分七号卫星工程是我国高分辨率对地观测系统的重要组成部分，其目标是突破亚米级立体测绘相机、激光测高以及 1∶10000 比例尺卫星立体测图技术，大幅提升我国卫星对地观测与立体测绘的水平。

高分辨率对地观测系统（简称“高分专项”），是《国家中长期科学和技术发展规划纲要（2006—2020 年）》所确定的 16 个重大专项之一。该系统由天基观测系统、临近空间观测系统、航空观测系统、地面系统、应用系统等组成，于 2010 年经过国务院批准启动实施。国家国防科工局作为该专项的牵头组织部门。

在国家国防科工局和自然资源部（原国家测绘地理信息局并入该部）的领导下，在国家国防科工局重大专项工程中心的组织下，高分七号卫星于 2016 年正式立项研制。在广大航天工作者和测绘工作者的辛勤努力下，工程完成了卫星平台、两线阵相机、激光测高仪以及地面和应用系统的研制，突破了亚米级高精度测绘相机技术、激光测高仪技术，以及地面激光测高检校、光学与激光复合测绘等一系列关键技术。2019 年 11 月 3 日，高分七号卫星在太原卫星发射中心成功发射。

高分七号卫星工程由卫星系统、运载火箭系统、发射场系统、测控系统、地面系统和应用系统 6 个系统组成。国家国防科工局重大专项工程中心负责工程的组织管理，航天科技集团公司五院负责卫星系统的研制，航天科技集团公司八院负责 CZ-4B 运载火箭的研制，中国资源卫星应用中心会同中国科学院空天信息创新研究院等单位按分工负责地面系统接收、处理、任务管理、定标等研制建设和运行工作。卫星应用系统由高分测绘应用示范系统、高分城市精细化管理遥感应用示范系统、统计业务遥感信息产品应用示范系统和共享服务系统组成。自然资源部国土卫星遥感应用中心负责高分测绘应用示范系统的建设及运行，住房和城乡建设部遥感应用中心负责高分城市精细化管理遥感应用示范系统的建设及运行，国家统计局数据管理中心负责统计业务遥感信息产品应用示范系统的建设及运行，参加在轨测试。中国科学院空天信息创新研究院负责应用系统共性技术攻关与集成，研制共享服务系统。

在卫星正常状态建立后，开展了卫星工程指标的测试，包括卫星工程的各项指标、性能的测试和卫星各分系统主要功能、性能的测试。经过卫星和地面以及应用系统9个月的在轨测试，圆满完成了高分七号卫星工程技术指标。双线阵立体影像清晰，成像功能正常、稳定，可满足在轨长期运行要求。

2020年，通过卫星几何检校，无地面控制点条件下双线阵相机影像的平面定位精度优于7.2m，激光测高与双线阵相机复合测绘的高程精度达到1.2m（丘陵地区）；有控制点条件下，平面精度可达0.4m、高程精度可达0.5m（平原地区），全面满足卫星工程研制总要求。采用两线阵卫星影像制作的数字表面模型（DSM）纹理清晰，微地貌信息丰富。数字高程模型（DEM）晕渲合理，地貌特征正常。数字正射影像（DOM）纹理清晰、层次丰富、反差适中。采用高分七号影像数据制作的数字线划图（DLG）内容完整、结构正确，图形的综合和合并符合地理特征，各要素轮廓清晰，类别准确，满足1∶10000比例尺立体测图要求。

经过多次的几何检校和高精度迭代处理，2021年，在无地面控制点条件下，高分七号双线阵影像的平面定位精度达到3.5m，激光测高与双线阵相机复合测绘的高程精度在平原、丘陵、山区、高山区的精度分别达到0.5m、1.2m、1.5m和2.0m，达到1∶10000比例尺立体测图技术指标，2m格网间距的DSM细节丰富，精度良好，激光与可见光的复合测绘实现了业务化应用，可满足全球范围无地面控制条件下1∶10000比例尺立体测图精度；在少量控制点条件下，高分七号在平原地区的平面精度优于0.4m，高程精度优于0.5m，在丘陵、山区和高山区的测图精度也满足测图要求（详见第9章）。

1.4.2 卫星总体技术参数

高分七号卫星运行于高度约506km的太阳同步轨道，设计寿命8年。卫星采用双线阵立体测绘体制，配置双线阵立体测绘相机和两波束激光测高仪（图1.2），能够获取高空间分辨率立体测绘遥感数据和高精度激光测高数据。高分七号卫星地面像元分辨率设计值为前视全色0.8m，后视全色0.65m，后视多光谱2.6m（4个谱段），激光测距精度优于30cm(1σ)，立体测绘产品平面精度优于5m(1σ)、高程精度优于1.5m(1σ)。

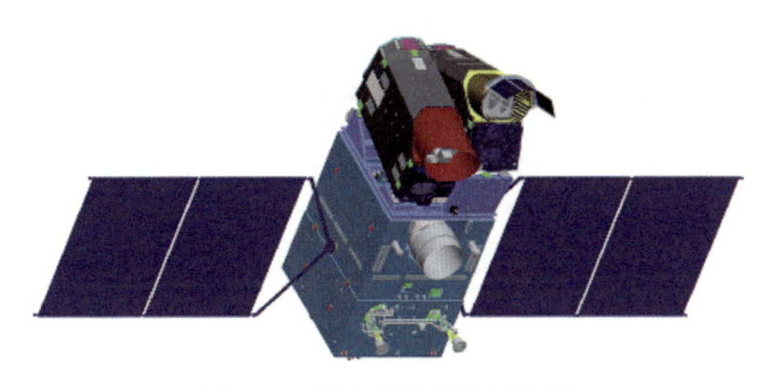

图 1.2　高分七号卫星示意图

高分七号卫星主要技术参数见表 1.9。

表 1.9　高分七号卫星主要技术参数

项目		参数
卫星质量		2700kg
设计寿命		8 年
卫星轨道	类型	太阳同步回归轨道
	高度	506km
	倾角	97°
	回归周期	59 天
	重访周期	5 天
	降交点地方时	10:30AM
姿态控制	姿态指向精度	≤0.02°（三轴，3σ）
	轨道系姿态确定精度	$<0.002^{\circ}$（3σ）
	姿态稳定度	$\leq 2\times10^{-4}$（°）/s（三轴，3σ）
	星敏惯性空间姿态测量精度	≤0.001°（三轴，3σ）
	侧摆能力	±32°，机动 32°时间≤180s
轨道测量	GPS 定位精度	≤10m（实时，1σ）
双线阵相机	地面分辨率（星下点）	全色：后视 0.65m/前视 0.8m 多光谱：后视 2.6m
	相机倾角	前视：+26° 后视：-5°
	光谱范围	全色谱段：0.45~0.9μm 多光谱 B1：0.45~0.52μm 多光谱 B2：0.52~0.59μm 多光谱 B3：0.63~0.69μm 多光谱 B4：0.77~0.89μm
	静态调制传递函数（MTF）	≥0.18
	影像量化位数	11bit
	幅宽	≥20km
	基高比	0.67

续表

项目		参数
激光测高仪	激光波束	2 波束
	激光重复频率	3Hz
	测距精度	≤0.3m（坡度小于 15°）
	单脉冲能量	≤180mJ
	激光器工作波长	1.064μm
	激光地面足印	≤60μrad（30m@500km）
	光斑大小	波束 1 为 19m；波束 2 为 21m
	足印相机光谱范围	0.50~0.72μm、1.064 μm
	足印相机地面像元分辨率	3.2m（@500km）
	足印相机幅宽	1.6km

1.4.3 卫星工程的技术特点

高分七号是我国自主设计、自主研制、自主应用的高精度立体测图卫星，主要目标是实现 1∶10000 比例尺卫星立体测图。1∶10000 比例尺测图要求有军用标准和民用标准，但军用标准和民用标准总体精度指标一致，简单地说，一般要求是平面精度 5m，高程精度是等高距的 1/3。1∶10000 比例尺在丘陵地区的等高距一般为 5m，因此，民用的测绘标准可以简化地表达为，在丘陵地区的要求是平面 5m、高程 1.5m。从标准来看，高程精度比平面精度要求要高 3 倍。由于我国元器件条件的限制，仅仅依靠卫星平台摆动和光学相机本身难以实现 1∶10000 比例尺卫星立体测图。即使在国外，单纯采用“卫星平台+相机”的模式，也难以实现这个高程精度。如何设计新型的测绘模式，实现国产卫星 1∶10000 比例尺立体测图，特别是能不能实现在无地面控制点条件下的 1∶10000 比例尺测图精度，不仅仅是国家重大科技专项高分辨率对地观测系统的重大难题，也是卫星能否实现全球 1∶10000 比例尺立体测图的关键。

为了实现 1∶10000 比例尺卫星立体测图的精度，必须采用新型的测绘体制，利用不同传感器的特点，发挥不同的优势，解决 1∶10000 比例尺立体测图的精度问题。

大家知道，航空激光测量可以得到厘米级精度，那能不能把激光测高仪放在卫星上，进行卫星激光测高，然后利用激光测高数据进行辅助立体测图呢？经过对美国 ICESat 数据的认真分析，加上在资源三号 02 星（ZY3-02）对激光测高数据的全面分析，发现这个方法是可行的。高分七号卫星最大的优势是采用了激光测高与光学相机进行复合测绘的方法，实现了在国产元器件条件下的 1∶10000 比例尺立体测图。

高分七号本身的研制有很多创新点，从卫星测绘的角度来看，具有如下技术特点。

（1）首次采用了“两线阵+激光测高”的体制，把激光测高的优势和立体测量的优势结合在一起，实现了 1∶10000 比例尺高精度立体测图。

1∶10000 比例尺卫星立体测图对高程的精度要求非常高，按照国家标准，1∶10000 比例尺地形测绘在平原地区的高程精度是 0. 3m，相对于 5m 的平面精度来说，这是非常严格的指标。即使是航空摄影测量，达到这个要求也比较困难。对卫星来说，难度更大。即使是 0. 5m 的高程精度，若基高比设计为 1，其对应的姿态精度要求是 0. 18″。这个精度对全球卫星来说，目前几乎都是不可能实现的。因此，采用替代方法实现这个高程精度就是唯一的手段。

激光测高有着非常明显的优势。由于激光的测距精度高，很早就有了采用激光进行测量的手段。在航空平台上、地面上都有激光测绘的工具和仪器。对卫星来说，激光测高最早是用于月球探测的，因为月球没有大气，干扰因素少，而地球的大气对激光的测量有一定的影响。许多学者对大气、潮汐等影响进行了研究，致力于将这些影响带来的误差降低到厘米级。这为对地的卫星激光测量打开了大门。美国 ICESat 卫星开展了激光对地观测的成功实践，但能否将激光测高数据用于 1∶10000 比例尺立体测图则是一项巨大的挑战。

为了实现高精度激光测高，ZY3-02 搭载了一台简易的激光测高仪，用于测试激光测高辅助立体测图的可行性。虽然是一台简易的激光测高设备，只能下传测距数据，不能下传激光的波形数据，但通过对激光测高仪的检校之后，ZY3-02 的激光测高精度可以达到米级。这样，激光测高辅助立体测图的技术路线就基本走通了。

接下来需要解决光学立体测图的问题。大家知道，资源三号（ZY-3）采用三线阵相机，通过对光学相机和卫星平台的高精度检校，可以实现全球平面 10m、高程 5m 的精度，达到了 1∶50000 比例尺卫星测图的精度。但是对 1∶10000 比例尺测图来说，由于 1∶10000 比例尺要求的分辨率更高，相机的体积更大。能不能减少传感器，实现 1∶10000 比例尺的精度也是一个技术难题。通过前期的论证和技术准备，采用两线阵相机，在基高比大于 0. 6~0. 7 的情况下，可以实现3~5m的高程精度。

这样，采用激光测高的高程精度，辅助光学相机实现1∶10000比例尺立体测图的精度。实践证明，这个设计是可行的。

（2）开展了两波束全波形激光测高仪高精度几何检校，测高精度达到0.1m。

如果说资源三号的激光测高仪是1∶50000比例尺立体测图的辅助载荷的话，那么两波束的全波形激光测高则是高分七号的主要载荷。该激光测高系统共包含两波束激光，每波束各包含两台激光器（主备份各一台）和一台足印相机，同时两波束共用一台光轴监视相机。两波束天底方向夹角为0.7°。在卫星轨道高度500km左右时，垂轨向两波束地面激光脚点相距约12.25km，光轴监视相机、足印相机与激光同步曝光，记录下光斑在地面的位置。测高仪的测量频率设计为3Hz（一般测量模式），沿轨方向相邻激光脚点相距不超过2.4km。激光发散角为60μrad，理论上激光地面光斑直径为30m。

受卫星发射振动、外太空环境变化等因素影响，激光器的指向、测距等系统误差均会发生变化，如何对激光测高系统进行检校是能否实现激光高程精度的关键。我们对激光系统的检校的方法进行全面梳理，研究确定了激光测高仪的检校方法和足印相机的检校方法，开展了激光指向、激光测距系统差、指向与测距稳定性分析，设计了高分七号地面激光探测器和角发射器等地面检校设备，构建了激光大气订正、潮汐改正以及其他的误差改正方法，形成了激光测高检校系统。2020年6月，通过在内蒙古苏尼特右旗的检校，获取激光参考点坐标和激光指向角度的精确标定值、足印影像相机内方位元素标定值、激光测距系统误差补偿值、激光足印影像外方位元素补偿值以及姿态和轨道测量值中的系统误差等的补偿值等，实现了高精度的激光几何检校，激光测高在检校场的验证精度在0.1m之内。2021年又开展了激光的第二次外业检校，激光在检校场的验证精度达到0.06m左右。

（3）开展了激光高程点提取方法研究，实现了从卫星激光测高到高程控制点的有效获取。

在确认了激光测高有效性之后，如何从大量的激光测高数据中有效选取高程控制点是实现1∶10000比例尺立体测图的又一项关键。对激光测高数据进行精细化处理，包括利用卫星下传的姿态测量原始数据，如星图、星敏感器数据和陀螺数据等，开展地面事后姿态处理，获取较高精度姿态测量数据，使得姿态指向精度优于1″；利用卫星下传的双频GPS机的原始载波相位信号进行事后轨道处理，开展高精度、实时化的星地联合定轨，获取高精度轨道测量数据，使得轨道测量数据在切向、法向、径向精度均优于0.03m[32]。然后在精姿精轨数据的基础上，研发了高分七号卫星激光测绘数据处理系统，包括潮汐影响精化处理、大气影响精化处理、长周期激光测高数据质量监控、激光测绘标准测高产品生产子系统。在此基础上，开发了波形分析、激光与光学配准等功能模块，实现了基于激光全波形以及相应地形数据的高精度激光高程数据提取，将激光测高数据分为9个等级，其中1~2级的高程精度在平地地区的精度为0.3m的点数达到90%以上，可以直接用于1:10000比例尺立体测图。这就为卫星的1:10000比例尺立体测图提供了良好的数据处理条件。

（4）研究了激光与立体影像复合测绘的技术方法，实现了高分七号1:10000比例尺无地面控制条件下的立体测图。

有了激光点和立体影像之后，如何实现1:10000比例尺的立体测图精度是工程的最后一个关键。我们对两线阵相机和激光的足印相机均进行高精度检校，利用内蒙古、浙江等区域的检校数据，实现了卫星影像内方位元素的精确标定，构建了卫星影像外方位元素系统误差（主要包括星上设备安装误差以及姿态和轨道测量值中的系统误差等）的偏置补偿矩阵，大幅减弱由于卫星在轨运行物理环境变化而导致的星上载荷各项技术指标实际值与地面试验室标定值的误差。然后，采用虚拟CCD线阵重成像技术，对原始影像进行重采样生成拼接后影像，并构建其成像几何模型，形成传感器校正影像。

将整轨或同轨连续多景的立体影像构建平差区域网，在每景立体影像内部自动匹配密集的连接点，在相邻景立体影像之间重叠区域自动匹配适量的公共连接点。随后针对立体影像开展自由网平差，实现立体影像的高精度相对定向。然后将激光足印影像与立体影像进行高精度影像匹配，获取激光足印影像上激光地面足印中心点的像点在立体影像上的同名像点，亦即激光地面足印中心点在立体影像上的精确像点坐标。

由于激光足印影像与立体影像的差异，可能导致激光足印影像与立体影像的自动匹配无法成功，考虑到能够被选作高程控制的绝大多数激光测高点的地面足印范围内地表较为平坦，足印内不同位置的地表高程值近乎相同，因此可以在立体影像上激光地面足印范围内获取同名像点，作为激光地面足印中心点的替代，并将其作为高程控制点。

通过这种方法，实现了激光辅助光学立体影像进行立体测图的技术方法。

实践表明，开展激光测高点与立体影像联合区域网平差后，在江苏平原丘陵试验区的高程中误差由原来的5.37m降低至0.50m，在河北山地试验区的高程中误差由原来的3.56m降低至0.85m，高程精度均可以满足我国1∶10000比例尺立体测图高程精度要求。

同时，由于平差的过程是对激光高程点的使用过程，通过这种使用，可以发现之前选取的激光高程点的可用性，从而实现了对高程控制点的进一步筛选，进而精化高精度的高程控制点数据库，实现了高精度高程控制点的收集。这对激光高程点在其他方面的应用提供了更好的空间，可以通过激光控制点的多种利用，实现更多的激光测绘。

1.4.4 卫星在轨测试

高分七号卫星工程在轨测试从2019年11月开始，到2020年7月正式结束，主要分为以下三个阶段：

（1）卫星系统飞控测试阶段。开展卫星平台、载荷系统及成像功能在轨测试。测试结果表明，卫星飞控阶段各项测试结果正常，功能、性能满足设计指标要求。

（2）星地一体化指标和地面系统在轨测试阶段。重点开展了轨道调整，成像参数调整与星地一体化图像质量分析，以及数据接收、地面管控、地面处理、数据分发、应急监测流程、数据覆盖能力等项目测试，完成高分相机切备份供电及相关测试。测试期间完成了外场绝对定标系数测试和计算，根据用户需求拍摄、生产并推送行业应用测试数据，根据用户反馈意见不断完善图像处理流程和算法。

（3）应用系统测试阶段。开展卫星图像行业示范应用评价，重点从共性、测绘、住建、统计和交通等行业业务需求出发，按照行业应用规范和要求，分析评价了高分七号卫星数据的应用能力，初步形成了主用户行业的业务应用产品体系。

表1.10列举了高分七号卫星在轨测试的主要技术指标实现情况。

表1.10 高分七号卫星在轨测试的主要技术指标实现情况

序号	项目	指标要求	验证结果
1	影像分辨率（不侧摆星下点）	后视全色影像：≤0.8m。 前视全色影像：≤0.8m。 后视多光谱影像：≤3.2m	后视全色影像：0.65m。 前视全色影像：0.77m。 后视多光谱影像：2.60m

续表

序号	项 目	指 标 要 求	验 证 结 果
2	幅宽	双线阵相机幅宽：≥20km	前视全色影像：22.6km。 后视全色影像：22.2km。 后视多光谱影像：22.6km。 立体像对：21.8km
3	相对辐射定标不确定度	实验室相对辐射定标不确定度：≤3%。 在轨相对辐射定标不确定度：≤2%	辐射一致性较好，相对辐射校正精度均优于2%
4	在轨绝对辐射定标系数不确定度	≤6%	4.2%
5	双线阵相机在轨几何检校	在轨内方位元素检校精度优于0.3像元（1σ）	前视全色、后视全色、后视多光谱相机线阵方向和垂直于线阵方向在轨几何标定精度均优于0.28pixel(1σ)
6	事后定轨精度	≤10cm(1σ)	≤10cm(1σ)
7	事后姿态精度	≤0.5″(1σ)	经过精密定姿后，采用星敏感器组合模式，惯性系下姿态确定精度可达到0.45″(1σ)
8	激光测距精度	≤0.3m	波束1测距误差为0.1m（坡度<2°）； 波束2测距误差为0.1m（坡度<2°）
9	激光测高仪绝对高程精度	≤1m(1σ，坡度<15°)	检校后在平地高程精度为达到0.1m，丘陵地高程精度达到0.4m，山地高程精度达到0.9m
10	平面和高程精度	无地面控制点： 平面定位精度：≤20m(1σ)。 有地面控制点： 平面定位精度：≤5m(1σ)。 高程精度：≤1.5m(1σ)	卫星数据经检校后无地面控制点定位精度优于7.2m，激光、两线阵联合无控高程精度达到1.2m；有地面控制点平面精度可达0.4m、高程精度达到0.5m
11	DSM精度	高程精度：≤1.5m(1σ)	在有控制点条件下，点云高程精度平地为0.366m，丘陵地为0.632m，DSM满足1:10000比例尺一级精度要求（黑龙江部分区域）
12	DEM精度	高程精度：≤1.5m(1σ)	DEM整体地貌特征清晰，微地貌表达精细。平地高程中误差为0.804m，满足1:10000比例尺三级精度要求；丘陵地高程中误差为0.609m，满足1:10000比例尺一级精度要求

续表

序号	项 目	指 标 要 求	验 证 结 果
13	测图精度要求	满足 1:10000 比例尺立体测图精度、1:5000 比例尺地图修测与更新精度要求	满足 1:10000 比例尺立体测图精度、1:5000 比例尺地图修测与更新精度要求

1.4.5 工程技术总结

高分七号是全球首个采用“两线阵+激光测高”体制进行 1:10000 比例尺立体测图的卫星工程，实现了国产卫星测绘从 1:50000 比例尺到 1:10000 比例尺的又一步跨越，将为国家基础测绘、自然资源管理、住房城乡建设、国民经济统计、交通运输以及生态环境、农业农村、林业草原、水利建设、防灾减灾等多个领域和部门提供高精度的遥感数据与三维地理空间信息。

工程的主要技术进步如下：

（1）首次实现双星敏感器星图在轨融合技术，卫星姿态稳定度首次达到了 6.0×10^{-5}（°）/s(3σ)；首次实现星地高速可变编码调制方式（VCM），数据传输能力在 X 频段达到 2×1.2Gb/s，数据传输效率相对固定编码方式提高 1.2~1.3 倍。

（2）卫星在轨测试期间获取的双线阵立体影像清晰，卫星成像在轨功能执行正常、稳定，可满足在轨长期运行要求；无地面控制点定位精度优于 7.2m（2020 年在轨测试结果），激光、两线阵联合无控高程精度达到 1.2m；有控制点条件下，平面精度可达 0.4m、高程精度约为 0.5m，满足卫星工程研制总要求。

（3）激光测高仪波束测距误差为 0.1m（坡度小于 2°）；波束 2 测距误差为 0.1m（坡度小于 2°），均满足指标要求。在轨检校后，在平地高程精度为达到 0.1m，丘陵地高程精度达到 0.4m，山地高程精度达到 0.9m，可以作为高精度高程控制点提升无控测图精度。

（4）在 1:10000 比例尺立体测图方面，DSM 纹理清晰，微地貌信息丰富。DEM 晕渲合理，地貌特征正常。DOM 纹理清晰、层次丰富、反差适中。DLG 数据内容完整、结构正确，图形的综合和合并符合地理特征，各要素轮廓清晰，类别准确。

（5）在住房和城乡建设应用方面，可以定性识别出城市建筑物、绿地、交通设施基本地物要素，并可以较为精确地测量地物平面面积，提取要素高度信息，可满足 1∶10000 比例尺住房城乡建设行业应用要求。

（6）在统计应用方面，高分七号卫星数据可以较为准确地识别出主要农作物类型，测量农作物种植面积，自动化检测农作物用地的变化状态，同时可以准确地识别固定资产投资项目中的大型设备以及图斑变化，可实现投资项目进度的立体估计。

（7）在交通应用方面，可用于公路建设施工形象进度监测、公路建设施工高程进度监测，满足路基、边坡、桥梁等构造物在施工工程形象进度监测；可判断施工边坡已完成的边坡级数，并能分析坡率及高程变化，满足高边坡施工中垂直方向施工进度监测。

参考文献

[1] 朱红，刘维佳，张爱兵．光学遥感立体测绘技术综述及发展趋势［J］．现代雷达，2014，36（6）：6-12.

[2] 李德仁．我国第一颗民用三线阵立体测图卫星——资源三号卫星［J］．测绘学报，2012，41（3）：317-322.

[3] 王任享，胡莘，王新义，等．“天绘一号”卫星工程建设与应用［J］．遥感学报，2012，16（S1）：2-5.

[4] 唐新明，孙承志，高小明，等．资源三号卫星测绘技术总体设计［M］．北京：科学出版社，2018.

[5] 李德仁，王密．高分辨率光学卫星测绘技术综述［J］．航天返回与遥感，2020，41（2）：1-11.

[6] 杨元喜，任夏，王建荣．集成型与智能型测绘卫星工程发展及其关键技术［J］．测绘学报，2022，51（6）：854-861.

[7] 王任享，王建荣．我国卫星摄影测量发展及其进步［J］．测绘学报，2022，51（6）：804-810.

[8] 李德仁，张洪云，金文杰．新基建时代地球空间信息学的使命［J］．武汉大学学报（信息科学版），2022，47（10）：1515-1522.

[9] 杨居奎，王长杰，孙立，等．高分七号卫星双线阵相机关键技术设计［J］．航天器工程，2020，29（3）：61-67.

[10] 张新伟，贺涛，赵晨光，等．高分七号卫星测绘体制与性能评估［J］．航天器工程，2020，29（3）：1-11.

[11] 曹海翊，戴君，张新伟，等．“高分七号”高精度光学立体测绘卫星实现途径研究

[J]. 航天返回与遥感, 2020, 41 (2): 17-28.
[12] 胡芬, 杨博, 唐新明, 等. ZY-3 卫星异轨立体影像几何定位精度分析 [J]. 航天返回与遥感, 2016, 37 (1): 71-79.
[13] 唐新明, 李国元, 高小明, 等. 卫星激光测高严密几何模型构建及精度初步验证 [J]. 测绘学报, 2016, 45 (10): 1182-1191.
[14] 曹宁, 周平, 王霞, 等. 激光测高数据辅助卫星成像几何模型精化处理 [J]. 遥感学报, 2018, 22 (4): 599-610.
[15] ZHONG X, BAO S Z. Application advantages of staring area imaging technology (SAIT) for microsatellites [J]. Aerospace China, 2019, 20 (1): 30-41.
[16] 唐新明, 谢俊峰, 付兴科, 等. 资源三号 02 星激光测高仪在轨几何检校与试验验证 [J]. 测绘学报, 2017, 46 (6): 714-723.
[17] 李国元, 唐新明. 资源三号 02 星激光测高精度分析与验证 [J]. 测绘学报, 2017, 46 (12): 1939-1949.
[18] 张过, 汪韬阳, 李德仁, 等. 轨道约束的资源三号标准景影像区域网平差 [J]. 测绘学报, 2014, 43 (11): 1158-1164, 1173.
[19] 杨博, 王密, 皮英冬. 仅用虚拟控制点的超大区域无控制区域网平差 [J]. 测绘学报, 2017, 46 (7): 874-881.
[20] 王晋, 张勇, 张祖勋, 等. ICESat 激光高程点辅助的天绘一号卫星影像立体区域网平差 [J]. 测绘学报, 2018, 47 (3): 359-369.
[21] 刘韬. 国外光学测绘卫星发展研究 [J]. 国际太空, 2016 (1): 67-74.
[22] 唐新明, 张过, 祝小勇, 等. 资源三号测绘卫星三线阵成像几何模型构建与精度初步验证 [J]. 测绘学报, 2012, 41 (2): 191-198.
[23] 司马文. 2014 年世界遥感卫星回顾 [J]. 数字通信世界, 2015 (2): 44-59.
[24] 郭连惠, 喻夏琼. 国外测绘卫星发展综述 [J]. 测绘技术装备, 2013, 15 (3): 86-88.
[25] 李博, 赵惠惠, 刘韬. 欧洲“新一代昴宿星”发展与特点分析 [J]. 国际太空, 2021 (7): 24-27.
[26] RAMESH S. Cartosat-3 images are so clear that you can tell a truck from a car, read road markings [EB/OL] (2020-01-31) [2020-02-01]. https://www.strategicfront.org/forums/threads/indian-space-program-news-discussions.107/page-40.
[27] 张记炜, 潘娜. 印度航天侦察卫星的发展现状、特点及其启示 [J]. 飞航导弹, 2021 (3): 7-13.
[28] 祁首冰. 韩国遥感卫星系统发展及应用现状 [J]. 卫星应用, 2015 (3): 52-56.
[29] 汪淼. 韩国多用途系列对地观测: KOMPSAT2、3、3A 卫星介绍 [J]. 通讯世界, 2017 (1): 255-256.

[30] 张鹏, 张存, 王秋芹, 等. Kompsat-3A 在 1∶10000 地形数据生产中的应用 [J]. 测绘技术装备, 2018, 20 (3): 54-56.

[31] 高小明, 李国元, 袁小棋, 等. 甚高分辨率光学遥感卫星发展与展望 [C] //首届全国数字地球大会论文集. 北京: IOP 出版社, 2019.

[32] 赵春梅, 唐新明. 基于星载 GPS 的资源三号卫星精密定轨 [J]. 宇航学报, 2013, 34 (9): 1202-1206.

第2章　高分七号卫星测绘总体设计及仿真分析

2.1　需求分析

习近平总书记指出，绿水青山就是金山银山，要坚持山水林田湖草沙一体化保护和系统治理，全方位、全地域、全过程加强生态环境保护。

山水林田湖草沙是基本的国土资源，测绘是获取基础性地理空间信息的有效手段。这些基础地理信息是国家重要的战略信息资源，是国民经济和社会发展的基础保障，也是维护国家安全、保障国家利益的基石。测绘具有基础性、先行性和技术密集等特点，无论是加强基础测绘能力建设，服务国家“走出去”战略的全球地理空间信息获取能力建设，还是支持国家经济社会可持续发展的地理国情监测能力建设和应急测绘保障能力建设，提高测绘竞争力，都迫切需要具备1:10000大比例尺测图能力的高分辨率测绘卫星的支撑。

高分七号卫星是国家实现1:10000比例尺基础测绘，服务国土资源调查、地理国情监测、全球地理信息保障等主体业务的核心技术装备，也为其他行业的高精度应用提供国产亚米级分辨率光学卫星数据基础。

2.1.1　国家战略需求

党的十九大报告提出，要坚持人与自然和谐共生。建设生态文明是中华民族永续发展的千年大计。必须树立和践行“绿水青山就是金山银山”的理念，坚持节约资源和保护环境的基本国策，像对待生命一样对待生态环境，统筹山水林田湖草系统治理，实行最严格的生态环境保护制度，形成绿色发展方式和生活方式，建设美丽中国，为人民创造良好生产生活环境，为全球生态安全作出贡献。

党的二十大报告指出，中国式现代化是人与自然和谐共生的现代化，人与自然是生命共同体。我们要牢牢守住十八亿亩耕地红线，逐步把永久基本农田全部建成高标准农田，确保中国人的饭碗牢牢端在自己手中。要促进区域协调发展，构建优势互补、高质量发展的区域经济布局和国土空间体系。要以国家重点生态功能区、生态保护红线、自然保护地等为重点，加快实施重要生态系统保护和修复重大工程。

党的十九大、二十大报告对国民经济、社会发展和国家安全做出了重大战略部署，要求推动绿色发展，促进人与自然和谐共生；加快构建新发展格局，着力推动高质量发展；增进民生福祉，提高人民生活品质；坚决维护国家安全，推动构建人类命运共同体。这些内容都需要高分辨率测绘遥感信息，而高分七号可以获取全国乃至全球的 1∶10000 比例尺基础地理信息，可以为国家高质量发展和生态文明建设提供基础性支撑。

2.1.2 基础测绘需求

根据《全国基础测绘中长期规划纲要（2015—2030 年）》，为满足国民经济建设高质量发展对我国系列比例尺基础地理信息紧迫性和现势性的要求，需要加大卫星遥感资料的获取力度，实现多种分辨率卫星影像的按需覆盖。

2.1.2.1 1∶10000 比例尺测绘需求

根据基础测绘规划纲要，国家需要开展 1∶10000 基本比例尺地形图测绘，进一步加强地方基础测绘工作，尤其是边远地区、少数民族地区的基础测绘工作，推动全国基础测绘均衡发展，全面实现省级基础地理信息资源对陆地国土的必要覆盖。以定期更新与动态更新相结合的方式，结合省级 1∶10000 比例尺数据库更新，建立 1∶10000 比例尺基础地理信息数据库更新与一体化管理，实现基础地理更新信息速报和变化信息发现。对地形、水系等要素进行实时更新；对主要铁路、高速公路及国道、县以上地名及行政区划等要素每年更新一次；沿主要交通网及周边重点要素、重点城市和区域 5 年内全面更新两次；其他区域和数据内容 5 年内全面更新一次。完善数字高程模型数据库，5 年内对变化大的区域实现一次更新。当前我国基础地理信息资源覆盖面不全面，1∶10000 比例尺基础地理信息未实现必要覆盖、按需更新（东部、重点建设地区 1~2 年，中部地区 2~3 年，西部地区 3~5 年），尤其是边境地区和经济欠发达地区的基础地理信息资源极度匮乏，因此需要实现全国 1:10000 比例尺测图约 6.6×10^6km^2（达到国土面积60%以上的覆盖），对东中部经济发达省份（约 4×10^6km^2）更新一遍。

2.1.2.2 实景三维需求

为切实履行自然资源统一调查监测职责，加强自然资源调查评价监测工作，自然资源部于 2021 年 2 月下发了《自然资源三维立体时空数据库建设总体方案》，开始全面推动实景三维中国建设。针对“经济建设、国防建设、社会发展和生态保护等普适性服务以及自然资源管理”需求，在 2021 年底以资源三号卫星星座立体数据为基础完成了 10m 格网 DEM 全国更新和优化，需要利用高分七号卫星在“十四五”期间完成 5m 格网实景三维中国数据覆盖，包括生产全国陆域 9.6×10^6km^{2}范围每年亚米级卫星正射影像产品更新，4×10^6km^2 重点区域每年 2 次的亚米级卫星影像正射影像产品监测，3 年完成一次全国陆域 9.6×10^6km^{2}范围的亚米级立体影像 DSM/DEM 产品更新，对亚米立体卫星的立体测图精度和服务能力方面提出了新的要求和挑战。

2.1.2.3 全球基础地理信息需求

党的十八大明确提出“丝绸之路经济带”和“21 世纪海上丝绸之路”的战略倡议，正式将“一带一路”提升为国家发展战略，全球范围高精度、高时效、高可靠的地理空间信息和资源环境数据是“一带一路”以及构建人类命运共同体的基础需求，《全国基础测绘中长期规划纲要（2015—2030 年）》明确提出要开展全球地理信息资源建设，结合我国全球经济战略的实施，以面向全球、经略周边、稳保国内的战略布局，生产全球无缝连接的陆、海、空中小比例尺地理空间信息，突出海外资源开发战略区、对外投资热点地区实现大中比例尺地理空间信息的必要覆盖。把周边东亚、东南亚、南亚和中亚地区作为重点区域，形成系列配套的大中比例尺地理空间信息产品体系。建立多元、多尺度、多分辨率的全球地理空间信息数据库，实现 1:250000 及更小比例尺覆盖全球，1:50000 比例尺覆盖我国周边地区和全球重点区域，1:10000 比例尺覆盖国外热点地区。但境外地区地理信息资源获取存在控制点布设困难、测图精度难以有效提升等问题，以资源三号卫星星座为代表的国产卫星影像是全球地理信息资源建设的主要数据源，迫切需要开展国产卫星影像产品质量提升和精度优化工作，实现无地面控制点条件下的高精度立体测图，满足全球地理信息资源建设和更新需求。同时大范围的地理信息要素采集，对高精度、高效率的卫星影像典型要素提取技术提出了巨大挑战，迫切需要更高精度的高分七号卫星获取我国周边和重点关注地区1∶10000比例尺基础地理信息数据，为全球变化监测提供高精度的卫星数据支撑，不断促进我国卫星的国际化应用，提升我国的大国地位。

2.1.2.4　应急测绘需求

应急测绘是为各类突发公共事件提供地理信息和现代测绘技术的基础支撑，是国家突发事件应急体系的重要组成部分，是指挥决策和抢险救灾的保障和依据。做好应急测绘保障工作是《中华人民共和国测绘法》明确的法定职责，提供应急测绘保障是自然资源部的重要职责。应急测绘为国家应对突发自然灾害、事故灾难、公共卫生事件、社会安全事件等突发公共事件高效有序地提供地图、基础地理信息数据、公共地理信息服务平台等测绘成果，并且快速、系统获取受灾区域最新基础地理信息，为应急工作提供测绘保障服务。完善应急测绘保障服务工作机制，加强对自然灾害和公共突发事件多发地区的地理国情监测工作，深度参与孕灾环境研究、灾害损失评估和灾后恢复重建规划等测绘保障工作，需要快速测制1∶10000比例尺灾区地形图，建立灾区大范围基础地理信息数据库，建立灾区应急响应地理信息数据库，为应急救灾、抗灾减灾提供基础数据保障。根据应急测绘快速响应对基础测绘的需求，需要高分七号卫星高分辨率立体数据以及激光测高数据。

2.1.3　自然资源调查与监测需求

按照党中央要求，自然资源部需要开展自然资源全要素调查监测、国土空间规划与管控、不动产确权登记、土地节约集约开发利用、自然资源督察执法、地理国情监测等业务。这些业务工作需要高分辨率光学立体卫星影像的保障，包括2m/1m/亚米级分辨率的光学立体卫星影像，来实现全国/专题监测区域/重点地区的年度/季度/月度乃至按需的及时覆盖。

2.1.3.1　全国国土资源调查

《中华人民共和国土地管理法》和《土地调查条例》规定，国家每10年进行一次全国土地调查。根据土地利用强度，分别采用1∶2000、1∶5000、1∶10000和1∶50000调查比例尺，全面查清全国城乡每一块土地的类型、数量、分布和权属状况，建立国家土地基础数据库并按期更新。根据第三次全国国土调查确定的技术方案，农村土地调查全面采用优于1m分辨率的航天遥感数据；城镇土地利用现状调查采用现有优于0.2m的航空遥感数据。为支撑全国国土资源调查工程实施，需要0.15~1m高精度光学遥感数据，1年内完成覆盖全国。同时，为了掌握全国坡耕地的数量，需要覆盖全国的高精度数字地形模型和数字坡度图。

2.1.3.2 地表覆盖常态化遥感监测

《土地调查条例》明确提出，每年进行土地变更调查，保持国家土地基础数据的现势性。要进行国家年度土地统计，每年以12月31日为统一时点，开展一年一次的土地变更调查，全面掌握全国年度土地利用变化情况，并对土地利用情况进行动态监测。按照《全国土地利用变更调查监测总体实施方案》的要求，年度全国土地利用变更调查遥感影像获取主周期为每年9~12月，其中分辨率优于1m影像覆盖全国重点城市、主要地级市市辖区等经济发达地区及基本农田、耕地等经济活动发达区域、重点城市发展带等，分辨率优于2m影像覆盖全国其他地区。

2.1.3.3 自然资源专项动态遥感监测

为贯彻落实《违反土地管理行政处罚条例》（15号令）的要求，服务于土地执法检查工作，需要利用高分辨率卫星遥感数据，开展年度、半年、季度全国全覆盖新增建设用地及其占用耕地情况监测。动态监测要求0.5~2m分辨率遥感光学数据，1~3个月内完成覆盖全国；对于重点城市和开发区，需要0.5~1m分辨率遥感光学和雷达数据，10~15日内完成覆盖重点区域；对于重大工程用地、高尔夫球场用地、光伏用地、违建别墅、自然保护区、无居民海岛等，需要1~2m分辨率卫星数据，1个月内完成覆盖监测区域。

2.1.3.4 自然资源不动产确权登记

为贯彻落实党中央、国务院关于生态文明建设决策部署，建立和实施自然资源统一确权登记制度，需要开展对水域、森林、山岭、草原、荒地、滩涂、海域、无居民海岛以及探明储量的矿产资源等自然资源的所有权和所有自然生态空间各类自然资源及不动产的统一确权登记，建设国家、省、市、县、乡五级自然资源和不动产登记信息管理基础平台。平台建设需要年度覆盖全国的亚米级/2m 高分辨率立体遥感影像，支撑三维确权登记管理基础平台的建设。

2.1.3.5　国土空间规划监测评估

根据党中央、国务院 2019 年 5 月《关于建立国土空间规划体系并监督实施的若干意见》，到 2025 年，健全国土空间规划法规政策和技术标准体系，全面实施国土空间监测预警和绩效考核机制；到 2035 年，全面提升国土空间治理体系和治理能力现代化水平。2020 年 5 月，自然资源部办公厅印发《关于加强国土空间规划监督管理的通知》，明确提出加快建立完善国土空间基础信息平台、加强规划实施监测评估预警。为了支撑国土空间规划与监督实施，需要全国范围 2m 分辨率光学影像开展年度监测，开展“双评价”、生态保护红线审核、城区范围划定等监测与分析，掌握全国范围国土空间实施的总体情况；需要重点区域优于 1m 分辨率的亚米光学影像，持续开展季度/月度监测，支持开展生态保护红线勘界定标等；需要全国范围优于 10m 分辨率的时序热红外遥感数据，开展城市热岛、工业热源等国土空间利用情况的持续性监测与分析；需要合成孔径雷达（SAR）卫星数据辅助开展城市体检；形成国土空间卫星遥感监测与综合分析产品，为国土空间规划编制、实施、监督全生命周期提供支撑。

2.1.3.6　国土空间用途管制遥感监测

2020 年 3 月，《国务院关于授权和委托用地审批权的决定》明确要求，要采取“双随机、一公开”等方式，加强对用地审批情况的监督检查。为了满足国土空间用途管制业务需求，需要按需及时获取生态保护红线、永久基本农田、城区开发边界等用途管制区的 2m/1m/亚米级的卫星遥感影像数据，即时处理、主动发现管控区内的地表变化，开展国土空间用地审批遥感监测与分析、重要江河水生态空间遥感监测与分析和城乡建设用地增减挂钩全流程遥感监测，提高国土空间用途管制业务的时效性和主动性。

2.1.3.7　自然资源节约集约开发利用遥感监测

党的十八届三中全会强调，健全土地节约集约使用制度，从严合理供给城市建设用地，提高城市土地利用率。2019 年 7 月修订的《节约集约利用土地规定》，明确要求全面掌握建设用地开发利用和投入产出情况、集约利用程度、潜力规模与空间分布等情况，并将其作为土地管理和节约集约用地评价的基础。为了全面监测与分析评估自然资源节约集约开发利用情况，需要全国范围2m/1m/亚米级分辨率的光学卫星遥感影像，开展已供建设用地开发利用和供后跟踪遥感监测与分析、临时用地遥感监测与分析、试点城市土地使用标准执行情况遥感监测与分析、重点城市城镇低效用地遥感监测等，为自然资源节约集约开发利用提供决策支撑。

2.1.4 地理信息产业发展需求

地理信息产业以测绘和地理信息系统、遥感、导航定位等技术为基础，以地理信息开发利用为核心，从事地理信息获取、处理、应用的经济活动，以及与此相关的信息产业。《国务院办公厅关于促进地理信息产业发展的意见》(国办发〔2014〕2号）指出“发展地理信息产业是实现科学发展的重要支撑，是维护国家安全的重要保证，是加快转变经济发展方式的重要手段，是保障和改善民生的重要内容。需要提升遥感数据获取和处理能力，发展测绘应用卫星、高中空航摄飞机、低空无人机、地面遥感等遥感系统，加快建设航空航天对地观测数据获取设施，形成光学、雷达、激光等遥感数据获取体系，显著提高遥感数据获取水平”。国务院批复的《国家地理信息产业发展规划（2013—2020)》指出，“要加快产业发展基础设施建设，按照全天候、全天时、多数据源、高分辨率的应用要求，加快我国卫星遥感基础设施建设，尤其是光学立体测图卫星、干涉雷达卫星、激光测高卫星等的建设”。“提升遥感数据获取和处理能力，发展测绘应用卫星，加强遥感数据处理技术研发，进一步提高数据处理、分析能力”是地理信息产业发展的基本支撑。国务院发展研究中心等部门预计，未来10年，我国地理信息产业将形成万亿元以上规模的产业。地理信息产业的核心是地理信息数据资源，需要大比例尺、高精度、多时相、全要素的遥感数据。为满足地理信息产业发展的需求，国家需要建立面向全球的高分辨率立体测图卫星体系，提高地理信息数据获取的国际竞争力。

2.1.5 相关行业应用需求

亚米高分辨率立体测图卫星在城市、统计、农业、林业、水利、环境、防灾减灾等领域有着广泛的应用，是城市管理、统计分析、农业农村、森林草原、生态环境等调查监测的重要手段。

2.1.5.1 城市建设需求

在城市建设与管理方面，高分辨率立体测图卫星可以用于房屋建筑调查，计算房屋高度信息、建筑底面面积、估算建筑层数，分析在城市建筑规模调查业务中的应用能力，为城市建设规划、城市建筑面积、容积率计算、城区范围划定等业务提供支持。它可以用于城市绿地垂直结构调查，为城市园林绿化管理、城市人居环境和城市体检等业务提供技术支持。它可以用于市政道路立体交通设施调查，并通过高度信息识别出立体交通设施，评价其在市政道路立体交通设施调查业务中的应用能力，为城市市政基础设施管理、城市内涝监测等提供支持。此外，它还可以用于历史文化街区保护。我国《历史文化名城名镇名村保护条例》要求对于历史文化街区应实行分类保护，历史建筑应当保持原有的高度、体量，新建构筑物、建筑物要符合保护规划确定的建设控制要求。

2.1.5.2 农业以及统计需求

农业资源调查、农作物产量估产与长势监测、农业结构调整等方面对高分辨率卫星影像数据有着重大需求。精准农业、小规模农作物监测需要亚米量级高空间分辨率卫星影像。高分辨率立体测图卫星可以用于农业统计调查，提取冬小麦、水稻、玉米等种植区域面积，还可以进行农作物用地动态变化检测，提取农作物用地变化区域，并与已有的监测成果数据、农作物覆盖历史数据进行比对分析，反演冬小麦等叶面积指数。它还可以用于固定资产投资项目核查，利用立体相机数据，实现对投资项目的在建面积检测、建筑物高程检测，实现投资项目进度的立体估计。此外，人口统计调查、经济普查等需要亚米级高空间分辨率卫星影像和空间地理信息，支撑统计业务信息产品的生产。

2.1.5.3 林业需求

林业部门主要采用卫星遥感技术进行森林资源一、二类清查，荒漠化、湿地调查和监测，森林病虫害、林火等灾害调查和监测，以及各种生态环境质量调查。国家林业和草原局每 5 年要组织开展一次全国森林资源清查，各省（区、市）每年要安排大量的县、局、场进行二类调查、评价和规划。国家林业监测体系包括 3 个层次，即国家级宏观监测、省级宏观监测、县（局）

级监测。监测内容包括本底调查、年度监测、工程生态效益的长期监测评价。国家和省级森林资源与生态环境的宏观经营规划设计调查、林业生态建设工程监理和实施效果评价、重点区域生态建设监测需要米级空间分辨率的卫星影像数据。县级监测和局部具体、技术要求较高的工作或研究示范项目需要空间分辨率更优的卫星影像数据。

2.1.5.4 水利需求

卫星遥感在防洪规划、洪涝灾害监测评估、水资源调查、节水灌溉工程实施的监测、有效灌溉面积调查、土壤侵蚀调查、水土保持措施的后效调查、生态环境监测、行蓄洪区调查等方面发挥着重要作用。在国家发改委发布的水利改革发展“十三五”规划中，明确要“实施遥感遥测工程”，将卫星遥感技术作为行政综合执法的有效手段。分辨率优于亚米的卫星影像可用于洪涝灾害监测评估、小水电选址、牧区水利建设、淤堤坝管理。

2.1.5.5 环境需求

卫星遥感技术可实现大范围、全天候、全天时的动态环境监测。环境遥感应用的主要需求包括流域水污染监测，大江、大河水环境质量监测，重大污染物泄漏、企业污水偷排活动和污染事故监测，大气污染监测，自然生态环境监测，湿地资源状况及变化监测，生物多样性状况及变化监测，农村生态变化、矿产资源开发的生态破坏监测，城市生态监测，近岸海域环境监测等。在观测能力方面，需要发展全天时、全天候的卫星观测能力。在空间分辨率方面，亚米高分辨率卫星影像可作为较低分辨率环境卫星影像的有益补充。

2.1.5.6 交通需求

我国开展交通基础设施建设，公路和铁路的规划、设计，交通沿线的资源调查等，都需要使用高分辨率遥感影像。亚米级分辨率的卫星影像可以用于公路和铁路的初步设计、沿线资源调查等，主要包括交通沿线与当地自然景观协调、耕地和经济作物用地的少量占用、交通景观的监测和交通绿化设计等。

2.1.5.7 防灾减灾需求

我国国土辽阔，自然灾害频发、分布广泛，几乎所有自然灾害的救援都需要准确的地理位置。灾害管理，特别是灾害预警及灾害紧急救援，对卫星数据实时性要求很高，既有的遥感数据以中、低分辨率为主，可满足某些较大尺度的灾害监测和评估需求。而高分辨率卫星遥感数据可有效应用于灾害管理和灾情详查，提高灾害预警、监测、评估的精度，为紧急救援提供更准确的信息及辅助决策依据。国家需要基于高分辨率卫星影像，对地震、洪涝灾害、森林草原火灾、旱灾、沙尘暴等自然灾害进行监测和灾后评估，提高灾害遥感监测能力，丰富天地一体化灾害监测体系。

2.1.6　需求分析小结

高分七号获取的亚米级高精度的立体影像，是开展地理信息资源建设的基础影像，其应用非常广泛，其中：规划需要开展国土空间规划；城市需要开展建设管理；林业部门需要用于森林资源监测；水利部门可用于工程建设；国防部门可以用于国土安全监测；等等。总之，亚米级高精度立体影像作用之大，用途之广，不言而喻。

2.2　总体设计

2.2.1　卫星总体设计

与一般的遥感平台类似，高分七号卫星平台包括结构与机构分系统、热控分系统、控制分系统、推进分系统、数管分系统、测控分系统、电源分系统、总体电路分系统[1-2]。

结构与机构分系统包括卫星主结构、对接段、星箭解锁装置和太阳翼机构。高分七号卫星主结构充分继承 ZY-3 卫星结构设计，服务舱结构布局基本保持不变，载荷舱结构根据有效载荷安装需求进行调整[2]。

控制分系统主要完成卫星的姿态与轨道控制，可以实现卫星对地定向、整星零动量三轴稳定控制。卫星正常轨道运行模式采用“星敏感器+陀螺”的定姿方式、动量轮控制的整星零动量姿态控制方式[3-4]。

高分七号卫星运行轨道和卫星质量与 ZY-3 卫星基本相同，对推进分系统的任务要求，除寿命外，其他任务要求与资源三号系列卫星相同，主要为整星提供姿态和轨道控制的冲量，具有卫星轨道保持和机动能力，在轨工作寿命 8 年[3]。

数管分系统承担着整星及各分系统的数据管理任务，实现整星的遥测、遥控直接指令的输出、间接指令的输出、遥控注入数据块的分配、程控、星载自主任务和自主健康管理、卫星时钟、总线管理、数据管理、在轨维护等控制和管理功能[5]。

测控分系统由统一 S 波段测控体制（USB）测控子系统和双频 GPS 子系统两部分组成，主要继承 ZY-3 卫星测控分系统的设计方案[3]。

热控分系统的多层隔热组件、热管、隔热垫片、涂层、导热硅脂、电加热器、控温热敏电阻、蓄电池加热板都继承以往遥感卫星的成熟产品[1-2]。

2.2.2 双线阵相机分系统设计

2.2.2.1 主要功能

双线阵相机分系统采用双线阵形式，实现地面遥感影像的获取。前视相机与星下点成 26°夹角，后视相机与星下点成 5°夹角，两台相机从不同的角度对地物成像，获取同一地物的全色和多光谱影像重叠影像[6-7]。

双线阵相机分系统主要功能如下[6-7]：

（1）能够获取星下点和整星侧摆±32°范围内，前视方向地面景物的可见光全色影像和后视方向地面景物的可见光全色谱段影像及多光谱谱段影像。

（2）具有精确时间标定功能，可实现相机与卫星之间精确的时间同步。

（3）各相机具有独立辅助数据接收和编排功能，具有独立调焦功能和焦面锁定/解锁功能。

（4）单台相机具有增益调整和在轨钳位校正功能。

（5）单台相机具有实时调整积分时间的功能，以及具有时间延迟积分电荷耦合器件（TDI CCD）的级数调整功能。

2.2.2.2 组成及原理

双线阵相机分系统由前视相机主体、后视相机主体、前视信号处理器、后视信号处理器、相机管理控制器，前视二次电源、后视二次电源共同组成[7]。

两台相机主体均由遮光罩、光学系统、主体结构、焦面组件（含焦面电路）等组成。其功能主要是通过镜头接收地面景物的光电信号并在焦面汇聚成像，通过 TDI CCD 转换成电信号，通过焦面电路对 TDI CCD 信号处理后输出[7]。

相机信号处理器主要功能是实现成像电路的积分同步控制和成像参数控制，进行图像不一致性校正、暗电平钳位、数字增益和动态钳位处理等图像处理，并将处理的图像数据按约定格式发送给数传分系统。

相机管理控制器主要是完成相机供配电控制、主备份切换、参数控制、硬件秒脉冲转发、遥测采集、1553B 总线通信等功能。

前视二次电源、后视二次电源主要负责提供前后视相机的焦面供电[8]。

2.2.3　激光测高仪分系统设计

2.2.3.1　主要功能

激光测高仪分系统用于在摄影时刻测量地球表面的两个倾斜距离，并记录未经滤波的回波波形。激光测高仪分系统还具有对激光地面足印区域的成像功能，将地面足印区域的图像与测绘相机获取的图像进行匹配，可以精确判断激光测高仪所测地面点的位置信息[5]。

激光测高仪分系统主要功能如下[5]：

（1）激光测高仪应能测量到地球表面 2 个方向的距离，具有记录激光回波全波形并实时下传的功能。

（2）具有任意 1 波束或 2 波束测距、记录出射激光方向以及拍摄激光足印附近可见光谱段内地物的功能。

（3）具有足印相机焦面调整功能。

（4）具有激光指向调整功能。

（5）具有激光测高仪 3Hz、6Hz 测量功能。

（6）具有激光器和接收机在轨自检功能。

2.2.3.2　组成及原理

激光测高仪分系统主要由激光测高仪光机主体（含激光器头部、接收单元、足印相机等）、测高仪控制器等设备构成[5]。

如图 2.1 所示，光机主体包含激光器头部、接收单元、足印相机等部分。其中，光学系统负责激光回波能量的收集，同时负责足印相机和光轴监视相机的成像功能。激光器头部由 2 个通道组成，每个通道采取冷备设计并通过切换组件来进行主备份的切换，激光器的出射脉冲由发射镜头扩束准直后照射到地面[9]。接收单元由接收镜头和 2 个接收通道构成，其中接收镜头完成对激光回波信号的收集，激光主波和回波通过雪崩光电二极管（APD）探测器形成电信号，并将电信号传送给全波形处理组件，并将测距时刻信息及全波形数据转发给卫星数传分系统，同时将激光测量分系统状态量返回测高仪控制器。足印相机根据测高仪控制器转发的卫星指令和同步信号，记录地物图像并通过导光装置实现激光光斑位置的记录，并将以上图像数据转发给卫星数传分系统。光轴监视相机实现对激光光斑位置的记录，并将图像数据发送给卫星数传分系统[9]。

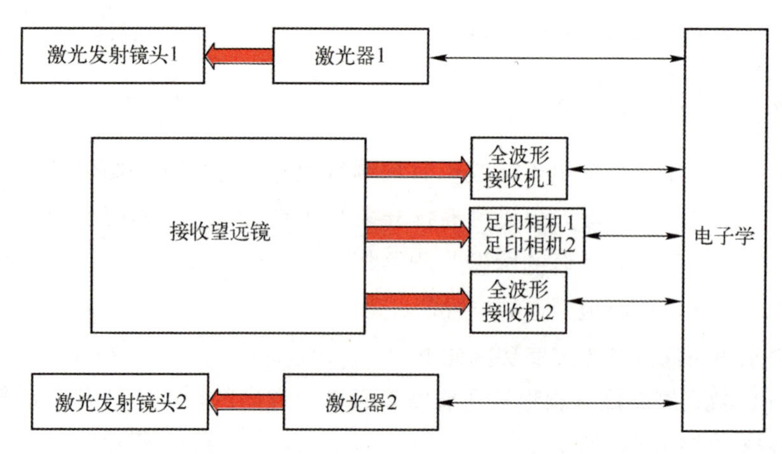

图 2.1　激光测高仪分系统光机主体框图[2]

测高仪控制器完成供配电、外部通信、系统工作时序管理、测绘数据和遥测数据等综合管理以及实现与卫星数据传输等功能。

2.3　几何精度理论分析

2.3.1　几何误差来源与类型

任何航天遥感平台在获取地面数据时，受自身和外部因素影响，均不可避免地存在误差。引起卫星影像几何精度的误差来源主要包括影像获取系统的误差（包括卫星平台、传感器、系统中的其他测量装置如陀螺仪和恒星相机等）和被观测物体的误差（如大气、地球自转等）[10]。而引起卫星激光测高出现几何误差的来源主要包括激光获取系统的误差（包括卫星姿态和轨道测量误差、星载激光测高设备安装误差、激光距离测量误差等）、测量环境误差（包括大气折射、潮汐影响等）和被观测目标误差（包括地形起伏和地表粗糙影响等）等[11]。

从卫星设计角度而言，本节主要分析源于影像获取系统的误差和源于激光获取系统的误差。

2.3.1.1　影响光学影像的误差类型

卫星影像（主要指卫星原始影像、传感器校正影像产品等）的几何定位精度取决于其严密成像几何模型的精度。根据线中心投影的共线方程，在不考虑大气折射影响的条件下，推扫式线阵列卫星每行影像的成像几何模型可简化为

$$\begin{bmatrix} X_{\mathrm{img}} \\ Y_{\mathrm{img}} \\ Z_{\mathrm{img}} \end{bmatrix}_{\mathrm{WGS84}} = \begin{bmatrix} X_{\mathrm{GPS}} \\ Y_{\mathrm{GPS}} \\ Z_{\mathrm{GPS}} \end{bmatrix} + m \cdot \boldsymbol{R}_{\mathrm{body}}^{\mathrm{WGS84}} \cdot \begin{bmatrix} -\tan(\psi_y) \\ \tan(\psi_x) \\ -1 \end{bmatrix} \cdot f \tag{2.1}$$

式中：$[X_{\mathrm{img}}, Y_{\mathrm{img}}, Z_{\mathrm{img}}]_{\mathrm{WGS84}}^{\mathrm{T}}$ 为卫星本体坐标系下的某一像点的坐标对应的 WGS84 坐标系下的地面点大地坐标；$[X_{\mathrm{GPS}}, Y_{\mathrm{GPS}}, Z_{\mathrm{GPS}}]^{\mathrm{T}}$ 为 GPS 天线相位中心在 WGS84 坐标系下坐标（外方位线元素），其误差即为轨道测量误差；$\boldsymbol{R}_{\mathrm{body}}^{\mathrm{WGS84}}$ 为利用姿态测量数据构建的相机本体坐标系到 WGS84 坐标系变换的旋转矩阵（外方位角元素），其误差即为姿态测量误差；(ψ_y, ψ_x) 为 CCD 探元指向角，f 为焦距，两者的误差即为相机内部误差；m 为缩放系数。此外，卫星推扫成像过程中，会为每行影像记录一个对应的成像时间；姿态测量系统和轨道测量系统以一定的频率测定离散的卫星姿态和轨道数据，同时也会记录各组姿态和轨道数据对应的时间，它们的误差即为时间误差。

通过式（2.1）可知，影响推扫式卫星影像几何定位 $[X_{\mathrm{img}}, Y_{\mathrm{img}}, Z_{\mathrm{img}}]^{\mathrm{T}}$ 的精度源于影像获取系统，主要误差包括姿态测量误差、轨道测量误差、相机内部误差和时间误差四个方面。

2.3.1.2　影响激光测高点的误差类型

根据激光传输的距离方程，激光测高点的严密几何定位模型为

$$\begin{bmatrix} X_{\mathrm{lidar}} \\ Y_{\mathrm{lidar}} \\ Z_{\mathrm{lidar}} \end{bmatrix}_{\mathrm{WGS84}} = \begin{bmatrix} X_{\mathrm{GPS}} \\ Y_{\mathrm{GPS}} \\ Z_{\mathrm{GPS}} \end{bmatrix} + \boldsymbol{R}_{\mathrm{lidar}}^{\mathrm{WGS84}}(t) \cdot \rho \cdot \begin{pmatrix} \sin\beta\cos\alpha \\ \sin\beta\sin\alpha \\ -\cos\beta \end{pmatrix} \tag{2.2}$$

式中：$[X_{\mathrm{lidar}}, Y_{\mathrm{lidar}}, Z_{\mathrm{lidar}}]^{\mathrm{T}}$ 为激光地面足印中心点的地面点大地坐标；$\boldsymbol{R}_{\mathrm{lidar}}^{\mathrm{WGS84}}(t)$ 为 WGS84 坐标系到激光测高仪坐标系的旋转矩阵；$(\sin\beta\cos\alpha \quad \sin\beta\sin\alpha \quad -\cos\beta)^{\mathrm{T}}$ 为激光光线在本体坐标系下的方向向量（激光指向角），其中 β 为激光指向角与卫星本体坐标系 Z 轴（由卫星质心指向天底方向）的夹角，α 为激光指向角在卫星本体坐标系 XOY 平面上与 X 轴（注：X 轴为由卫星质心指向卫星横轴方向，Y 轴为由卫星质心指向卫星飞行方向）的夹角；ρ 为激光测距值。

通过式（2.2）可知，影响激光高程点几何精度 $[X_{\mathrm{lidar}}, Y_{\mathrm{lidar}}, Z_{\mathrm{lidar}}]_{\mathrm{WGS84}}^{\mathrm{T}}$ 的因素主要是激光测高的系统误差，主要包括姿态测量误差、轨道测量误差、激光指向角误差、测距误差和时间误差五个方面。

2.3.1.3 各类误差来源

1）轨道测量误差

高分七号卫星搭载双频 GPS 作为轨道测量设备，在轨道数据测量过程中由于受各种因素影响将不可避免地出现各种误差。这些误差按照成因和规律可以分为轨道测量系统误差、轨道测量随机误差、轨道测量设备安装误差和轨道建模误差等。

轨道测量系统误差主要包括 GPS 卫星误差、接收设备误差以及信号传播误差等。轨道测量随机误差的来源非常多，不仅包括接收机内部噪声、卫星钟和接收机钟振荡器的随机误差，以及外部其他具有随机特征的影响等，还包括卫星轨道摄动模型误差和大气折射模型误差等，轨道测量随机误差的特点是一段时间范围内随机、量级小（毫米级）、但在较短时间内可呈现系统性。轨道测量设备安装误差是指 GPS 天线相位中心相对卫星质心的位置误差，亦即 GPS 设备的安装偏心距误差，轨道测量设备安装误差实质上也是一种轨道测量系统误差。由于 GPS 设备测量获取的是离散的轨道信息，其采集频率远远低于影像行的采集频率，因此在实际使用时需要采用相应的多项式模型对轨道进行建模，进而通过该轨道模型获取任意时刻的轨道数据。由于轨道运动的复杂性以及随机因素的干扰、多项式模型选择不恰当等原因，构建的轨道模型可能和实际轨道存在不可忽略的差异，此即轨道建模误差。

2）姿态测量误差

高分七号卫星采用了恒星敏感器外加陀螺仪的方法进行联合确定。虽然该方案是目前精度最高的姿态测量方案之一，但是卫星在飞行过程中，会受到各种因素的影响，仍将不可避免地出现各种姿态测量误差。姿态测量误差按其成因和规律可以分为姿态测量系统误差、姿态测量随机误差、姿态测量设备安装误差和姿态建模误差等。

姿态测量系统误差的主要误差来源包括轨道参数误差引发的姿态误差、卫星抖动源引发的误差以及定姿设备内部系统测量误差等。这些误差的性质以及对姿态测量数据的影响如下所述。

（1）高分七号卫星最终的姿态测量数据是通过将星敏感器测量姿态和陀螺仪测量姿态进行联合滤波获得，由于星敏感器测量的是卫星惯性姿态，而陀螺仪测量的是轨道坐标系下的姿态，在进行联合滤波器前，需要利用轨道的位置和速度信息计算获取轨道坐标系和惯性坐标系之间的变换矩阵，因此轨道测量数据误差将造成该变换矩阵的不准确，从而间接降低了姿态测量的精度。

（2）卫星运行过程中各种摄动力引起的不同表面积受力不均匀、卫星自身的姿态调整以及元器件驱动等均会不同程度地引起卫星抖动或振动。当姿态测量设备受到位于其附近的抖动源或振动源影响时，将可能引发姿态测量数据的不稳定，造成姿态测量误差。抖动或振动现象具有周期性的特点，会导致姿态测量设备的安装位置发生符合正弦规律的振动。

（3）星敏感器相机的光学系统畸变和内部探元误差、陀螺的安装误差与刻度系数误差、惯组实际使用环境与惯组标定时实验室环境的不一致等姿态测量设备内部系统性误差都会给姿态测量引入额外误差。

姿态测量随机误差主要是由于陀螺随机漂移误差、星敏感器 CCD 阵列的暗电流，以及其他外部具有随机特征的影响因素造成的，这些误差微小且随机波动，在一段较长时间范围内呈现无规律性，但在较短时间内也可能呈现出系统性，并对最终的姿态测量精度造成较大影响。

姿态测量设备安装误差是指星上所有定姿设备进行联合滤波时候所采用的定姿坐标系与卫星本体坐标系之间转换关系的误差。该误差是星上所有定姿设备安装误差的综合，实质上也是一种姿态测量系统误差。

同轨道建模误差原理类似，由于姿态数据采集频率远远低于影像行的采集频率，因此需要基于姿态测量设备获取的离散姿态信息，采用一定的姿态模型进行姿态建模，然后通过姿态模型来获取任意时刻的姿态数据。由于姿态测量误差的复杂性以及其他随机因素的干扰，在一些特殊情况下（如姿态数据存在严重抖动），姿态模型对实际姿态的拟合存在偏差，导致引入较大姿态测量数据误差，即姿态建模误差[12]。

3）时间误差

采用线阵列推扫式传感器对地推扫成像时，卫星会记录每行影像摄影时间；在利用姿态和轨道测量设备测量离散的姿态和轨道数据时，也会同步记录姿态和轨道数据的获取时间，而姿态模型或轨道模型实质上均是以姿态时间和轨道时间为自变量的函数。由于每行影像都是线中心投影成像，具有独立的外方位元素，在构建严密成像几何模型时需要基于时间将影像行、姿态、轨道关联起来，因此三者之间时间的统一性非常重要。当影像行时间、轨道时间和姿态时间不同步，即存在时间同步误差，除了直接造成影像在沿轨道方向定位误差外，还会引起额外的姿态和轨道误差，以及其他一些未知的误差现象并掺杂在其他误差中，将极大影响卫星影像几何定位精度。

高分七号卫星采用的 TDI CCD 需要在一个较短时间内（积分时间）对同一目标多次曝光，通过延迟积分的方法增加光能的收集。其工作过程要求行扫速率与目标的运动速率严格同步，以保障正确获取目标的图像信息。在卫星运行过程中受卫星轨道因素以及地面点纬度和高程的影响，积分时间需要不断调整，每行影像的积分时间并不连续[13-14]。受时钟频率和卫星轨道测量值的影响，当卫星运动速度存在变化时，影像积分时间可能会存在跳变现象，导致影像沿轨方向分辨率变化，并可能在外方位元素插值时引入高频分量。

4）相机内方位元素误差

内方位元素误差是受传感器制造工艺限制和安装误差等因素造成的传感器焦平面和镜头的实际指标与理想线中心投影方式存在的差异，主要包括 CCD 线阵误差、镜头光学畸变以及相机安装误差。

CCD 线阵误差主要包括线阵平移误差、线阵旋转误差、探元尺寸误差和多线阵拼接误差等。受硬件设计和制作工艺限制，以及卫星成像对一定视场角的需求，推扫式卫星一般采用将多片较短 CCD 线阵通过一定形式的拼接而形成一个较长 CCD 线阵的设计方案，以此获得较大的成像幅宽。由于各种因素影响，多片 CCD 线阵之间可能出现拼接误差。

镜头光学畸变是指卫星传感器镜头光学系统由于设计、制作和装配过程中的误差，引起实际像点偏离其理想位置。镜头光学畸变一般是非线性的，主要包括径向畸变和偏心畸变等[15]。镜头径向畸变是由相机镜头中透镜的曲面误差引起的，它造成像点沿径向产生误差[16]。镜头偏心误差主要是光学成像系统中镜头元件由于制造和组装误差引起的多个光学镜头中心无法完全共线导致的，造成沿着径向方向和垂直径向方向的真实像点相对于理想成像位置发生偏移。

相机安装参数包括相机坐标系原点与本体坐标系原点的平移量（相机安装偏心距），以及本体坐标系下相机的安装角度（相机安装偏心角）等。卫星发射前，这些设备安装位置和安装角度等关键参数在实验室内均进行了精确测量，然而由于卫星发射冲力影响及在轨运行物理环境的改变，将会导致实验室测量值存在较大偏离，即相机安装误差。

5）激光测距误差

激光测高仪测距的基本原理是：激光测高仪上的激光发射器向地面目标发射一个激光脉冲；由激光测高仪上的接收系统接收从地面目标反射回来的回波脉冲；通过测定激光脉冲在待测距离上往返时间 t 除以 2，再乘以光速即可获得激光单程传输距离，即激光测距值。光在空气中传播时，由于受介质、气压、温度、湿度的影响，传播速度会有一定的变化，其变化范围是 12×10^{-6}km/s。

由于测量时间短，所以必须用能产生标准固定频率的时标振荡器和电子计数器来记录。激光测距精度主要依赖于计数器的计数精度和仪器的测距误差。计数精度取决于计数器中基准振荡频率，也就是说，基准振荡器频率一定，那么计数精度就是一个定值。而测距误差是指测距机的显示结果与实际距离之差。受温度影响，激光测高仪的晶体振荡器的稳定度会发生一定变化，将不可避免地引起计数误差。而基准振荡器产生的振荡脉冲与接收系统门电路的开闭时间相位不同，也会引起计数器的计数误差。此外，由于大气衰减，目标反射特性的影响，激光回波光脉冲的相位、幅度就会随距离、气候条件、目标反射特性的改变而改变，所以激光测距值就会随激光回波脉冲的相位、幅度的变化而产生误差。

6）激光指向角误差

激光测高仪安装参数包括激光参考点在卫星本体坐标系中的位置，以及激光测量坐标系在卫星本体坐标系的轴向，即激光发射器在卫星本体坐标系的指向角度。卫星发射前，这些安装位置参数和安装角度等关键参数在实验室内均进行了精确测量，然而由于卫星发射冲力影响及在轨运行物理环境的改变，将会导致实验室测量值失效，出现误差。

2.3.2 立体影像精度理论分析

2.3.2.1 姿态测量误差影响理论分析

姿态角由俯仰角 φ、滚动角 ω 和偏航角 κ 组成。

1）俯仰角误差影响精度的理论分析

俯仰角是绕卫星横轴旋转的角度，其误差 $\Delta\varphi$ 使影像在沿轨方向发生位移，造成沿轨方向平面定位误差 $\mathrm{d}p_{\mathrm{img\_pitch}}$ 为[17]

$$\begin{aligned}\mathrm{d}p_{\mathrm{img\_pitch}} &= H\cdot(\tan(\varphi+\Delta\varphi)-\tan\varphi)\\ &\approx H\cdot\Delta\varphi\cdot(1+\tan^2\varphi)\end{aligned} \tag{2.3}$$

式中：H 为轨道高度；φ 为成像时卫星相机主光轴的俯仰角度。

俯仰角误差对立体影像高程精度影响示意图如图 2.2 所示。

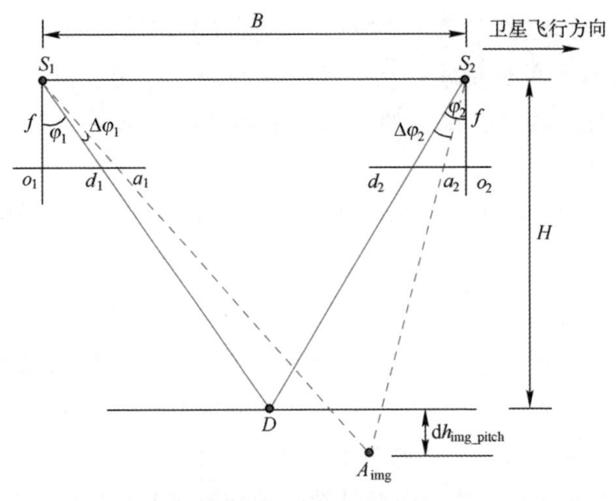

图 2.2 俯仰角误差对立体影像高程精度影响示意图

图 2.2 中，蓝色实线为高分七号卫星前视相机 S_1 和后视相机 S_2 的实际的成像光线，D 是它们实际交会的地面点。由于存在俯仰角误差，立体影像计算的地面交汇点为 A_{img}。$\mathrm{d}h_{\mathrm{img\_pitch}}$ 为立体影像的高程误差；B 为摄影测量基线；H 为轨道高度；φ_1 和 φ_2 分别为前、后视相机的俯仰角；$\Delta\varphi_1$ 和 $\Delta\varphi_2$ 分别为前、后视相机成像时俯仰角误差；a_1、d_1 和 a_2、d_2 分别为 A_{img} 和 D 点投影在前视和后视相机焦平面上的像点位置；o_1 和 o_2 分别为前后视相机的主点；f 为前后视相机的焦距。

设垂直天底方向角度为 0，逆时针旋转为正，根据图 2.2 中关系，可以得

到地面点 A_{img} 和 D 在前后视相机中的左右视差 P_a、P_d 为

$$\begin{cases} P_a = |\overrightarrow{o_1a_1} - \overrightarrow{a_2o_2}| = f \cdot (\tan(\varphi_1+\Delta\varphi_1) - \tan(\varphi_2+\Delta\varphi_2)) = \dfrac{f \cdot B}{H} \\ P_d = |\overrightarrow{o_1d_1} - \overrightarrow{b_2d_2}| = f \cdot (\tan\varphi_1 - \tan\varphi_2) = \dfrac{f \cdot B}{H - \mathrm{d}h_{img\_pitch}} \\ P_d - P_a = \dfrac{f \cdot B}{H} \cdot \dfrac{\mathrm{d}h_{img\_pitch}}{H - \mathrm{d}h_{img\_pitch}} \approx \dfrac{f \cdot B \cdot \mathrm{d}h_{img\_pitch}}{H^2} \end{cases} \tag{2.4}$$

由于 H 一般约为 500km，而 $\mathrm{d}h_{img\_pitch}$ 一般小于 1km，因此 $H-\mathrm{d}h_{img\_pitch} \approx H$，可得俯仰角误差对立体影像高程影响[18]，即

$$\mathrm{d}h_{img\_pitch} = \frac{H^2}{B} \cdot ((\tan\varphi_1 - \tan\varphi_2) - (\tan(\varphi_1+\Delta\varphi_1) - \tan(\varphi_2+\Delta\varphi_2))) \tag{2.5}$$

2）滚动角误差影响精度的理论分析

滚动角是绕 Y 轴（卫星飞行方向）旋转的角度，其误差 $\Delta\omega$ 对影像平面定位精度的影响机理与姿态俯仰角误差是一致的，将导致影像在垂轨方向的平面定位误差，即

$$\mathrm{d}p_{img\_roll} \approx H \cdot \Delta\omega \cdot (1+\tan^2\omega_0) \tag{2.6}$$

式中：ω_0 为成像时卫星相机主光轴滚动角和探元视场角之和。

高分七号卫星立体相机采用俯仰方向的不同视角对同一区域成像，来获取立体影像。此时，滚动角误差主要造成同名光线无法一一交会，通过自由网平差就可以有效消除，不会影响高程精度。因此 $\Delta\omega$ 导致的立体影像的高程误差 $\mathrm{d}h_{img\_roll}$ 为

$$\mathrm{d}h_{img\_roll} \approx 0 \tag{2.7}$$

3）偏航角误差影响精度的理论分析

偏航角是绕 Z 轴（按右手规则确定）旋转的角度，其误差 $\Delta\kappa$ 将导致影像在沿轨方向和垂轨方向均发生平移误差，误差大小与该像点相对于偏航旋转中心（一般认为是像主点）的距离成正比，亦即在影像垂轨方向的边界处误差最大。因此偏航角误差造成的影像平面定位误差 $\mathrm{d}p_{img\_yaw}$ 为[17]

$$\begin{cases} \mathrm{d}p_{img\_yaw//} \leqslant \dfrac{Y}{2} \cdot \sin(\Delta\kappa) \\ \mathrm{d}p_{img\_yaw\perp} \leqslant \dfrac{Y}{2} \cdot (1-\cos(\Delta\kappa)) \\ \mathrm{d}p_{img\_yaw} \leqslant \sqrt{\mathrm{d}p^2_{img\_yaw//} + \mathrm{d}p^2_{img\_yaw\perp}} \end{cases} \tag{2.8}$$

式中：$\mathrm{d}p_{img\_yaw\perp}$ 和 $\mathrm{d}p_{img\_yaw//}$ 分别为 $\Delta\kappa$ 导致的影像在垂轨方向和沿轨方向的平面

定位误差；Y 为影像幅宽。

同理，高分七号卫星立体相机采用俯仰方向的不同视角对同一区域成像，来获取立体影像。此时，偏航角误差主要造成同名光线无法一一交会，通过自由网平差就可以有效消除[19]，不会影响高程精度。因此 $\Delta\kappa$ 导致的立体影像的高程误差 $\mathrm{d}h_{\mathrm{img\_yaw}}$ 为

$$\mathrm{d}h_{\mathrm{img\_yaw}} \approx 0 \tag{2.9}$$

由于姿态由俯仰角、滚动角和偏航角系独立传播，因此姿态误差造成的影像平面定位误差 $\mathrm{d}p_{\mathrm{img\_atti}}$ 和前后视立体影像前方交会高程定位误差 $\mathrm{d}h_{\mathrm{img\_atti}}$ 分别为

$$\mathrm{d}p_{\mathrm{img\_atti}} = \sqrt{\mathrm{d}p_{\mathrm{img\_pitch}}^2 + \mathrm{d}p_{\mathrm{img\_roll}}^2 + \mathrm{d}p_{\mathrm{img\_yaw}}^2} \tag{2.10}$$

$$\mathrm{d}h_{\mathrm{img\_atti}} = \mathrm{d}h_{\mathrm{img\_pitch}} \tag{2.11}$$

2.3.2.2 轨道测量误差影响理论分析

卫星轨道在沿轨方向误差 ΔX 和垂轨方向误差 ΔY，将分别造成影像在地面沿轨方向和垂轨方向的等效平移误差；轨道径向误差 ΔZ 将会引起影像在垂轨方向的缩放，将导致影像在垂轨方向产生平移误差。最终卫星轨道误差导致的影像平面误差 $\mathrm{d}p_{\mathrm{img\_orb}}$ 为

$$\begin{cases} \mathrm{d}p_{\mathrm{img\_orb}} = \sqrt{\Delta X^2 + \Delta Y^2 + \mathrm{d}p_{\mathrm{gps\_}Z}^2} \\ \mathrm{d}p_{\mathrm{gps\_}Z} = \Delta Z \cdot \tan(\varphi + \psi) \end{cases} \tag{2.12}$$

式中：$\mathrm{d}p_{\mathrm{gps\_}Z}$ 为 ΔZ 导致的影像在垂轨方向的平移误差；φ 为卫星滚动角；ψ 为探元视场角。

在高空轨道上各种摄动力量级较小且连续作用于卫星上，较短时间段内轨道误差可以被视为系统误差，因此同轨前后视影像上各自的垂轨方向和沿轨方向的轨道误差在量级和方向上基本一致，将不会改变立体影像的交会角度，而交会角度是决定立体像对高程精度的主要因素，因此垂轨方向和沿轨方向轨道误差引起立体像对高程误差可以忽略；而轨道径向误差 ΔZ 将造成立体影像的等效高程误差。因此轨道误差导致的立体影像高程误差 $\mathrm{d}h_{\mathrm{img\_orb}}$ 为

$$\mathrm{d}h_{\mathrm{img\_orb}} = \Delta Z \tag{2.13}$$

2.3.2.3 时间误差影响理论分析

卫星推扫成像过程中，会为每行影像记录一个成像时间；星上姿态测量

系统和轨道测量系统在测定离散的卫星姿态数据和轨道数据时也会依据其计时系统记录相应的时间（简称姿态时间和轨道时间）。这三类时间均可能存在误差，即成像时间误差、姿态时间误差和轨道时间误差。由于影像最终是定位到地面，因此这些时间误差均是相对地面真实时间而言的。各类时间误差之间拥有较强的相关性，其对影像几何定位精度的影响过程非常复杂，具体表现如下：

（1）时间误差除了造成影像在沿轨道方向定位误差外，最直观的影响就是三类时间不同步，导致采用影像行的成像时间获取外方位元素时，未能获取影像行成像时刻对应的真实姿态和轨道测量数据，等效于引入了额外的姿态和轨道数据误差，进而影响影像对地几何定位精度。

（2）由于卫星姿态的原始观测值是惯性坐标系下测量获取，为了使用需要，在将其转换到地固坐标系过程中需要同时使用姿态时间和轨道时间，而姿态时间和轨道时间的不同步，将会引入颇为复杂的额外姿态数据误差。此外，时间误差中还可能包括积分时间跳变，除了导致影像沿轨方向分辨率变化，还可能在外方位元素插值时引入高频分量。

由于时间误差的影响过程极为复杂（尤其是（2）中所述时间误差造成的影响），要从成像几何上严密分析时间误差对影像几何定位精度的所有影响将非常困难。一般情况下，（1）中所述时间误差造成的影像定位误差要远大于（2）中所述时间误差造成的影像定位误差。同时考虑到当前主要国产测图卫星的时间同步精度较高（实测表明，高分七号卫星在一定成像时间段内的时间同步精度达到 20μs），其对影像几何定位精度的影响几乎可以忽略。因此，为了简化分析，本节通过设置合理的假设条件，仅主要分析和推导（1）中所述时间误差对影像几何定位精度造成的影响。

① 影像行时间误差。

影像行时间误差 Δt_{cam} 将造成影像在沿轨方向的平移误差 dp_{img_CamTim}，且

$$dp_{img\_CamTim} = \Delta t_{cam} \cdot V \tag{2.14}$$

式中：V 为卫星飞行速度。

影像行时间误差造成的同轨前后视立体影像的前方交会高程误差 dh_{img_CamTim} 为

$$\begin{aligned} dh_{img\_CamTim} &= \frac{H}{B} \cdot \sqrt{dp_{img\_CamTim}^2 + dp_{img\_CamTim}^2} \\ &= \sqrt{2} \cdot \frac{H}{B} \cdot \Delta t_{cam} \cdot V \end{aligned} \tag{2.15}$$

② 轨道时间误差。

轨道时间误差 Δt_{orbit} 将引入额外的轨道数据误差，为了简化分析，可以认为在一个极短的时间段内（如 1s 时间），卫星的轨道运动为匀速直线运动，此时 Δt_{orbit} 将导致轨道沿轨方向误差 ΔX_{orbit_tim}，进而造成影像在地面沿轨方向的等效平移误差 dp_{img_OrbTim}，且

$$dp_{img\_OrbTim} = \Delta X_{orbit\_tim} = \Delta t_{orbit} \cdot V \tag{2.16}$$

如前述的“轨道测量误差影响理论分析”章节可知，ΔX_{orbit_tim} 对前后视立体影像的高程误差也可以忽略。

③ 姿态时间误差。

当卫星姿态处于一个持续的变化过程时，姿态时间误差 Δt_{atti} 将会引入额外的姿态数据误差，为了简化分析，可以假设在一个较短的时间段内（如 1s 时间），卫星姿态在俯仰、滚动和偏航三个方向均做匀速旋转，旋转速度即为卫星姿态的稳定度数值。此时 Δt_{atti} 导致的姿态俯仰角误差 $\Delta\varphi_{atti\_tim}$、滚动角误差 $\Delta\omega_{atti\_tim}$ 和偏航角误差 $\Delta\kappa_{atti\_tim}$ 分别为

$$\begin{cases} \Delta\varphi_{atti\_tim} = \Delta t_{attit} \cdot V_{pitch} \\ \Delta\omega_{atti\_tim} = \Delta t_{attit} \cdot V_{roll} \\ \Delta\kappa_{atti\_tim} = \Delta t_{attit} \cdot V_{yaw} \end{cases} \tag{2.17}$$

式中：V_{pitch}、V_{roll}、V_{yaw} 分别为姿态在俯仰、滚动和偏航方向的稳定度。

参照式（2.3），可以获取 $\Delta\varphi_{atti\_tim}$ 造成的影像沿轨向平面定位误差 $dp_{img\_PitchTim}$；参照式（2.5），可以获取 $\Delta\varphi_{atti\_tim}$ 造成的前后视立体影像高程误差 $dh_{img\_PitchTim}$。

参照式（2.6），可以获得 $\Delta\omega_{atti\_tim}$ 造成的影像垂轨向平面定位误差 $dp_{img\_RollTim}$；参照式（2.7），可以获得 $\Delta\omega_{atti\_tim}$ 造成的前后视立体影像高程误差 $dh_{img\_RollTim}$。

参照式（2.8），可以获得 $\Delta\kappa_{atti\_tim}$ 造成的影像平面定位误差 dp_{img_YawTim}；参照式（2.9），可以获得 $\Delta\kappa_{atti\_tim}$ 造成的前后视立体影像高程误差 dh_{img_YawTim}。

综上所述，时间误差造成的影像平面定位误差 dp_{img_tim} 和前后视立体影像高程定位误差 dh_{img_tim} 分别为

$$dp_{img\_tim} = \sqrt{dp^2_{img\_CamTim} + dp^2_{img\_OrbTim} + dp^2_{img\_PitchTim} + dp^2_{img\_YawTim} + dp^2_{img\_RollTim}} \tag{2.18}$$

$$dh_{img\_tim} = \sqrt{dh^2_{img\_CamTim} + dh^2_{img\_OrbiTim} + dh^2_{img\_PitchTim} + dh^2_{img\_RollTim} + dh^2_{img\_YawTim}} \tag{2.19}$$

2.3.2.4　相机内部误差影响理论分析

由于高分七号卫星的内方位元素系采用 CCD 探元指向角的形式表达，为了简化误差分析过程，可以将相机内部各类误差（包括 CCD 线阵误差、镜头畸变以及相机安装误差）在沿轨方向的综合影响效果等效为 CCD 探元在焦平面上沿轨方向的平移误差 Δx_{lens}，此时将引起探元指向角在姿态俯仰角方向误差 $\Delta\varphi_{\text{lens}}$，且

$$\Delta\varphi_{\text{lens}} = \arctan\left[\frac{\Delta x_{\text{lens}} \cdot f}{f^2 + x_{\text{lens}} \cdot (x_{\text{lens}} + \Delta x_{\text{lens}})}\right] \tag{2.20}$$

式中：x_{lens}为理想无误差条件下 CCD 探元在焦平面沿轨方向的安装位置与像主点的距离，在推扫式相机设计中，一般情况下 x_{lens}为 0；f 为相机焦距。

根据高分七号卫星的相机设计，CCD 线阵安装在与相机主光轴垂直平面上，且垂直于摄影推扫方向，并过像主点，因此可以认为 x_{lens} 为 0，则式（2.20）针对高分七号卫星可以简化为

$$\Delta\varphi_{\text{lens}} = \arctan\left(\frac{\Delta x_{\text{lens}}}{f}\right) = \arctan\left(\frac{\Delta x_{\text{lens\_pixel}} \cdot \mu}{f}\right) \tag{2.21}$$

式中：$\Delta x_{\text{lens_pixel}}$为以像素为单位的 Δx_{lens}；μ 为相机 CCD 探元尺寸。

$\Delta\varphi_{\text{lens}}$对影像几何定位精度的影响效果和姿态俯仰角误差相似，则根据式（2.3）和式（2.5），可以得到内方位元素误差导致的影像平面定位误差 $\mathrm{d}p_{\text{img_PitchLens}}$和前后视立体影像高程误差 $\mathrm{d}h_{\text{img\_PitchLens}}$。

同理，可以将相机内部各类误差（包括 CCD 线阵误差、镜头畸变以及相机安装误差）在垂轨方向的综合影响效果等效为 CCD 探元在焦平面上垂轨方向的平移误差 Δy_{lens}，此时将引起 CCD 探元指向角在姿态滚动角方向误差 $\Delta\omega_{\text{lens}}$，即

$$\Delta\omega_{\text{lens}} = \arctan\left[\frac{\Delta y_{\text{lens}} \cdot f}{f^2 + y_{\text{lens}} \cdot (y_{\text{lens}} + \Delta y_{\text{lens}})}\right] \tag{2.22}$$

式中：y_{lens}为理想无误差条件下 CCD 探元在焦平面上垂轨方向的安装位置与像主点的距离。

在式（2.22）中，y_{lens}越小，$\Delta\omega_{\text{lens}}$越大，当 y_{lens}等于 0 时，$\Delta\omega_{\text{lens}}$最大，因此可将式（2.22）简化为

$$\Delta\varphi_{\text{lens}} \leqslant \arctan\left(\frac{\Delta y_{\text{lens}}}{f}\right) = \arctan\left(\frac{\Delta y_{\text{lens\_pixel}} \cdot \mu}{f}\right) \tag{2.23}$$

式中：Δy_{lens_pixel}为以像素为单位的Δy_{lens}。

$\Delta\omega_{lens}$对影像几何定位精度的影响效果和姿态滚动角误差相似，则根据式（2.6）和式（2.7），可以得到内方位元素误差导致的影像平面定位误差$dp_{img_RollLens}$和前后视立体影像高程误差$dh_{img_RollLens}$。

综上所述，相机内部误差造成的影像平面定位误差dp_{img_cam}和前后视立体影像高程定位误差dh_{img_cam}分别为

$$dp_{cam}=\sqrt{dp_{img\_PitchLens}^2+dp_{img\_RollLens}^2} \tag{2.24}$$

$$dh_{img\_cam}=dh_{img\_PitchLens} \tag{2.25}$$

2.3.2.5 设备安装误差影响理论分析

在前述的姿态测量误差、轨道测量误差和时间误差中，部分误差是由相关星载设备（如相机、姿轨测量设备、轨道测量设备等）的安装误差所导致，因此不同星载设备的安装误差已经成为姿态测量误差、轨道测量误差、时间误差或相机内方位元素误差中的一部分。但是各类星载设备安装误差导致的影像误差均为系统性误差，在卫星数据的处理和应用中，该部分误差应该首先消除（如卫星地面在轨几何检校的一个主要目的就是消除或减弱所有星载设备安装误差的影响）。为了后续误差分析的便利，本节各类星上设备的安装误差分离出来单独考虑，即星上设备安装误差。此处的星上设备安装误差不是特指某一具体设备的安装误差，而是将星上全部设备视为一个整体而呈现出来的一个综合误差。

设备安装误差包括安装平移误差和安装角度误差两部分，从影响影像几何定位的效果而言，安装平移误差等效于轨道误差，安装角度误差等效于姿态误差。高分七号卫星的相机视场角不大，在500km的轨道高度推扫成像时，线元素误差与角元素误差对几何定位精度的影响具有等效性，可将安装平移误差等效为安装角度误差，统一采用设备安装角度误差来描述设备安装误差[20]。参照姿态测量误差分析方法，设备安装误差也可以分解为俯仰向、滚动向和偏航向的安装角度误差。

参照式（2.3）和式（2.5），可以获得俯仰向安装角度误差$\Delta\varphi_{install}$造成的影像平面定位误差$dp_{img_PitchInstall}$和前后视立体像对高程误差$dh_{img_PitchInstall}$。参照式（2.6）和式（2.7），可以获得滚动向安装角度误差$\Delta\omega_{install}$造成的影像平面定位误差$dp_{img_RollInstall}$和前后视立体影像高程误差$dh_{img_RollInstall}$。参照式（2.8）和式（2.9），可以获得偏航向安装角度误差$\Delta\kappa_{install}$所造成的影像平面定位误差$dp_{img_YawInstall}$和前后视立体影像高程误差$dh_{img_YawInstall}$。

综上所述，星上设备安装误差造成的影像平面定位误差 $\mathrm{d}p_{\mathrm{img\_install}}$ 和前后视立体影像高程定位误差 $\mathrm{d}h_{\mathrm{img\_install}}$ 分别为

$$\mathrm{d}p_{\mathrm{img\_install}}=\sqrt{\mathrm{d}p_{\mathrm{img\_PitchInstall}}^{2}+\mathrm{d}p_{\mathrm{img\_RollInstall}}^{2}+\mathrm{d}p_{\mathrm{img\_YawInstall}}^{2}} \tag{2.26}$$

$$\mathrm{d}h_{\mathrm{img\_install}}=\sqrt{\mathrm{d}h_{\mathrm{img\_PitchInstall}}^{2}+\mathrm{d}h_{\mathrm{img\_YawInstall}}^{2}} \tag{2.27}$$

2.3.2.6　立体影像最终精度理论分析

由于前述各类误差系独立传播，因此，卫星影像在平面的总体几何误差 $\mathrm{d}p_{\mathrm{img}}$ 是上述各类误差对影像平面几何精度影响的综合结果，即

$$\mathrm{d}p_{\mathrm{img}}=\sqrt{\mathrm{d}p_{\mathrm{img\_atti}}^{2}+\mathrm{d}p_{\mathrm{img\_orb}}^{2}+\mathrm{d}p_{\mathrm{img\_cam}}^{2}+\mathrm{d}p_{\mathrm{img\_tim}}^{2}+\mathrm{d}p_{\mathrm{img\_install}}^{2}} \tag{2.28}$$

同轨前后视立体影像高程定位误差 $\mathrm{d}h_{\mathrm{img}}$ 是各类误差对立体影像高程定位精度影响的综合，即

$$\mathrm{d}h_{\mathrm{img}}=\sqrt{\mathrm{d}h_{\mathrm{img\_atti}}^{2}+\mathrm{d}h_{\mathrm{img\_orb}}^{2}+\mathrm{d}h_{\mathrm{img\_cam}}^{2}+\mathrm{d}h_{\mathrm{img\_tim}}^{2}+\mathrm{d}h_{\mathrm{img\_install}}^{2}} \tag{2.29}$$

2.3.3　激光测高数据精度理论分析

2.3.3.1　姿态测量误差影响理论分析

1）俯仰角误差影响精度的理论分析

与俯仰角误差对影像平面定位误差的影响类似，$\Delta\varphi$ 将导致激光测高点在沿轨方向发生位移，造成激光测高点在沿轨向平面定位误差 $\mathrm{d}p_{\mathrm{laser\_pitch}}$ 为

$$\mathrm{d}p_{\mathrm{laser\_pitch}}=\rho\cdot\Delta\varphi\cdot(1+\tan^{2}(\varphi_{\mathrm{laser}})) \tag{2.30}$$

式中：ρ 为激光测距值；φ_{laser} 为激光测高仪的激光指向角在俯仰角方向的角度分量。

俯仰角误差对激光测高点高程精度影响示意图如图 2.3 所示。

图 2.3 中，红色实线为激光测高仪 L 的实际激光光线，D 是它测量的实际地面点。由于存在俯仰角误差，根据激光测高数据生产的激光测高点的地面足印中心点为 A_{laser}。$\mathrm{d}h_{\mathrm{laser\_pitch}}$ 为激光高程点的高程误差；H 为轨道高度；φ_{laser} 为激光指向角在俯仰方向分量；$\Delta\varphi$ 为激光测高时姿态俯仰角误差；ρ 为激光测距值。

根据图 2.3 中关系，可以得到俯仰角误差对激光高程点的高程影响，即

$$\mathrm{d}h_{\mathrm{laser\_pitch}}=(\cos\varphi_{\mathrm{laser}}-\cos(\varphi_{\mathrm{laser}}+\Delta\varphi))\cdot\rho \tag{2.31}$$

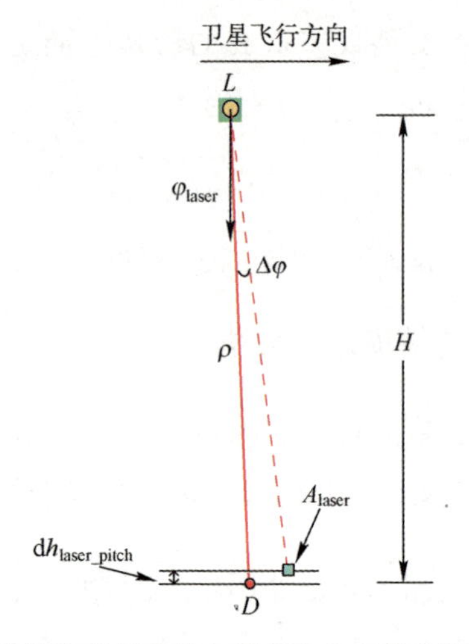

图 2.3　俯仰角误差对激光测高点高程精度影响示意图

2）滚动角误差影响精度的理论分析

姿态滚动角误差 $\Delta\omega$ 对激光测高点平面定位精度的影响机理与姿态俯仰角误差是一致的，将导致激光测高点在垂轨方向的平面定位误差 $\mathrm{d}p_{\text{laser\_roll}}$ 为

$$\mathrm{d}p_{\text{laser\_roll}}=\rho\cdot\Delta\omega\cdot(1+\tan^2(\omega_{\text{laser}}))\tag{2.32}$$

式中：ω_{laser} 为激光指向角在滚动角方向的分量。

由于滚动角误差和俯仰角误差对激光高程点高程误差的影响原理和效果一致，则姿态滚动角误差 $\Delta\omega$ 导致的激光高程点高程误差 $\mathrm{d}h_{\text{laser\_roll}}$ 为

$$\mathrm{d}h_{\text{laser\_roll}}=(\cos\omega_{\text{laser}}-\cos(\omega_{\text{laser}}+\Delta\omega_{\text{laser}}))\cdot\rho\tag{2.33}$$

3）偏航角误差影响精度的理论分析

与偏航角误差对影像平面定位误差的影响类似，偏航角误差 $\Delta\kappa$ 将导致激光测高点在沿轨方向和垂轨方向均发生平移误差，则 $\Delta\kappa$ 造成的影像平面定位误差 $\mathrm{d}p_{\text{laser\_yaw}}$ 为

$$\begin{cases}\mathrm{d}p_{\text{laser\_yaw}//}\leqslant(\rho\cdot\sin\varphi)\cdot\sin(\Delta\kappa)\\ \mathrm{d}p_{\text{laser\_yaw}\perp}\leqslant(\rho\cdot\sin\varphi)\cdot(1-\cos(\Delta\kappa))\\ \mathrm{d}p_{\text{laser\_yaw}}\leqslant\sqrt{\mathrm{d}p^2_{\text{laser\_yaw}//}+\mathrm{d}p^2_{\text{laser\_yaw}\perp}}\end{cases}\tag{2.34}$$

式中：$\mathrm{d}p_{\text{laser\_yaw}\perp}$ 和 $\mathrm{d}p_{\text{laser\_yaw}//}$ 分别为 $\Delta\kappa$ 导致的激光测高点在垂轨方向和沿轨方向的平面定位误差；φ 为激光指向角。

姿态偏航角误差 $\Delta\kappa$ 仅会造成激光高程点的平面误差，不会造成激光测高点的高程误差 $\mathrm{d}h_{\text{laser\_yaw}}$，即

$$dh_{laser\_yaw} \approx 0 \tag{2.35}$$

由于姿态俯仰角、滚动角和偏航角误差系独立传播，因此姿态误差造成的激光测高点平面定位误差 dp_{laser_atti} 和高程定位误差 dh_{laser_atti} 分别为

$$dp_{laser\_atti} = \sqrt{dp^2_{laser\_pitch} + dp^2_{laser\_roll} + dp^2_{laser\_yaw}} \tag{2.36}$$

$$dh_{laser\_atti} = \sqrt{dh^2_{laser\_pitch} + dh^2_{laser\_roll}} \tag{2.37}$$

2.3.3.2　轨道测量误差影响理论分析

与轨道误差对影像平面定位误差的影响类似，卫星轨道在沿轨方向误差 ΔX 和垂轨方向误差 ΔY，将分别造成激光测高点在地面沿轨方向和垂轨方向的等效平移误差，因此卫星轨道误差导致的激光测高点平面误差 dp_{laser_orb} 为

$$dp_{laser\_orb} = \sqrt{\Delta X^2 + \Delta Y^2} \tag{2.38}$$

轨道径向误差 ΔZ 将造成激光测高点的等效高程误差 dh_{laser_orb}，即

$$dh_{laser\_orb} = \Delta Z \tag{2.39}$$

2.3.3.3　时间误差影响理论分析

卫星激光测高仪向地面发射激光脉冲时，会记录发射时间，称为激光测高时间，它的误差可称为激光测高时间误差。激光测高时间误差也是相对地面真实时间而言的。

激光测高时间误差 Δt_{laser} 会造成激光测高点在沿轨道方向定位误差 $dp_{laser\_LaserTim}$，即

$$dp_{laser\_LaserTim} = \Delta t_{laser} \cdot V \tag{2.40}$$

当激光测高时间与姿态时间和轨道时间不同步，导致采用激光测高时间获取外方位元素时，未能获取激光测高时刻对应的真实姿态和轨道测量数据，等效于引入了额外的姿态和轨道数据误差，进而影响激光测高的几何定位精度。

与轨道时间误差 Δt_{orbit} 对立体影像几何定位误差的影响效果类似，Δt_{orbit} 引入的额外轨道数据误差 ΔX_{orbit_tim}，会造成激光测高点在地面沿轨方向的等效平移误差 dp_{laser_OrbTim}，即

$$dh_{laser\_OrbTim} = \Delta t_{orbit} \cdot V \tag{2.41}$$

在不考虑地表情况时，ΔX_{orbit_tim} 不会对激光测高点的高程定位造成误差。

根据式（2.17）可知，姿态时间误差 Δt_{atti} 会引入额外姿态俯仰角误差 $\Delta\varphi_{atti\_tim}$、滚动角误差 $\Delta\omega_{atti\_tim}$ 和偏航角误差 $\Delta\kappa_{atti\_tim}$。

参照式（2.30），可以获取 $\Delta\varphi_{\text{atti\_tim}}$ 造成的激光测高点沿轨方向平面定位误差 $\mathrm{d}p_{\text{laser\_PitchTim}}$；参照式（2.31），可以获取 $\Delta\varphi_{\text{atti\_tim}}$ 造成的激光测高点高程误差 $\mathrm{d}h_{\text{laser\_PitchTim}}$。

参照式（2.32），可以获得 $\Delta\omega_{\text{atti\_tim}}$ 造成的激光测高点垂轨方向平面定位误差 $\mathrm{d}p_{\text{laser\_RollTim}}$；参照式（2.33），可以获得 $\Delta\omega_{\text{atti\_tim}}$ 造成的激光测高点高程误差 $\mathrm{d}h_{\text{laser\_RollTim}}$。

参照式（2.34），可以获得 $\Delta\kappa_{\text{atti\_tim}}$ 造成的激光测高点平面定位误差 $\mathrm{d}p_{\text{laser\_YawTim}}$；参照式（2.35），可以获得 $\Delta\kappa_{\text{atti\_tim}}$ 造成的激光测高点高程误差 $\mathrm{d}h_{\text{laser\_YawTim}}$。

综上所述，时间误差造成的激光测高点平面定位误差 $\mathrm{d}p_{\text{laser\_tim}}$ 和高程定位误差 $\mathrm{d}h_{\text{laser\_tim}}$ 分别为

$$\mathrm{d}p_{\text{laser\_tim}}=\sqrt{\mathrm{d}p_{\text{laser\_LaserTim}}^2+\mathrm{d}p_{\text{laser\_OrbTim}}^2+\mathrm{d}p_{\text{laser\_PitchTim}}^2+\mathrm{d}p_{\text{laser\_YawTim}}^2+\mathrm{d}p_{\text{laser\_RollTim}}^2} \tag{2.42}$$

$$\mathrm{d}h_{\text{laser\_tim}}=\sqrt{\mathrm{d}h_{\text{laser\_OrbiTim}}^2+\mathrm{d}h_{\text{laser\_PitchTim}}^2+\mathrm{d}h_{\text{laser\_RollTim}}^2+\mathrm{d}h_{\text{laser\_YawTim}}^2} \tag{2.43}$$

如时间误差对立体影像精度理论分析章节的相关介绍，由于姿态时间和轨道时间的不同步，会导致外方位元素中出现高频误差，其过程极为复杂，考虑到高分七号卫星在一定成像时间段内的时间同步精度极高，所以在本节中对此类误差不进行分析。

2.3.3.4 激光指向角误差影响理论分析

激光指向角误差实质上属于设备安装误差。如立体影像精度理论分析章节所述，在姿态测量误差、轨道测量误差和时间误差中，有部分系统误差是由相关星载设备（如相机、姿轨测量设备、轨道测量设备等）的安装误差所导致。在激光测高数据的实际处理过程中，激光指向角误差和这些设备安装误差无法有效分离，因此，本节所述的激光指向角误差是将包括激光指向轴在内的星上全部设备视为一个整体而呈现出来的一个综合指向角误差。

姿态测量误差和激光指向角误差都是角度误差，因此激光指向角误差也可以分解为激光指向角俯仰角误差 $\Delta\varphi_{\text{axis}}$、激光指向角滚动角误差 $\Delta\omega_{\text{axis}}$ 和激光指向角偏航角误差 $\Delta\kappa_{\text{axis}}$。

由于激光指向角误差和姿态测量误差是同类误差，因此它们对激光测高点几何定位精度的影响原理和效果是类似的。

参照式（2.30），可以获取 $\Delta\varphi_{axis}$ 造成的激光测高点沿轨方向平面定位误差 $dp_{laser\_PitchAxis}$；参照式（2.31），可以获取 $\Delta\varphi_{axis}$ 造成的激光测高点高程误差 $dh_{laser\_PitchAxis}$。

参照式（2.32），可以获得 $\Delta\omega_{axis}$ 造成的激光测高点垂轨方向平面定位误差 $dp_{laser\_RollAxis}$；参照式（2.33），可以获得 $\Delta\omega_{axis}$ 造成的激光测高点高程误差 $dh_{laser\_RollAxis}$。

参照式（2.34），可以获得 $\Delta\kappa_{axis}$ 造成的激光测高点平面定位误差 $dp_{laser\_YawAxis}$；参照式（2.35），可以获得 $\Delta\kappa_{axis}$ 造成的激光测高点高程误差 $dh_{laser\_YawAxis}$。

综上所述，激光指向角误差造成的激光测高点平面定位误差 dp_{laser_axis} 和高程定位误差 dh_{laser_axis} 分别为

$$dp_{laser\_axis} = \sqrt{dp_{laser\_PitchAxis}^2 + dp_{laser\_RollAxis}^2 + dp_{laser\_YawAxis}^2} \tag{2.44}$$

$$dh_{laser\_axis} = \sqrt{dh_{laser\_PitchAxis}^2 + dh_{laser\_RollAxis}^2} \tag{2.45}$$

2.3.3.5　激光测距误差影响理论分析

由于高分七号卫星激光测高仪的激光指向角被设计为垂直对地发射，因此激光测距误差 $\Delta\rho$ 对激光测高点平面定位的影响可以忽略，即 $\Delta\rho$ 导致的激光测高点平面定位误差 dp_{laser_ρ} 为

$$dp_{laser\_\rho} \approx 0 \tag{2.46}$$

而 $\Delta\rho$ 将造成激光测高点的等效高程误差 dh_{laser_ρ}，即

$$dh_{laser\_\rho} = \Delta\rho \tag{2.47}$$

2.3.3.6　激光测高点最终精度理论分析

由于前述各类误差系独立传播，因此卫星激光测高点在平面的总体几何误差 dp_{laser} 是上述各类误差对影像平面几何精度影响的综合结果，即

$$dp_{laser} = \sqrt{dp_{laser\_atti}^2 + dp_{laser\_orb}^2 + dp_{laser\_tim}^2 + dp_{laser\_axis}^2 + dp_{laser\_\rho}^2} \tag{2.48}$$

卫星激光测高点高程定位误差 dh_{laser} 是各类误差对卫星激光测高点高程定位精度影响的综合，即

$$dh_{laser} = \sqrt{dh_{laser\_atti}^2 + dh_{laser\_orb}^2 + dh_{laser\_tim}^2 + dh_{laser\_axis}^2 + dh_{laser\_\rho}^2} \tag{2.49}$$

2.3.4 高分七号影像和激光理论精度估算

高分七号卫星的光学相机和激光测高仪在轨工作时会受到 2.3.1 节所述的各类误差源综合影响，导致高分七号卫星获取的原始影像和原始激光数据的几何精度偏低。尤其是卫星受发射阶段的冲力、在轨运行时热环境变化及失重等影响，卫星在地面设计阶段获取的传感器参数会发生明显变化，这些误差是卫星原始影像和原始激光测高数据的最大误差来源，其导致的数据误差甚至可以达到千米级别。因此，高分七号卫星的原始影像数据和原始激光测高数据无法分发给用户直接使用，需要针对原始影像开展光学相机在轨几何检校（详见第 3 章所述）和传感器校正处理（详见第 5 章所述），生成传感器校正影像；针对原始激光测高数据开展激光测高仪几何检校（详见第 4 章所述）和激光几何处理（详见第 6 章所述），生成激光测高标准产品，方可分发用户用于测图应用。因此本节的理论精度估算主要是针对高分七号卫星传感器校正影像和高分七号卫星激光测高标准产品展开。

通过 2.3.2 节所述各项公式计算各项误差源对无控制条件下的高分七号传感器校正影像产品平面定位精度的影响，如表 2.1 所列。

表 2.1 高分七号卫星传感器校正影像（后视全色）无控制平面几何定位误差

误差源			造成几何定位误差（1σ）/m				
误差类型	误差项	卫星系统指标规定误差值（1σ）	单项误差		汇总		
			沿轨向	垂轨向	沿轨向	垂轨向	平面
轨道误差	沿轨误差	0.1m	0.1	0	0.1	0.1	0.14
	垂轨误差	0.1m	0	0.1			
	径向误差	0.1m	0	0			
姿态误差	姿态俯仰角误差	0.5″	1.22	0	1.22	1.21	1.72
	姿态滚动角误差	0.5″	0	1.21			
	姿态偏航角误差	0.5″	0.02	0			
相机误差	指向角俯仰向误差	0.08″	0.20	0	0.2	0.19	0.28
	指向角滚动向误差	0.08″	0	0.19			
时间误差	成像时间误差	50μs	0.4	0	0.57	0	0.57
	轨道时间误差	50μs	0.4	0			
	姿态时间误差	50μs	0	0			

续表

误差源			造成几何定位误差（1σ）/m				
误差类型	误差项	卫星系统指标规定误差值（1σ）	单项误差		汇总		
			沿轨向	垂轨向	沿轨向	垂轨向	平面
设备安装误差	安装角俯仰向误差	0.8″	1.95	0	1.95	1.94	2.75
	安装角滚动向误差	0.8″	0	1.94			
	安装角偏航向误差	0.8″	0.04	0			
所有误差综合		—	—	—	2.38	2.30	3.31

注：1. 高分七号卫星系统的设计指标要求：事后处理的定姿精度≤0.5″（1σ）；事后定轨精度≤10cm（1σ）；在轨检校后探测器像元指向角标定精度≤0.3pixel（1σ）。

2. 相机误差各误差项的误差值是根据卫星设计指标要求的在轨几何检校精度值（优于0.3pixel）采用式（2.21）和式（2.23）推算而来。设备安装误差各误差项的误差值是取值于高分七号卫星光学相机在轨几何外检校的残差值，该值来源于高分七号卫星在轨测试报告。

3. 计算过程中，轨道高度参数采用500km，轨道运行速度参数采用7.9km/s、姿态稳定度为2×10^{-4}（°）/s（三轴，3σ），影像幅宽参数采用20km，前视和后视相机CCD探元尺寸参数为0.007mm、焦距参数为5520mm

通过2.3.2节所述各项公式计算各项误差源对无控制条件下的高分七号传感器校正影像前后视立体前方交会高程定位误差的影响，如表2.2所列。

表2.2 高分七号卫星传感器校正影像前后视立体无控制前方交会高程定位误差

误差源			造成几何高程误差（1σ）/m	
误差源类别	误差项	卫星系统指标规定误差值（1σ）	单项	汇总
轨道误差	沿轨误差	0.1m	0	0.1
	垂轨误差	0.1m	0	
	径向误差	0.1m	0.1	
姿态误差	姿态俯仰角误差	0.5″	0.42~4.06	0.42~4.06
	姿态滚动角误差	0.5″	0	
	姿态偏航角误差	0.5″	0	
相机误差	指向角俯仰向误差	0.08″	0.07~0.65	0.07~0.65
	指向角滚动向误差	0.08″	0	
时间误差	成像时间误差	50μs	0.83	0.83
	轨道时间误差	50μs	0	
	姿态时间误差	50μs	0	
设备安装误差	安装角俯仰向误差	0.8″	0.67~6.50	0.67~6.50
	安装角滚动向误差	0.8″	0	
	安装角偏航向误差	0.8″	0	
所有误差源综合		—	—	1.15~7.74

表 2.2 的结果表明，姿态俯仰角误差、相机指向角俯仰向误差、设备安装角俯仰向误差、成像时间误差是造成高分七号卫星影像高程定位误差的主要因素。通过 2.3.2 节中这 4 类误差造成的影像高程定位误差定量公式（式（2.5）、式（2.15）等）可知，这些误差所造成的立体影像高程定位误差均与立体影像基高比成反比。

在表 2.2 中，假定高分七号立体影像基高比为 0.67，此时立体影像的理论高程误差为 1.15~7.74m。假定高分七号立体影像基高比为 0.89（资源三号立体影像基高比数值），此时立体影像的理论高程误差为 0.87~5.82m。假定高分七号立体影像基高比为 1，此时立体影像的理论高程误差为 0.78~5.18m。

通过 2.3.3 节所述各项公式计算各项误差源对高分七号激光测高标准产品平面定位精度的影响，如表 2.3 所列。

表 2.3　高分七号卫星激光测高标准产品平面几何定位误差

误差源			造成几何定位误差（1σ）/m				
误差类型	误差项	卫星系统指标规定误差值（1σ）	单项误差		汇总		
			沿轨向	垂轨向	沿轨向	垂轨向	平面
轨道误差	沿轨误差	0.1m	0.1	0	0.1	0.1	0.14
	垂轨误差	0.1m	0	0.1			
	径向误差	0.1m	0	0			
姿态误差	姿态俯仰角误差	0.5″	1.21	0	1.21	1.21	1.71
	姿态滚动角误差	0.5″	0	1.21			
	姿态偏航角误差	0.5″	0.02	0			
时间误差	成像时间误差	50μs	0.40	0	0.57	0	0.57
	轨道时间误差	50μs	0.40	0			
	姿态时间误差	50μs	0	0			
激光指向角误差	俯仰向误差	0.8″	1.94	0	1.94	1.94	2.74
	滚动向误差	0.8″	0	1.94			
	偏航向误差	0.8″	0.03	0			
激光测距误差	测距误差	0.05m	0	0	0	0	0
所有误差综合		—	—	—	2.36	2.29	3.28

注：轨道误差、姿态误差、时间误差的各误差项的误差值取值与表 2.1 相同。计算过程中，所用卫星参数也与表 2.1 相同。激光指向角误差和激光测距误差各误差项的误差值是取值于高分七号卫星激光测高仪在轨几何检校的结果，该值来源于高分七号卫星在轨测试报告

通过 2.3.3 节所述各项公式计算各项误差源对高分七号激光测高标准产品高程定位精度的影响，如表 2.4 所列。

表 2.4　高分七号卫星激光测高标准产品高程定位误差

误　差　源			造成几何高程误差（1σ）/m	
误差源类别	误差项	卫星系统指标规定误差值（1σ）	单项	汇总
轨道误差	沿轨误差	0.1m	0	0.1
	垂轨误差	0.1m	0	
	径向误差	0.1m	0.1	
姿态误差	姿态俯仰角误差	0.5″	0.02	0.03
	姿态滚动角误差	0.5″	0.02	
	姿态偏航角误差	0.5″	0	
时间误差	成像时间误差	50μs	0	0
	轨道时间误差	50μs	0	
	姿态时间误差	50μs	0	
激光指向角误差	俯仰向误差	0.8″	0.03	0.04
	滚动向误差	0.8″	0.03	
	偏航向误差	0.8″	0	
激光测距误差	测距误差	0.1m（检校后）	0.1	0.1
所有误差源综合		—	—	0.12

通过表 2.1 可知，高分七号后视全色影像（倾斜角较小的影像）的理论平面精度为 3.31m；通过表 2.2 可知，高分七号前后视立体影像的理论高程精度为 1.15～7.74m（当式（2.5）中 $\Delta\theta_1=\Delta\theta_2$ 时，高程误差最小；当 $\Delta\theta_1=-\Delta\theta_2$ 时，高程误差最大）。平面精度达到了 1∶10000 比例尺立体测图精度要求，但是高程精度无法满足中国 1∶10000 比例尺立体测图精度要求。通过表 2.3 和表 2.4 可知，高分七号卫星激光高程点的理论平面精度和高程精度分别是 3.28m 和 0.15m，均可以满足 1∶10000 比例尺立体测图的精度要求。

根据上述精度理论估算结果可知，高分七号卫星激光高程点的理论高程精度远远高于同平台获取的立体影像，也超过了 1∶10000 比例尺立体测图的高程精度要求。因此在理论上，利用激光高程点作为控制，将立体影像的高程精度提升至1∶10000比例尺测图精度要求是完全可行的。而高分七号激光高程点与同轨获取的成像倾角较小的影像（后视影像）的理论平面精度几乎一致。这也是同卫星平台获取的激光高程点和光学影像的重要特点。这也表明，在理论上，利用激光测高点无法提升同步获取的光学影像的平面精度。

2.4 仿真分析

仿真分析是卫星论证的重要环节，仿真分析主要针对论证过程中提出的卫星和传感器参数的技术指标，在理论分析的基础上进行模拟仿真，对设计的结果进行发射前验证，确认卫星工程指标的合理性。高分七号采用了半物理仿真的技术路线，在详细的卫星设计方案以及系统测试数据的基础上，对影响测绘精度的每个子系统进行模拟建模，实现了系统设计的总体验证。

2.4.1 高分七号1∶10000比例尺测绘精度仿真技术框架

以高分辨率商业卫星WorldView立体影像作为数据源，通过立体匹配处理成“影像+地面点”的数据形式。以瞬时TDI CCD成像面辐照度的获取为核心步骤，将轨道、姿态参数，相机安装参数，TDI CCD几何参数，相机MTF等有机地串联起来。同时通过时间域积分和TDI CCD多级电荷累加实现TDI CCD多级动态积分的模拟，并以此为基础实现相机辐射响应和线阵影像成像的严格模拟，仿真的技术框架如图2.4所示。

（1）获取基础数据，并对所述基础数据进行预处理，生成卫星立体影像每一点的影像-几何模型。

（2）计算卫星轨道数据，所述卫星轨道数据包括地固坐标系下卫星的扫描时刻、位置、速度数据。

（3）采用功率谱反推法计算卫星姿态数据。

（4）进行相机几何建模，包括计算相机安装模型和计算TDI CCD几何模型。

（5）计算TDI CCD瞬时焦面能量影像的数据源范围。

（6）计算滤波前的TDI CCD瞬时焦面辐照度影像。

（7）用点扩散函数对TDI辐照度影像进行滤波，计算各CCD的子CCD平均辐照度。

（8）计算一个积分时间区间内多个细分时刻的 TDI 辐照度影像，累加后取平均，得到一个积分区间内的 TDI 时间平均辐照度影像。

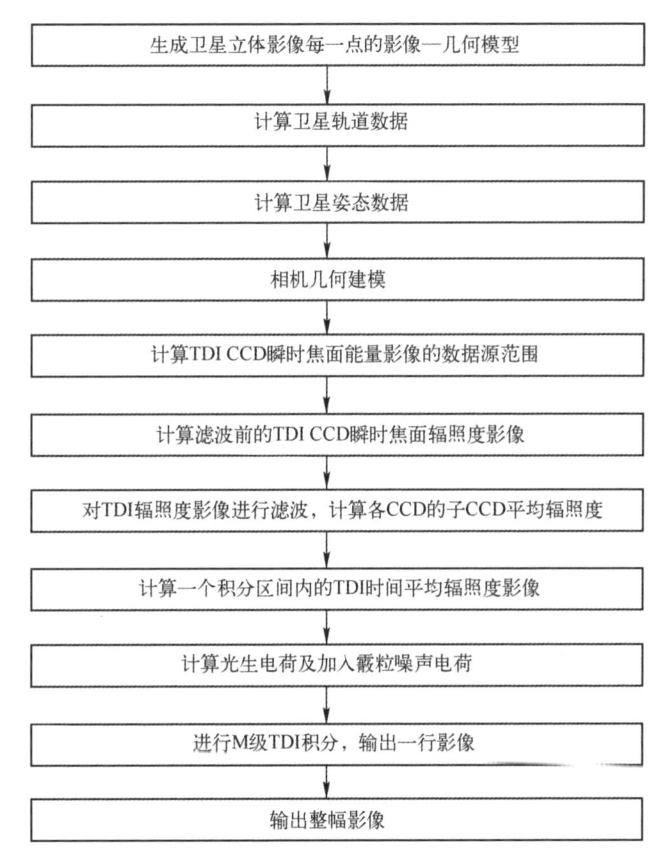

图 2.4　高分七号卫星立体影像仿真技术框架

2.4.2　高分七号模拟影像建模方法

2.4.2.1　全色相机内方位模型建模

建立相机 TDI CCD 各像素中心与后节点构成的向量在卫星本体坐标系统中的内方位模型，相机内方位模型包括每个 CCD 探元中心在相机坐标系中的方位角和相机焦距，以及相机坐标系统相对于卫星本体坐标系的安装矩阵 $R_{\text{camera}}^{\text{body}}$。

每个 CCD 探元中心在相机坐标系中的方位角和相机焦距如图 2.5 所示，

设焦平面上的每个 CCD 像元 p 由一个视方向 $\boldsymbol{u}_1$ 来表示，该视方向的原点为传感器的光学中心 O。视方向由视角(ψ_x,ψ_y)获得，即

$$\boldsymbol{u}_1(p)=[-\tan\psi_y(p),\tan\psi_x(p),-1]^{\mathrm{T}}/K \tag{2.50}$$

式中：K 为向量的模，使得$\|\boldsymbol{u}_1(p)\|_2=1$。若已经测定 CCD 线阵的每个像元视方向，则有

$$\begin{pmatrix} x \\ y \\ -f \end{pmatrix}=f\cdot\begin{pmatrix} \tan(\varphi_y) \\ \tan(\varphi_x) \\ -1 \end{pmatrix} \tag{2.51}$$

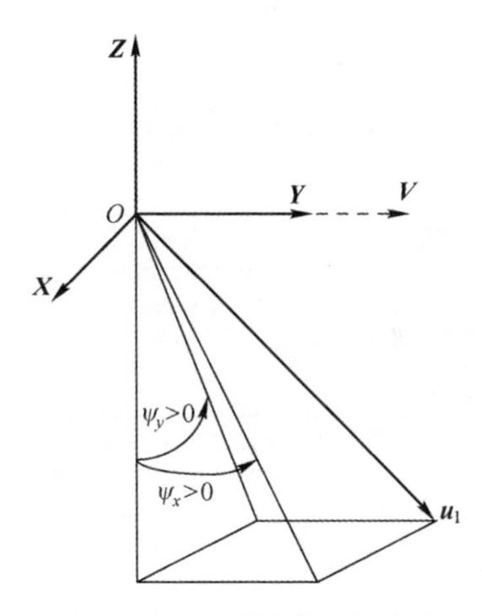

图 2.5　CCD 线阵像元视方向

$R_{\mathrm{camera}}^{\mathrm{body}}$和$f$、$\varphi_x$、$\varphi_y$ 由卫星研制方提供参数和误差估计值。

2.4.2.2　TDI CCD 几何建模

TDI CCD 的几何建模包括垂直方向和沿 CCD 方向的建模。

垂直 TDI 积分方向的几何模型直接通过设置的相机各波段畸变参数建立，格式为“CCD 列坐标-畸变量”数据序列，两个测量 CCD 之间的 CCD 畸变通过线性插值的方法获得。垂直 TDI 积分方向的畸变参数包含了光学畸变和 CCD 在垂直 TDI 积分方向的安装误差。通过插值可以得到每个 CCD 在垂直 TDI 积分方向的畸变量 $\boldsymbol{\sigma}_{\mathrm{CS}i}$。

沿 TDI 积分方向的 CCD 几何模型可用 CCD 阵列拼接误差、CCD 非直线性等指标来衡量。在相机 TDI 积分方向的 CCD 畸变模型建模中主要考虑 CCD 阵列拼接误差 $\boldsymbol{\sigma}_{\mathrm{c}}$ 和 CCD 非直线性 $\boldsymbol{\sigma}_{\mathrm{r}}$ 两个指标，分两步实现：①以第一个 CCD

阵列为基准，将第二片 CCD 相对理想安装位置整体偏移 σ_{c1}（σ_{c1}为小于 σ_c 绝对值的随机数），再以第二个 CCD 阵列为基准，将第三片 CCD 相对理想安装位置整体偏移 σ_{c2}（σ_{c2}为绝对值小于 σ_c 的随机数）；②将每片 CCD 以该片 CCD 中心 CCD 为中心，旋转 σ_{ri}（σ_{ri}为绝对值小于 σ_r 的随机数，$i=1,2,3$，为 CCD 阵列号）。通过上述两个步骤，最终可以得到每个 CCD 在沿 TDI 积分方向的畸变量 $\sigma_{ASi}=\sigma_{ci}+\sigma_{ri}$。

每个 CCD 中心都有两个畸变量($\sigma_{ASi},\sigma_{CSi}$)，$i$ 表示 CCD 序号，在模拟算法中认为该畸变是光学畸变和 CCD 畸变的综合值，两个 CCD 列之间的亚像元点（列坐标为 c，$i\leqslant c\leqslant i+1$）的畸变量为

$$\begin{cases}\sigma_{AS}(c)=\sigma_{ASi}\times(1-\text{temp})+\sigma_{AS(i+1)}\times\text{temp}\\ \sigma_{CS}(c)=\sigma_{CSi}\times(1-\text{temp})+\sigma_{CS(i+1)}\times\text{temp}\\ \text{temp}=c-\text{int}(c)\end{cases}\tag{2.52}$$

设 TDI CCD 焦面上有一点 $p(c,r)$（c 为列坐标，r 为行坐标单位像素），过 p 的主光线对应物方点为 P，入瞳中心为 O。点 p 加入畸变量后变为 $p'(c',r')$，其中 $c'=c+\sigma_{CS}$，$r'=r+\sigma_{AS}$。过 p'并与主光轴平行的光线与相机光学系统物方焦面的交点为 C，则 C、O、P 三点共线，根据这一关系可以得到过 CCD 焦面上任意一点的主光线对应的地面点。

2.4.2.3　姿态稳定度建模

相机随平台产生颤动，增加了视轴对准误差。姿态运动建模也是所有运动因素中最关键的部分，本节采用功率谱分析方法构建需要的姿态变化曲线。姿态稳定度的单位一般为（°)/s。但这个概念只适合分析较低频率的姿态变化对影像的影响，在设计阶段高频部分应精确到每一行的姿态变化数据。表 2.5 为某卫星在滚动（roll）、俯仰（pitch）、偏航（yaw）指向的精度需求参数。

表 2.5　某卫星指向精度需求参数（3σ）[2]

指向控制精度		roll，pitch，yaw：±0.1°	所有频率
指向稳定度	短周期	roll,yaw:2.0×10^{-5}(°)/0.37ms pitch:1.0×10^{-5}(°)/0.37ms	所有频率
	长周期	roll,pitch,yaw:2.0×10^{-4}(°)/5s	所有频率

功率谱分析法获取姿态数据步骤如下：

（1）根据三轴指向精度生成三轴指向角系统量。

（2）根据模拟设置的姿态功率谱参数生成滤波器。

（3）生成随机振动功率谱。

（4）频率域滤波得到姿态振动功率谱。

（5）反傅里叶变换变回时间域得到一个姿态角的姿态数据序列。

（6）每隔 1s 统计生成的姿态角序列 $f(t_i)$ 的均方差 σ，将姿态角序列的每个姿态角乘以 $\sigma/(3\mathrm{yaw}_1)$，然后加上偏航指向角系统量 yaw_0'，得到偏航姿态角序列。

（7）重复步骤（1）到步骤（6），生成第二个姿态角序列和第三个姿态角序列，加上指向角系统量最终的姿态角序列。

一些文献中将功率谱密度函数用单一函数表示，这种方法在解决部分问题时可以采用。对于立体测绘卫星来说，我们关心的是某些频段的功率谱密度。实际的姿态变化主要集中在某几个频段，也就是说频谱会出现跳跃性。因此，对由功率谱密度生成时域曲线的方法做了一些改进，主要是滤波器的设置方法的改变。

高分七号模拟使用的通用滤波器为[22]

$$Q_v = \frac{1.0}{(1+((v\bmod a)/b)^2)(1+(v/c)^2)} \tag{2.53}$$

式中：v 为整数型的频率，只具有相对意义；a 为整型数，决定了考察的频段数；b 为浮点型数，决定了某一频段内功率谱密度随频率的提高下降的速度，也可以认为是一个频段的宽度；c 为浮点型数，决定了整个频谱范围内功率谱密度随频率的提高下降的速度。

图 2.6 和图 2.7 是不同的参数条件下得到的滤波器和时域曲线。

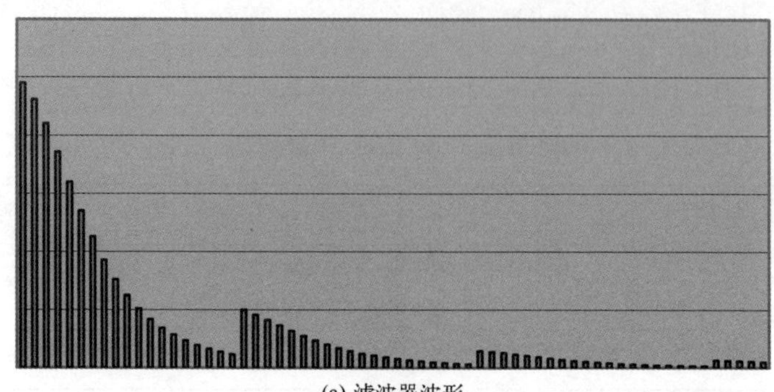

(a) 滤波器波形

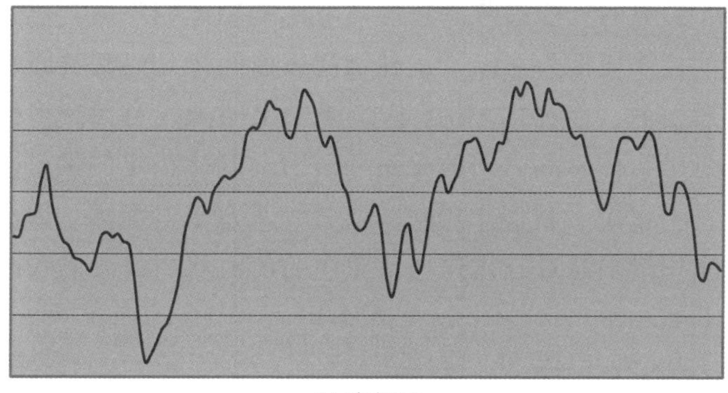

(b) 时域曲线

图 2.6　参数 $a=20$，$b=10$，$c=10$ 对应的滤波器和时域曲线

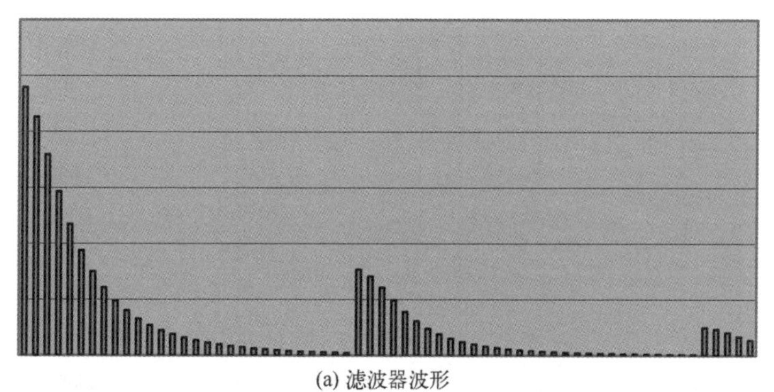

(a) 滤波器波形

(b) 时域曲线

图 2.7　参数 $a=30$，$b=5$，$c=20$ 对应的滤波器和时域曲线

2.4.2.4　光线几何光学模型

光线方向与地面交点的计算以计算机图形学中的光线追踪算法为基础

并加以改进，经典的光线追踪算法需要考虑地物遮挡问题，把光线在场景中物体之间的传播概括为在以下三种物质表面间按几何光学原理传播的过程：镜面、漫射面、透射面。由于从光源发出的光线有无穷多条，而只有少数经由场景中物体表面之间的反射和透射后到达指定的像元，如果从光源开始跟踪，不仅做了很多无用功，而且计算量极其庞大。因此，经典光线跟踪算法采用逆向跟踪技术来完成整个绘制过程。经典光线跟踪步骤示意图如图 2.8 所示。

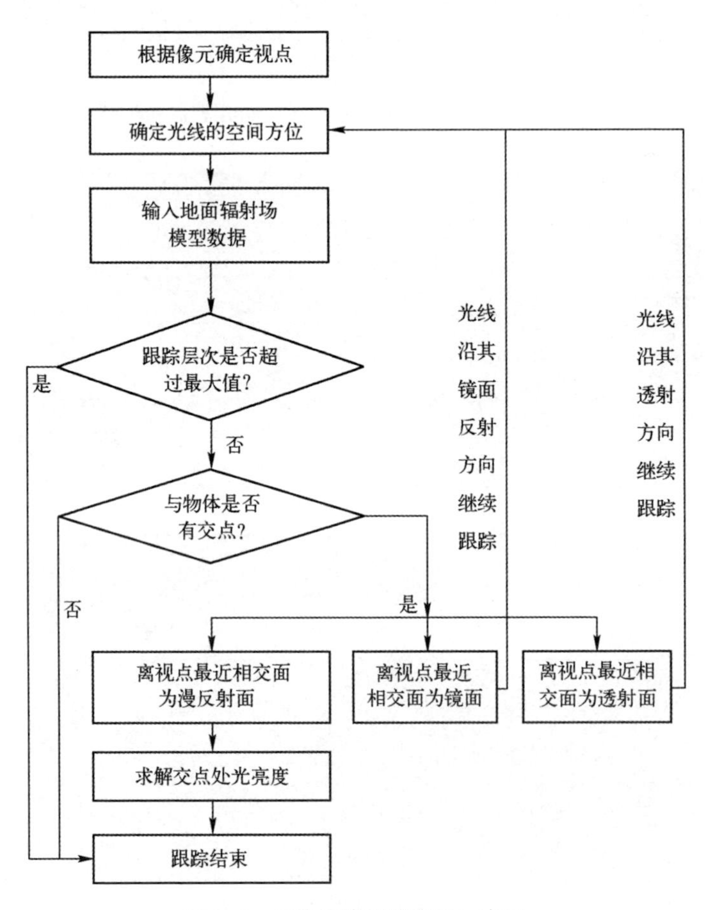

图 2.8　经典光线跟踪步骤示意图

由于高分七号卫星成像仿真以甚高分辨率的其他卫星影像和高精度 DEM 为基础，光线与地面求交以后，交点处的辐射信息已经包含了目标本身的反射信息和环境辐射信息，因此不再执行环境光追踪的步骤，而是以卫星相机本身随平台推扫过程的动态光线几何建模为核心[23]，如图 2.9 所示。

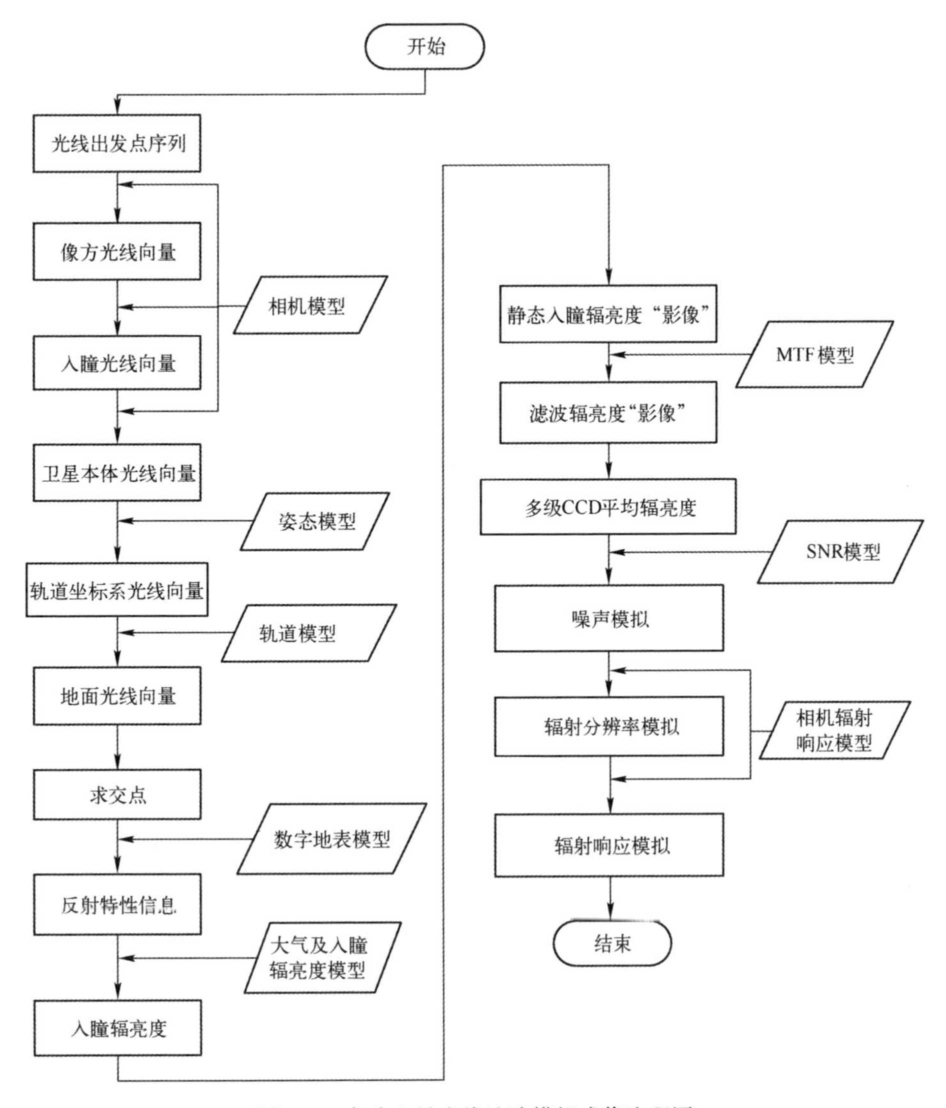

图 2.9　高分七号光线追踪模拟成像流程图

2.4.3　高分七号影像模拟过程

（1）获取基础数据，生成仿真之前的影像。这需要对现有的基础数据进行预处理，生成卫星立体影像每一点的影像几何模型。本章采用 WorldView 卫星立体影像和辅助有理多项式系数（RPC）参数，预处理具体如下：

① 通过多次前方交会和后方交会迭代计算，消除 RPC 参数的相对误差。

② 通过准核线立体影像制作和半全局匹配算法计算左右影像的视差图，

然后根据视差图计算同名像点坐标，进而前方交会计算准核线影像每一点的物方大地坐标(L,B,H)，其中，L表示经度，B表示纬度，H表示椭球高。

（2）计算卫星轨道数据[24]，包括地固坐标系下卫星的扫描时刻、位置、速度数据。

在惯性参考系的XOZ平面上，取一组卫星测量坐标系原点坐标，各原点坐标与惯性参考系原点的距离相同，均为R，R等于平均地球半径加上平均轨道高度。假设第一个原点对应时刻为0，相邻两个质心对应时刻相差0.1s，由R可求得轨道周期T，即

$$T=\frac{2\pi R^{\frac{3}{2}}}{\sqrt{GM}} \tag{2.54}$$

式中：G为万有引力常数，$G=6.67\times10^{-11}\mathrm{m}^3/(\mathrm{kg}\cdot\mathrm{s}^2)$；$M$为地球质量，$M=5.98\times10^{24}\mathrm{kg}$。降交点时刻$T_{\mathrm{dsd}}(\mathrm{s})$减去$T/4$就是第一个质心对应的实际时间$T_0$，即

$$T_0=T_{\mathrm{dsd}}-T/4 \tag{2.55}$$

以下取样时刻依次加0.1s为相应的实际时间，$\mathrm{d}\theta=360/(T\times10)$为相邻两个原点的地心角，第一个质心在$Z$轴上（$Z=R$），第$i(i=0,1,\cdots)$个取样时刻的卫星原点位置为

$$\begin{cases}X=R\times\cos(\theta)\\Y=0\\Z=R\times\sin(\theta)\end{cases} \tag{2.56}$$

$$\theta=(90-\mathrm{d}\theta\times i)/180.0\times\pi$$

设轨道倾角为I，将取样坐标绕X轴顺时针旋转$I-90°$，然后绕Z轴逆时针旋转L；计算第i个时刻卫星原点(X_i,Y_i,Z_i)对应的初始大地坐标(L_i,B_i,H_i)；计算经度L与目标区域中心经度L_c的偏差ΔL；卫星原点大地坐标的经度$L_i(i=0,1,\cdots)$加上ΔL，得到卫星原点的星下点通过目标区域中心点(L_c,B_c)的卫星原点大地坐标序列$(L_i',B_i,H_i)((i=0,1,\cdots),L_i'=L_i+\Delta L)$；将卫星原点大地坐标序列$(L_i,B_i,H_i)$转换成地心直角坐标序列$(X_i',Y_i',Z_i')(i=0,1,\cdots)$；利用式（2.56）计算卫星原点$(X_i,Y_i,Z_i)$时将角度$\theta$加上0.00002°。重复执行上述过程，得到新的卫星原点地心直角坐标序列(X_i'',Y_i'',Z''_i)，计算卫星原点速度序列(V_{xi},V_{yi},V_{zi})，即

$$\begin{cases}V_{xi}=(X_i''-X_i')/(T\times0.00002/360)\\V_{yi}=(Y_i''-Y_i')/(T\times0.00002/360)\\V_{zi}=(Z_i''-Z_i')/(T\times0.00002/360)\end{cases} \tag{2.57}$$

其中第 i 组卫星原点位置速度对应时间为 $T_i=T_0+i\times0.1$；保存卫星原点轨迹数据 $(T_i, X'_i, Y'_i, Z'_i, V_{xi}, V_{yi}, V_{zi})$。

（3）计算卫星姿态数据[22]：包括计算指向误差参数，利用功率谱方法获取姿态参数，然后将指向误差参数和姿态参数相加得到最终的姿态参数。具体过程如下：

每隔 1s 统计生成的姿态角序列 $f(t_i)$ 的均方差 σ，将姿态角序列的每个姿态角乘以 $\sigma/(3\mathrm{yaw}_1)$，然后加上偏航指向角系统量 yaw'_0，得到偏航姿态角序列，有

$$\mathrm{yaw}(t_i)=f(t_i)\times\sigma/(3\times\mathrm{yaw}_1)+\mathrm{yaw}'_0 \tag{2.58}$$

将姿态角序列的每个姿态角乘以 $\sigma/(3\mathrm{pitch}_1)$，然后加上俯仰指向角系统量 pitch'_0，得到俯仰姿态角序列，有

$$\mathrm{pitch}(t_i)=f(t_i)\times\sigma/(3\times\mathrm{pitch}_1)+\mathrm{pitch}'_0 \tag{2.59}$$

将姿态角序列的每个姿态角乘以 $\sigma/(3\mathrm{roll}_1)$，然后加上滚动指向角系统量 roll'_0，得到滚动姿态角序列，有

$$\mathrm{roll}(t_i)=f(t_i)\times\sigma/(3\times\mathrm{roll}_1)+\mathrm{roll}'_0 \tag{2.60}$$

图 2.10 为高分七号三轴姿态曲线模拟效果图。

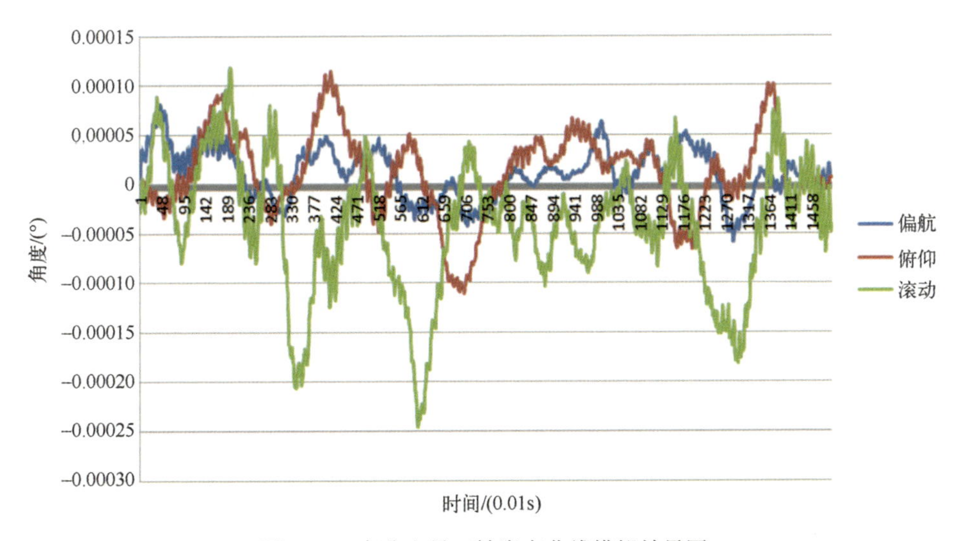

图 2.10　高分七号三轴姿态曲线模拟效果图

（4）相机几何建模。TDI 是一种扫描方式，它是一项能够增加线扫描传感器灵敏度的技术。TDI CCD 的结构像一个长方形的面阵 CCD，但从功能上说，它是一个线阵 CCD。其工作过程是基于对同一目标多次曝光，通过延时

积分的方法，以增加等效积分时间，增强光能的收集。它的列数是一行的像元数，行数为延迟积分的级数 M。工作原理如下：某一行上的第一个像元在第一个曝光积分周期内收集到的信号电荷并不直接输出，而是与同列第二个像元在第二个积分周期内收集到的信号电荷相加，相加后的电荷移向第三行……CCD 最后一行第 M 行的像元收集到的信号电荷与前面（$M-1$）次收集到的信号电荷累加后转移到输出移位寄存器中，按普通线阵 CCD 的输出方式进行读出。

由此可见，CCD 输出信号的幅度是 M 个像元积分电荷的累加，即相当于一个像元的 M 倍积分周期所收集到的信号电荷，输出幅度扩大了 M 倍。在 TDI CCD 中，根据不同的应用背景，积分级数 M 可设计为 6、12、24、48、96 等可调。由于 TDI CCD 的曝光时间与使用的 TDI 级数成比例，通过改变 TDI 级数，即改变了可见光 CCD 的曝光时间。因此，可见光 TDI CCD 用于成像系统，在不改变帧频的情况下，通过改变 TDI 级数，可以在不同的照度下正常工作，这是非常有意义的。随着 TDI 级数增加，信号随 TDI 级数 M 成线性增加，而噪声随 TDI 级数成平方根增加，TDI CCD 的信噪比（SINR）可以增加数倍。

建模过程如下[25]：①将相机光学节点位置结合成像时刻转换到物方坐标系；②根据相机安装角计算相机测量坐标系相对卫星本体坐标系的旋转矩阵 r_{set}。其中，相机测量坐标系相对卫星本体坐标系的旋转矩阵 r_{cam2sat} 为

$$\boldsymbol{r}_{\text{cam2sat}}=\boldsymbol{M}_{\varphi_s}\cdot\boldsymbol{M}_{\omega_s}\cdot\boldsymbol{M}_{\kappa_s} \tag{2.61}$$

$$\begin{cases}\boldsymbol{M}_{\varphi_s}=\begin{bmatrix}\cos_{\varphi_s} & 0 & \sin_{\varphi_s}\\ 0 & 1 & 0\\ -\sin_{\varphi_s} & 0 & \cos_{\varphi_s}\end{bmatrix}\\ \boldsymbol{M}_{\omega_s}=\begin{bmatrix}1 & 0 & 0\\ 0 & \cos_{\omega_s} & \sin_{\omega_s}\\ 0 & -\sin_{\omega_s} & \cos_{\omega_s}\end{bmatrix}\\ \boldsymbol{M}_{\kappa_s}=\begin{bmatrix}\cos_{\kappa_s} & -\sin_{\kappa_s} & 0\\ \sin_{\kappa_s} & \cos_{\kappa_s} & 0\\ 0 & 0 & 1\end{bmatrix}\end{cases} \tag{2.62}$$

计算相机光学节点在卫星本体坐标系的安装向量 $\boldsymbol{U}$ 在 WGS84 地固坐标系的向量 $\boldsymbol{U}'$，即

$$\boldsymbol{U}'=\boldsymbol{r}^{t}_{\text{obt2WGS84}}\cdot\boldsymbol{r}^{t}_{\text{sat2obt}}\cdot\boldsymbol{r}_{\text{cam2sat}}\cdot\boldsymbol{U}\tag{2.63}$$

式中：$\boldsymbol{U}$ 为卫星本体坐标系原点到$(X_{\text{s}},Y_{\text{s}},Z_{\text{s}})$的向量，其中$(X_{\text{s}},Y_{\text{s}},Z_{\text{s}})$为相机光学节点在卫星本体坐标系的安装位置；$\boldsymbol{r}^{t}_{\text{sat2obt}}$ 为卫星本体坐标系相对 t 时刻的局部轨道坐标系的旋转矩阵；$\boldsymbol{r}^{t}_{\text{obt2WGS84}}$为卫星本体坐标系与 WGS84 地固坐标系对应旋转矩阵。

得到相机光学节点的运行位置为

$$\begin{bmatrix} X^{t}_{\text{opt}} \\ Y^{t}_{\text{opt}} \\ Z^{t}_{\text{opt}} \end{bmatrix}=\begin{bmatrix} X^{t}_{\text{o}} \\ Y^{t}_{\text{o}} \\ Z^{t}_{\text{o}} \end{bmatrix}\begin{matrix} + \\ + \\ + \end{matrix}\begin{bmatrix} X^{t}_{\text{s}} \\ Y^{t}_{\text{s}} \\ Z^{t}_{\text{s}} \end{bmatrix}\tag{2.64}$$

式中：$[X^{t}_{\text{o}},Y^{t}_{\text{o}},Z^{t}_{\text{o}}]^{\text{T}}$ 为卫星位置归一化向量；$[X^{t}_{\text{s}},Y^{t}_{\text{s}},Z^{t}_{\text{s}}]^{\text{T}}$ 为相机光学节点在卫星本体坐标系的安装位置向量在地固坐标系的形式。

设相机成像的积分时间为 Δt，$t+\Delta t$ 时刻的相机光学节点的运行位置为$[X^{t+\Delta t}_{\text{opt}},Y^{t+\Delta t}_{\text{opt}},Z^{t+\Delta t}_{\text{opt}}]^{\text{T}}$，$t$ 时刻相机光学节点的速度向量为

$$\begin{bmatrix} V^{t}_{X\text{opt}} \\ V^{t}_{Y\text{opt}} \\ V^{t}_{Z\text{opt}} \end{bmatrix}=\begin{bmatrix} (X^{t+\Delta t}_{\text{opt}}-X^{t}_{\text{opt}})/\Delta t \\ (Y^{t+\Delta t}_{\text{opt}}-Y^{t}_{\text{opt}})/\Delta t \\ (Z^{t+\Delta t}_{\text{opt}}-Z^{t}_{\text{opt}})/\Delta t \end{bmatrix}\tag{2.65}$$

每片 TDI CCD 的安装误差用一个以 CCD 列坐标为变量的二阶多项式表示。根据相机光学系统的畸变模型将不同视场的畸变量换算为像面位置误差，与安装误差多项式的常数项相加，计算每个 CCD 在垂直 TDI 积分方向的畸变量 $\sigma_{\text{CS}i}$和每个 CCD 在沿 TDI 积分方向的畸变量 $\sigma_{\text{AS}i}$，两个 CCD 列之间的亚像元点的畸变量为

$$\begin{cases}\sigma_{\text{AS}}(c)=\sigma_{\text{AS}i}, & -0.5<c-i\leqslant 0.5\\ \sigma_{\text{CS}}(c)=\sigma_{\text{CS}(i+1)}, & 0.5<c-i\leqslant 1\end{cases}\tag{2.66}$$

式中：i 为 CCD 序列号；c 为列坐标，且 $i\leqslant c\leqslant i+1$。

（5）计算 TDI CCD 瞬时焦面能量影像的数据源范围。

① 将某一时刻的 TDI CCD 成像面细分为 $m\times m$ 个更小的子 CCD，这时整个 TDI CCD 像面可以看作一幅分辨率为模拟影像分辨率 m 倍的框幅式影像。设 TDI CCD 积分级数为 M，TDI CCD 单行探元数为 N，则 TDI CCD 像面构成的框幅式影像（以下称为 TDI 影像）行数为 $M\times m$，列数为 $N\times m$。

② 设 TDI 影像四角像面坐标为$[x_i,y_i](i=1,2,3,4)$，相机主距为f，则 TDI 影像四角与光学系统主点构成向量 $u_0=[x_i,y_i,-f](i=1,2,3,4)$。

③ 根据相机安装角、卫星平台三轴姿态角、相机主点位置 $P[X,Y,Z]$、速度向量 $\boldsymbol{V}[v_x,v_y,v_z]$ 计算的相机安装矩阵 $\boldsymbol{M}_{\text{set}}$、姿态矩阵 $\boldsymbol{M}_{\text{att}}$、轨道-物方转换矩阵 $\boldsymbol{M}_{\text{obt}}$，将像空间向量 $\boldsymbol{u}_0$ 转换为物方向量 $\boldsymbol{u}$。

④ 设 $\boldsymbol{u}$ 对应地面点高程为 H，根据 P、H、$\boldsymbol{u}$ 可以计算地面点平面坐标 (L,B)。将 (L,B,H) 通过 WorldView 对应视角的准核线影像 RPC 计算像面坐标，并获取该点的高程 H_{true}；

⑤ 将 H 替换为 H_{true}，重复前面的计算过程，直到 $|H-H_{\text{true}}|$ 小于一定的限差 dh，所述限差为 0.1m。

这样就得到 TDI 影像四角坐标在 WorldView 对应视角的准核线影像上的四个坐标，也就确定了所需数据的概略范围。将该范围在 TDI 积分方向对应的 WorldView 准核线影像方向外扩一定距离确定参与计算的数据范围。

如图 2.11 所示，将确定数据范围内的 WorldView 准核线影像像点对应地面点通过 TDI 影像的瞬时外方位元素投射到 TDI 影像上，加上相应的 TDI CCD 畸变改正量后，按子 CCD 大小取整后查找坐标对应子 CCD 的行、列号，每个 CCD 都有一个存储单元记录投射地面元在 WorldView 准核线影像的坐标和地面元与 TDI 影像投影中心的距离。所有地面点都完成投射后，有投射记录的子 CCD 将挑选出距离最近的地面元作为可见地面元，并将对应的 WorldView 准核线影像 DN 值转换为像面辐照度记录下来，没有投射记录的子 CCD 辐照度通过周围有记录的子 CCD 辐照度距离倒数加权法插值获得。

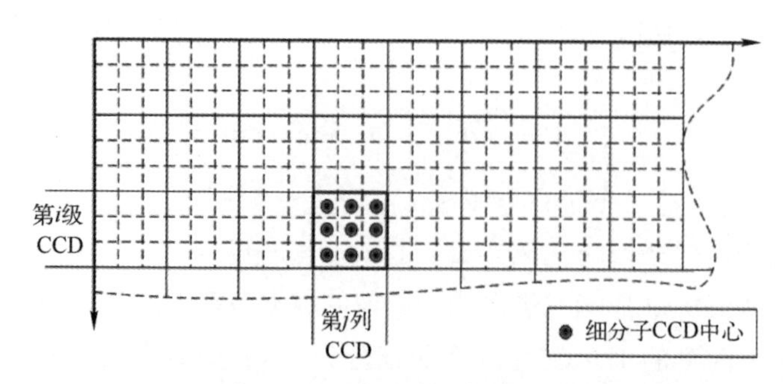

图 2.11　CCD 细分采样示意图

(6) 计算滤波前的 TDI CCD 瞬时焦面辐照度影像。将确定数据范围内的 WorldView 准核线影像像点对应地面点通过 TDI 影像的瞬时外方位元素投射到 TDI 影像上，加上相应的 TDI CCD 畸变改正量后，按子 CCD 大小取整后查找坐标对应子 CCD 的行、列号，每个 CCD 都有一个存储单元记录投射地面元在 WorldView 准核线影像的坐标和地面元与 TDI 影像投影中心的距离。所有地面点都完成投射后，有投射记录的子 CCD 将挑选出距离最近的地面元作为可见地面元，并将对应的 WorldView 准核线影像 DN 值转换为像面辐照度记录下来。没有投射记录的子 CCD 辐照度通过周围有记录的子 CCD 辐照度距离倒数加权法插值获得。

（7）用点扩散函数对 TDI 辐照度影像进行滤波[23]，计算各 CCD 的子 CCD 平均辐照度。

以高斯点扩散函数模型作为光学点扩散函数模型，高斯点扩散函数为一个圆对称的二维函数，形式为

$$\mathrm{PSF}(x,y)=\exp(-(x^2+y^2)/(2\sigma^2)) \tag{2.67}$$

式中：exp 为指数函数；σ 为函数下降参数，表示点扩散函数值随(x,y)变化的速度，(x,y)为点扩散函数作用范围内（$\mathrm{PSF}(x,y)>0$）的一点相对点扩散函数原点的二维平面坐标。输入信号和输出信号都是连续信号，在模拟算法中通过获取 CCD 成像面上高密度的离散能量信号来近似代替连续的能量信号分布。设 CCD 成像面的离散采样间隔为 a，将点扩散函数也进行离散化，这时的平面坐标变为整数型的离散序号。用离散化后的点扩散函数与离散正弦信号卷积，统计卷积前后的信号调制度计算 MTF。计算一个 σ 序列$(\sigma_1,\sigma_2,\cdots,\sigma_n)$对应的 MTF 序列$(\mathrm{MTF}_1,\mathrm{MTF}_2,\cdots,\mathrm{MTF}_n)$，模拟使用的 MTF 为 MTF_u $(\mathrm{MTF}_m<\mathrm{MTF}_u<\mathrm{MTF}_{m+1})(n>m\geqslant 1)$，则 MTF_u对应 σ_u 通过 σ_m 和 σ_{m+1}线性插值获得。最后通过 σ_u 计算离散 PSF。

静态点扩散函数除了光学点扩散函数外，还包括 CCD 的矩形滤波作用，CCD 的矩形滤波是一个将单个 CCD 焦面内的辐照度（或等效于 CCD 焦面内每一点对应入瞳辐亮度）取平均的过程。这里的辐照度（或入瞳辐亮度）是经光学点扩散函数滤波后的辐照度（或入瞳辐亮度）。

经过光学点扩散函数滤波和 CCD 矩形滤波后得到一个时刻的 TDI CCD 离散平均焦面辐照度。

（8）计算一个积分时间区间内多个细分时刻的 TDI 辐照度影像，然后计算一个积分区间内的 TDI 时间平均辐照度影像。

计算各细分时间段中心时刻的 TDI CCD 离散平均焦面辐照度。步骤（7）获取的是相机 TDI CCD 在一个时刻的 TDI CCD 离散平均焦面辐照度，而每一级 CCD 在一个积分时间段内积累的电荷是该积分时间段内 CCD 接收平均辐照

度（或入瞳辐亮度）的函数。因此，需要获取一个积分时间段内 CCD 接收平均辐照度（或入瞳辐亮度）。这是一个在时间上连续的过程，将积分时间段细分（一般均匀细分为 5 个时间段）并获取每个细分时间段中心时刻的 TDI CCD 离散平均焦面辐照度。

计算一个积分时间段内的 TDI CCD 时间平均焦面辐照度。①得到一个积分时间段内各离散时刻（每个细分时间段中心时刻）的 TDI CCD 离散平均焦面辐照度后，将 TDI CCD 的每个 CCD 在各离散时刻的 TDI CCD 离散平均焦面辐照度取平均，得到一个积分时间段内的 TDI CCD 时间平均焦面辐照度。②将一个积分区间内的 TDI 时间平均辐照度影像转换为光生电荷数值影像，并根据霰粒噪声的生成机制加入噪声电荷，生成该积分区间的电荷影像。③依次迭代计算下一个积分时间区间的电荷影像，完成 M 级电荷影像累加后，进行模数转换，输出一行影像。

具体的，设积分级数为 M，依次计算下 $M-1$ 个积分时间区间的光生电荷数值影像，前后两幅光生电荷数值影像错开一行 CCD 累加，M 级积分计算后，各级 CCD 的累加次数分别为 $M-1,M-2,\cdots,0$，这时第一级 CCD 完成电荷积累过程。将辐射分辨率参数转换为以光子数度量的形式，以此为参量将总的电荷数进行截断处理，并通过模数转换公式转换为影像 DN 值，以一行影像的形式输出。

计算一幅模拟影像的每一行影像，最终输出一幅模拟影像。迭代进行下一积分时间区间的电荷影像，与之前的累加后又一行完成 M 级电荷累加，模数转换输出又一行影像，以此类推直至输出一景影像的所有行。

2.4.4 高分七号影像模拟结果

2.4.4.1 高分七号卫星全色立体影像模拟

对高分七号的相机安装、轨道、姿态等参数进行数学建模，以 1∶10000 比例尺 DEM 和 WorldView2 卫星 0.4m 分辨率正视影像为输入数据，实现了高分七号卫星全色立体影像模拟，如图 2.12~图 2.14 所示。

严格按照高分七号前视、后视相机几何成像条件进行全色影像模拟，模拟后视影像分辨率为 0.65m，前视影像分辨率为 0.78m，符合预期指标。

(a) 后视模拟影像

(b) 前视模拟影像

图 2.12　模拟高分七号前、后视模拟立体影像

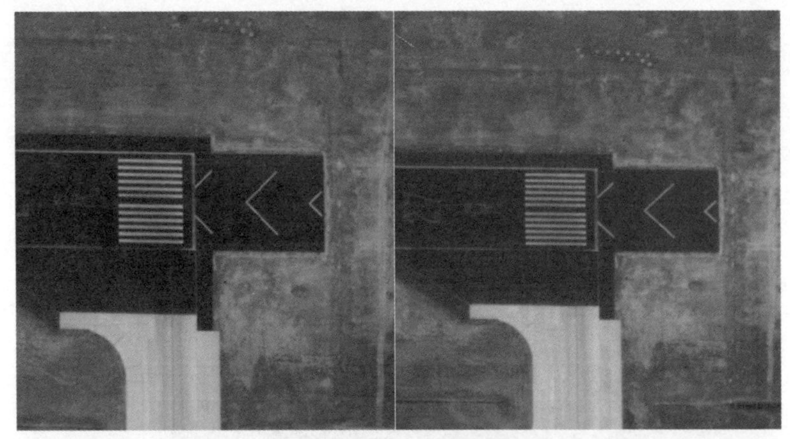

(a) WorldView2立体影像

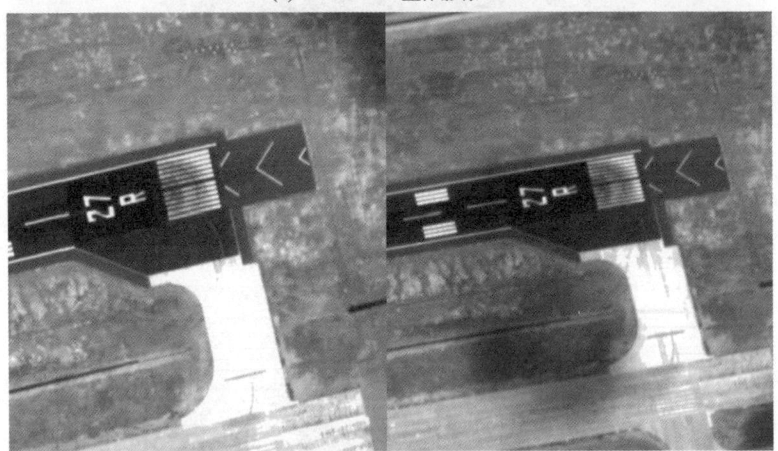

(b) 高分七号立体影像

(c) 高分七号模拟立体影像

图 2.13　WorldView2 与高分七号真实影像、模拟立体影像对比图

图 2.14　前-后视准核线影像

在模拟过程中，我们在输入正射影像上布设了黑白边缘靶标（图 2.15），然后根据设计参数及成像环境进行调制传递函数（MTF）退化，并对模拟影像靶标的对比度传递函数（CTF）进行了 MTF 转换，检查模拟影像的正确性，如图 2.16、图 2.17 所示。

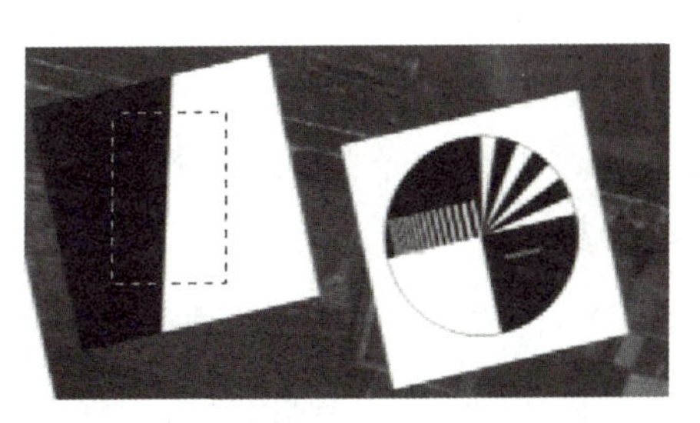

图 2.15　CTF 测试靶标

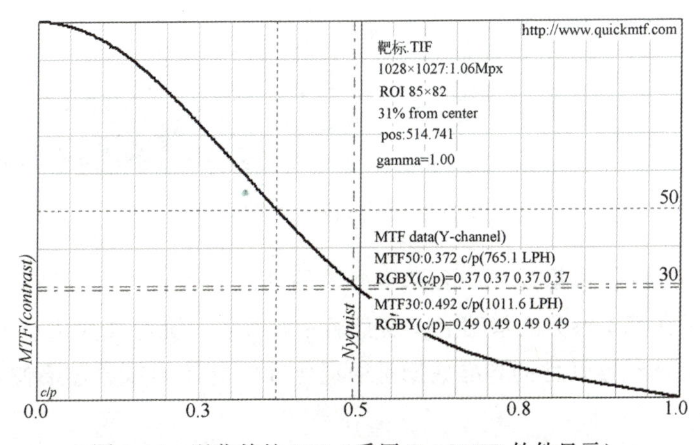

图 2.16　退化前的 CTF（采用 QuickMTF 软件显示）

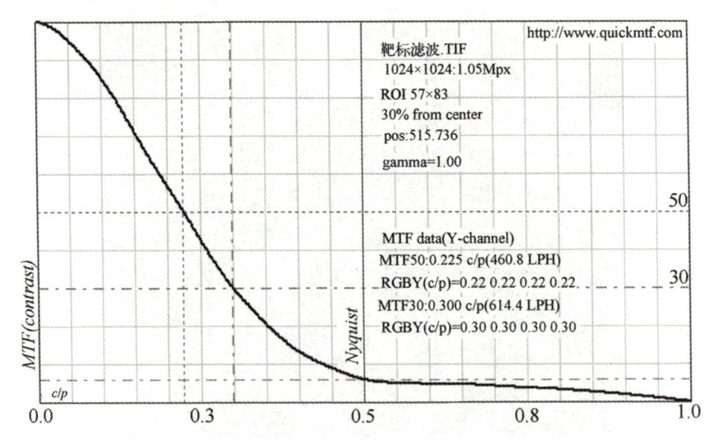

图 2.17　退化后的 CTF（采用 QuickMTF 软件显示）

2.4.4.2　DEM 精度分析

由于原始影像是几乎没有误差的数据，为了准确地反映不同参数对立体测图精度的影响，我们对影响测图精度的因素进行了退化分析，退化的参数包括 MTF、几何分辨率、辐射分辨率、信噪比、内部几何精度等。下面以 WorldView2 立体影像为数据源，对西藏拉萨试验区（图 2.18）和江苏江宁试验区（图 2.19）数据进行了高分七号立体影像的模拟，对上述退化因素的几何质量影响进行了试验分析。

图 2.18　西藏拉萨试验区

各个参数的模拟都是在一套基本参数的基础上进行。也就是说，其余单项仿真都是在基本参数的基础上，改变某一项参数，统计其变化对 DSM 精度的影响。DSM 精度评估的基准数据是由退化前的立体影像通过逐像素匹配获取的 DSM。

图 2.19　江苏江宁试验区

以均方差（RMSE）、标准偏差（STDEV）、归一化中值绝对偏差（NMAD）、绝对值均值（ABS）评估各退化参数对 DSM 精度的影响，如表 2.6~表 2.19 所列。

表 2.6　MTF 退化对 DSM 精度影响统计表（子 CCD 细分密度为 7×7），江宁试验区

σ	RMSE	STDEV	NMAD	ABS
1.0	0.338	0.338	0.177	0.193
3.0	0.342	0.342	0.181	0.196
5.0	0.348	0.348	0.187	0.202
7.0	0.360	0.360	0.196	0.212

表 2.7　MTF 退化对 DSM 精度影响统计表（子 CCD 细分密度为 7×7），西藏试验区

σ	RMSE	STDEV	NMAD	ABS
1.0	0.302	0.301	0.171	0.188
3.0	0.306	0.305	0.173	0.190
5.0	0.315	0.314	0.180	0.197
7.0	0.328	0.328	0.190	0.206

表 2.8 行方向拼接错位对 DSM 精度影响统计表，江宁试验区

Δr/pixel	RMSE	STDEV	NMAD	ABS
0.3	0.358	0.358	0.199	0.212
0.5	0.502	0.502	0.564	0.418
0.7	0.637	0.637	0.809	0.573

表 2.9 行方向拼接错位对 DSM 精度影响统计表，西藏试验区

Δr/pixel	RMSE	STDEV	NMAD	ABS
0.3	0.421	0.414	0.401	0.332
0.5	0.553	0.542	0.572	0.484
0.7	0.702	0.687	0.652	0.647

表 2.10 列方向拼接错位对 DSM 精度影响统计表，江宁试验区

Δc/pixel	RMSE	STDEV	NMAD	ABS
0.3	0.358	0.358	0.199	0.212
0.5	0.383	0.382	0.223	0.234
0.7	0.417	0.416	0.255	0.263

表 2.11 列方向拼接错位对 DSM 精度影响统计表，西藏试验区

Δc/pixel	RMSE	STDEV	NMAD	ABS
0.3	0.321	0.321	0.192	0.206
0.5	0.346	0.346	0.220	0.227
0.7	0.379	0.379	0.253	0.254

表 2.12 行方向正弦几何变形对 DSM 精度影响统计表，江宁试验区

振幅/pixel	RMSE	STDEV	NMAD	ABS
0.2	0.401	0.401	0.333	0.282
0.5	0.596	0.596	0.677	0.490
0.7	0.815	0.814	1.039	0.700

表 2.13 行方向正弦几何变形对 DSM 精度影响统计表，西藏试验区

振幅/pixel	RMSE	STDEV	NMAD	ABS
0.2	0.365	0.363	0.299	0.259
0.5	0.445	0.444	0.326	0.328
1.0	1.048	1.045	1.365	0.922

表2.14 列方向正弦几何变形对DSM精度影响统计表，江宁试验区

振幅/pixel	RMSE	STDEV	NMAD	ABS
0.2	0.349	0.349	0.190	0.204
0.5	0.399	0.399	0.240	0.250
0.7	0.455	0.455	0.285	0.294

表2.15 列方向正弦几何变形对DSM精度影响统计表，西藏试验区

振幅/pixel	RMSE	STDEV	NMAD	ABS
0.2	0.310	0.310	0.181	0.195
0.5	0.317	0.317	0.179	0.198
1.0	0.362	0.359	0.231	0.238

表2.16 随机噪声对DSM精度影响统计表，江宁试验区

噪声幅值	RMSE	STDEV	NMAD	ABS
3	0.342	0.342	0.182	0.197
5	0.345	0.345	0.186	0.201
7	0.353	0.353	0.193	0.207
9	0.360	0.360	0.201	0.214
15	0.389	0.389	0.229	0.240
25	0.434	0.433	0.270	0.278

表2.17 随机噪声对DSM精度影响统计表，西藏试验区

噪声幅值	RMSE	STDEV	NMAD	ABS
3	0.306	0.306	0.174	0.191
5	0.308	0.307	0.177	0.193
7	0.310	0.309	0.180	0.195
9	0.313	0.312	0.184	0.198
15	0.326	0.325	0.199	0.209
25	0.357	0.357	0.229	0.235

表2.18 辐射响应退化对DSM精度影响统计表，江宁试验区

退化比例	RMSE	STDEV	NMAD	ABS
3	0.398	0.398	0.235	0.247
7	0.499	0.498	0.324	0.328
11	0.564	0.563	0.371	0.378
15	0.611	0.610	0.401	0.414

表 2.19　辐射响应退化对 DSM 精度影响统计表，西藏试验区

退化比例	RMSE	STDEV	NMAD	ABS
3	0.327	0.326	0.201	0.210
7	0.412	0.411	0.271	0.274
11	0.522	0.522	0.325	0.345
15	0.614	0.613	0.352	0.400

综上所述，采用严密的检测手段保证模拟算法能将 MTF、姿态运动、CCD 拼接等关键因素准确反映到模拟影像中。

从表 2.6 和表 2.7 可以看出单独降低 MTF 对最终高程精度的影响不显著，如图 2.20 所示，可以看出误差较大的区域（偏黄、偏蓝）集中在建筑物的边缘，主要影响在 DSM 高度突变的细节部分。

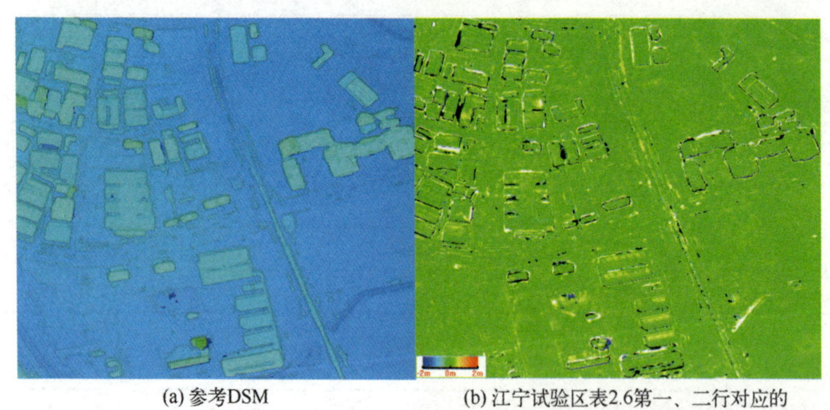

(a) 参考DSM　　(b) 江宁试验区表2.6第一、二行对应的DSM相减后的误差分布图

图 2.20　单独降低 MTF 对实验区高程精度影响示意图

从表 2.8 至表 2.11 可以看出，影像行方向的拼接错位会导致明显的位置精度下降，从而引起 DSM 高程精度的显著下降，而列方向的错位对应准核线影像的上下方向错位，导致匹配质量下降。但在该错位量级较小（如小于 0.5pixel）时，对 DSM 高程精度的影响远远小于行方向错位的影响。

从表 2.12 至表 2.15 可以看出，行、列两个方向的正弦抖动对 DSM 高程精度的影响差异同样很大。这与表 2.8 至表 2.11 成像的规律类似，区别在于这种抖动导致的误差是前、后视影像各自抖动叠加的结果。波峰和波峰叠加、波谷和波谷叠加会出现抵消的效应，而波峰和波谷叠加会呈现放大的效应。

从表 2.16 和表 2.17 可以看出，合理范围内（如噪声幅值在小于 9 时）

的随机噪声对 DSM 高程精度的影响是轻微的，不考虑系统误差，噪声引起的变化量在毫米级。对具备 TDI 成像模式的卫星来说，噪声不是几何精度的主要影响因素；但在噪声幅值大于 9 时，对 DSM 精度有比较显著的影响，这就需要进一步提升 TDI 积分级数，降低噪声水平；

从表 2.18 和表 2.19 可以看出，辐射响应能力对 DSM 精度有比较显著的影响，因此，提高影像的辐射分辨能力（也就是通常所说的影像层次感）是提升 DSM 精度的主要措施之一。

参考文献

[1] 曹海翊，张新伟，赵晨光，等．高分七号卫星总体设计与技术创新［J］．中国空间科学技术，2020，40（5）：1-9.

[2] 国爱燕，戴君，赵晨光，等．高分七号卫星激光测高仪总体设计与在轨验证［J］．航天器工程，2020，29（3）：43-48.

[3] 姚鑫雨，张莎莎，任放，等．高分七号卫星 GPS 接收系统多层级健壮设计方案与验证［J］．航天器工程，2020，29（3）：116-122.

[4] 矫轲，张璐，侯锐，等．高分七号卫星姿轨控测试数据一致性比对平台设计［J］．航天器工程，2020，29（3）：177-181.

[5] 孟俊清，张鑫，蒋静，等．高分七号卫星激光测高仪激光器设计［J］．航天器工程，2020，29（3）：96-102.

[6] 杨居奎，王长杰，孙立，等．高分七号卫星双线阵相机关键技术设计［J］．航天器工程，2020，29（3）：61-67.

[7] 王长杰，杨居奎，孙立，等．“高分七号”卫星双线阵相机的设计及实现［J］．航天返回与遥感，2020，41（2）：29-38.

[8] 孙立，王长杰，朱永红，等．“高分七号”卫星双线阵相机高稳定性设计与分析［J］．航天返回与遥感，2020，41（2）：47-57.

[9] 钱志英，罗文波，殷亚州，等．高分七号卫星结构尺寸稳定性设计与验证［J］．中国空间科学技术，2020，40（5）：10-17.

[10] TOUTIN T. Review article：geometric processing of remote sensing images：models，algorithms and methods［J］. International Journal of Remote Sensing，2004，25（10）：1893-1924.

[11] 李国元．对地观测卫星激光测高数据处理方法与工程实践［D］．武汉：武汉大学，2017.

[12] 周平．资源三号卫星遥感影像高精度几何处理关键技术与测图效能评价方法［D］．

武汉：武汉大学，2016.

[13] 王家骐，于平，颜昌翔，等．航天光学遥感器像移速度矢计算数学模型［J］．光学学报，2004（12）：1585-1589.

[14] 袁孝康．星载 TDI-CCD 推扫相机的偏流角计算与补偿［J］．上海航天，2006（6）：10-13.

[15] MCGLONE J C，MIKHAIL E M，BETHEL J，et al. Manual of photogrammetry［M］. 5nd ed. Bethesda：American Society of Photogrammetry and Remote Sensing，2004.

[16] 李晓彤．几何光学和光学设计［M］．杭州：浙江大学出版社，1997.

[17] 周平，唐新明，王霞，等．国产推扫式测图卫星影像几何精度评估模型［J］．武汉大学学报（信息科学版），2018，43（11）：1628-1634.

[18] 周平，唐新明．高分七号卫星立体影像与激光数据复合测绘处理原理及方法［J］．遥感学报，网络优先发表，2022. DOI：10. 11834/jrs. 20222063.

[19] 王之卓．摄影测量原理［M］．北京：测绘出版社，1979.

[20] 蒋永华．国产线阵推扫光学卫星高频误差补偿方法研究［D］．武汉：武汉大学，2015.

[21] IWATA T. Precision attitude and position determination for the advanced land observing satellite（ALOS）［C］// Enabling Sensor & Platform Technologies for Spaceborne Remote Sensing，November 9-10，2005，Honolulu，Hawaii. Bellingham：International Society for Optics and Photonics，c2005.

[22] 岳庆兴，邱振戈，贾永红．TDI CCD 相机动态成像对几何质量的影响研究［J］．测绘科学，2012，37（3）：14-17.

[23] 岳庆兴．卫星三线阵 TDI CCD 相机成像仿真研究［D］．武汉：武汉大学，2012.

[24] 岳庆兴，邱振戈，贾永红，等．三线阵 TDI CCD 相机在轨成像数学仿真方法［J］．武汉大学学报（信息科学版），2010，35（12）：1427-1431.

[25] 岳庆兴，唐新明，高小明．亚米级卫星 TDI CCD 立体测绘相机成像仿真［J］．武汉大学学报（信息科学版），2015，40（3）：327-332.

第3章　高分七号卫星线阵及面阵相机几何检校

3.1　高精度定轨

3.1.1　星载 GNSS 定轨原理

高精度的卫星轨道，是光学卫星测绘处理的基础性输入，是准确提取对地观测信息的决定性因素之一。卫星精密定轨是利用测轨技术获得的大量观测量，建立函数模型和统计模型，求取卫星状态向量（位置向量和速度向量）的过程。高分七号运行在 505km 的地球轨道，卫星的轨道参数直接服务于影像的定位和立体观测，是建立卫星成像模型的关键参数。

低轨卫星定轨有多种方法，用户可以根据不同的需要采用不同的定轨方法[1-10]。根据参数估计时摄动力模型的处理方式的不同，星载 GNSS 低轨卫星定轨方法可分为几何法、动力学法和简化动力学法三种。

3.1.1.1　几何法

几何法定轨是完全利用星载 GNSS 跟踪数据和地面跟踪网获得的跟踪数据建立数学模型，确定低轨卫星轨道的方法。几何法定轨不依赖于任何力学模型，不受大气阻力模型、地球重力场模型等力学模型误差的影响，定轨精度不会随低轨卫星的高度降低而急剧下降。但是，几何法定轨精度与伪距观测值精度、GNSS 卫星几何图形结构和 GNSS 卫星信号的连续性、稳定性密切相关。同时由于物理模型的缺失，轨道外推精度一般较差。

根据观测量性质的不同，GNSS 观测的伪距可分为测码伪距和测相伪距，因此几何法定轨也可分为测码伪距几何法定轨和测相伪距几何法定轨。由于中性大气层高度为 80km 以下，低轨卫星高度大约在 200km 以上，因此相对于地面接收机而言，星载 GNSS 接收机不受中性大气层延迟的影响。另外，与地面接收机相比，低轨卫星不受固体潮及海潮的影响，多路径效应也由于经过对天线高度的精心设计而大大削弱。

3.1.1.2 动力学方法

动力学定轨是根据牛顿第二运动定律，利用作用在低轨卫星上的地球引力、大气阻力、太阳辐射压等力学模型及低轨卫星的物理特性等信息，建立低轨卫星运动方程，确定卫星轨道的方法。该方法通过状态转移矩阵，将所有观测值表达为初始时刻卫星状态向量的函数，利用最小二乘等参数估计方法求得精确的初始卫星状态向量，继而求解运动方程就可以求得任意时刻的卫星状态向量[11]。该方法要求作用于卫星的力学模型必须十分精确，否则任何力学模型误差都将带入历元状态参数估计中。另外，低轨卫星初始状态向量的精度会对解算过程产生重要影响。

为了提高轨道确定的精度，在解算过程中可以同时估计地球重力场模型、大气阻力系数、太阳光压系数等动力学模型参数，以及地面站坐标、地球自转参数等几何模型参数。根据参数估计时处理过程的不同，动力学方法又可分为“两步法”和“一步法”。“两步法”是指首先利用地面 GNSS 跟踪站观测数据确定 GNSS 卫星星历和钟差，然后在低轨卫星精密定轨时，将 GNSS 卫星星历和钟差固定为已知值，此时仅需要处理低轨卫星的观测数据。“一步法”则是指同时处理地面站、（SLR）观测数据等各种观测数据，并同时估计低轨卫星轨道、GNSS 卫星轨道、地球重力场模型、大气阻力模型、太阳光压模型等物理模型参数以及地面站坐标、地球自转参数等几何模型参数的整体参数估计方法[12]。

3.1.1.3 简化动力学方法

在动力学定轨中，动力学模型误差将导致确定的轨道存在系统偏差。为了简化力学模型对轨道的影响，Yunck 等提出在低轨卫星的力学模型上附加一个假想的力（过程噪声），来描述卫星的未建模加速度，并将其和卫星轨道同时估计，进而提高卫星轨道精度的定轨方法，称为简化动力学方法[13-14]。在实际应用中，这个假想的力常用沿轨方向、轨道法向、轨道径向 3 个方向上的经验加速度表示。

根据参数估计方法的不同，简化动力学方法常分为基于最小二乘和基于卡尔曼滤波的简化动力学方法两种。在精密定轨参数估计时，为防止滤波发散，需要对经验加速度给定先验约束。基于最小二乘的简化动力学方法需要在一次迭代计算中同时处理一组完整的观测数据，计算量大、处理效率较低，不适合实时定轨数据的处理。而卡尔曼滤波方法利用系统状态方程，建立前一历元的状态与当前观测历元的映射关系，继而利用当前历元观测数据实现待估参数的修正和更新。卡尔曼滤波方法不需要存储先前历元的观测值，存储空间小，而且状态更新时只处理当前历元的观测值，计算效率高，故而更适合实时定轨数据的处理。因此，在高分七号卫星轨道数据处理中，采用基于最小二乘的简化动力学方法进行高分七号卫星事后精密轨道确定，采用基于卡尔曼滤波的简化动力学方法进行高分七号卫星星上轨道的实时确定。

3.1.2　高分七号卫星精密定轨

3.1.2.1　高分七号卫星精密轨道确定

高分七号卫星搭载了双频 GPS 接收机，用于获取卫星的精确位置[15]。在进行高分七号卫星双频 GPS 精密定轨时，原始观测数据采用星载 GPS 接收机获取的双频 GPS 载波相位和伪距观测值，即采用观测到的 P1、P2、L1、L2 四个类型观测值。原始观测量采样间隔为 1s。考虑到精密定轨的处理时效问题，精密定轨处理时采用 GPS 卫星 IGR（IGS rapid products）快速精密星历和钟差等辅助产品，IGR 快速产品一般延迟 17～41h，由国际 GNSS 组织提供，采样间隔为 30s，定轨过程中采用 30s 间隔的观测量，且对齐到 GPS 钟差产品的历元时刻。

利用简化动力学方法，实现了高分七号卫星精密轨道的确定。对于星载 GPS 定轨，一般采用短弧段定轨，比较常用的弧长为 24h 和 30h。高分七号卫星精密轨道确定中，采用 30h 作为定轨弧长。精密轨道的重叠轨道互差精度是反映精密定轨过程中精度评定的重要指标之一，可利用重叠弧段方法对高分七号卫星精密轨道产品进行精度评定，即每次定轨弧段从前一天的北京时间 21 时开始，至后一天的 3 时截止，共 30h。由此，相邻两次的定轨弧段之间有 6h 的重叠轨道，如图 3.1 所示。尽管这 6h 的观测数据是相同的，但这两段轨道是通过两次独立解算得到的，可以认为这两段 6h 的重叠轨道不相关。因此，轨道重叠部分的符合程度反映了轨道精度。为减小端部效应的影响，在评估高分七号卫星重叠轨道的精度时，取中间 4h 的数据作为评估轨道精度的有效数据。

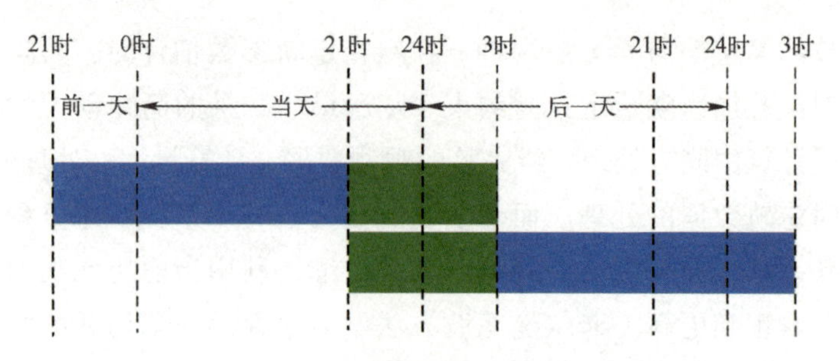

图 3.1　卫星精密定轨重叠轨道示意图

在进行精密轨道处理前，统计载波相位观测值的双频消电离层组合后的残差时间序列，如图 3.2 所示，除去观测资料不足等原因造成的异常弧段外并未统计，IGR 精密定轨的观测资料残差水平保持在 20mm 左右，精度可满足精密轨道处理需要。

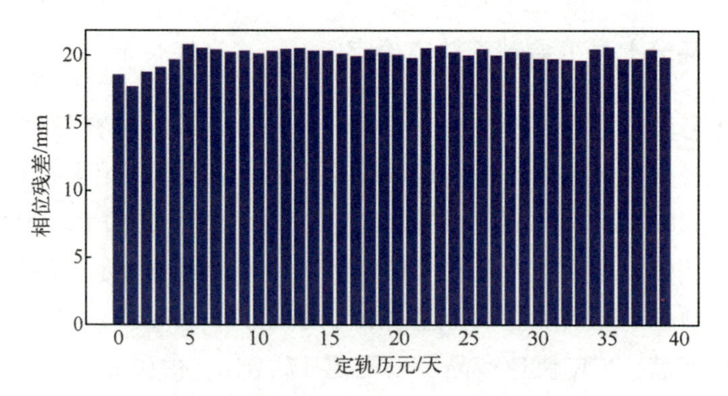

图 3.2　采用 IGR 星历的相位观测值残差

利用 IGR 星历进行高分七号卫星精密轨道处理后，统计自 2019 年 11 月 3 日至 12 月 31 日期间 30 天的轨道数据重叠弧段精度，如表 3.1 所列。图 3.3 和图 3.4 分别给出了高分七号卫星精密轨道重叠弧段定轨结果和残差统计精度。从中可见，去除边界效应的中心弧段三维位置内符合精度优于 3cm，其中径向和法向精度均优于 1cm，如图 3.3 和图 3.4 所示。

表 3.1　采用 IGR 星历的轨道重叠弧段精度

指 标	沿 轨 方 向	轨 面 法 向	轨 道 径 向	三 维 位 置
平均值	-0.06cm	-0.05cm	0.04cm	—
残差均方根	1.77cm	0.91cm	0.81cm	2.15cm

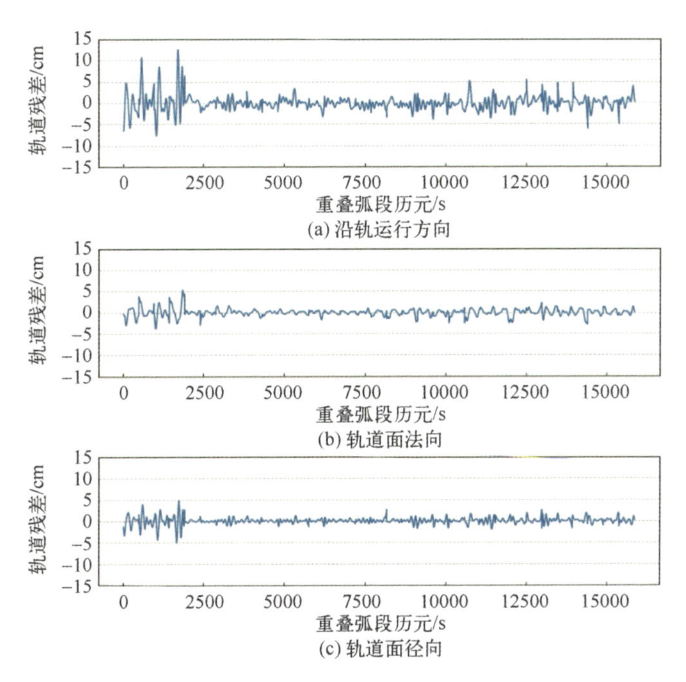

图 3.3 高分七号卫星精密轨道重叠弧段定轨结果

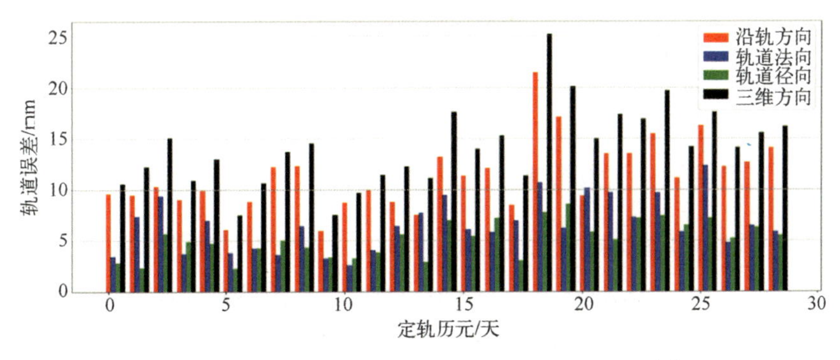

图 3.4 高分七号卫星精密轨道重叠弧段残差统计值

3.1.2.2 高分七号卫星星上实时定位精度评估

以精密轨道产品作为参考值，对高分七号卫星星载 GPS 接收机实时定位结果进行了分析评估。时间自 2019 年 11 月 13 日至 2019 年 12 月 30 日之间，共计 16 轨数据。表 3.2 给出了精度评定结果，图 3.5 给出了 16 轨数据沿轨、轨面径向、轨面法向和三维位置的精度指标。从中可以看出，三维位置精度较为稳定，最大不超过6m，三维平均精度达到3m，且沿轨方向精度低于轨道径向和轨道法向的精度。

表3.2　实时轨道（预轨）与精密轨道差异统计

单位：m

指标	沿轨方向	轨面法向	轨道径向	三维位置
平均值	2.54	0.73	1.20	3.04

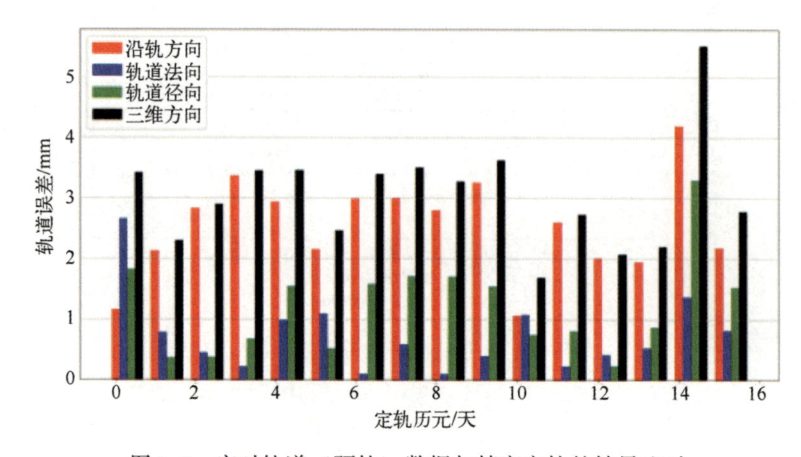

图3.5　实时轨道（预轨）数据与精密定轨的结果比对

3.1.2.3　卫星轨道预报精度分析

高分七号卫星激光检校需要在野外布设一定范围的激光探测器。由于高分七号卫星的激光测高仪频率仅为3Hz，在激光探测器数量有限的情况下，精确预报卫星的星下点轨迹和激光星下脚点成为激光检校的非常重要的环节。轨道预报越准，激光探测器数量就越少。

为了精确获知卫星的预报轨迹，一是需要获取高精度的卫星轨道，以进行外推预报；二是轨道预报随着预报时长的增加，精度发散较快，故应尽可能地减少预报时长。考虑到IGS精密星历发布时间为延迟两周左右，IGR发布时间延迟17~41h，采用这两种星历将大大增加轨道预报计算的弧段长度，故而不适合于激光检校轨道的高精度预报。

为了提高轨道预报的速度，采用IGU超快速钟差和星历产品进行卫星精密轨道的计算，然后再进行轨道预报。IGU超快速产品由国际GNSS组织提供，每6h更新一次。考虑到高分七号卫星激光检校的实际情况，轨道预报时长一般为24h和48h。

在超快速精密轨道解算过程中，采用了基于加速度估计的轨道预报方法。首先求解卫星运行过程中的大气阻力系数、经验加速度参数等；然后利用求解出的力学模型参数等进行轨道积分，预报出卫星随后的轨道；最后将实际的卫星精密定轨结果作为真值进行比对，得出高分七号卫星轨道预报精度。

选取高分七号卫星2019年11月3日至12月31日30余个轨道预报算例进行了精度统计分析。轨道的预报误差主要体现在卫星的飞行方向，这与卫星受到的大气阻力直接相关。由于高分七号卫星所处的轨道高度较低，大气阻力是影响其预报精度的主要因素。而卫星轨道法向和径向误差主要受到地球重力场和光压摄动影响，当卫星轨道高度处于500km左右时，其摄动较为稳定，符合预期期望。考虑轨道预报时，卫星的三维位置精度误差必然逐渐增大，因此这里将预报一天时最后一个历元附近的轨道残差（预报弧段误差最大值）作为轨道预报精度指标。

卫星轨道预报24h的情况下，预报轨道与实际精密轨道残差均方根为32.3m，平均值为18.6m，最大值为165.35m，如图3.6所示。卫星轨道预报48h的情况下，预报轨道与实际精密轨道残差均方根为79.1m，平均值为62.7m，最大值为212.3m，如图3.7所示。

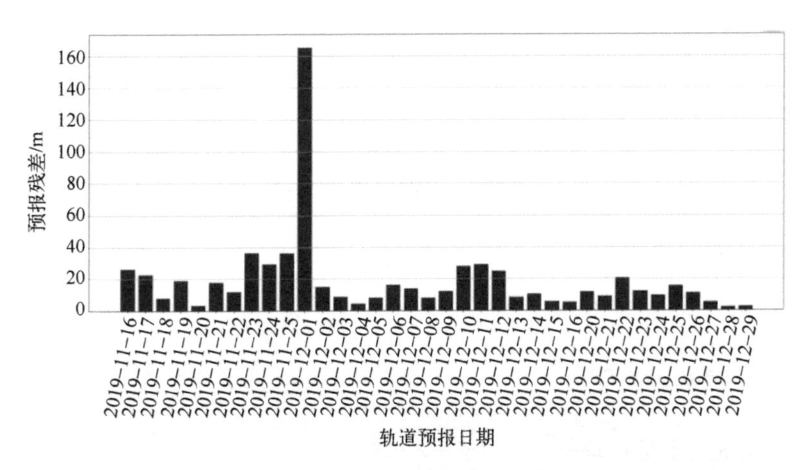

图3.6　高分七号卫星24h轨道预报误差

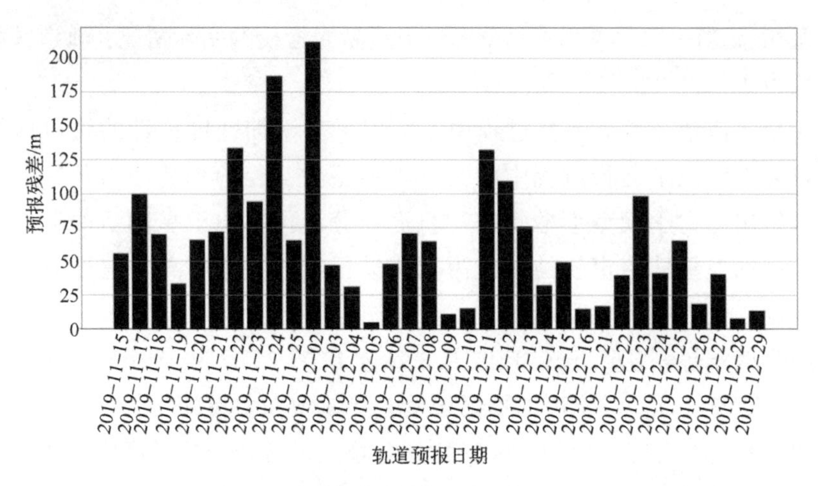

图 3.7　高分七号卫星 48h 轨道预报误差

3.2　姿态后处理

由于计算资源有限和实时定姿的需要，星上通常采用计算量小且快速的定姿算法[16]，一定程度上限制了定姿的精度，特别是对几何精度需要高的测绘卫星而言，星上实时定姿结果难以满足生产需要。为此，高分七号卫星构建了姿态后处理系统，充分利用地面的计算资源强大、处理时间充足、滤波算法精确等优势，进一步提升卫星定姿精度，为业务化生产提供高精度和高可靠性的卫星姿态数据。

星敏陀螺联合定姿是目前定姿的最优组合之一，多数测绘遥感卫星均采用该模式进行定姿[17]。本节主要包括三部分：第一部分介绍星敏和陀螺的定姿原理；第二部分介绍星敏感器和陀螺联合滤波的方法；第三部分介绍高分七号卫星精密定姿系统。

3.2.1　姿态测量及确定

3.2.1.1　星敏感器定姿

1）星像点坐标提取

星敏感器通过对恒星光源成像来确定卫星姿态。星敏下传星图后，需要对星图中的星像点进行提取。目前，星像点提取算法一般采用内插细分算法，采样原理如图 3.8 所示，通过光学离焦，使恒星成像位置相对强度分布，均匀反映到相应像元亮度信号散布上，通过阈值剔除图像背景噪声后，由内插算法求出星像精确位置。

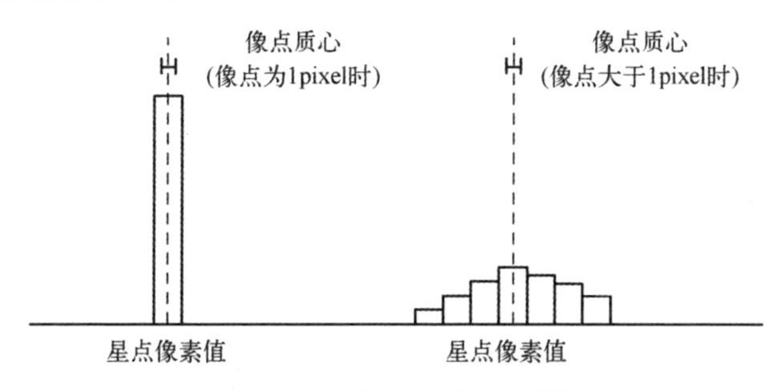

图 3.8　星像点采样原理[18]

星像点提取的典型算法是矩心法，在求取灰度质心时，适用于比较对称的图像，其计算公式为

$$\begin{cases} \bar{x} = \sum_{i=1}^{n} x_i p(x_i, y_i) \Big/ \sum_{i=1}^{n} p(x_i, y_i) \\ \bar{y} = \sum_{i=1}^{n} y_i p(x_i, y_i) \Big/ \sum_{i=1}^{n} p(x_i, y_i) \end{cases} \tag{3.1}$$

式中：$\bar{x}$、$\bar{y}$为质心坐标；n 为图像占据的像素个数，且 $n \geqslant 2$；(x_i, y_i)为第 i 个像素的坐标；$p(x_i, y_i)$为第 i 个像素的灰度值。

2）星图识别

星图识别是识别星图上的恒星像点对应的恒星是星表中的哪些恒星，并建立两者对应关系的过程[19]。星图识别是连接星像点和导航星的桥梁，是决定星敏感器定姿成功与否的关键。常见的星图识别算法有三角形匹配法、栅格法和匹配组法。这些主流的星图识别算法都各有优劣，例如：三角形匹配法存储容量大，不利于快速计算；栅格法对星等存在严重依赖，可靠性低；匹配组法算法复杂，匹配速度慢。常见星图识别算法比较如表 3.3 所列。

表 3.3　常见星图识别算法比较

星模式识别算法	优　点	缺　点
三角形匹配法	匹配简单	以三角形为基元，公共边重复存储，导航星表容量大且易冗余匹配
栅格法	导航星容量小，识别率高	需 CCD 视场内有较多恒星，对视场和星等灵敏度有严格要求
匹配组法	识别准确率可接近 100%	算法复杂，识别过程所需的运算量和存储容量都较大

作者团队提出一种基于匹配概率的中心星识别算法[19]，本算法首先在恒星影像中任选一颗中心星，利用星对角距信息，采用统计匹配次数的方法来识别中心星，即：以中心星与视场内其他星像点构成的辐射状星图，通过将辐射状星图中的每个星对角距与导航星表中存储的星对角距组匹配，将导航星表中所有符合星对角距匹配条件的导航星记录下来，相同星号则累计次数。匹配完毕后，统计各导航星出现的次数，次数最多的导航星最有可能对应影像上的中心星。通过统计匹配次数的方法选取中心星，可以避免星等作为匹配特征参与识别中心星。因此，本算法对星等误差敏感度很小。

中心星被识别后，继续利用影像中心星与相邻星像点的星对角距一一查找匹配导航中心星（影像中心星所对应的导航星）与相邻导航星的星对角距，从而识别影像上相邻的其他星像点。如果识别过程中存在某一星像点对应多颗满足匹配条件的候选导航星，则采用类似多边形匹配方法，继续利用影像上相邻星像点与星像点之间的对角距进一步匹配，排除错误候选星，直到得到唯一正确结果。此过程保持了多边形匹配特征维数高的优点，保证匹配结果准确。

3）星敏在轨标定

由于设计和制造过程的偏差，加上使用环境变化造成的光、机、电性能的改变，都会不同程度地给星敏感器引入误差，影响星敏感器的精度，需要对其进行标定[20]。标定基于理想的星敏成像模型，如图 3.9 所示。

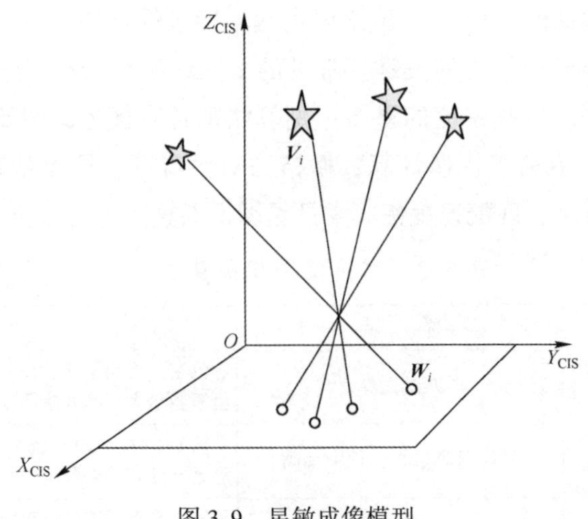

图 3.9　星敏成像模型

图3.9中，$OX_{\mathrm{CIS}}Y_{\mathrm{CIS}}Z_{\mathrm{CIS}}$为协议天球坐标系，$X_{\mathrm{CIS}}$指向J2000.0定义的平春分点，$Z_{\mathrm{CIS}}$指向J2000.0定义的平北天极，$Y_{\mathrm{CIS}}$由右手定则定义。

星敏感器得到的测量星向量 $\boldsymbol{w}$ 和星库星向量 $\boldsymbol{v}$ 之间有一一对应关系，但是由于星敏感器参数改变，使得这种对应关系出现偏差，有

$$\cos\alpha_{ij}=\boldsymbol{w}_i^{\mathrm{T}}\boldsymbol{w}_j=\boldsymbol{v}_i^{\mathrm{T}}\boldsymbol{A}^{\mathrm{T}}\boldsymbol{A}\boldsymbol{v}_j=\boldsymbol{v}_i^{\mathrm{T}}\boldsymbol{v}_j \tag{3.2}$$

式中：α_{ij}为 i 星与 j 星的星对角距；$\boldsymbol{v}_i=\begin{pmatrix}\cos\alpha_i\cos\delta_i\\ \sin\alpha_i\cos\delta_i\\ \sin\delta_i\end{pmatrix}$为 i 星的测量向量，其中 α_i、δ_i 分别为 i 星的赤经、赤纬；$\boldsymbol{w}_i=\dfrac{1}{\sqrt{((x_i-x_0)^2+(y_i-y_0)^2+f^2)}}\begin{pmatrix}-(x_i-x_0)\\ -(y_i-y_0)\\ f\end{pmatrix}$为 i 星的星向量，其中(x_0,y_0,f)代表恒星相机的内参数，(x_i,y_i)代表 i 星成像的质心位置。j 星计算与 i 星一样，这里不再赘述。

4）单星敏定姿

卫星定姿是根据向量测量来确定姿态的，大多数算法都是求解一个著名的非线性最小二乘问题——Wahba问题[21]或它的等价形式。

假设有 N 维单位向量 $\boldsymbol{V}_k(k=1,\cdots,N)$，对每个向量，对应的基于星敏感器本体坐标系的向量为 $\boldsymbol{V}_{kb}$，基于惯性坐标系的向量为 $\boldsymbol{V}_{ki}$。方向余弦矩阵为 $\boldsymbol{A}$，则对每个向量满足

$$V_{kb}=\boldsymbol{A}\boldsymbol{V}_{ki} \tag{3.3}$$

Wahba问题就是求矩阵 $\boldsymbol{A}$，使式（3.3）最小，其理论公式见式（3.4）。常用计算算法有q算法、QUEST算法，在此不再赘述。

$$\boldsymbol{J}(A)=\frac{1}{2}\sum_{k=1}^{N}\boldsymbol{\omega}_k\left|\boldsymbol{V}_{kb}-\boldsymbol{A}\boldsymbol{V}_{ki}\right|^2 \tag{3.4}$$

式中：$\boldsymbol{\omega}_k$ 为权重。

3.2.1.2　陀螺定姿

陀螺的相对精度高，在短期定姿模式中具有相当高的精度，特别是在姿态机动时，能在星上自主地确定姿态的变化过程。在实际应用中，陀螺的漂移是不可避免的，随着时间的增加，漂移所造成的定姿误差也将逐渐增加。

陀螺观测模型方程为

$$\begin{cases}\omega_{gx}=\omega_x+b_x+d_x+w_x\\ \omega_{gy}=\omega_y+b_y+d_y+w_y\\ \omega_{gz}=\omega_z+b_z+d_z+w_z\end{cases}\tag{3.5}$$

式中：$\omega_{gi}(i=x,y,z)$为惯性单元（陀螺）的测量值；$b_i(i=x,y,z)$为相对测量轴的常值漂移；$d_i(i=x,y,z)$为测量与时间相关的漂移；$w_i(i=x,y,z)$为随机漂移的高斯白噪声。b_i、d_i及w_i满足

$$\begin{cases}\dot{b}_i=0\\ \dot{d}_i=-\alpha_i d_i+\alpha_i w_{di}\\ E[w_i(t)]=0,E[w_i(t)w_i(t-\tau)]=\sigma_{1i}^2\delta(t-\tau)\\ E[w_{di}(t)]=0,E[w_{di}(t)w_{di}(t-\tau)]=\sigma_{2i}^2\delta(t-\tau)\end{cases}\tag{3.6}$$

式中：$i=x,y,z$；$\dot{b}_i$ 为 b_i 的微商；$\dot{d}_i$ 为 d_i 的微商；α_i 为常数（时间常数的倒数）；w_{di}为白噪声。

通常测量与时间相关的漂移 $d_i(i=x,y,z)$ 可以简化为常值漂移与白噪声的和，则陀螺观测模型可列为

$$\begin{cases}\omega_{gx}=\omega_x+b_x+w_x\\ \omega_{gy}=\omega_y+b_y+w_y\\ \omega_{gz}=\omega_z+b_z+w_z\end{cases}\tag{3.7}$$

式中：$\omega_{gi}(i=x,y,z)$为惯性单元（陀螺）测量值；b_i 为相对测量轴的常值漂移；w_i 为随机漂移的高斯白噪声。由于

$$\omega=\begin{bmatrix}\omega_x\\ \omega_y\\ \omega_z\end{bmatrix}=\begin{bmatrix}\dot{\varphi}\\ \dot{\theta}\\ \dot{\psi}\end{bmatrix}+\begin{bmatrix}1 & \psi & -\theta\\ -\psi & 1 & \phi\\ \theta & -\phi & 1\end{bmatrix}\begin{bmatrix}0\\ -\omega_0\\ 0\end{bmatrix}=\begin{bmatrix}\dot{\varphi}-\omega_0\psi\\ \dot{\theta}-\omega_0\\ \dot{\psi}+\omega_0\varphi\end{bmatrix}\tag{3.8}$$

由式（3.5）可得到以陀螺观测值作为测量值的陀螺测量模型，即

$$\begin{cases}\omega_{gx}=\dot{\varphi}+b_x+w_x-\omega_0\psi\\ \omega_{gy}=\dot{\theta}+b_y+w_y-\omega_0\\ \omega_{gz}=\dot{\psi}+b_z+w_z+\omega_0\varphi\end{cases}\tag{3.9}$$

由于它的漂移性会造成误差，随着时间增加，漂移造成的误差也在增加。陀螺通过频率积分（RIG）测量卫星的自身轴的角速度，通过引入初值可以外推得到卫星平台的姿态。陀螺频率积分的数学公式为

$$\Delta\Theta_i = \int_0^{\Delta t} (\omega_i + b_i)\mathrm{d}t \quad (i = x, y, z) \tag{3.10}$$

式中：$\Delta\Theta$ 为卫星轴在 Δt 时间里的角位移；b_i 为陀螺的轴偏差值。

实际上，卫星在长时间的轨道运行期间，惯性测量装置的陀螺漂移是主要的测量误差源，而陀螺漂移是难以补偿的，因此，必须定期校准测量单元的误差，使其积累误差影响到最低。自 20 世纪 60 年代起，开始采用天文（星敏感器）/惯导系统的综合。例如，美国的地球资源卫星 Landast-D 采用星敏感器和太阳敏感器、磁强计等对速率陀螺漂移进行补偿。再如，法国的 SPOT 卫星等采用红外地平仪、太阳敏感器和磁强计对速率陀螺漂移进行补偿。

目前，星敏陀螺组合的定姿策略是定姿系统的最佳方案，并可以得到较好的精度。在星敏陀螺联合定姿系统中，陀螺为系统提供相对姿态值，是主要的姿态敏感器。星敏为定姿提供绝对姿态值，一般作为陀螺的辅助姿态敏感器，通常利用星敏感器的测量值来修正陀螺的漂移误差等。

3.2.2 星敏感器和陀螺联合滤波

星敏感器和陀螺是目前航天器定姿方面精度最高的两种测量部件。陀螺短期精度很高，但致命缺点是存在常值漂移，长期稳定性差，且没有绝对姿态基准[22]。星敏感器的测量精度不如陀螺，但长期稳定性很好。因此，将这两种测量部件的信息进行融合确定航天器姿态，是高精度定姿的主要手段。而对于测绘遥感卫星应用领域，经过事后处理得到的高精度姿态信息有着重要的意义。

在星载姿态敏感器精度已经确定的前提下，提高定姿精度的核心是提高定姿算法的性能。目前，高分七号卫星地面姿态处理系统采用优化后的扩展卡尔曼滤波（EKF）作为主要定姿算法。EKF 算法已经在卫星定姿上得到了广泛的应用，是解决定姿问题的比较典型的方法。EKF 是将适用于线性系统的卡尔曼滤波理论进行推广，进一步应用到了非线性领域。它的基本思想是通过对非线性系统方程和量测方程进行一阶泰勒展开，将非线性系统近似线性化，然后采用基本的卡尔曼滤波方法进行状态估计[23]。

3.2.2.1 卫星定姿数学模型

根据卫星定姿的状态方程和观测方程，建立卫星定姿数学模型，即

$$\begin{cases}\dot{\boldsymbol{X}}(t)=\boldsymbol{f}[\boldsymbol{X}(t)]+\boldsymbol{g}[\boldsymbol{X}(t)]\boldsymbol{W}(t)\\ \boldsymbol{Z}(t)=\boldsymbol{h}[\boldsymbol{X}(t)]+\boldsymbol{V}(t)\end{cases} \tag{3.11}$$

式中：$\dot{\boldsymbol{X}}(t)$为$\boldsymbol{X}(t)$的微商；$\boldsymbol{f}[\boldsymbol{X}(t)]$和$\boldsymbol{h}[\boldsymbol{X}(t)]$均为关于$\boldsymbol{X}(t)$的非线性函数。定姿系统的模型为连续的非线性系统模型。

3.2.2.2 系统的状态方程

根据陀螺的误差特性，陀螺的测量模型可写为

$$\boldsymbol{\omega}=\boldsymbol{\omega}_g-\boldsymbol{b}-\boldsymbol{d}-\boldsymbol{w}_g \tag{3.12}$$

将其代入姿态运动学方程式，得

$$\begin{aligned}\dot{\boldsymbol{q}}(t)&=\frac{1}{2}\boldsymbol{\Omega}(\boldsymbol{\omega}_g)\boldsymbol{q}-\frac{1}{2}\boldsymbol{\Omega}(\boldsymbol{b})\boldsymbol{q}-\frac{1}{2}\boldsymbol{\Omega}(\boldsymbol{d})\boldsymbol{q}-\frac{1}{2}\boldsymbol{\Omega}(\boldsymbol{w}_g)\boldsymbol{q}\\&=\frac{1}{2}\boldsymbol{\Omega}(\boldsymbol{\omega}_g-\boldsymbol{b}-\boldsymbol{d})\boldsymbol{q}-\frac{1}{2}\boldsymbol{\Xi}(\boldsymbol{q})\boldsymbol{w}_g\end{aligned} \tag{3.13}$$

将陀螺的随机常值漂移 b 和时间相关漂移 d 扩展为状态向量的一部分，姿态估计的状态方程为

$$\begin{aligned}\dot{\boldsymbol{X}}(t)&=\boldsymbol{f}[\boldsymbol{X}(t)]+\boldsymbol{g}[\boldsymbol{X}(t)]\boldsymbol{W}(t)\\&=\begin{bmatrix}\frac{1}{2}\boldsymbol{\Omega}(\boldsymbol{\omega}_g-\boldsymbol{b}-\boldsymbol{d})\boldsymbol{q}\\ \boldsymbol{0}_{3\times1}\\ -\frac{1}{\tau}\boldsymbol{I}_{3\times3}\boldsymbol{d}\end{bmatrix}+\begin{bmatrix}-\frac{1}{2}\boldsymbol{\Xi}(\boldsymbol{q}) & \boldsymbol{0}_{4\times3}\\ \boldsymbol{0}_{3\times3} & \boldsymbol{0}_{3\times3}\\ \boldsymbol{0}_{3\times3} & \boldsymbol{I}_{3\times3}\end{bmatrix}\boldsymbol{W}(t)\end{aligned} \tag{3.14}$$

式中：$\boldsymbol{X}(t)=[q_0,q_1,q_2,q_3,b_x,b_y,b_z,d_x,d_y,d_z]^{\mathrm{T}}$ 为状态向量；$\boldsymbol{W}(t)=[w_{gx},w_{gy},w_{gz},w_{dx},w_{dy},w_{dz}]^{\mathrm{T}}$ 为系统噪声向量高分七号卫星地面姿态处理系统在状态向量中引入了星敏标定因子，从而实现对星敏的在轨实时标定并更新到滤波中。

3.2.2.3 递推滤波

在利用 EKF 估计系统状态时需要对系统进行线性化和离散化。状态向量$\boldsymbol{X}(t+\Delta t)$在$\boldsymbol{X}(t)$处展开成幂级数，有

$$\begin{aligned}\boldsymbol{X}(t+\Delta t)&=\boldsymbol{X}(t)+\dot{\boldsymbol{X}}(t)\cdot\Delta t+\frac{1}{2!}\ddot{\boldsymbol{X}}(t)\cdot(\Delta t)^2+\cdots\\&=\boldsymbol{X}(t)+\boldsymbol{f}[\boldsymbol{X}(t)]\Delta t+\frac{\partial \boldsymbol{f}}{\partial \boldsymbol{X}}\boldsymbol{f}[\boldsymbol{X}(t)]\frac{(\Delta t)^2}{2!}+\cdots\end{aligned} \tag{3.15}$$

把状态方程离散化，设 Δt 为离散周期，并令 $\boldsymbol{X}(t)=\boldsymbol{X}_k$，$\boldsymbol{X}(t+\Delta t)=\boldsymbol{X}_{k+1}$，$\left.\frac{\partial \boldsymbol{f}}{\partial \boldsymbol{X}}\right|_{\boldsymbol{X}=\hat{\boldsymbol{X}}_{k\mid k}}=\boldsymbol{A}(\boldsymbol{X}_k)$，$\hat{\boldsymbol{X}}_{k\mid k}$表示在 k 时刻 $\boldsymbol{X}$ 的预测值，式（3.15）略去高阶项，可得

$$\boldsymbol{X}_{k+1}=\boldsymbol{X}_k+\boldsymbol{f}(\boldsymbol{X}_k)\Delta t+\boldsymbol{A}(\boldsymbol{X}_k)\boldsymbol{f}(\boldsymbol{X}_k)\frac{\Delta t^2}{2}+\boldsymbol{g}(\boldsymbol{X}_k)\boldsymbol{W}_k \tag{3.16}$$

$$\boldsymbol{A}(\boldsymbol{X}_k)=\left.\frac{\partial \boldsymbol{f}}{\partial \boldsymbol{X}}\right|_{\boldsymbol{X}=\hat{\boldsymbol{X}}_{k\mid k}}=$$

$$\begin{bmatrix} \boldsymbol{0} & -\frac{1}{2}[\boldsymbol{\omega}_g-\hat{\boldsymbol{b}}-\hat{\boldsymbol{d}}]^{\mathrm{T}} & \frac{1}{2}\hat{\boldsymbol{q}}_{13}^{\mathrm{T}} & \frac{1}{2}\hat{\boldsymbol{q}}_{13}^{\mathrm{T}} \\ \frac{1}{2}[\boldsymbol{\omega}_g-\hat{\boldsymbol{b}}-\hat{\boldsymbol{d}}] & -\frac{1}{2}[(\boldsymbol{\omega}_g-\hat{\boldsymbol{b}}-\hat{\boldsymbol{d}})\times] & \frac{1}{2}(-\hat{q}_0\boldsymbol{I}_{3\times3}-[\hat{\boldsymbol{q}}_{13}\times]) & \frac{1}{2}(-\hat{q}_0\boldsymbol{I}_{3\times3}-[\hat{\boldsymbol{q}}_{13}\times]) \\ \boldsymbol{0}_{3\times4} & & \boldsymbol{0}_{3\times3} & \boldsymbol{0}_{3\times3} \\ \boldsymbol{0}_{3\times4} & & \boldsymbol{0}_{3\times3} & -\frac{1}{\tau}\boldsymbol{I}_{3\times3} \end{bmatrix}_{10\times10} \tag{3.17}$$

同理，把式（3.11）观测方程中的 $\boldsymbol{h}(\cdot)$ 围绕$\hat{\boldsymbol{X}}_{k+1\mid k}$进行泰勒展开，略去二次以上项，得

$$\boldsymbol{Z}_{k+1}=\boldsymbol{h}(\hat{\boldsymbol{X}}_{k+1\mid k})+\left.\frac{\partial \boldsymbol{h}}{\partial \boldsymbol{X}}\right|_{\hat{\boldsymbol{X}}_{k+1\mid k}}(\boldsymbol{X}_{k+1}-\hat{\boldsymbol{X}}_{k+1\mid k})+\boldsymbol{V}_{k+1} \tag{3.18}$$

令$\left.\frac{\partial \boldsymbol{h}}{\partial \boldsymbol{X}}\right|_{\hat{\boldsymbol{X}}_{k+1\mid k}}=\boldsymbol{H}_{k+1}$，$\boldsymbol{h}(\hat{\boldsymbol{X}}_{k+1\mid k})-\left.\frac{\partial \boldsymbol{h}}{\partial \boldsymbol{X}}\right|_{\hat{\boldsymbol{X}}_{k+1\mid k}}\hat{\boldsymbol{X}}_{k+1\mid k}=\boldsymbol{Y}_{k+1}$，可得测量方程，即

$$\boldsymbol{Z}_{k+1}=\boldsymbol{H}_{k+1}\boldsymbol{X}_{k+1}+\boldsymbol{Y}_{k+1}+\boldsymbol{V}_{k+1} \tag{3.19}$$

$$\boldsymbol{H}_{k+1}=\left.\frac{\partial \boldsymbol{h}}{\partial \boldsymbol{X}}\right|_{\boldsymbol{X}=\hat{\boldsymbol{X}}_{k+1\mid k}}=\begin{bmatrix} \boldsymbol{N}_1\boldsymbol{s}_1^i & \boldsymbol{N}_2\boldsymbol{s}_1^i & \boldsymbol{N}_3\boldsymbol{s}_1^i & \boldsymbol{N}_4\boldsymbol{s}_1^i & \\ \boldsymbol{N}_1\boldsymbol{s}_2^i & \boldsymbol{N}_2\boldsymbol{s}_2^i & \boldsymbol{N}_3\boldsymbol{s}_2^i & \boldsymbol{N}_4\boldsymbol{s}_2^i & \boldsymbol{0}_{9\times6} \\ \boldsymbol{N}_1\boldsymbol{s}_3^i & \boldsymbol{N}_2\boldsymbol{s}_3^i & \boldsymbol{N}_3\boldsymbol{s}_3^i & \boldsymbol{N}_4\boldsymbol{s}_3^i & \end{bmatrix}_{9\times10} \tag{3.20}$$

$$\boldsymbol{N}_1=2\begin{bmatrix} q_0 & q_3 & -q_2 \\ -q_3 & q_0 & q_1 \\ q_2 & -q_1 & q_0 \end{bmatrix},\quad \boldsymbol{N}_2=2\begin{bmatrix} q_1 & q_2 & q_3 \\ q_2 & -q_1 & q_0 \\ q_3 & -q_0 & -q_1 \end{bmatrix} \tag{3.21}$$

$$\boldsymbol{N}_3=2\begin{bmatrix} -q_2 & q_1 & -q_0 \\ q_1 & q_2 & q_3 \\ q_0 & q_3 & -q_2 \end{bmatrix},\quad \boldsymbol{N}_4=2\begin{bmatrix} -q_3 & q_0 & q_1 \\ -q_0 & -q_3 & q_2 \\ q_1 & q_2 & q_3 \end{bmatrix} \tag{3.22}$$

式中：$q_0 \sim q_3$为四元数表示的联合定姿结果。则离散后的系统状态方程和观测方程为

$$\begin{cases} \boldsymbol{X}_{k+1} = \boldsymbol{X}_k + \boldsymbol{f}(\boldsymbol{X}_k)\Delta t + \boldsymbol{A}(\boldsymbol{X}_k)\boldsymbol{f}(\boldsymbol{X}_k)\Delta t^2/2 + \boldsymbol{\Gamma}(\boldsymbol{X}_k)\boldsymbol{W}_k \\ \boldsymbol{Z}_k = \boldsymbol{H}_k\boldsymbol{X}_k + \boldsymbol{V}_k + \boldsymbol{Y}_k \end{cases} \tag{3.23}$$

利用扩展卡尔曼滤波对上述模型进行滤波，具体的滤波过程如下：

1）时间更新

状态一步预测，有

$$\hat{\boldsymbol{X}}_{k+1|k} = \hat{\boldsymbol{X}}_k + \boldsymbol{f}(\hat{\boldsymbol{X}}_k) \cdot \Delta t + \boldsymbol{A}(\hat{\boldsymbol{X}}_k) \cdot \boldsymbol{f}(\hat{\boldsymbol{X}}_k)\frac{\Delta t^2}{2} \tag{3.24}$$

状态转移矩阵为

$$\boldsymbol{\Phi}_{k+1,k} = \boldsymbol{I} + \boldsymbol{A}(\hat{\boldsymbol{X}}_k) \cdot \Delta t \tag{3.25}$$

预测误差协方差矩阵，即

$$\boldsymbol{P}_{k+1|k} = \boldsymbol{\Phi}_{k+1,k}\boldsymbol{P}_k\boldsymbol{\Phi}_{k+1,k}^{\mathrm{T}} + \boldsymbol{\Gamma}_k\boldsymbol{Q}_k\boldsymbol{\Gamma}_k^{\mathrm{T}} \tag{3.26}$$

2）测量更新

增益矩阵为

$$\boldsymbol{K}_{k+1} = \boldsymbol{P}_{k+1|k}\boldsymbol{H}_{k+1}^{\mathrm{T}}(\boldsymbol{H}_{k+1}\boldsymbol{P}_{k+1|k}\boldsymbol{H}_{k+1}^{\mathrm{T}} + \boldsymbol{R}_{k+1})^{-1} \tag{3.27}$$

误差协方差矩阵为

$$\boldsymbol{P}_{k+1} = (\boldsymbol{I} - \boldsymbol{K}_{k+1}\boldsymbol{H}_{k+1})\boldsymbol{P}_{k+1|k}(\boldsymbol{I} - \boldsymbol{K}_{k+1}\boldsymbol{H}_{k+1})^{\mathrm{T}} + \boldsymbol{K}_{k+1}\boldsymbol{R}_{k+1}\boldsymbol{K}_{k+1}^{\mathrm{T}} \tag{3.28}$$

状态估计为

$$\hat{\boldsymbol{X}}_{k+1} = \hat{\boldsymbol{X}}_{k+1|k} + \boldsymbol{K}_{k+1}[\boldsymbol{Z}_{k+1} - \boldsymbol{h}(\hat{\boldsymbol{X}}_{k+1|k})] \tag{3.29}$$

式中：$\hat{\boldsymbol{X}}_{k+1}$为 k+1 时刻的最优状态估计量。

3.2.3 高分七号卫星精密定姿系统

3.2.3.1 卫星姿态测量系统

高分七号卫星搭载高精度姿态测量系统，如图 3.10 所示，卫星配备 2 台国产多头融合甚高精度 APS 星敏感器，称为星敏感器组件 1，对应设备名称为星敏感器 1a/星敏感器 1b（又称星敏感器 1/星敏感器 2）；配备 2 台从国外引进的星敏感器，称为星敏感器组件 2，对应设备名称为星敏感器 2a/星敏感器 2b（又称星敏感器 3/星敏感器 4）。星敏感器采用面阵 CCD 采集星图，控制分系统对单台星敏完成姿态解算，此外对星敏感器 1a 和 1b 星图融合数据（又称星敏感器 5）、星敏感器 2a 和 2b 星图融合数据（又称星敏感器 6）完成

姿态解算、输出。3组陀螺（2组8Hz三浮陀螺和1组16Hz光纤陀螺），每组按照地面投影120°安装，用于提供卫星平台（或相机）相对于天球坐标系的三轴高精度姿态，陀螺安装几何关系如图3.11所示。地面后处理可采用多组星敏陀螺选择模式，为卫星姿态高精度确定提供支持。高分七号卫星的姿态数据包含原始姿态数据，星上实时滤波姿态数据（以下简称“预姿”）和事后地面处理精密姿态数据（以下简称“精姿”）。

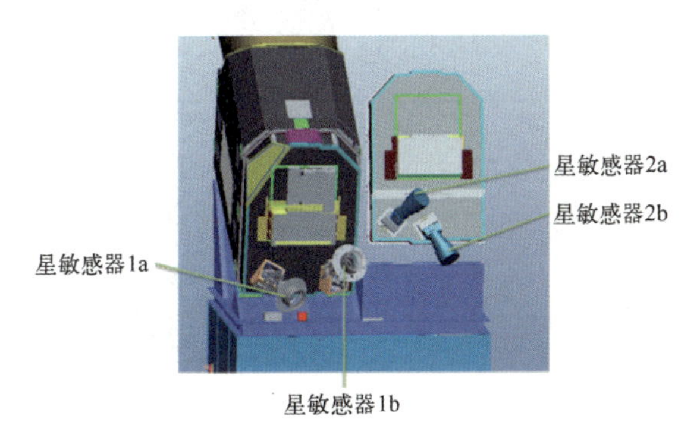

图3.10　星敏感器结构和安装示意图

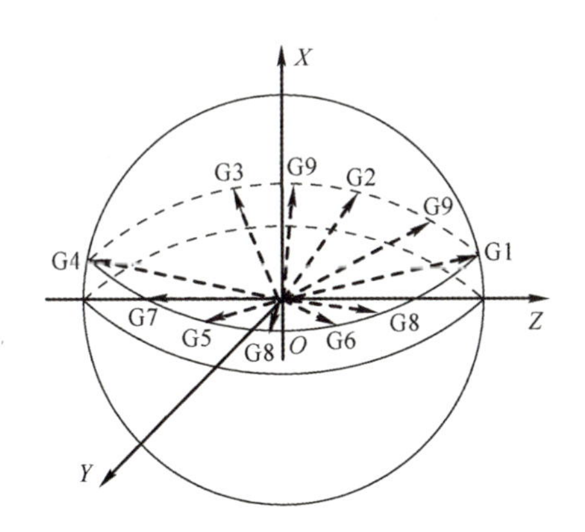

图3.11　陀螺安装几何关系图

3.2.3.2　卫星星图数据处理

高分七号卫星搭载了国产双视场星敏感器，每个视场均下传原始星图数据，以二进制形式传输至地面姿态处理系统。直接解包后的原始星图数据包含明显的高斯白噪声，对于后续的星图质心提取等影响较大，因此首先要对星图进行去噪处理，以提升星图的信噪比。

编者团队提出了基于噪声模板的星图去噪方法，利用短时静态背景噪声与随机噪声阈值构建动态序列噪声模板[24]，通过对整轨数据的集中训练得到适应整轨数据的模板，实现了高可靠性的星图数据去噪，原始星图和去噪效果如图 3.12 所示。可以发现，处理前后，背景噪声得到了明显的抑制，去噪后背景更为清晰，便于质心提取等后续处理。

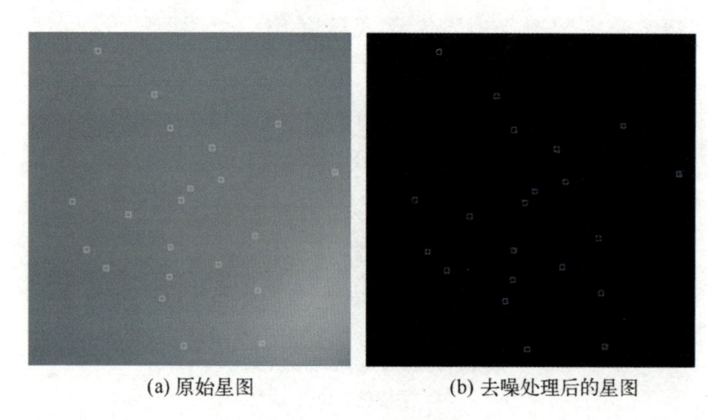
(a) 原始星图　　(b) 去噪处理后的星图

图 3.12　星图处理

基于上述星图去噪方法，进行星图质心提取，通常根据恒星等信息，利用阈值判别法标记出星像点位置，如图 3.12 所示，星像点已由方框标出。使用质心定位算法对星像点质心进行提取，并与预先准备的导航星库进行匹配，通过计算得到精确的星敏姿态值。

对多轨星图进行处理后，选取每轨两个视场的同时间段连续四元数，求视场间光轴的夹角变化的标准差并进行统计，如图 3.13 所示。可以看出，经过处理后的星图定姿结果可靠性好，能够达到 0.3″的测量精度。

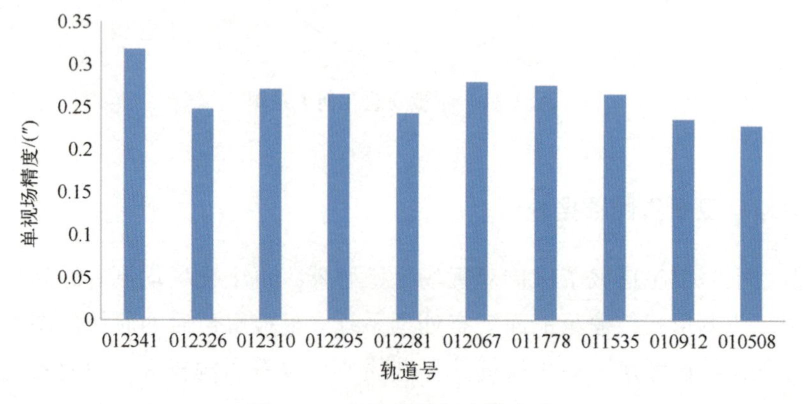

图 3.13　多轨视场间光轴夹角

3.2.3.3　卫星原始星敏数据分析

高分七号卫星姿态测量系统下传实时获取的原始星敏和陀螺数据，星敏和陀螺分别以四元数和角速度的形式记录存储。原始星敏感器和陀螺数据是卫星精密定姿的输入，其可靠性决定卫星定姿的精度。星敏光轴夹角是两个星敏 Z 轴（光轴）之间的夹角，通过统计分析一段时间的星敏光轴夹角，可以得到星敏数据可靠性。

为了验证高分七号卫星星上下传的原始星敏数据的可靠性，随机选取一组原始星敏数据进行统计分析，图3.14给出了2021年5月26日下传的008658轨内1min的星敏感器1a与星敏感器1b光轴夹角计算结果。

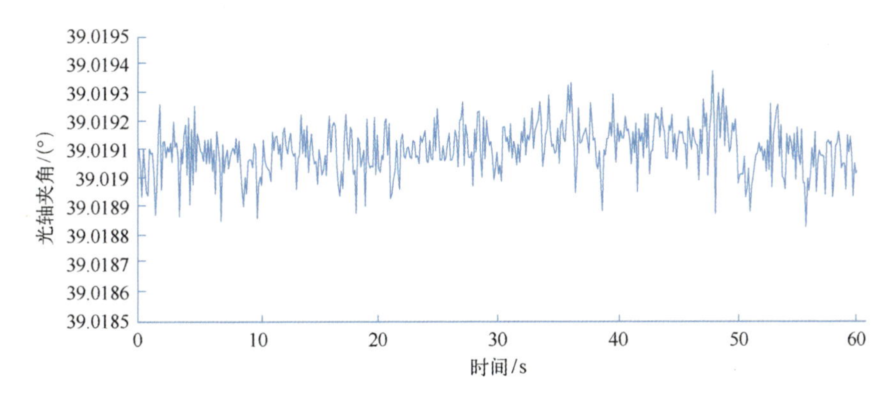

图3.14　008658轨星敏感器光轴夹角变化情况

从图3.14中可以看出，该轨数据光轴夹角均值为39.0191°，经过计算得到中误差为0.35″，表明高分七号卫星下传的原始星敏数据具有很好的可靠性，其精度与星图处理得到的姿态精度相当。

3.2.3.4　卫星精密姿态数据处理

高分七号卫星以下传的原始星敏和陀螺数据作为输入，采用扩展卡尔曼滤波方法得到精密姿态数据，在滤波过程中引入星敏标定因子（根据高分七号卫星的经验值可设为0.001），可对双星敏之间的安装进行在轨标定，进一步约束误差提升结果精度和可靠性。

同样的，以008658轨卫星姿态数据为例介绍精密定姿的过程，主要包含三步：①设定初值；②预报；③更新。其中，步骤①只在开始时设定一次，后面是步骤②和步骤③的不断循环。首先根据星敏的测量 q 值设定状态初始量，状态改正量为9×1的矩阵，滤波时，以 t_0 时刻星敏测量值为真值，状态改正量为0；然后引入陀螺角速度数据，计算状态转移矩阵，其中，状态转移矩阵（9×9）由姿态运动学方程经过泰勒公式线性化推导得到，预报下一个 t_0 状态；最后结合观测矩阵计算滤波增益，更新状态量并修正测量值。

联合滤波过程中，实时估计陀螺的常值漂移，如图3.15所示。可以看出，常值漂移收敛效果明显，在滤波开始的阶段就达到了稳定状态，说明滤波过程平稳可靠。

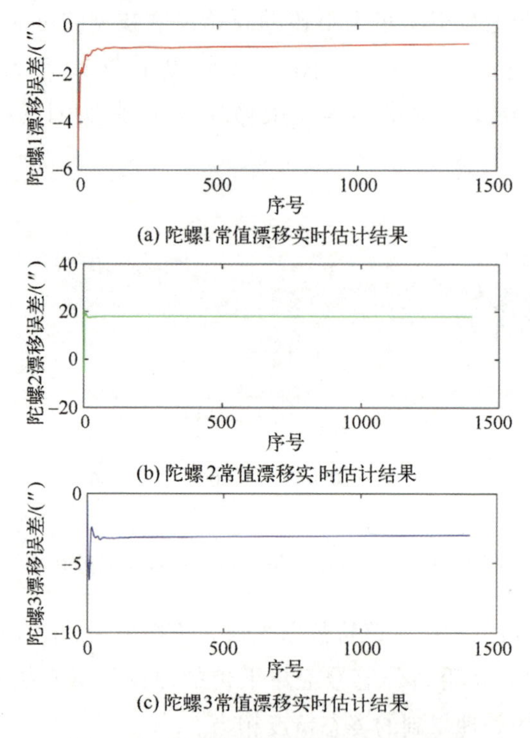

(a) 陀螺1常值漂移实时估计结果

(b) 陀螺2常值漂移实时估计结果

(c) 陀螺3常值漂移实时估计结果

图3.15 实时估计陀螺的常值漂移结果

经过星敏陀螺数据联合滤波，实时估计陀螺常值漂移，在轨标定星敏安装等参数信息，实现星敏陀螺数据相互约束递推，得到精密姿态数据，四元数形式的精密姿态结果如图3.16所示。

为了方便显示精密姿态的稳定性和精度，将四元数形式的姿态转换到轨道坐标系的欧拉角，如图3.17所示。

通过分析008658轨约160s的数据可以看出，三轴姿态振幅在−0.5″至0.5″之间波动，计算得到中误差为0.47″，经过地面姿态处理系统得到的精密姿态幅值变化较小，稳定性高。

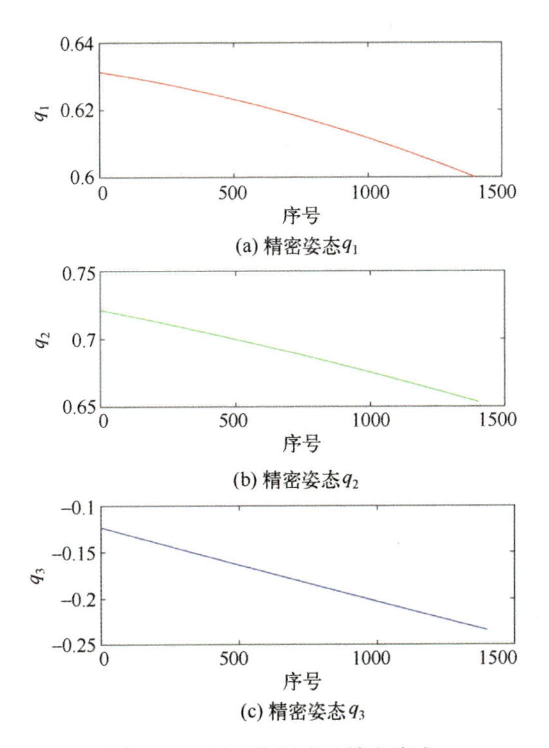

(a) 精密姿态q_1

(b) 精密姿态q_2

(c) 精密姿态q_3

图3.16 四元数形式的精密姿态

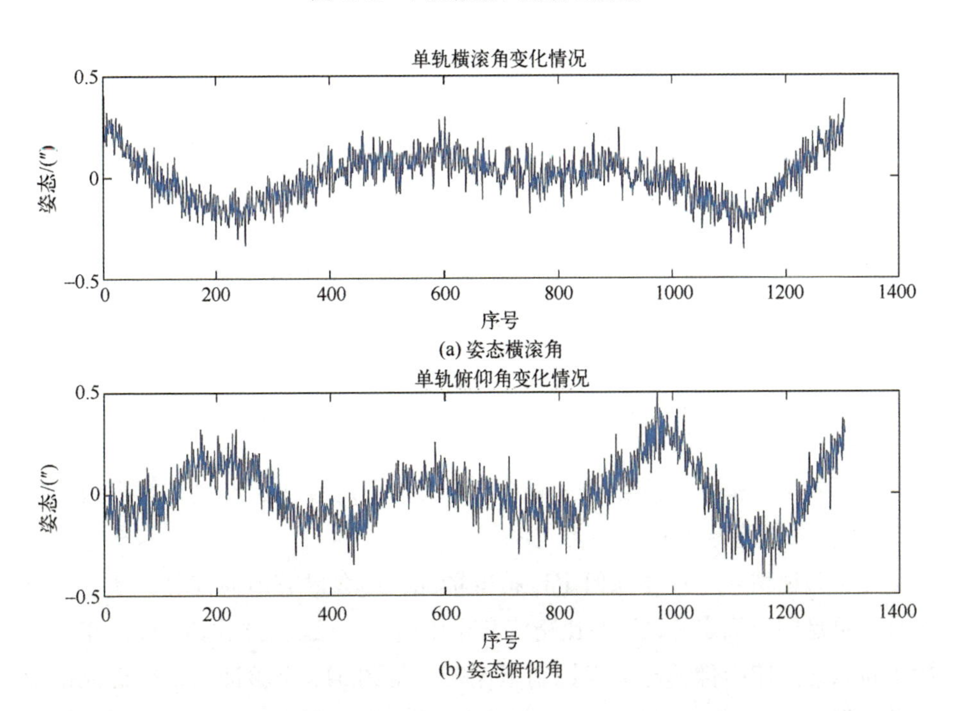

(a) 姿态横滚角

(b) 姿态俯仰角

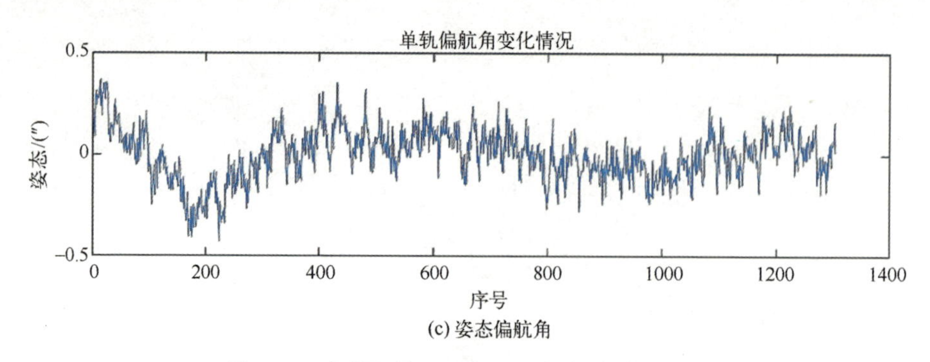

(c) 姿态偏航角

图 3.17　高分七号卫星 008658 轨部分精密姿态

3.2.3.5　高分七号卫星精密姿态与星上姿态对比分析

为了对比分析高分七号卫星精姿和预姿的差异，在保证时间一致的前提下，将处理得到的精姿与星上下传的预姿进行对比，分析两者之间的三轴中误差。选取 2022 年 1 月到 7 月共 27 轨精姿和预姿数据，每段数据长度为 5min，差值情况如图 3.18 所示。

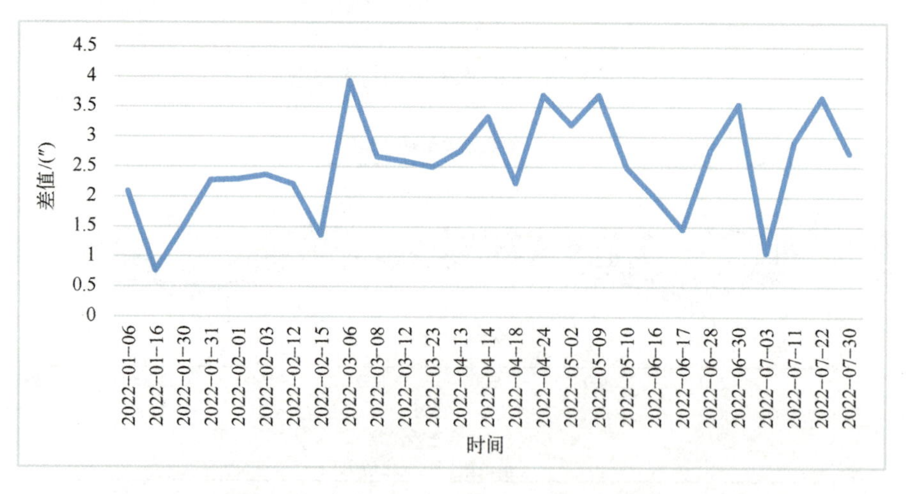

图 3.18　高分七号卫星精姿与预姿差值情况

可以看出，精姿与预姿的三轴差值最大值不超过 4″，经过计算得到均值为 2.48″，中误差为 0.83″。

为了验证精姿与预姿几何定位精度情况，结合已有地面控制，基于高分七号卫星足印影像定位试验对比精姿和预姿精度。试验随机选取 2022 年 9 月的 1 轨激光足印影像，与地面控制影像匹配得到 515 个验证点，轨道数据使用精轨数据。如表 3.4 所列，足印相机 FPC_I 由预姿的 1.880pixel 提升到

1. 529pixel，提升了 20%；足印相机 FPC _Ⅱ 由预姿的 2. 384pixel 提升到 1. 692pixel，提升了 30%，对应姿态精度提升 0. 4″~0. 9″，与姿态精度验证基本一致。

表 3. 4　高分七号卫星足印相机定位精度

相　机	姿　态	中误差/pixel			均值/pixel		
		列方向	行方向	平面	列方向	行方向	平面
FPC_ Ⅰ	精姿	0. 968	1. 184	1. 529	-0. 054	0. 337	0. 341
	预姿	1. 341	1. 319	1. 880	0. 648	-0. 222	1. 214
FPC_Ⅱ	精姿	1. 109	1. 278	1. 692	0. 544	-0. 668	0. 862
	预姿	1. 647	1. 724	2. 384	1. 293	-1. 281	1. 820
FPC_ Ⅰ：精姿中误差 1. 529pixel，均值 0. 341pixel；预姿中误差 1. 880pixel，均值 1. 214pixel。 FPC_Ⅱ：精姿中误差 1. 692pixel，均值 0. 862pixel；预姿中误差 2. 384pixel，均值 1. 820pixel							

3. 2. 3. 6　高分七号卫星精密姿态数据定位精度验证

利用 2022 年度获取的华北地区几何精度验证场的 7 轨数据开展了精度验证分析，该区域有高精度的地面控制影像数据作为地面验证，验证影像的平面精度优于 0. 1m，通过高精度影像匹配方法，能够实现足印影像与控制影像数据的关联，获得验证点数据。该 7 轨数据卫星侧摆角均小于 2°，卫星平台稳定性较好，可通过足印相机的定位精度分析。从 7 轨数据中选中经过几何精度验证场的 1 景足印影像，每景足印影像与验证场的数据匹配获取约 600 个验证点，用于统计分析足印影像的几何精度。

如表 3. 5 所列，足印影像为 2022 年拍摄，获取时间从 1 月均匀分布至 7 月，每景足印影像通过匹配获取的验证点数量均不少于 450，辅助数据使用精姿精轨数据。通过计算可知，足印相机 1 的列方向中误差均值为 0. 78pixel，行方向中误差均值为 0. 53pixel，平面中误差均值为 1. 02pixel；足印相机 2 的列方向中误差均值为 0. 67pixel，行方向中误差均值为 0. 61pixel，平面中误差均值为 0. 96pixel。足印相机的分辨率为 3. 2m，则足印相机 1 和 2 的定位误差分别为 3. 26m 和 3. 07m。

可以看到，足印相机采用精姿精轨进行几何定位精度能够达到 1pixel，考虑到影像匹配算法误差约为 0. 3pixel，则可计算精姿数据自身的定位误差为 $0.7/\sqrt{2}=0.5$（pixel），换算到角秒表示，实际的精密姿态几何定位精度为 0. 63″。

表 3.5　高分七号卫星足印相机定位精度

序号	轨道号	日期	影像号	相机	验证点数量	中误差/pixel		均值/pixel	
						列	行	列	行
1	012078	2022-01-01	588_252502525.666932821_I	FPC_Ⅰ	650	0.215	0.854	-0.079	-0.830
			589_252502526.004764795_I	FPC_Ⅱ	628	0.241	0.999	-0.002	-0.938
2	012534	2022-01-31	480_255093974.666932136_I	FPC_Ⅰ	480	0.722	0.332	0.666	-0.009
			481_255093975.004765153_I	FPC_Ⅱ	564	0.327	0.352	0.208	0.055
3	012671	2022-02-09	157_255872482.000262856_I	FPC_Ⅰ	625	1.563	0.241	1.512	-0.171
			159_255872482.671431154_I	FPC_Ⅱ	634	1.267	0.428	1.243	-0.366
4	013111	2022-03-10	272_258378690.333597988_I	FPC_Ⅰ	650	0.818	0.320	-0.814	0.300
			273_258378690.671432585_I	FPC_Ⅱ	648	0.916	0.503	-0.887	0.467
5	013568	2022-04-09	445_260970148.000264347_I	FPC_Ⅰ	648	0.840	0.460	0.790	-0.315
			446_260970148.338098556_I	FPC_Ⅱ	650	0.403	0.484	0.363	-0.429
6	013948	2022-05-04	561_263129646.666932702_I	FPC_Ⅰ	649	0.410	0.911	-0.346	0.897
			563_263129647.338098258_I	FPC_Ⅱ	647	0.859	1.053	-0.802	0.996
7	015134	2022-07-21	380_269869606.333597779_I	FPC_Ⅰ	649	0.873	0.611	0.853	-0.545
			386_269869608.338097632_I	FPC_Ⅱ	650	0.708	0.427	0.637	-0.326

FPC_Ⅰ：列方向中误差均值为 0.78pixel，行方向中误差均值为 0.53pixel，平面中误差均值为 1.02pixel。

FPC_Ⅱ：列方向中误差均值为 0.67pixel，行方向中误差均值为 0.61pixel，平面中误差均值为 0.96pixel

3.3 线阵相机检校

高分辨率光学卫星测图是基于摄影测量原理，通过在同一区域的不同视点上获取同一轨道或不同轨道的视觉立体图像来完成高程测量，其核心内容是建立影像空间与物方空间的几何对应关系。在轨几何检校可以有效消除卫星平台与传感器系统的主要系统性误差，为实现卫星影像精确定位提供精确的几何模型。

3.3.1 用于检校的成像模型

高分七号卫星采用双线阵体制获取立体数据，其成像示意图如图 3.19 所示。前视相机与下视方向夹角为 26°，获取影像地面采样距离为 0.79m；后视相机与下视方向夹角为5°，同时获取全色与多光谱影像，地面采样距离为0.64m和2.56m。双线阵相机载荷信息如表3.6所列。高分七号相机分辨率高、相机焦距长、视场角小、焦面拼接方式复杂，这些因素使得相机内定向参数在轨检校难度大。同时，高分七号立体相机交会角小，数据产品生产的DSM受相机内定向参数精度影响更大，对相机检校提出了更高的挑战。

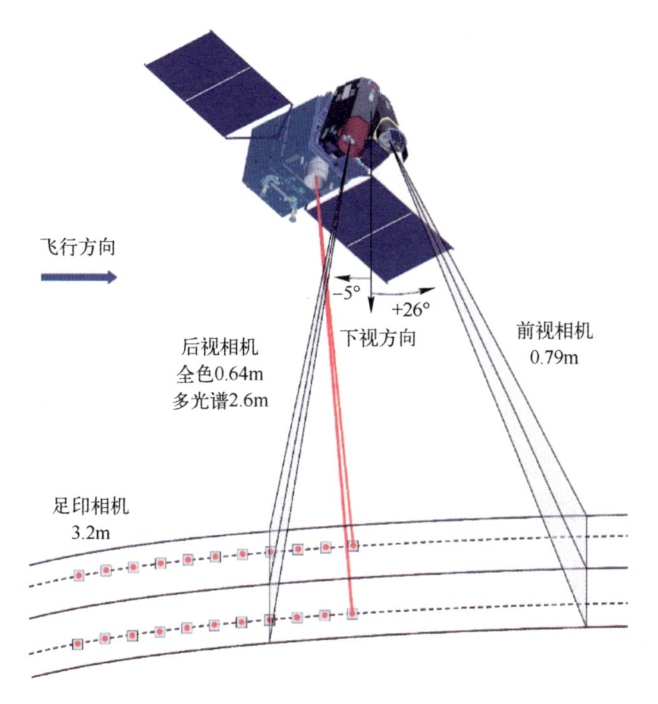

图3.19　高分七号卫星成像示意图

表3.6　高分七号卫星双线阵相机载荷信息

载　荷	波谱范围/μm	地面采样距离/m	焦面信息	下视夹角/(°)
前视相机	0.45~0.9	0.79	4片8192探元10μm，重叠像元数为500	26
后视相机全色波段	0.45~0.9	0.64	3片12288探元7μm，重叠像元数为500	-5
后视相机多光谱	0.45~0.52 0.52~0.59 0.63~0.69 0.77~0.89	2.56	3片3072探元28μm，重叠像元数为125	-5

线阵相机严密成像几何模型建立像点坐标(r,c)和地面点坐标$[X,Y,Z]^{\mathrm{T}}$之间的一一对应关系，由内定向和外定向两个部分组成。内定向是利用影像坐

标的采样坐标（列坐标）c 和内方位元素（IOP）恢复成像光线 $\boldsymbol{u}_{\mathrm{S}}(c)$ 在卫星本体坐标系下的指向。外定向是通过外方位元素将本体坐标系下的光轴 $\boldsymbol{u}_{\mathrm{S}}(c)$ 传递到地心地固（ECEF）坐标系下，在此过程中成像时间 $t(r)$ 起着至关重要的作用，它取决于影像坐标的扫描行 r。

共线方程定义为

$$\begin{bmatrix} X_{\mathrm{g}} \\ Y_{\mathrm{g}} \\ Z_{\mathrm{g}} \end{bmatrix}_{\mathrm{ECEF}} = \begin{bmatrix} X_{\mathrm{S}}(t_r) \\ Y_{\mathrm{S}}(t_r) \\ Z_{\mathrm{S}}(t_r) \end{bmatrix}_{\mathrm{ECEF}} + m \cdot \boldsymbol{R}_{\mathrm{J2000}}^{\mathrm{WGS84}} \cdot \boldsymbol{R}_{\mathrm{body}}^{\mathrm{J2000}} \cdot \boldsymbol{R}_U \cdot \boldsymbol{R}_{\mathrm{camera}}^{\mathrm{body}} \cdot \begin{bmatrix} \tan(\psi_y(c)) \\ -\tan(\psi_x(c)) \\ 1 \end{bmatrix} \tag{3.30}$$

式中：$[X_{\mathrm{g}} \quad Y_{\mathrm{g}} \quad Z_{\mathrm{g}}]_{\mathrm{ECEF}}^{\mathrm{T}}$ 为像点 (r,c) 在地心地固坐标系下的物方坐标；t_r 为由影像扫描行 r 计算出的成像时间；$[X_{\mathrm{S}}(t_r) \quad Y_{\mathrm{S}}(t_r) \quad Z_{\mathrm{S}}(t_r)]_{\mathrm{ECEF}}^{\mathrm{T}}$ 为相机位置，由轨道参数和时间 t_r 计算得到；m 为比例尺参数；$\boldsymbol{R}_{\mathrm{J2000}}^{\mathrm{WGS84}}$ 为惯性测量系 J2000 到地心地固坐标系的旋转矩阵，由时间 t_r 计算得到；$\boldsymbol{R}_{\mathrm{body}}^{\mathrm{J2000}}$ 为姿态测量坐标系到卫星本体坐标系的旋转矩阵，由姿态参数和时间 t_r 计算得到；$\boldsymbol{R}_{\mathrm{camera}}^{\mathrm{body}}$、$\boldsymbol{R}_U$ 为安装矩阵和安装补偿矩阵；$(\psi_x(c), \psi_y(c))$ 为卫星本体坐标系下的内方位元素。

3.3.2 外定向补偿模型

光学卫星遥感影像进行地面几何定位处理时，需要把姿轨测量设备获取的卫星位置、姿态转换为成像光线的位置、姿态。因为姿轨测量误差及载荷安装存在误差，利用星上下传姿轨数据及实验室测量的载荷安装矩阵构建的成像光线指向与真实成像光线相差较大。外定向补偿模型整体补偿姿轨测量设备的系统偏差和在轨运行的载荷安装偏差，提高卫星影像的系统几何定位精度。这里定义正交旋转矩阵来补偿实际观测方向与理论观测方向之间夹角。式（3.31）中的 $\boldsymbol{R}_U$ 为外定向补偿模型，也称为偏置矩阵。

$$\begin{bmatrix} X \\ Y \\ Z \end{bmatrix}_{\mathrm{WGS84}} = \begin{bmatrix} X_{\mathrm{S}} \\ Y_{\mathrm{S}} \\ Z_{\mathrm{S}} \end{bmatrix}_{\mathrm{WGS84}} + m\boldsymbol{R}_{\mathrm{J2000}}^{\mathrm{WGS84}} \boldsymbol{R}_{\mathrm{body}}^{\mathrm{J2000}} \boldsymbol{R}_U \boldsymbol{R}_{\mathrm{camera}}^{\mathrm{body}} \begin{bmatrix} x \\ y \\ -f \end{bmatrix} \tag{3.31}$$

考虑到 $\boldsymbol{R}_U$ 为正交旋转矩阵，可将其分解为

$$
\boldsymbol{R}_U=\begin{bmatrix} a_1 & a_2 & a_3 \\ b_1 & b_2 & b_3 \\ c_1 & c_2 & c_3 \end{bmatrix}=\boldsymbol{R}_\varphi \boldsymbol{R}_\omega \boldsymbol{R}_\kappa
$$
$$
=\begin{bmatrix} \cos\varphi & 0 & -\sin\varphi \\ 0 & 1 & 0 \\ \sin\varphi & 0 & \cos\varphi \end{bmatrix}\begin{bmatrix} 1 & 0 & 0 \\ 0 & \cos\omega & -\sin\omega \\ 0 & \sin\omega & \cos\omega \end{bmatrix}\begin{bmatrix} \cos\kappa & -\sin\kappa & 0 \\ \sin\kappa & \cos\kappa & 0 \\ 0 & 0 & 1 \end{bmatrix} \tag{3.32}
$$

这样，可以通过解求偏置矩阵的3个角 φ、ω、κ。

由于 $\boldsymbol{R}_{\text{body}}^{\text{WGS84}}=\boldsymbol{R}_{\text{J2000}}^{\text{WGS84}}\boldsymbol{R}_{\text{body}}^{\text{J2000}}$，$\begin{bmatrix} \bar{x} \\ \bar{y} \\ \bar{z} \end{bmatrix}=\boldsymbol{R}_{\text{camera}}^{\text{body}}\begin{bmatrix} x \\ y \\ -f \end{bmatrix}$，故有

$$
(\boldsymbol{R}_{\text{body}}^{\text{WGS84}})^{-1}\begin{bmatrix} X-X_S \\ Y-Y_S \\ Z-Z_S \end{bmatrix}_{\text{ECEF}}=m\boldsymbol{R}_U\begin{bmatrix} \bar{x} \\ \bar{y} \\ \bar{z} \end{bmatrix} \tag{3.33}
$$

令 $\begin{bmatrix} \bar{X} \\ \bar{Y} \\ \bar{Z} \end{bmatrix}_{\text{body}}=(\boldsymbol{R}_{\text{body}}^{\text{WGS84}})^{-1}\begin{bmatrix} X-X_S \\ Y-Y_S \\ Z-Z_S \end{bmatrix}_{\text{ECEF}}$，则有

$$
\begin{cases} \dfrac{\bar{X}}{\bar{Z}}=\dfrac{a_1\bar{x}+a_2\bar{y}+a_3\bar{z}}{c_1\bar{x}+c_2\bar{y}+c_3\bar{z}} \\ \dfrac{\bar{Y}}{\bar{Z}}=\dfrac{b_1\bar{x}+b_2\bar{y}+b_3\bar{z}}{c_1\bar{x}+c_2\bar{y}+c_3\bar{z}} \end{cases} \tag{3.34}
$$

通过一定数量的地面控制点，对式（3.34）求解偏置矩阵。

3.3.3　内定向模型

星载光学线阵影像内定向是确定影像像素坐标与以卫星为摄影中心的像空间坐标之间关系的过程。理想光学成像模型满足透视原理：透视中心、像点及物方点满足共线条件。然而，由于光学探测器、光学镜头等器件在加工、安装存在误差，描述像点位置的内方位元素存在误差，使得像点真实位置与理想像点位置存在偏差，最终影响影像几何处理精度。内方位元素误差中存在高阶镜头畸变，且对于多线阵CCD传感器影像而言，几何定位误差主要体现为局部系统性（每片CCD内部为系统误差，不同片CCD间误差特性不一致）。研究高精度内定向模型参数的在轨检校方法，消除国产在轨卫星的内方

位元素误差影响，是提高国产卫星立体处理精度的关键突破口。

3.3.3.1 基于畸变模型的内方位元素检校

在摄影测量处理过程中，满足共线条件方程的像点位置由内方位元素（主点、主距）和畸变（镜头光学畸变、像面变形等）共同确定，见式（3.35）。在航空和近景摄影测量中根据不同特性的成像系统特征构建了多种畸变模型，如常用的多项式参数模型、附加参数模型、有限元内插模型、混合畸变模型等[25]，基于这些畸变模型完成检校。由于成像环境、飞行条件的差异，星载光学传感器在轨内方位元素检校与航空、近景摄像机标定存在一定区别，但由于光学镜头几何特性的相似性及成像几何原理的一致性，可以借鉴航空、近景摄影测量的畸变检校经验，构建星载光学推扫成像传感器的内畸变模型。

$$\begin{cases} x-x_0-\Delta x=-f\dfrac{a_1(X-X_S)+b_1(Y-Y_S)+c_1(Z-Z_S)}{a_3(X-X_S)+b_3(Y-Y_S)+c_3(Z-Z_S)} \\ y-y_0-\Delta y=-f\dfrac{a_2(X-X_S)+b_2(Y-Y_S)+c_2(Z-Z_S)}{a_3(X-X_S)+b_3(Y-Y_S)+c_3(Z-Z_S)} \end{cases} \tag{3.35}$$

式中：x_0、y_0、f 为相机的主点和焦距；(X_S, Y_S, Z_S) 为摄站坐标；(X, Y, Z) 为物方空间坐标；(x, y) 为相应的像点坐标；$\begin{bmatrix} a_1 & a_2 & a_3 \\ b_1 & b_2 & b_3 \\ c_1 & c_2 & c_3 \end{bmatrix} = \boldsymbol{R} = \boldsymbol{R}_{\text{J2000}}^{\text{WGS84}} \cdot \boldsymbol{R}_{\text{body}}^{\text{J2000}} \boldsymbol{R}_U \boldsymbol{R}_{\text{camera}}^{\text{body}}$。

1）单线阵 CCD 传感器内方位元素误差特性

根据内方位元素误差特性，可以将其分为线性误差和非线性误差。其中，线性误差包含主点偏移误差、主距误差、探元尺寸误差（比例误差）以及 CCD 排列旋转误差；而非线性误差主要包含光学镜头畸变（径向畸变与偏心畸变）。

（1）线性误差：

① 主点偏移误差。由式（3.36），假定主点 x_0、y_0 的偏移误差为 Δx_0、Δy_0，其引起的像点偏差为等量平移，即

$$\begin{cases} \Delta x=\Delta x_0 \\ \Delta y=\Delta y_0 \end{cases} \tag{3.36}$$

② 主距误差。对式（3.36）左右两边微分计算后可转化为

$$\begin{cases} dx=-f\dfrac{a_1(X-X_S)+b_1(Y-Y_S)+c_1(Z-Z_S)}{a_3(X-X_S)+b_3(Y-Y_S)+c_3(Z-Z_S)}\times df+dx_0+d\Delta x \\ dy=-f\dfrac{a_2(X-X_S)+b_2(Y-Y_S)+c_2(Z-Z_S)}{a_3(X-X_S)+b_3(Y-Y_S)+c_3(Z-Z_S)}\times df+dy_0+d\Delta y \end{cases} \tag{3.37}$$

假定式（3.36）中(X,Y,Z)对应的真实像主点坐标为(x',y')，并假定主距真值为f'，则式（3.37）可转化为

$$\begin{cases} dx=-\dfrac{x'}{f'}\times df+dx_0+d\Delta x \\ dy=--\dfrac{y'}{f'}\times df+dy_0+d\Delta y \end{cases} \tag{3.38}$$

因此，主距引起的像点偏差为

$$\begin{cases} \Delta x=-\dfrac{x'}{f'}\times \Delta f \\ \Delta y=-\dfrac{y'}{f'}\times \Delta f \end{cases} \tag{3.39}$$

③ 探元尺寸误差（比例误差）。如图 3.20 所示为由于探元尺寸误差造成的像点位移。假定探元 s_0 位置为主点位置，则对线阵 CCD 上任意探元 s，其像主点坐标为 s_0，pixelsize 为探元尺寸大小，有

$$\begin{cases} x=0 \\ y=(s-s_0)\times \text{pixelsize} \end{cases} \tag{3.40}$$

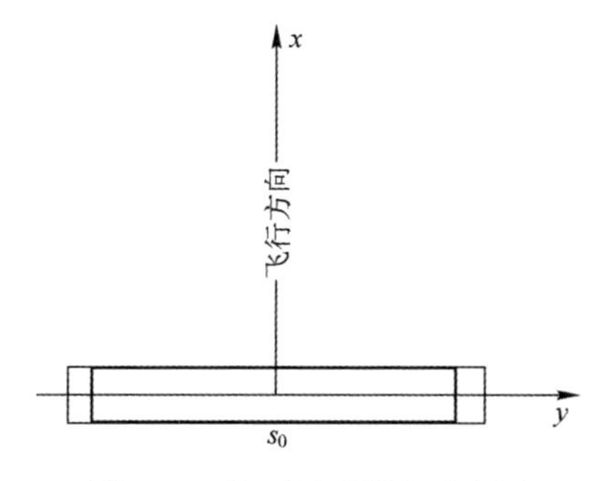

图 3.20　探元尺寸误差示意图

由式（3.40）可知

$$\begin{cases} \Delta x=0 \\ \Delta y=(s-s_0)\times \Delta \text{pixelsize} \end{cases} \tag{3.41}$$

④ CCD 排列旋转角误差。由于卫星发射时的受力及在轨物理环境的变化，CCD 阵列的排列会发生变化，主要包含阵列旋转变化。图 3.21 所示为在轨后线阵 CCD 阵列排列的旋转变化。

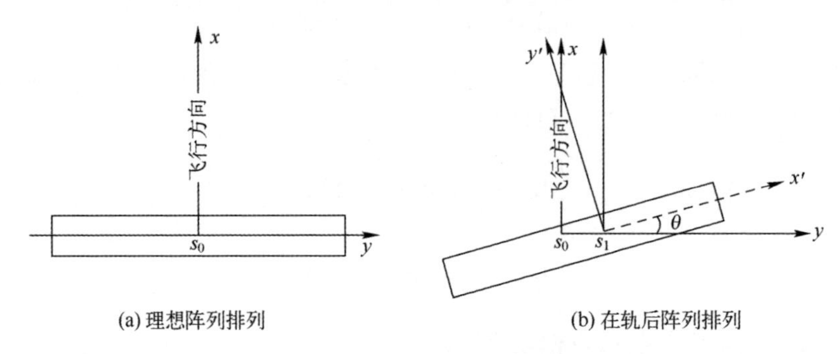

图 3.21　旋转误差示意图

如图 3.21（b）所示，现假定线阵列排列旋转角为 θ，旋转中心在探元 s_1 位置，而主点位置仍为 s_0。对于任意探元 s，在坐标系 $s_1x'y'$ 中有

$$\begin{cases} x' = 0 \\ y' = (s - s_1) \times \text{pixelsize} \end{cases} \tag{3.42}$$

依据图 3.21（b）的几何关系，其在 s_1xy 中的坐标为

$$\begin{cases} x = (s - s_1) \times \text{pixelsize} \times \sin\theta \\ y = (s - s_1) \times \text{pixelsize} \times \cos\theta \end{cases} \tag{3.43}$$

因 s_1xy 与 s_0xy 仅存在坐标平移关系，则 s 探元的像主点坐标为

$$\begin{cases} x = (s - s_1) \times \text{pixelsize} \times \sin(\theta) \\ y = (s - s_1) \times \text{pixelsize} \times \cos(\theta) + (s_1 - s_0) \times \text{pixelsize} \end{cases} \tag{3.44}$$

比较式（3.43）与式（3.44），有

$$\begin{cases} \Delta x = (s - s_1) \times \text{pixelsize} \times \sin\theta \\ \Delta y = (s - s_1) \times \text{pixelsize} \times (\cos\theta - 1) \end{cases} \tag{3.45}$$

（2）非线性误差：非线性误差主要为镜头光学畸变。镜头光学畸变差是指相机物镜系统设计、加工和装调引起的像点偏离理想位置的点位误差，主要包含径向畸变、偏心畸变[26]。

① 径向畸变。径向畸变使像点沿径向产生偏差。它是对称的，对称中心与主点并不完全重合，但通常将主点视为对称中心[27-29]。

径向畸变可用奇次多项式表示[30-31]，即

$$\Delta r = k_1 r^3 + k_2 r^5 + k_3 r^7 + \cdots \tag{3.46}$$

将其分解到像平面坐标系的 x 轴和 y 轴上，则有

$$\begin{cases}\Delta x_r = k_1\bar{x}r^2 + k_2\bar{x}r^4 + k_3\bar{x}r^6 + \cdots \\ \Delta y_r = k_1\bar{y}r^2 + k_2\bar{y}r^4 + k_3\bar{y}r^6 + \cdots\end{cases} \tag{3.47}$$

$$\begin{cases}\bar{x} = (x - x_0) \\ \bar{y} = (y - y_0) \\ r^2 = \bar{x}^2 + \bar{y}^2\end{cases} \tag{3.48}$$

式中：k_1，k_2，$k_3\cdots$为径向畸变系数。

② 偏心畸变。星载光学成像系统通常由多个光学镜头组成，由于镜头制造及安装等误差的存在，多个光学镜头的中心不完全共线，从而产生偏心畸变，它们使得成像点沿径向和垂直于径向的方向相对其理想位置都发生偏离，如图 3.22 所示。

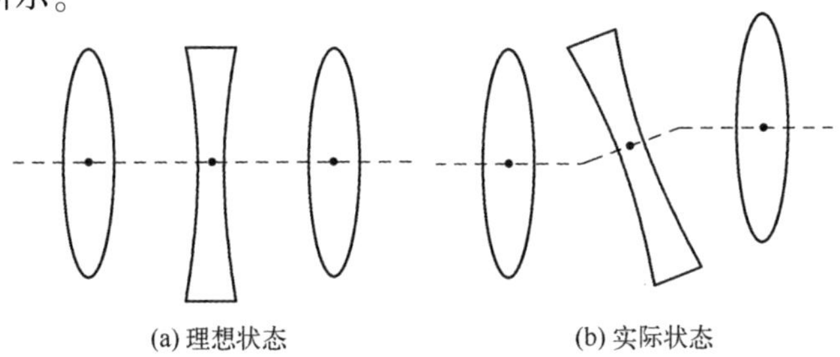

图 3.22　多个光学镜头中心不共线示意图

偏心畸变表达式为[28,30-31]

$$P(r) = \sqrt{P_1^2 + P_2^2} \cdot r^2 \tag{3.49}$$

将其分解到像平面坐标系的 x 轴和 y 轴上，则有

$$\begin{cases}\Delta x = P_1(r^2 + 2\cdot(x - x_0)^2) + 2\cdot P_2(x - x_0)\cdot(y - y_0) + O[(x - x_0, y - y_0)^4] \\ \Delta y = P_2(r^2 + 2\cdot(y - y_0)^2) + 2\cdot P_1(x - x_0)\cdot(y - y_0) + O[(x - x_0, y - y_0)^4]\end{cases} \tag{3.50}$$

式中：P_1、P_2为偏心畸变系数。偏心畸变在数量上要比径向畸变小得多。

2）单线阵 CCD 内方位元素几何检校模型

根据以上分析的各种内方位元素误差规律，可得出单线阵 CCD 内方位元素误差对像点偏移的综合影响，有

$$\begin{cases}\Delta x = \Delta x_0 - \dfrac{x'}{f'}\times\Delta f + (s - s_1)\times\text{pixelsize}\times\sin\theta + \\ \qquad k_1\bar{x}r^2 + k_2\bar{x}r^4 + k_3\bar{x}r^6 + \cdots + P_1(r^2 + 2\bar{x}^2) + 2P_2\bar{x}\cdot\bar{y} \\ \Delta y = \Delta y_0 - \dfrac{y'}{f'}\times\Delta f + (s - s_0)\times\Delta\text{pixelsize} + (s - s_1)\times\text{pixelsize}\times(\cos\theta - 1) + \\ \qquad k_1\bar{y}r^2 + k_2\bar{y}r^4 + k_3\bar{y}r^6 + \cdots + P_2(r^2 + 2\bar{y}^2) + 2P_1\bar{x}\cdot\bar{y}\end{cases} \tag{3.51}$$

对于线阵 CCD，考虑如下条件：

（1）各像素主点坐标满足 $\bar{x}\approx 0$（理想情况 $\bar{x}=0$），$\bar{y}=(s-s_0)\times\text{pixelsize}$。

（2）主距误差像点偏移 $\frac{y'}{f'}\times\Delta f$ 与探元尺寸误差像点偏移 $(s-s_0)\times\Delta\text{pixelsize}$ 规律一致，可进行合并处理。

（3）由于线阵 CCD 排列旋转角 θ 通常较小，$\sin(\theta)\approx\cos(\theta)-1\approx 0$，可将旋转中心 s_1 近似于主点位置 s_0 处。这样，旋转角 θ 引起的垂轨像点偏 $(s-s_1)\times\text{pixelsize}\times(\cos\theta-1)$ 与探元尺寸误差像点偏移规律一致，可进行合并处理。

（4）为避免镜头畸变参数过度化影响内定向模型检校精度，对径向畸变仅解求 k_1，k_2，偏心畸变解求 P_1、P_2[25]。

综上考虑，单线阵 CCD 内方位元素误差对像点偏移的综合影响为

$$\begin{cases}\Delta x=\Delta x_0+\bar{y}\times\sin\theta+k_1\bar{x}r^2+k_2\bar{x}r^4+P_1(r^2+2\bar{x}^2)+2P_2\bar{x}\cdot\bar{y}\\ \Delta y=\Delta y_0+\bar{y}\times\Delta\text{pixelsize}+k_1\bar{y}r^2+k_2\bar{y}r^4+P_2(r^2+2\bar{y}^2)+2P_1\bar{x}\cdot\bar{y}\end{cases}\tag{3.52}$$

将式（3.52）代入式（3.32），有

$$\begin{bmatrix}X\\Y\\Z\end{bmatrix}_{\text{ECEF}}=\begin{bmatrix}X_S\\Y_S\\Z_S\end{bmatrix}_{\text{ECEF}}+m\boldsymbol{R}_{\text{J2000}}^{\text{WGS84}}\boldsymbol{R}_{\text{body}}^{\text{J2000}}\boldsymbol{R}_U\boldsymbol{R}_{\text{camera}}^{\text{body}}\begin{bmatrix}0-\Delta x\\y-\Delta y\\-f\end{bmatrix}\tag{3.53}$$

对式（3.53）法化求解各模型参数，完成在轨几何检校。

3）多线阵 CCD 内定向模型检校

星载高分辨率光学传感器为获得大幅宽影像，通常采用多片 CCD 拼接的方式成像，相邻两片 CCD 间设定一定重叠探元，后续通过高精度拼接算法形成大幅宽的遥感影像。如图 3.23 所示，多片 CCD 位置会偏离理想位置，从而导致各片 CCD 具有各自的平移、旋转误差特性，需基于式（3.52）建立的单线阵 CCD 内方位元素模型分别考虑各片 CCD 内方位元素误差模型。图 3.23 中，虚线表示多片 CCD 线阵排列的理想位置，实线为在轨真实位置。

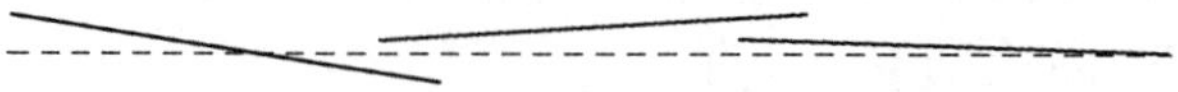

图 3.23　多片 CCD 排列位置偏差示意图

考虑多片 CCD 装在同一个相机内部，各片主距误差及镜头光学畸变一致。在此，仅建立各片 CCD 的平移偏差及旋转角误差。

（1）平移偏差。多线阵 CCD 传感器中，相邻 CCD 间设定有一定的重叠像素，但由于安装误差及卫星在轨运行后的 CCD 阵列排列变化，重叠像素数

目可能发生变化，从而造成各片 CCD 像点平移偏差。该偏差与主点偏移误差规律完全一致，可将其等效为主点偏移误差。对每片 CCD 阵列解求一组主点偏移误差。假定传感器由 n 片 CCD 拼接而成，则解求 n 组主点偏移误差 Δx_{0_i}、Δy_{0_i}，$i \leqslant n$。

（2）旋转角误差。如图 3.24 所示，假定传感器焦面由 3 片 CCD 拼接而成，各片 CCD 旋转中心为 s_{1_i}，$i \leqslant 3$，则对于第 i 片 CCD 上任意探元 s_i，假定旋转角为 θ_i，则旋转角引起的像点偏移为

$$\begin{cases} \Delta x = (s_i - s_{1\_i}) \times \text{pixelsize} \times \sin\theta_i \\ \Delta y = (s_i - s_{1\_i}) \times \text{pixelsize} \times (\cos\theta_i - 1) \end{cases} \tag{3.54}$$

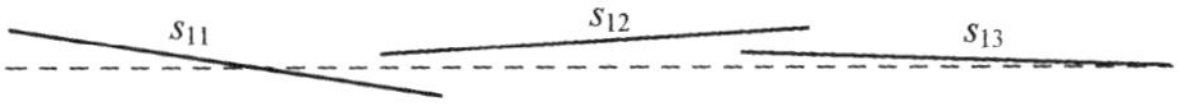

图 3.24　多片 CCD 旋转角偏差

（3）内方位元素误差像点偏移的综合模型。根据上述分析，合并同类误差，最终得出多线阵 CCD 内方位元素误差像点偏移的综合模型。假定主点位置在 s_0 探元，各片 CCD 旋转中心为 s_{1_i}，$i \leqslant n$。对于第 i 片 CCD 上任意探元 s_i，假定旋转角为 θ_i，则有

$$\begin{cases} \Delta x = \Delta x_{0\_i} + (s_i - s_{1\_i}) \times \text{pixelsize} \times \sin(\theta_i) + k_1 \bar{x} r^2 + k_2 \bar{x} r^4 + P_1(r^2 + 2\bar{x}^2) + 2P_2 \bar{x} \cdot \bar{y} \\ \Delta y = \Delta y_{0\_i} + \bar{y} \times \Delta\text{pixelsize} + (s_i - s_{1\_i}) \times \text{pixelsize} \times (\cos(\theta_i) - 1) + k_1 \bar{y} r^2 + k_2 \bar{y} r^4 + \\ \qquad P_2(r^2 + 2\bar{y}^2) + 2P_1 \bar{x} \cdot \bar{y} \end{cases} \tag{3.55}$$

式中：$(\Delta x_{0\_i}, \Delta y_{0\_i})$ 为第 i 片 CCD 上的主点偏移误差。

3.3.3.2　基于指向角模型的内方位元素检校

研究表明，基于畸变模型的内方位元素检校方法（简称畸变标定）容易因参数过度化引起解算结果的不稳定[25]。对于星载光学影像的内定向参数检校，我们无法确定其存在哪一类畸变，如何选择合适的畸变模型是一个难题；多线阵 CCD、多谱段的星载传感器建立完善的畸变模型难度较大。为避免此问题，本章采用以探元指向角综合表示内方位元素及畸变，采用标定各探元指向角的方法进行内方位元素检校。

如图 3.25 所示，$OXYZ$ 为传感器坐标系，ψ_x、ψ_y 为探元指向角。其严格的定义为

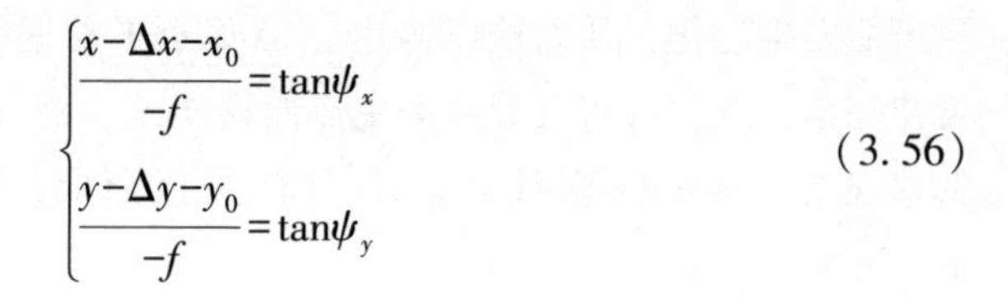

$$\begin{cases}\dfrac{x-\Delta x-x_0}{-f}=\tan\psi_x\\[2ex]\dfrac{y-\Delta y-y_0}{-f}=\tan\psi_y\end{cases}\tag{3.56}$$

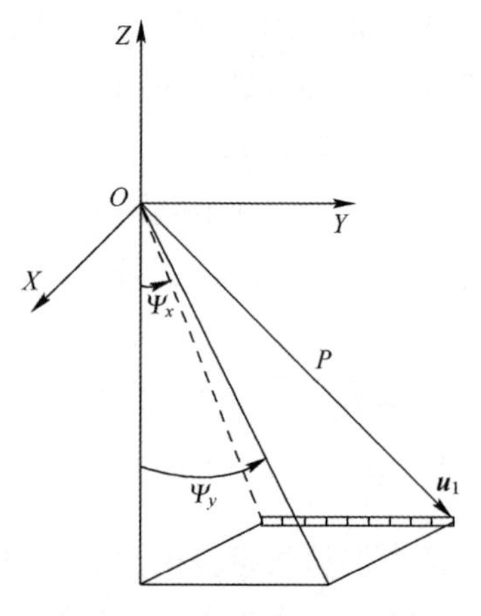

图 3.25　探元指向角示意图

这样，内方位元素检校变为解求每个探元 P 的指向角向量 $\boldsymbol{u}_1(p)=(\tan\psi_y,\tan\psi_x,1)^{\mathrm{T}}$。在实际的内方位元素检校中，需解求一定数量的探元指向角，才能结合内插模型恢复完整的内方位元素。所以检校过程中需要数以百计的影像控制点，如果通过布设人工标志获取，成本非常高，利用高精度配准算法从已有的 DOM 影像上获取控制点，可以满足指向角标定需求。

指向角标定的几何模型依然以星载光学严密几何成像模型为基础。将式（3.56）代入式（3.57），可得

$$\begin{bmatrix}X\\Y\\Z\end{bmatrix}_{\mathrm{ECEF}}=\begin{bmatrix}X_S\\Y_S\\Z_S\end{bmatrix}_{\mathrm{ECEF}}+m\boldsymbol{R}_{\mathrm{J2000}}^{\mathrm{WGS84}}\boldsymbol{R}_{\mathrm{body}}^{\mathrm{J2000}}\boldsymbol{R}_U\boldsymbol{R}_{\mathrm{camera}}^{\mathrm{body}}\begin{bmatrix}\tan\psi_x\\\tan\psi_y\\1\end{bmatrix}\tag{3.57}$$

在式（3.57）中，假定影像已经完成外定向，则可认为 $\boldsymbol{R}_U$ 已知，仅需要通过某一列上的若干地面控制点解求其对应的指向角 ψ_x、ψ_y 即可。为应用上方便，令

$$\begin{bmatrix}x\\y\\z\end{bmatrix}=\boldsymbol{R}_{\mathrm{camera}}^{\mathrm{body}}\begin{bmatrix}\tan\psi_x\\\tan\psi_y\\1\end{bmatrix},\ \tan\psi_x=\frac{x}{z},\ \tan\psi_y=\frac{y}{z}\tag{3.58}$$

式中：ψ_x、ψ_y 为本体坐标系下的探元指向角，直接标定本体坐标系下的探元指向角。

假定对 ccd_i 列配准获得了 num 个点对，将此 num 个点作为 ccd_i 探元解求指向角的控制点，基于最小二乘求解。

令 $\begin{bmatrix}\bar{X}\\ \bar{Y}\\ \bar{Z}\end{bmatrix}=(\boldsymbol{R}_{\text{J2000}}^{\text{WGS84}}\boldsymbol{R}_{\text{body}}^{\text{J2000}})^{-1}\begin{bmatrix}X-X_s\\ Y-Y_s\\ Z-Z_s\end{bmatrix}$，$\boldsymbol{R}_U=\begin{bmatrix}a_1 & a_2 & a_3\\ b_1 & b_2 & b_3\\ c_1 & c_2 & c_3\end{bmatrix}$，则有

$$\begin{cases}\dfrac{\bar{X}}{\bar{Z}}=\dfrac{a_1\tan\psi_x+a_2\tan\psi_y+a_3}{c_1\tan\psi_x+c_2\tan\psi_y+c_3}\\ \dfrac{\bar{Y}}{\bar{Z}}=\dfrac{b_1\tan\psi_x+b_2\tan\psi_y+b_3}{c_1\tan\psi_x+c_2\tan\psi_y+c_3}\end{cases} \tag{3.59}$$

利用所有 ccd_j 列的 num 个控制点组建法方程，即

$$\boldsymbol{V}=\boldsymbol{Bx}-\boldsymbol{l} \tag{3.60}$$

式中

$$\boldsymbol{B}=\begin{bmatrix}\dfrac{\partial f_x}{\partial\psi_x} & \dfrac{\partial f_x}{\partial\psi_y}\\ \dfrac{\partial f_y}{\partial\psi_x} & \dfrac{\partial f_y}{\partial\psi_y}\end{bmatrix},\ \boldsymbol{l}=[f_x^0\quad f_y^0]^{\text{T}},\ \boldsymbol{x}=[\psi_x\quad\psi_y]^{\text{T}} \tag{3.61}$$

则有

$$\boldsymbol{x}=(\boldsymbol{B}^{\text{T}}\boldsymbol{B})^{-1}(\boldsymbol{B}^{\text{T}}\boldsymbol{L}) \tag{3.62}$$

指向角标定中，由于匹配误差难以避免，会导致解求的部分指向角存在偏差。为了消除该影响，可以对指向角进行平滑拟合，剔除解求错误的探元指向角。

对于线阵 CCD，因为 $x\approx0$，所以 $\tan\psi_x$、$\tan\psi_y$ 均可近似认为完全取决于影像列 s，且多项式最高次数项取为 s^5 便能够充分考虑各种内方位元素误差，即

$$\begin{cases}\tan\psi_x=a_0+a_1s+\cdots+a_4s^i\\ \tan\psi_y=b_0+b_1s+\cdots+b_4s^j\end{cases} \tag{3.63}$$

利用标定出的所有探元指向角，通过最小二乘方法解求出 $a_0,a_1,a_2,\cdots$ 及 $b_0,b_1,b_2,\cdots$，便可通过式（3.63）获得所有探元的指向角。

3.3.4 高分七号检校试验结果

利用内蒙古呼和浩特南部区域的1:500比例尺DOM、DEM作为检校的控制数据，呼和浩特检校场数据采集于2018年，航空数据获取原始分辨率5cm，覆盖范围40km×20km，区域内基本为平地，如图3.26和图3.27所示。线阵相机几何检校中用到的高分七号影像成像于2020年12月3日。

图3.26　呼和浩特试验区DOM数据

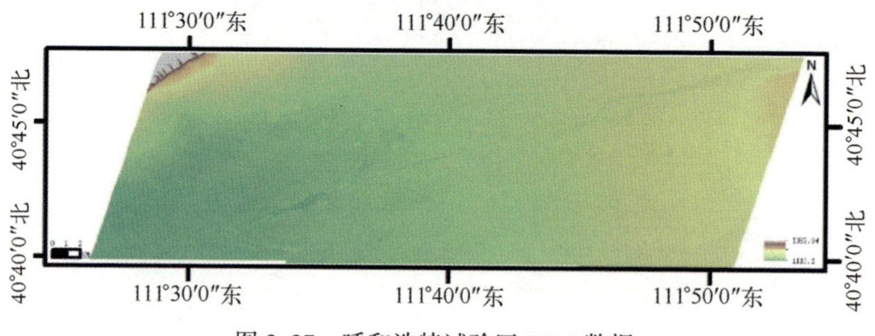

图3.27　呼和浩特试验区DEM数据

数据处理的主要流程如下：

(1) 基于相机安装、相机畸变等实验室测量参数，以及姿轨行时等成像几何参数，构建检校用几何定位模型。

(2) 利用步骤(1)中构建的几何定位模型，结合高精度DOM和DEM进行高精度配准，获取密集分布的控制点。

(3) 基于步骤(1)中建立的检校用几何定位模型，采用步骤(2)中获取的密集控制点进行外定向补偿检校。

(4) 在步骤(3)的基础上，进一步进行内定向参数检校。

(5) 重复步骤(3)和(4)，直至前后两次外定向参数检校的偏置角差异小于一定阈值。

基于上述原理，利用内蒙古呼和浩特数据进行检校，得到内外定向检校参数，分别记前视全色、后视全色、后视多光谱影像为FWDPAN、BWDPAN、BWDMUX，检校结果如表3.7所列。

表3.7　外定向参数检校结果

项目	焦距/mm	φ/(°)	ω/(°)	κ/(°)
前视	5544.9	0.036819	−0.02754	−0.00277
后视	5541.5	−0.12468	−0.03593	0.018942

由表3.7可以看到，外定向参数主要是吸收成像过程中的稳定系统误差源。由于姿态测量系统坐标系、相机系统坐标系的定义和初值不一样，计算的结果会存在一定的差异。

观察外定向后的表3.8（a）、（c）、（e）、（h）残差变化规律，CCD方向、飞行方向误差均呈现较为明显的线性规律，且各片CCD间残差大小略有差异。由于镜头光学畸变均为高阶特征误差，可推测高分七号镜头畸变非常小。考虑定向参数CCD安装误差规律，比例误差仅影响垂轨向精度，而旋转角误差既影响垂轨向精度，又影响沿轨向精度，基本为线性规律。通过建模在轨标定，很好地消除了这系列误差。

表3.8　内定向参数检校结果

误差/pixel；列/(10^3pixel) （a）前视相机检校前CCD方向误差	误差/pixel；列/(10^3pixel) （b）前视相机检校后CCD方向误差
误差/pixel；列/(10^3pixel) （c）前视相机检校前飞行方向误差	误差/pixel；列/(10^3pixel) （d）前视相机检校后飞行方向误差

续表

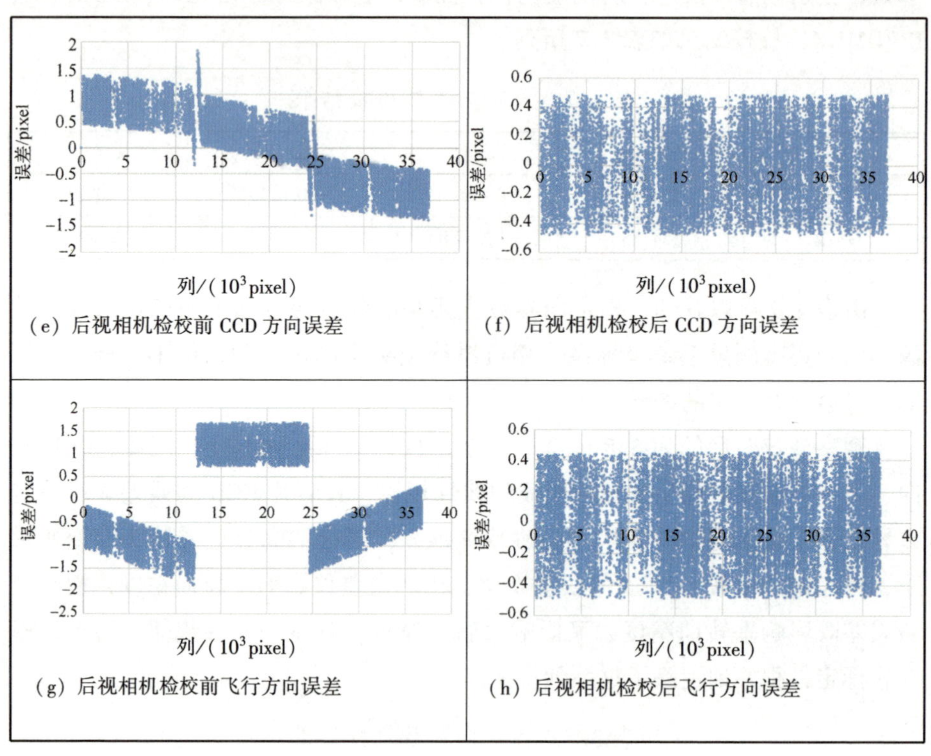

(e) 后视相机检校前 CCD 方向误差

(f) 后视相机检校后 CCD 方向误差

(g) 后视相机检校前飞行方向误差

(h) 后视相机检校后飞行方向误差

由于高分七号两线阵立体相机基高比较小，通过控制点分析内检校精度时受控制点分布、精度、粗差剔除等方面的问题，无法准确识别细小变化。本章采用上述 2020 年 11 月黑龙江肇东地区的数据，利用 CCD 理想安装数据进行拼接，利用检校参数生产传感器校正产品，这两种条件下分别生成前后视立体 DSM。

两种不同的内定向参数产生的 DSM 分别与同区域内的高精度 DSM 进行配准，然后求差获取高程差异值。DSM 配准后分别为 $\mathrm{DSM}_{\mathrm{mosaic}}$，$\mathrm{DSM}_{202011}$，参考数据为 DSM_0，同一区域内(x,y)处的地表高程值分别为 $H_{\mathrm{mosaic}}(x,y)$、$H_{202011}(x,y)$、$H_0(x,y)$，则 2 种 DSM 与参考 DSM 在(x,y)处的高程差异值分别为

$$\begin{cases}\Delta H_{\mathrm{mosaic}}(x,y)=H_{\mathrm{mosaic}}(x,y)-H_0(x,y)\\ \Delta H_{201911}(x,y)=H_{202011}(x,y)-H_0(x,y)\end{cases} \tag{3.64}$$

由于卫星数据、参考 DEM 数据获取时间并不一致，两期数据之间存在一定的时变差异或高程差异常值，需要对高程变化过大的差异值进行剔除。本节按照 3 倍标准差原则剔除异常值，当模板窗口内有 m 个高程差异值时，若窗口中心点差异值大于窗口内高程差异的 3 倍标准差，则该点为异常值，进

行剔除，即

$$\begin{cases}\Delta H(x,y)_i>3\delta, \quad i=1,2,\cdots,m \\ \delta=\sqrt{\dfrac{(\Delta H(x,y)_1-\Delta\overline{H}(x,y))^2+\cdots+(\Delta H(x,y)_n-\Delta\overline{H}(x,y))^2}{m-1}}\end{cases} \tag{3.65}$$

式中：$\Delta H(x,y)_i$ 为第 i 个高程差异值；$\Delta\overline{H}(x,y)$ 为对应模板窗口内高程差异均值。

为了评价 2 种 DSM 与参考 DSM 之间的偏差程度，本节主要采用均值与均方根差指标对异常值剔除之后的 DSM 差异值进行统计，依此实现对 DSM 差异值的整体评价，达到评价其与参考 DSM 之间偏差的目的。DSM 差异值的均值与均方根差计算公式为

$$\begin{cases}\Delta\overline{u}_k=\dfrac{1}{n}\sum\limits_{i=1}^{n}\Delta H_k(x,y)_i \quad k=1,2,3,4 \\ \delta_k=\sqrt{\dfrac{1}{n-1}\sum\limits_{i=1}^{n}(\Delta H_k(x,y)_i-\Delta\overline{u}_k)^2}\end{cases} \tag{3.66}$$

式中：$\Delta\overline{u}_k$ 为第 k 种内检校方法对应的 DSM 与参考 DSM 之间的高程差均值；δ_k 为第 k 种内检校方法对应的 DSM 与参考 DSM 之间高程差的均方根差；n 为第 k 种内检校方法对应 DSM 的栅格总数。统计结果如图 3.28 和图 3.29 所示。

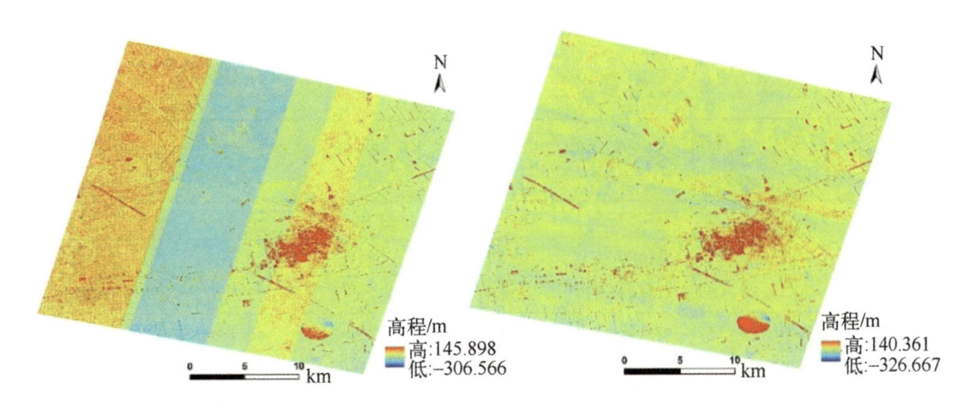

图 3.28 两种不同内定向参数条件下产生的 DSM 与参考 DEM 之间的高程值差异显示

在处理分析时，根据 DSM 的误差分布情况，针对性地优化相应范围的内定向参数，可以获取更高质量的立体定向模型。

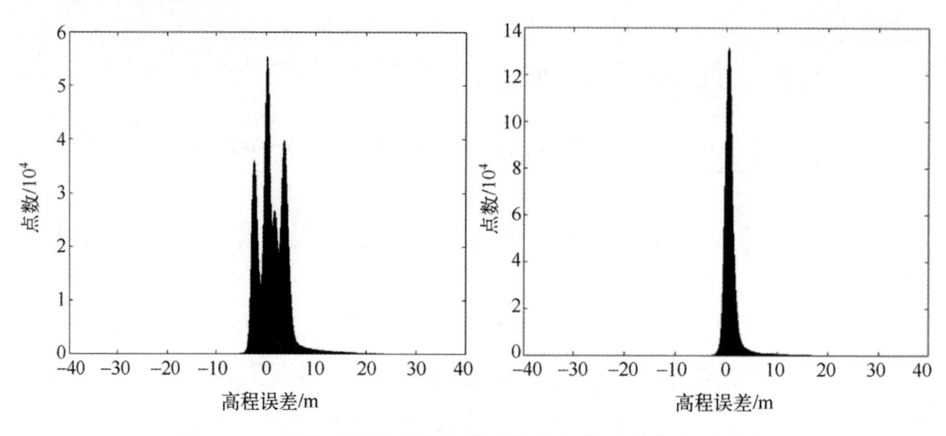

图 3.29　两种不同内定向参数下的高程值差异直方图分布

3.3.5　高分七号定位精度分析及小结

外定向补偿参数是用来补偿星上载荷安装误差及姿轨测量系统误差的，其目的在于消除星上稳定的外方位元素系统误差，从而提高卫星影像的系统定位精度。内定向参数主要消除相机内部系统误差。因此，为验证外方位元素检校结果的正确性、有效性，利用对其他时间和地点获取的高分七号两线阵立体影像进行精度评估。

为了验证高分七号卫星无控制和带控制的平差精度，选择了多个区域开展几何精度验证试验，试验结果见表 3.9。

表 3.9　高分七号多区域无控制几何精度验证试验结果

区　域	时　间	圈　号	东西向误差/m	南北向误差/m	平面误差/m	高程误差/m
天津地区	2020-05-22	003057-5	0.827	0.94	1.252	1.375
	2020-09-07	004699-6	0.681	2.619	2.706	2.582
	2020-11-05	005593-6	2.684	1.283	2.974	4.641
	2020-12-14	006186-3	1.43	3.596	3.869	4.208
	2020-12-24	006339-2	1.042	3.399	3.555	8.278
	2021-05-01	008288-0	1.593	2.573	3.026	1.098
	2021-06-19	009033-9	1.399	7.746	7.872	2.263
河南地区	2020-04-17	002525-3	1.445	0.539	1.543	6.879
	2020-04-22	002601-3	3.197	1.946	3.743	3.244
	2020-06-05	003267-8	1.789	0.827	1.971	3.786
	2021-01-22	006787-4	1.696	1.002	1.97	1.717

续表

区　域	时　间	圈　号	东西向误差/m	南北向误差/m	平面误差/m	高程误差/m
新疆地区	2020-10-04	005109-7	4.186	6.252	7.524	2.634
	2020-12-02	006006-9	3.03	1.315	3.303	1.438
	2021-05-18	008547-6	0.803	6.88	6.927	1.18
	2021-05-23	008623-7	2.038	6.764	7.064	4.121
	2021-05-28	008699-8	0.751	8.208	8.243	3.091
	2021-06-26	009139-2	1.978	5.207	5.571	1.13
河南地区	2021-05-30	008729-2	0.96	3.522	3.65	2.719
黑龙江地区	2020-04-14	002479-1	3.208	1.224	3.433	2.06
	2020-06-02	003321-7	0.463	0.788	0.914	1.871
	2020-07-21	003967-7	0.586	1.097	1.243	4.292
	2020-11-06	005608-3	0.809	4.252	4.328	2.238
	2020-11-11	005683-3	0.831	1.029	1.323	4.497
	2021-01-09	006584-8	0.601	0.679	0.907	0.655
	2021-03-24	007709-5	1.777	0.606	1.878	3.057
法国地区	2020-04-23	002623-3	2.993	3.657	4.726	0.654
	2020-09-03	004641-0	1.634	5.059	5.316	3.142
	2021-05-02	008309-3	3.387	2.669	4.312	3.899
浙江地区	2020-05-03	002769-4	0.668	2.996	3.069	3.031
	2020-07-26	004505-9	0.556	3.606	3.648	3.01
	2020-09-03	004638-7	0.582	3.064	3.118	1.575
黑龙江地区	2020-04-26	002662-1	1.225	1.182	1.703	2.861
	2020-05-01	002738-9	0.688	1.129	1.322	3.817
	2020-06-14	003402-3	0.746	2.103	2.231	5.432
	2020-10-15	005273-2	2.867	2.335	3.698	6.083
	2020-11-04	005578-5	2.319	2.805	3.639	4.7
	2020-11-08	005640-2	0.489	6.622	6.64	2.38
	2020-12-03	006017-7	0.587	0.757	0.957	5.077
浙江地区	2020-05-03	002769-6	1.814	2.966	3.477	1.698
	2020-09-03	004638-9	0.981	2.411	2.604	1.452
江苏地区	2020-05-03	002769-5	2.03	2.138	2.948	3.133
	2020-05-03	003591-6	1.189	3.492	3.689	2.754
	2020-09-03	004638-8	0.196	2.996	3.002	0.93
	2020-09-08	004714-2	1.233	3.225	3.453	3.958
湖南地区	2020-04-17	002525-1	1.645	2.613	3.087	3.448
	2020-07-24	004011-1	2.131	1.919	2.867	7.223
平均值			1.51	2.91	3.48	3.15

表 3.10 高分七号多区域有控制几何精度验证试验结果

区域	时间	圈号	东西向误差/m	南北向误差/m	平面误差/m	高程误差/m
天津地区	2020-05-22	003057-5	0.496	0.353	0.609	0.759
	2020-09-07	004699-6	0.399	0.514	0.651	0.568
	2020-11-05	005593-6	0.559	0.701	0.897	0.565
	2020-12-14	006186-3	0.234	0.599	0.643	0.589
	2020-12-24	006339-2	0.555	0.78	0.957	0.559
	2021-05-01	008288-0	0.552	0.583	0.803	0.549
	2021-06-19	009033-9	0.649	0.731	0.977	0.63
河南地区	2020-04-17	002525-3	0.539	0.403	0.673	0.704
	2020-04-22	002601-3	0.439	0.498	0.664	0.529
	2020-06-05	003267-8	0.43	0.561	0.707	0.484
	2021-01-22	006787-4	0.504	0.752	0.905	0.908
新疆地区	2020-10-04	005109-7	0.229	0.869	0.898	0.663
	2020-12-02	006006-9	0.639	0.633	0.899	0.82
	2021-05-18	008547-6	0.697	0.628	0.938	0.642
	2021-05-23	008623-7	0.542	0.722	0.903	0.815
	2021-05-28	008699-8	0.474	0.668	0.819	0.818
	2021-06-26	009139-2	0.713	0.558	0.905	0.653
河南地区	2021-05-30	008729-2	0.544	0.836	0.998	0.553
黑龙江地区	2020-04-14	002479-1	0.442	0.564	0.716	0.746
	2020-06-02	003321-7	0.599	0.422	0.733	0.432
	2020-07-21	003967-7	0.393	0.33	0.513	0.879
	2020-11-06	005608-3	0.41	0.422	0.588	0.506
	2020-11-11	005683-3	0.447	0.46	0.641	0.469
	2021-01-09	006584-8	0.302	0.525	0.606	0.736
	2021-03-24	007709-5	0.741	0.514	0.902	0.199
法国地区	2020-04-23	002623-3	0.905	0.326	0.962	0.631
	2020-09-03	004641-0	0.577	0.404	0.705	0.377
	2021-05-02	008309-3	0.59	0.601	0.842	0.805
浙江地区	2020-05-03	002769-4	0.531	0.638	0.831	0.739
	2020-07-26	004505-9	0.61	0.539	0.814	0.782
	2020-09-03	004638-7	0.533	0.794	0.956	0.588
黑龙江地区	2020-04-26	002662-1	0.378	0.475	0.607	0.591
	2020-05-01	002738-9	0.393	0.311	0.501	0.785
	2020-06-14	003402-3	0.466	0.44	0.64	0.784
	2020-10-15	005273-2	0.919	0.386	0.997	0.857
	2020-11-04	005578-5	0.348	0.344	0.489	0.616
	2020-11-08	005640-2	0.607	0.327	0.689	0.853
	2020-12-03	006017-7	0.379	0.443	0.583	0.802

续表

区　域	时　间	圈　号	东西向误差/m	南北向误差/m	平面误差/m	高程误差/m
浙江地区	2020-05-03	002769-6	0.486	0.738	0.883	0.704
	2020-09-03	004638-9	0.398	0.467	0.613	0.882
江苏地区	2020-05-03	002769-5	0.548	0.608	0.819	0.731
	2020-05-03	003591-6	0.537	0.817	0.978	0.84
	2020-09-03	004638-8	0.285	0.369	0.466	0.595
	2020-09-08	004714-2	0.521	0.817	0.969	0.658
湖南地区	2020-04-17	002525-1	0.265	0.267	0.377	0.894
	2020-07-24	004011-1	0.223	0.387	0.447	0.964
平均值			0.50	0.54	0.75	0.67

表 3.10 显示了统计结果，并计算出这些结果的平均值。高分七号两线阵立体影像无控条件下的平面定位精度达到 3.48m，高程定位精度达到 3.13m；添加少量控制点后平面定位精度提高至 0.75m，高程定位精度提高至 0.67m。无控制平面定位精度验证结果示意图如图 3.30 所示。

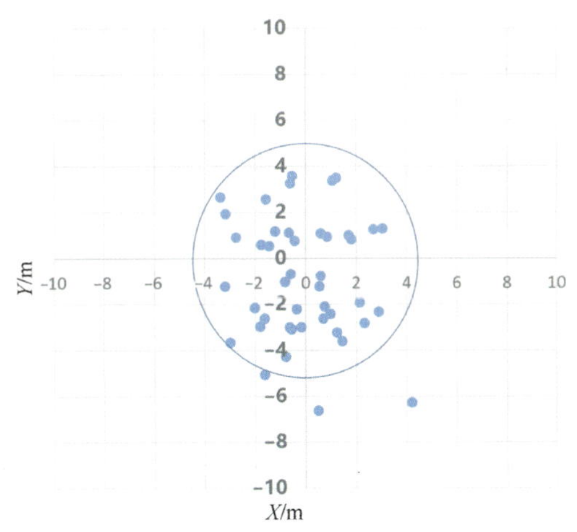

图 3.30　高分七号无控制平面定位精度验证结果（CE90）示意图

3.4　面阵相机检校

3.4.1　高分七号激光足印相机介绍

高分七号足印相机设计焦距 3.2m，像元大小 16.5μm。高分七号足印相机在垂轨方向安装，安装夹角大约 0.7°，轨道高度按 500km 计算足印相机间隔 12.25km。相比于传统的航空相机，航天相机有其特殊之处：①平台绕地球旋转，因此平台自身运动状态矩阵会耦合进姿态中去；②相机安装时存在安装角，因此在进行自检校估计时需考虑平台本身的安装角度。高分七号卫星足印相机的安装设计图如图 3.31 所示。

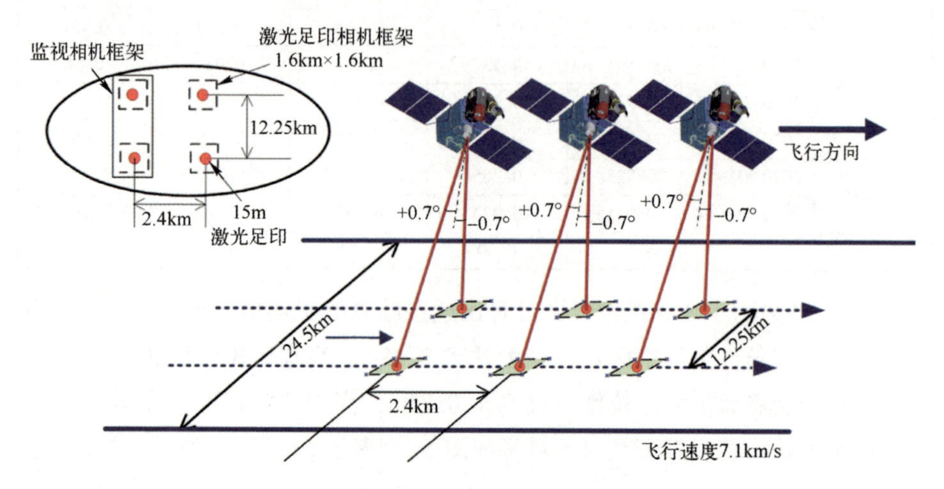

图 3.31　高分七号足印相机安装设计图

如图 3.32 所示，足印相机为典型的框幅式相机，即有一个透视中心，光线穿过透视中心与像面相交于焦面。足印相机设计参数如表 3.11 所列。

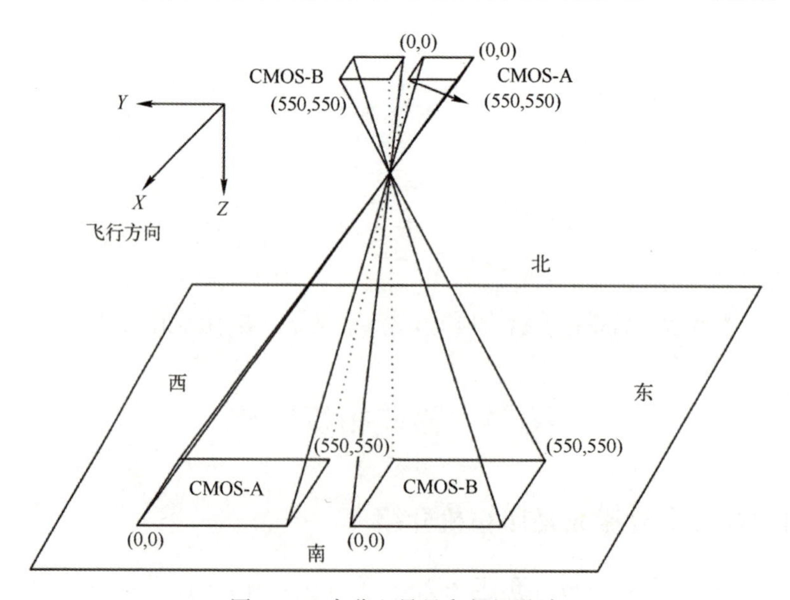

图 3.32　高分七号足印相机设计

表 3.11　高分七号足印相机设计参数

参　数	足印相机 A	足印相机 B
焦距	2580mm	2576mm
分辨率	3.2m	3.2m
探元大小	5.5×3μm	5.5×3μm
光谱范围	0.5~0.7μm	0.5~0.7μm
图幅大小	550×550pixel	550×550 pixel

3.4.2　面阵成像几何模型构建

面阵卫星影像成像几何模型与线阵卫星相比，由于其一次获取一景影像，因此其外方位元素是固定的。构建面阵影像严密成像几何模型是其高精度处理的基础。

本书建立面阵影像严密成像几何模型为

$$\begin{bmatrix} X_g \\ Y_g \\ Z_g \end{bmatrix}_{\mathrm{ECEF}} = \begin{bmatrix} X_S \\ Y_S \\ Z_S \end{bmatrix}_{\mathrm{ECEF}} + m \cdot \boldsymbol{R}_{\mathrm{J2000}}^{\mathrm{ECEF}} \cdot \boldsymbol{R}_{\mathrm{body}}^{\mathrm{J2000}} \cdot \boldsymbol{R}_{\mathrm{install}} \cdot \begin{bmatrix} x'-x_0+\Delta x \\ y'-y_0+\Delta y \\ -f \end{bmatrix} \tag{3.67}$$

式中：$[X_g \quad Y_g \quad Z_g]_{\mathrm{ECEF}}^{\mathrm{T}}$ 为像点 (x', y') 在地心地固坐标系下的物方坐标；$[X_S \quad Y_S \quad Z_S]_{\mathrm{ECEF}}^{\mathrm{T}}$ 为相机位置；m 为比例尺参数；$\boldsymbol{R}_{\mathrm{J2000}}^{\mathrm{ECEF}}$ 为惯性坐标系 J2000 到地心地固坐标系的旋转矩阵；$\boldsymbol{R}_{\mathrm{body}}^{\mathrm{J2000}}$ 为卫星本体坐标系到惯性坐标系 J2000 的旋转矩阵；$\boldsymbol{R}_{\mathrm{install}}$ 为安装矩阵；(x_0, y_0) 为像主点在像平面坐标系中的坐标；f 为焦距。

然而，足印相机作为典型的面阵相机，受镜头畸变影响较大，存在镜头的对称畸变和偏心畸变。其中，对称畸变通常可以描述为桶形畸变、枕形畸变等，在 Brown 模型中用 k_1、k_2、k_3 表示；而偏心畸变主要用 p_1、p_2 来表示。

$$\begin{cases} \Delta x = x(k_1 r^2 + k_2 r^4 + k_3 r^6) + p_1(y^2 + 3x^2) + 2p_2 xy \\ \Delta y = y(k_1 r^2 + k_2 r^4 + k_3 r^6) + 2p_1 xy + p_2(x^2 + 3y^2) \end{cases} \tag{3.68}$$

实际上，需要考虑的误差项还包括关于主点、主距及仿射与倾斜误差。因此，可以得到足印相机几何检校模型，即

$$\begin{cases} \Delta x = -\Delta x_0 + \dfrac{\bar{x}}{c}\Delta c + \bar{x}s_x + \bar{y}a + \bar{x}r^2 k_1 + \bar{x}r^4 k_2 + \bar{x}r^6 k_3 + (r^2 + 2\bar{x}^2)p_1 + 2\overline{xy}p_2 \\ \Delta y = -\Delta y_0 + \dfrac{\bar{y}}{c}\Delta c + 0 + \bar{x}a + \bar{y}r^2 k_1 + \bar{y}r^4 k_2 + \bar{y}r^6 k_3 + 2\overline{xy}p_1 + (r^2 + 2\bar{y}^2)p_2 \end{cases} \tag{3.69}$$

式中：$\bar{x} = x - x_0$；$\bar{y} = y - y_0$；$r^2 = \bar{x}^2 + \bar{y}^2$；$\Delta x_0$、$\Delta y_0$ 为主点误差；Δf 为主距误差；

s_x 为 x 方向上的缩放因子；a 为形状系数；k_1、k_2、k_3 为对称畸变中的前三项；p_1、p_2 为偏心畸变的前两项，需要通过几何检校获得。

基于指向角模型的方式，通常采用齐次坐标表示，即

$$\begin{bmatrix}\psi_x\\ \psi_y\\ 1\end{bmatrix}=\begin{bmatrix}-\dfrac{x'-x_0+\Delta x}{f}\\ -\dfrac{y'-y_0+\Delta y}{f}\\ 1\end{bmatrix}=\begin{bmatrix}-\dfrac{x}{f}\\ -\dfrac{y}{f}\\ 1\end{bmatrix} \tag{3.70}$$

为了避免严格物理模型公式的过度参数化导致解的不稳定性，本书采用二维指向角模型作为相机的内标定模型，如图 3.33 所示。

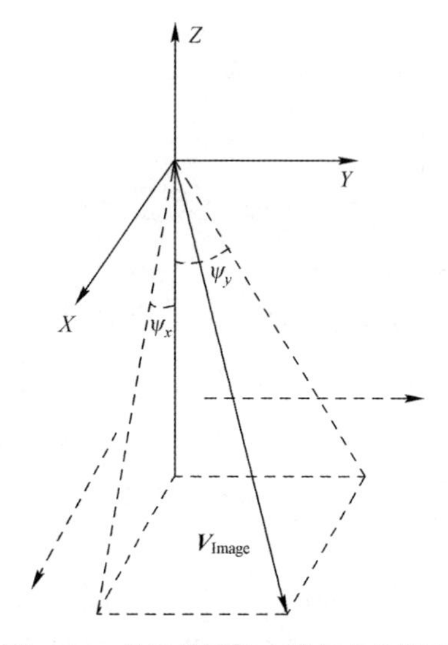

图 3.33　足印相机的二维指向角模型

图 3.33 中，$\boldsymbol{V}_{\text{Image}}$是探元指向，$\psi_x$ 和 ψ_y 是探元的指向角，因此足印相机的几何标定可以通过外定标确定的参考相机坐标系下指向角的正切值，来恢复每个探元在相机坐标系下的精确光线向量。由于足印相机视场角较小，且各类内部误差为小量，因此本书采用多项式拟合探元指向角与像点坐标之间的几何畸变，即

$$\boldsymbol{V}_{\text{Image}}=\begin{bmatrix}\mathrm{x_r}\\ \mathrm{y_r}\\ \mathrm{z_r}\end{bmatrix}=\begin{bmatrix}\dfrac{\mathrm{x}}{\mathrm{f}}\\ \dfrac{\mathrm{y}}{\mathrm{f}}\\ -1\end{bmatrix}=\begin{bmatrix}\tan[\psi_x(s,l)]\\ \tan[\psi_y(s,l)]\\ -1\end{bmatrix} \tag{3.71}$$

其中，探元坐标$[\tan[\psi_x(s,l)] \quad \tan[\psi_y(s,l)]]^{\mathrm{T}}$的多项式定义为

$$\begin{cases}\tan[\psi_x(s,l)]=a_0+a_1\cdot s+a_2\cdot l+a_3\cdot s\cdot l+a_4\cdot s^2+a_5\cdot l^2+\\ \qquad a_6\cdot s^2\cdot l+a_7\cdot s\cdot l^2+a_8\cdot s^3+a_9\cdot l^3+\cdots\\ \tan[\psi_y(s,l)]=b_0+b_1\cdot s+b_2\cdot l+b_3\cdot s\cdot l+b_4\cdot s^2+b_5\cdot l^2+\\ \qquad b_6\cdot s^2\cdot l+b_7\cdot s\cdot l^2+b_8\cdot s^3+b_9\cdot l^3+\cdots\end{cases} \tag{3.72}$$

式中：(s,l)为像平面坐标系下的探元坐标；(x,y)为对应位置的像元坐标；$a_0,a_1,\cdots,a_9\cdots$和$b_0,b_1,\cdots,b_9,\cdots$为内定标参数。足印相机几何标定即解算内标定参数$a_0,a_1,\cdots,a_9\cdots$和$b_0,b_1,\cdots,b_9,\cdots$及外标定参数$e_x,e_y,e_z$。

3.4.3 相机模型在轨检校

面阵影像严密成像几何模型（式（3.73））包括内方位元素x_0、y_0、f和外方位元素X_S、Y_S、Z_S、φ、ω、κ。其中，包含载荷的基本姿态$\boldsymbol{R}_{\text{body}}^{\text{ECEF}}$和相机的安装矩阵$\boldsymbol{R}_{\text{install}}(R_{\text{cam}}^{\text{body}})$。

$$\begin{cases}x'-x_0+\Delta x=-f\dfrac{a_1(X-X_S)+b_1(Y-Y_S)+c_1(Z-Z_S)}{a_3(X-X_S)+b_3(Y-Y_S)+c_3(Z-Z_S)}\\ y'-y_0+\Delta y=-f\dfrac{a_2(X-X_S)+b_2(Y-Y_S)+c_2(Z-Z_S)}{a_3(X-X_S)+b_3(Y-Y_S)+c_3(Z-Z_S)}\end{cases} \tag{3.73}$$

式中：(x',y')为像点坐标。

由坐标的定义可知

$$\begin{bmatrix}x'-x_0+\Delta x\\ y'-y_0+\Delta y\\ -f\end{bmatrix}=\frac{1}{m}\cdot\boldsymbol{R}_{\text{body}}^{\text{cam}}\cdot\boldsymbol{R}_{\text{J2000}}^{\text{body}}\cdot\boldsymbol{R}_{\text{ECEF}}^{\text{J2000}}\cdot\begin{bmatrix}X-X_S\\ Y-Y_S\\ Z-Z_S\end{bmatrix} \tag{3.74}$$

定义相机坐标系下的光轴指向为

$$\begin{bmatrix}X_c\\ Y_c\\ Z_c\end{bmatrix}\equiv\boldsymbol{R}_{\text{body}}^{\text{cam}}\cdot\boldsymbol{R}_{\text{J2000}}^{\text{body}}\cdot\boldsymbol{R}_{\text{ECEF}}^{\text{J2000}}\cdot\begin{bmatrix}X-X_S\\ Y-Y_S\\ Z-Z_S\end{bmatrix}=\boldsymbol{R}_{\text{ECEF}}^{\text{cam}}\cdot\begin{bmatrix}X-X_S\\ Y-Y_S\\ Z-Z_S\end{bmatrix} \tag{3.75}$$

根据式（3.74）的定义可转换为观测方程，即

$$\begin{cases}x'-x_0+\Delta x=-f\dfrac{X_c}{Z_c}\\ y'-y_0+\Delta y=-f\dfrac{Y_c}{Z_c}\end{cases} \tag{3.76}$$

将其转换为另一种形式，则有

$$
\begin{cases}
F_x = x' - x_0 + \Delta x + f\dfrac{X_c}{Z_c} \\
F_y = y' - y_0 + \Delta y + f\dfrac{Y_c}{Z_c}
\end{cases}
\tag{3.77}
$$

其中的未知数主要包括了主点、主距、畸变参数和外方位线元素和角元素。对观测方程式（3.77）进行线性化，则可以得到关于未知数的误差方程，即

$$
\boldsymbol{v} = \boldsymbol{BY} + \boldsymbol{CZ} - \boldsymbol{L}, \boldsymbol{P}
\tag{3.78}
$$

式中：$\boldsymbol{v}$ 为残差；$\boldsymbol{Y}$ 为每个足印影像所对应的外方位元素，共计 $6\times n$ 个，n 为影像数；$\boldsymbol{Z}$ 为相机内方位元素，共 10 个；$\boldsymbol{B}$ 和 $\boldsymbol{C}$ 为相应的系数矩阵；$\boldsymbol{L}$ 为常数部分，由初值和观测值计算得到；$\boldsymbol{P}$ 为权矩阵，可设定为单位权。

$\boldsymbol{B}$ 为 F_x 和 F_y 关于内方位元素的偏导数。以内方位元素 x_0、y_0、f 为例，其对应的偏导数为

$$
\begin{cases}
\dfrac{\partial F_x}{\partial x_0} = -1.0 + \dfrac{\partial \Delta x}{\partial x} \cdot \dfrac{\partial x}{\partial x_0} \\
\dfrac{\partial F_x}{\partial y_0} = \dfrac{\partial \Delta x}{\partial y} \cdot \dfrac{\partial y}{\partial y_0} \\
\dfrac{\partial F_x}{\partial f} = \dfrac{\overline{X}}{\overline{Z}} \\
\dfrac{\partial F_y}{\partial x_0} = \dfrac{\partial \Delta y}{\partial x} \cdot \dfrac{\partial x}{\partial x_0} \\
\dfrac{\partial F_y}{\partial y_0} = -1.0 + \dfrac{\partial \Delta y}{\partial y} \cdot \dfrac{\partial y}{\partial y_0} \\
\dfrac{\partial F_y}{\partial f} = \dfrac{\overline{Y}}{\overline{Z}}
\end{cases}
\tag{3.79}
$$

由姿态系统的定义，可以得到关于安装的偏导数。其中，姿态矩阵为 $\boldsymbol{R}$，其定义为

$$
\begin{aligned}
\boldsymbol{R} &= \boldsymbol{R}_\varphi \cdot \boldsymbol{R}_\omega \cdot \boldsymbol{R}_\kappa \\
&= \begin{bmatrix} \cos\varphi & 0 & \sin\varphi \\ 0 & 1 & 0 \\ -\sin\varphi & 0 & \cos\varphi \end{bmatrix} \cdot \begin{bmatrix} 1 & 0 & 0 \\ 0 & \cos\omega & -\sin\omega \\ 0 & \sin\omega & \cos\omega \end{bmatrix} \cdot \begin{bmatrix} \cos\kappa & -\sin\kappa & 0 \\ \sin\kappa & \cos\kappa & 0 \\ 0 & 0 & 1 \end{bmatrix}
\end{aligned}
\tag{3.80}
$$

则外方位线元素偏导数为

$$
\begin{cases}
\dfrac{\partial F_x}{\partial X_S}=\dfrac{\partial}{\partial X_S}\left(-f'\dfrac{\overline{X}}{\overline{Z}}\right)=-\dfrac{f'}{(\overline{Z})^2}\left(\dfrac{\partial \overline{X}}{\partial X_S}\overline{Z}-\dfrac{\partial \overline{Z}}{\partial X_S}\overline{X}\right)=\dfrac{1}{\overline{Z}}\left(a_1 f'-a_3 f'\dfrac{\overline{X}}{\overline{Z}}\right)\\
\dfrac{\partial F_x}{\partial Y_S}=\dfrac{\partial}{\partial Y_S}\left(-f'\dfrac{\overline{X}}{\overline{Z}}\right)=-\dfrac{f'}{(\overline{Z})^2}\left(\dfrac{\partial \overline{X}}{\partial Y_S}\overline{Z}-\dfrac{\partial \overline{Z}}{\partial Y_S}\overline{X}\right)=\dfrac{1}{\overline{Z}}\left(b_1 f'-b_3 f'\dfrac{\overline{X}}{\overline{Z}}\right)\\
\dfrac{\partial F_x}{\partial Z_S}=\dfrac{\partial}{\partial Z_S}\left(-f'\dfrac{\overline{X}}{\overline{Z}}\right)=-\dfrac{f'}{(\overline{Z})^2}\left(\dfrac{\partial \overline{X}}{\partial Z_S}\overline{Z}-\dfrac{\partial \overline{Z}}{\partial Z_S}\overline{X}\right)=\dfrac{1}{\overline{Z}}\left(c_1 f'-c_3 f'\dfrac{\overline{X}}{\overline{Z}}\right)\\
\dfrac{\partial F_y}{\partial X_S}=\dfrac{\partial}{\partial X_S}\left(-f'\dfrac{\overline{Y}}{\overline{Z}}\right)=-\dfrac{f'}{(\overline{Z})^2}\left(\dfrac{\partial \overline{Y}}{\partial X_S}\overline{Z}-\dfrac{\partial \overline{Z}}{\partial X_S}\overline{Y}\right)=\dfrac{1}{\overline{Z}}\left(a_2 f'-a_3 f'\dfrac{\overline{Y}}{\overline{Z}}\right)\\
\dfrac{\partial F_y}{\partial Y_S}=\dfrac{\partial}{\partial Y_S}\left(-f'\dfrac{\overline{Y}}{\overline{Z}}\right)=-\dfrac{f'}{(\overline{Z})^2}\left(\dfrac{\partial \overline{Y}}{\partial Y_S}\overline{Z}-\dfrac{\partial \overline{Z}}{\partial Y_S}\overline{Y}\right)=\dfrac{1}{\overline{Z}}\left(b_2 f'-b_3 f'\dfrac{\overline{Y}}{\overline{Z}}\right)\\
\dfrac{\partial F_y}{\partial Z_S}=\dfrac{\partial}{\partial Z_S}\left(-f'\dfrac{\overline{Y}}{\overline{Z}}\right)=-\dfrac{f'}{(\overline{Z})^2}\left(\dfrac{\partial \overline{Y}}{\partial Z_S}\overline{Z}-\dfrac{\partial \overline{Z}}{\partial Z_S}\overline{Y}\right)=\dfrac{1}{\overline{Z}}\left(c_2 f'-c_3 f'\dfrac{\overline{Y}}{\overline{Z}}\right)
\end{cases}
\tag{3.81}
$$

对 φ、ω、κ 求偏导，有

$$
\begin{cases}
\dfrac{\partial F_x}{\partial \varphi}=-\dfrac{f'}{(\overline{Z})^2}\left(\dfrac{\partial \overline{X}}{\partial \varphi}\overline{Z}-\dfrac{\partial \overline{Z}}{\partial \varphi}\overline{X}\right)=y\sin\omega-\left[\dfrac{x}{f'}(x\cos\kappa-y\sin\kappa)+f'\cos\kappa\right]\cos\omega\\
\dfrac{\partial F_x}{\partial \omega}=-\dfrac{f'}{(\overline{Z})^2}\left(\dfrac{\partial \overline{X}}{\partial \omega}\overline{Z}-\dfrac{\partial \overline{Z}}{\partial \omega}\overline{X}\right)=-f'\sin\kappa-\dfrac{x}{f'}(x\sin\kappa+y\cos\kappa)\\
\dfrac{\partial F_x}{\partial \kappa}=-\dfrac{f'}{(\overline{Z})^2}\left(\dfrac{\partial \overline{X}}{\partial \kappa}\overline{Z}-\dfrac{\partial \overline{Z}}{\partial \kappa}\overline{X}\right)=y\\
\dfrac{\partial F_y}{\partial \varphi}=-\dfrac{f'}{(\overline{Z})^2}\left(\dfrac{\partial \overline{Y}}{\partial \varphi}\overline{Z}-\dfrac{\partial \overline{Z}}{\partial \varphi}\overline{Y}\right)=-x\sin\omega-\left[\dfrac{y}{f'}(x\cos\kappa-y\sin\kappa)-f'\sin\kappa\right]\cos\omega\\
\dfrac{\partial F_y}{\partial \omega}=-\dfrac{f'}{(\overline{Z})^2}\left(\dfrac{\partial \overline{Y}}{\partial \omega}\overline{Z}-\dfrac{\partial \overline{Z}}{\partial \omega}\overline{Y}\right)=-f'\cos\kappa-\dfrac{y}{f'}(x\sin\kappa+y\cos\kappa)\\
\dfrac{\partial F_y}{\partial \kappa}=-\dfrac{f'}{(\overline{Z})^2}\left(\dfrac{\partial \overline{Y}}{\partial \kappa}\overline{Z}-\dfrac{\partial \overline{Z}}{\partial \kappa}\overline{Y}\right)=-x
\end{cases}
\tag{3.82}
$$

在建立外方位元素模型的基础上，进行迭代最小二乘解。此时估计的参数则为

$$
\begin{bmatrix}\boldsymbol{Y}\\ \boldsymbol{Z}\end{bmatrix}=\begin{bmatrix}\boldsymbol{B}^{\mathrm{T}}\boldsymbol{PB} & \boldsymbol{B}^{\mathrm{T}}\boldsymbol{PC}\\ \boldsymbol{C}^{\mathrm{T}}\boldsymbol{PB} & \boldsymbol{C}^{\mathrm{T}}\boldsymbol{PC}\end{bmatrix}^{-1}\begin{bmatrix}\boldsymbol{B}^{\mathrm{T}}\boldsymbol{PL}\\ \boldsymbol{C}^{\mathrm{T}}\boldsymbol{PL}\end{bmatrix}
\tag{3.83}
$$

则可估计得到内方位元素模型 $\boldsymbol{Y}$。

3.4.4 检校试验结果

由于高分相机与足印相机采用同平台设计，因此足印相机与高分相机之间的姿态误差相对较小。高分七号多光谱相机经过虚拟重成像生成理想无畸变传感器校正产品，实现多光谱影像的高精度拼接与配准。传感器校正产品的生产过程并未引入额外的误差，因此利用多光谱传感器校正产品成像几何模型与足印相机成像几何模型，可生成足印相机仿真影像。但由于足印相机与后视相机之间存在 5°夹角，因此需引入外部高程信息，如 ALOS 全球 30m DEM 产品，以建立足印影像与多光谱影像之间的一一对应关系。

本节使用株洲地区高分七号的传感器校正产品进行足印相机几何检校，每个相机利用 4 景影像进行几何检校，其分布如图 3.34 所示，其中黑白影像块即为足印影像。

图 3.34　高分七号株洲地区足印影像分布示意图

使用足印相机构建的初始定位几何模型，分别利用后视全色影像和后视多光谱影像进行几何仿真和高精度匹配。为保证匹配的精度与可靠性，通过在主影像上 15×15 窗口范围内寻找平均梯度最大点为兴趣点，通过相关系数法实现像素级匹配，再进一步通过最小二乘法获得子像素级位置。匹配窗口大小为 15×15，相关系数阈值设定为 0.9。

足印相机主点主距参数初值设定为相机设计参数，姿态误差是造成定位偏差的主要因素。当利用定向点直接估计并补偿定向偏差后，内畸变示意图如图 3.35 所示。从图中可以看出，足印相机存在显著的几何畸变，其中随垂轨方向线性变化畸变可能由探元两个边长不同所引起。两个相机的畸变特征

并不相同，第二景影像的几何畸变更显著。

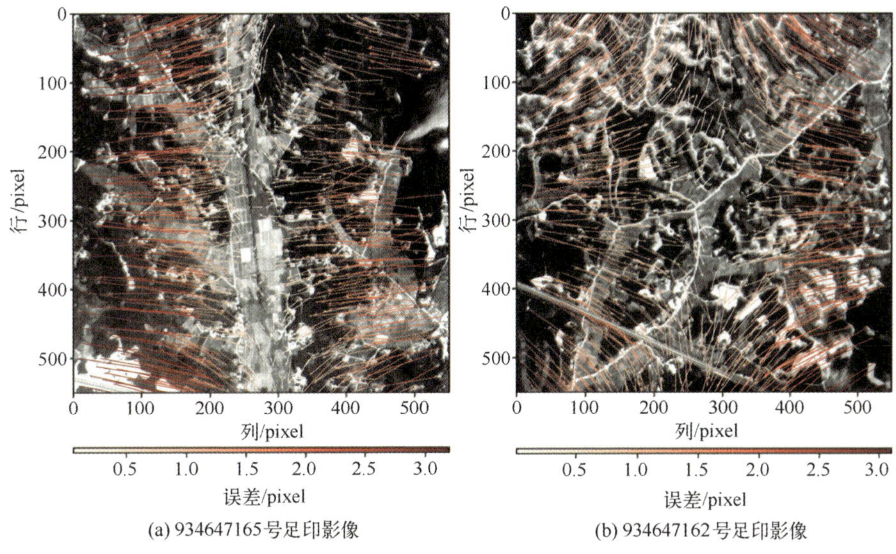

(a) 934647165号足印影像　　(b) 934647162号足印影像

图 3.35　高分七号足印相机内畸变示意图

在足印相机几何检校过程中，针对每个相机单独建立单个相机模型，并为每景影像独立估计外方位元素。几何检校后，相机 1 的残余像方中误差为 0.171pixel；相机 2 的残余中误差为 0.209pixel。由图 3.36 可以看出，足印相机经过高精度几何检校后，图中未呈现出显著的径向误差与偏心误差，且全局中没有显著的系统偏差。

(a) 934647165号足印影像　　(b) 934647162号足印影像

图 3.36　足印相机几何检校后像方残差分布示意图

获取到足印图像后，由于光学影像在成像过程中会出现几何畸变的情况，因此需要逐像元根据地面控制点进行检校，外定向参数检校结果如表 3.12 所示，据此计算每个数据点在横纵两个方向上的残差。每景光学足印影像的大小都为 550×550pixel，考虑到全部绘制不利于数据的呈现，故对像元进行重采样，足印 1 的光学影像原始残差图、校正后的残差图，以及足印 2 的光学影像原始残差图、校正后的残差图，分别如图 3.37、图 3.38、图 3.39、图 3.40 所示。

表 3.12　外定向参数检校结果

项目	φ/(°)	ω/(°)	κ/(°)
足印 1	−0.05388	−0.01195	−0.91534
足印 2	−0.03982	−0.01555	−0.74519

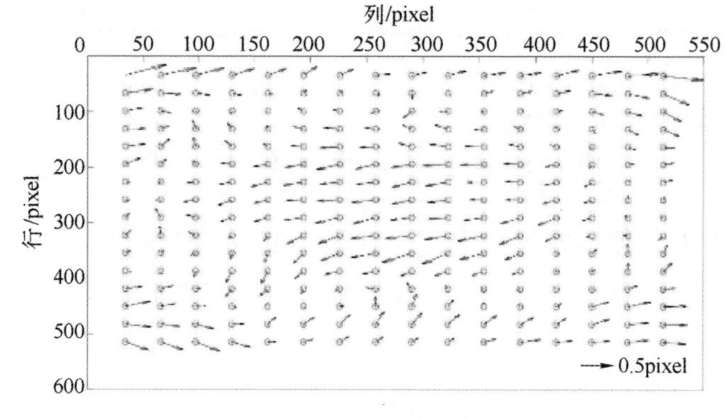

图 3.37　足印 1 影像原始残差图

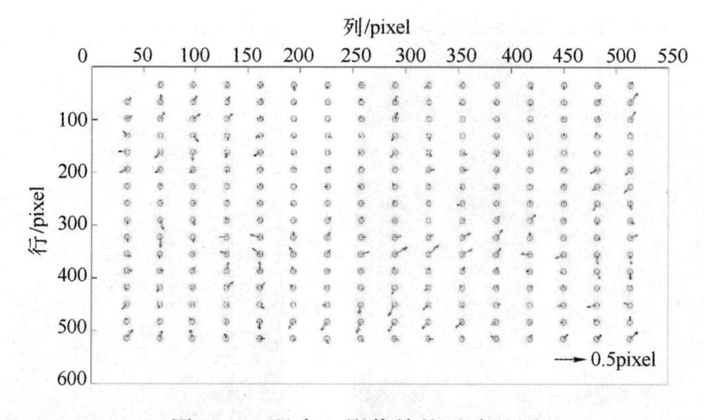

图 3.38　足印 1 影像检校后残差图

图 3.37～图 3.40 圆形表示像元位置，黑色箭头表示在横纵两个坐标方向上的残差，单位均为像元。从结果来看，经过检校后两个激光足印图像的残差都有明显减小，增加了后续数据使用和算法的可信度和可靠性。

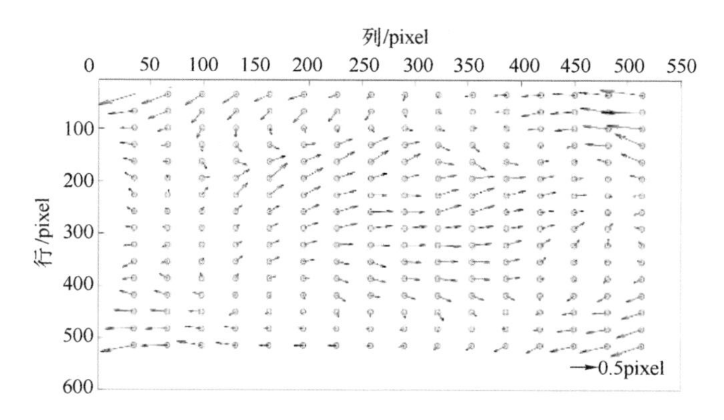

图 3.39 足印 2 影像原始残差图

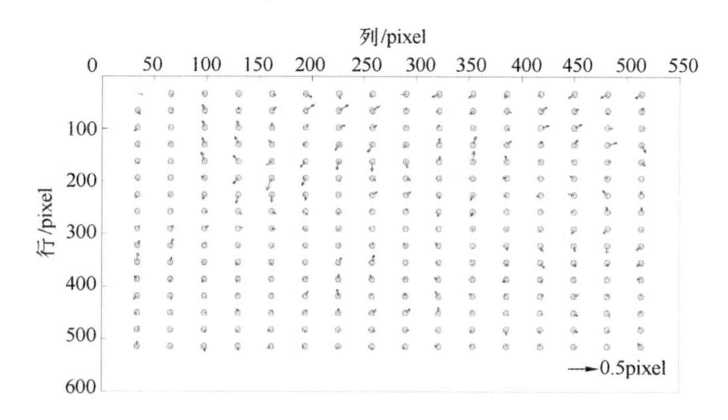

图 3.40 足印 2 影像检校后残差图

参考文献

[1] YUNCK T P, BERTIGER W I, WU S C, et al. First assessment of GPS-based reduced dynamic orbit determination on Topex/Poseidon [J]. Geophysical Research Letter, 1994, 21 (7): 541-544.

[2] MONTENBRUCK O, GILL E. Satellite orbits: models, methods and applications [M]. 1st Ed. Heidelberg: Springer Verlag, 2000.

[3] 李济生. 人造卫星精密轨道确定 [M]. 北京: 解放军出版社, 1995.

[4] 刘林. 航天器轨道理论 [M]. 北京: 国防工业出版社, 2000.

[5] 胡国荣, 欧吉坤, 崔伟宏. 星载 GPS 载波相位相对定轨方法研究 [J]. 遥感学报, 2000 (4): 311-315.

[6] 刘经南，曾旭平，夏林元，等. 导航卫星自主定轨的算法研究及模拟结果 [J]. 武汉大学学报（信息科学版），2004 (12)：1040-1044.

[7] 周忠谟，易杰军，周琪. GPS 卫星测量原理与应用 [M]. 北京：测绘出版社，2004.

[8] 赵齐乐，刘经南，葛茂荣，等. 用 PANDA 对 GPS 和 CHAMP 卫星精密定轨 [J]. 大地测量与地球动力学，2005 (2)：113-116，122.

[9] 彭冬菊，吴斌. 非差和单差 LEO 星载 GPS 精密定轨探讨 [J]. 科学通报，2007，52 (6)：715-719.

[10] 郭金运，孔巧丽，常晓涛，等. 低轨卫星精密定轨理论与方法 [M]. 北京：测绘出版社，2014.

[11] YUNCK T P. Global positioning system：theory and applications：vol. Ⅱ [M]. Washington：American Institute of Aeronaut and Astronautics，Inc.，1996.

[12] ZHU S，REIGBER C，KONIG R. Integrated adjustment of CHAMP，GRACE，and GPS data [J]. Journal of Geodesy，2004，78 (1)：103-108.

[13] YUNCK T P，WU S C，WU J T，et al. Precise tracking of remote sensing satellites with the Global Positioning System [J]. IEEE Transactions on Geoscience and Remote Sensing，1990，28：108-116.

[14] WU S C，YUNCK T P，THORNTON C L. Reduced-dynamic technique for precise orbit determination of low Earth satellites [J]. J. Guid. Control and Dynamics，1991，14 (1)：24-30.

[15] 曹海翊，张新伟，赵晨光，等. 高分七号卫星总体设计与技术创新 [J]. 中国空间科学技术，2020，40 (5)：1-9.

[16] BLARRE L，PERRIMON N，AIREY S. New multiple head star sensor (HYDRA) description and status [C]//AIAA Guidance，Navigation，and Control Conference and Exhibit，August 15，2005，San Francisco，California.

[17] 蒋唯娇. 高精度姿态敏感器联合定姿方法研究 [D]. 西安：西安电子科技大学，2020.

[18] 李平. 星敏感器测角精度改进的研究 [D]. 哈尔滨：哈尔滨工程大学，2006.

[19] 时圣革，雷肖剑，于长海. 星图识别三角形算法综述 [J]. 光电技术应用，2014，29 (5)：1-6.

[20] 郝雪涛，张广军，江洁. 星敏感器模型参数分析与校准方法研究 [J]. 光电工程，2005 (3)：5-8.

[21] WAHBA G. A least squares estimate of satellite attitude [J]. SIAM Review，1965，7 (3)：409.

[22] 王鹏飞，林媛. 高精度光纤陀螺技术的发展与思考 [J]. 舰船电子工程，2020，40 (12)：11-15，77.

[23] 唐新明，张过，祝小勇，等．资源三号卫星数据几何处理技术［M］．北京：科学出版社，2018.

[24] 谢俊峰，朱红，李品，等．基于动态序列噪声模板的主动式像素传感器星图去噪方法［J］．光学学报，2019，39（3）：281-289.

[25] 詹总谦．基于纯平液晶显示器的相机标定方法与应用研究［D］．武汉：武汉大学，2006.

[26] 李晓彤，岑兆丰．几何光学·像差·光学设计［M］．杭州：浙江大学出版社，2003.

[27] BROWN D C. Close-range camera calibration［J］. Photogrammetric Engineering & Remote Sensing，1971，37（8）：855-866.

[28] FRASER C S. Digital camera self-calibration［J］. ISPRS Journal of Photogrammetry and Remote Sensing，1997，52（4）：149-159.

[29] 张永军．利用二维 DLT 及光束法平差进行数字摄像机标定［J］．武汉大学学报（信息科学版），2002，6（27）：571-576.

[30] WENG J Y，COHEN P，HERNIOU M. Camera calibration with distortion models and accuracy evaluation［J］. IEEE Transactions on Pattern Analysis and Machine Intelligence，1992，14（10）：965-979.

[31] FRYER J G. Lens distortion for close-range photogrammetry［J］. Photogrammetric Engineering & Remote Sensing，1986，52（1）：51-58.

第4章　高分七号卫星激光测高仪检校

4.1　激光测高检校方法

4.1.1　激光测高原理

如图4.1所示，激光测距是根据激光脉冲渡越的时间来获取距离值[1]。根据波形确定激光脉冲的时间差，即

$$\Delta t = T_{接受} - T_{发射} \tag{4.1}$$

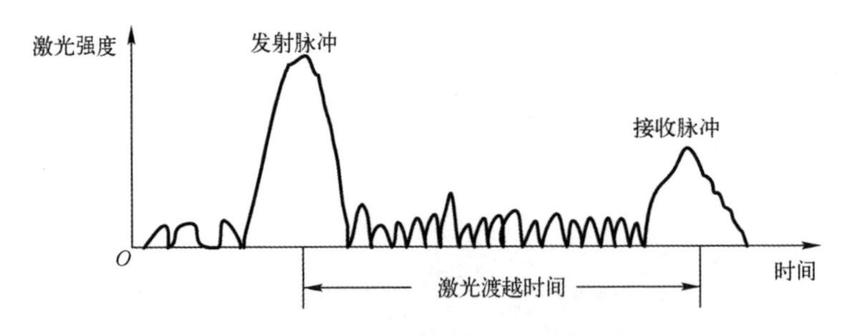

图4.1　激光渡越时间示意图

激光到观测表面的距离可表示为

$$R = \frac{1}{2}c \cdot \Delta t \tag{4.2}$$

卫星激光测高仪先通过发射和接受激光脉冲的时间差来推算目标到卫星的距离，再根据卫星的姿态轨道参数解算出卫星到该目标处参考椭球的距离，从而得到目标距离参考椭球的相对高程信息。

4.1.2　激光测高几何检校模型构建

4.1.2.1　单波束激光检校模型构建

综合考虑卫星平台质心、激光器发射位置、GPS 天线以及地球椭球面的相对位置偏移和旋转几何关系，构建单波束激光测高仪在轨几何检校模型[1]，即

$$
\begin{bmatrix} X_1 \\ Y_1 \\ Z_1 \end{bmatrix}_{\mathrm{WGS84}} = \begin{bmatrix} X \\ Y \\ Z \end{bmatrix}_{\mathrm{GPS}} + \boldsymbol{R}_{\mathrm{J2000}}^{\mathrm{WGS84}} \boldsymbol{R}_{\mathrm{body}}^{\mathrm{J2000}} \left\{ \begin{bmatrix} \mathrm{d}x_1 \\ \mathrm{d}y_1 \\ \mathrm{d}z_1 \end{bmatrix} + (\rho_1 - \Delta\rho_{\mathrm{atm}} - \Delta\rho_{\mathrm{tides}} - \Delta\rho_1) \begin{bmatrix} \cos(\alpha_1 + \Delta\alpha_1)\cos(\beta_1 + \Delta\beta_1) \\ \cos(\beta_1 + \Delta\beta_1)\sin(\alpha_1 + \Delta\alpha_1) \\ \sin(\beta_1 + \Delta\beta_1) \end{bmatrix} \right\} \tag{4.3}
$$

式中：$[X_1 \quad Y_1 \quad Z_1]_{\mathrm{WGS84}}^{\mathrm{T}}$为 WGS84 坐标系下基准波束 1 足印光斑质心地面坐标；$[X \quad Y \quad Z]_{\mathrm{GPS}}^{\mathrm{T}}$ 为卫星 GPS 天线中心在 WGS84 坐标系下的坐标；$[\mathrm{d}x_1 \quad \mathrm{d}y_1 \quad \mathrm{d}z_1]^{\mathrm{T}}$ 为基准波束 1 相对于 GPS 天线中心的偏移量；$\boldsymbol{R}_{\mathrm{body}}^{\mathrm{J2000}}$ 为卫星本体系到 J2000 坐标系下的旋转矩阵；$\boldsymbol{R}_{\mathrm{J2000}}^{\mathrm{WGS84}}$ 为 J2000 坐标系到 WGS84 坐标系下的旋转矩阵；ρ_1 为激光测距值；$\Delta\rho_{\mathrm{atm}}$ 为大气延迟引起的测距误差；$\Delta\rho_{\mathrm{tides}}$ 为地球潮汐引起的测距误差；$\Delta\rho_1$ 为基准波束 1 待求的测距系统误差；α_1 和 β_1 分别为基准波束 1 指向角在卫星本体系中与 X 轴、Y 轴的夹角；$\Delta\alpha_1$ 和 $\Delta\beta_1$ 分别为待求指向 α_1 和 β_1 的改正量。

利用实时动态（RTK）定位获得的$(\mathrm{lat}_i, \mathrm{lon}_i, h)$转换到$[X_1 \quad Y_1 \quad Z_1]_{\mathrm{WGS84}}^{\mathrm{T}}$，即可迭代解算修正指向参数 $\Delta\alpha_1$ 和 $\Delta\beta_1$，从而为激光足印位置预报和利用地面探测器实现足印捕获提供技术基础。

4.1.2.2　两波束激光检校模型构建

在单波束激光检校模型的基础上，引入两波束激光之间的相对旋转关系，构建双波束联合检校模型。以波束 1 激光检校模型为基准，构建波束 2 的观测方程[2]，即

$$\begin{bmatrix} X_2 \\ Y_2 \\ Z_2 \end{bmatrix}_{\text{WGS84}} = \begin{bmatrix} X \\ Y \\ Z \end{bmatrix}_{\text{GPS-WGS84}} + \boldsymbol{R}_{\text{J2000}}^{\text{WGS84}} \boldsymbol{R}_{\text{body}}^{\text{J2000}} \left\{ \begin{bmatrix} \mathrm{d}x_2 \\ \mathrm{d}y_2 \\ \mathrm{d}z_2 \end{bmatrix} + (\rho_2 - \Delta\rho_{\text{atm}} - \Delta\rho_{\text{tides}} - \Delta\rho_2) \Delta\boldsymbol{R}(r,a,b) \begin{bmatrix} \cos(\alpha_2)\cos(\beta_2) \\ \cos(\beta_2)\sin(\alpha_2) \\ \sin(\beta_2) \end{bmatrix} \right\} \tag{4.4}$$

式中：$\Delta\boldsymbol{R}(r,a,b) = [\Delta\boldsymbol{R}_1(r,a,b) \quad \Delta\boldsymbol{R}_2(r,a,b) \quad \Delta\boldsymbol{R}_3(r,a,b)]^{\mathrm{T}}$ 为波束 2 指向相对于波束 1 指向的旋转矩阵。

以两波束激光到地面光斑质心 $(X_{\text{GCP1}}, Y_{\text{GCP1}}, Z_{\text{GCP1}})$ 和 $(X_{\text{GCP2}}, Y_{\text{GCP2}}, Z_{\text{GCP2}})$ 的地面坐标残差最小为原则，将式（4.3）和式（4.4）展开写成误差方程，即 $V=AX-L$

$$= \begin{bmatrix} \frac{\partial f_1(X)}{\partial \Delta\alpha_1} & \frac{\partial f_1(X)}{\partial \Delta\beta_1} & \frac{\partial f_1(X)}{\partial \Delta\rho_1} & 0 & 0 & 0 & 0 \\ \frac{\partial f_1(Y)}{\partial \Delta\alpha_1} & \frac{\partial f_1(Y)}{\partial \Delta\beta_1} & \frac{\partial f_1(Y)}{\partial \Delta\rho_1} & 0 & 0 & 0 & 0 \\ \frac{\partial f_1(Z)}{\partial \Delta\alpha_1} & \frac{\partial f_1(Z)}{\partial \Delta\beta_1} & \frac{\partial f_1(Z)}{\partial \Delta\rho_1} & 0 & 0 & 0 & 0 \\ 0 & 0 & 0 & \frac{\partial f_2(X)}{\partial r} & \frac{\partial f_2(X)}{\partial a} & \frac{\partial f_2(X)}{\partial b} & \frac{\partial f_2(X)}{\partial \Delta\rho_2} \\ 0 & 0 & 0 & \frac{\partial f_2(Y)}{\partial r} & \frac{\partial f_2(Y)}{\partial a} & \frac{\partial f_2(Y)}{\partial b} & \frac{\partial f_2(Y)}{\partial \Delta\rho_2} \\ 0 & 0 & 0 & \frac{\partial f_2(Z)}{\partial r} & \frac{\partial f_2(Z)}{\partial a} & \frac{\partial f_2(Z)}{\partial b} & \frac{\partial f_2(Z)}{\partial \Delta\rho_2} \end{bmatrix} \begin{bmatrix} \Delta\alpha_1 \\ \Delta\beta_1 \\ \Delta\rho_1 \\ r \\ a \\ b \\ \Delta\rho_2 \end{bmatrix} - \begin{bmatrix} X_1 - X_{\text{GCP1}} \\ Y_1 - Y_{\text{GCP1}} \\ Z_1 - Z_{\text{GCP1}} \\ X_2 - X_{\text{GCP2}} \\ Y_2 - Y_{\text{GCP2}} \\ Z_2 - Z_{\text{GCP2}} \end{bmatrix} \tag{4.5}$$

以指向粗检校值为初值，利用同时捕获的两波束激光阵列数据，基于最小二乘原理整体求解两波束激光的指向和测距参数，确保检校参数满足全局最优。

4.1.2.3 多波束激光检校模型构建

根据单波束和多波束模型构建原理，探究多波束间的几何关系，构建 N 波束在轨几何检校模型，即

$$\begin{bmatrix} X_i \\ Y_i \\ Z_i \end{bmatrix}_{\mathrm{WGS84}} = \begin{bmatrix} X \\ Y \\ Z \end{bmatrix}_{\mathrm{GPS-WGS84}} + \boldsymbol{R}_{\mathrm{J2000}}^{\mathrm{WGS84}} \boldsymbol{R}_{\mathrm{body}}^{\mathrm{J2000}} \left\{ \begin{bmatrix} \mathrm{d}x_i \\ \mathrm{d}y_i \\ \mathrm{d}z_i \end{bmatrix} + (\rho_i - \Delta\rho_{\mathrm{atm}} - \Delta\rho_{\mathrm{tides}} - \Delta\rho_i) \Delta\boldsymbol{R}(r_{i-1}, a_{i-1}, b_{i-1}) \begin{bmatrix} \cos(\alpha_1)\cos(\beta_1) \\ \cos(\beta_1)\sin(\alpha_1) \\ \sin(\beta_1) \end{bmatrix} \right\} \tag{4.6}$$

$$i=2,3,4,\cdots,N$$

式中：$[X_i \quad Y_i \quad Z_i]_{\mathrm{WGS84}}^{\mathrm{T}}$为 WGS84 坐标系下激光波束 i 足印光斑质心地面坐标；$[\mathrm{d}x_i \quad \mathrm{d}y_i \quad \mathrm{d}z_i]^{\mathrm{T}}$ 为激光波束 i 相对于 GPS 天线中心的偏移量；ρ_i 为激光波束 i 测距值；$\Delta\rho_i$ 为波束 i 待求的测距系统误差；$\Delta\boldsymbol{R}(r_{i-1}, a_{i-1}, b_{i-1})$为激光波束 i 相对于基准波束 1 的指向旋转矩阵。

激光波束 i 相对于基准波束 1 的指向旋转矩阵 $\Delta\boldsymbol{R}(r_{N-1}, a_{N-1}, b_{N-1})$构建包括：以基准波束 1 激光光轴为基准，先后分别按照 X 轴、Y 轴和 Z 轴进行旋转，得到波束 i 光轴，基准波束 1 和波束 N 之间旋转矩阵可表示为

$$\Delta\boldsymbol{R}(r_{i-1}, a_{i-1}, b_{i-1}) = \begin{bmatrix} \cos r_{i-1} & -\sin r_{i-1} & 0 \\ \sin r_{i-1} & \cos r_{i-1} & 0 \\ 0 & 0 & 1 \end{bmatrix} \begin{bmatrix} \cos a_{i-1} & 0 & \sin a_{i-1} \\ 0 & 1 & 0 \\ -\sin a_{i-1} & 0 & \cos a_{i-1} \end{bmatrix} \begin{bmatrix} 1 & 0 & 0 \\ 0 & \cos b_{i-1} & -\sin b_{i-1} \\ 0 & \sin b_{i-1} & \cos b_{i-1} \end{bmatrix} \tag{4.7}$$

式中：r_{i-1}为波束 1 到波束 i 在 X 轴方向的旋转角，$i=2,3,4,\cdots,N$；a_{i-1}为波束 1 到波束 i 在 Y 轴方向的旋转角；b_{i-1}为波束 1 到波束 i 在 Z 轴方向的旋转角。

将多波束卫星激光测高仪几何检校模型联立，设多波束卫星激光测高仪共有 N 条波束，将在轨几何检校模型左侧分量移至右侧构建单个新方程式，并将基准波束 1 至波束 N 的单个方程式联合，得到矩阵公式为

$$\begin{cases} \begin{bmatrix} f_1(X) \\ f_1(Y) \\ f_1(Z) \end{bmatrix} = \begin{bmatrix} X \\ Y \\ Z \end{bmatrix}_{\mathrm{GPS-WGS84}} - \boldsymbol{R}_{\mathrm{body}}^{\mathrm{WGS84}} \left\{ \begin{bmatrix} \mathrm{d}x_1 \\ \mathrm{d}y_1 \\ \mathrm{d}z_1 \end{bmatrix} + \mathrm{d}\rho_1 \begin{bmatrix} \cos\alpha_1 \cos\beta_1 \\ \cos\beta_1 \sin\alpha_1 \\ \sin\beta_1 \end{bmatrix} \right\} - \begin{bmatrix} X_1 \\ Y_1 \\ Z_1 \end{bmatrix}_{\mathrm{WGS84}} \\ \cdots \\ \begin{bmatrix} f_N(X) \\ f_N(Y) \\ f_N(Z) \end{bmatrix} = \begin{bmatrix} X \\ Y \\ Z \end{bmatrix}_{\mathrm{GPS-WGS84}} - \boldsymbol{R}_{\mathrm{body}}^{\mathrm{WGS84}} \left\{ \begin{bmatrix} \mathrm{d}x_N \\ \mathrm{d}y_N \\ \mathrm{d}z_N \end{bmatrix} + \mathrm{d}\rho_N \Delta\boldsymbol{R}(r_{N-1}, a_{N-1}, b_{N-1}) \begin{bmatrix} \cos\alpha_1 \cos\beta_1 \\ \cos\beta_1 \sin\alpha_1 \\ \sin\beta_1 \end{bmatrix} \right\} - \begin{bmatrix} X_N \\ Y_N \\ Z_N \end{bmatrix}_{\mathrm{WGS84}} \end{cases}$$

$$\mathrm{d}\rho_N = \rho_N - \Delta\rho_{\mathrm{atm}} - \Delta\rho_{\mathrm{tides}} - \Delta\rho_N \tag{4.8}$$

式中：$[f_N(X) \quad f_N(Y) \quad f_N(Z)]^{\mathrm{T}}$ 为第 N 波束的地面坐标误差项；$\boldsymbol{R}_{\mathrm{body}}^{\mathrm{WGS84}} = \boldsymbol{R}_{\mathrm{J2000}}^{\mathrm{WGS84}} \boldsymbol{R}_{\mathrm{body}}^{\mathrm{J2000}}$。

根据联立的多波束卫星激光测高仪几何检校模型，结合待求的未知数和误差理论，分别对基准波束 1 至波束 N 各个分量求偏导数，得到方程式为

$$\begin{bmatrix} \frac{\partial f_1(X)}{\partial \alpha_1} & \frac{\partial f_1(X)}{\partial \beta_1} & \frac{\partial f_1(X)}{\partial \rho_1} & \cdots & 0 & 0 & 0 & 0 \\ \frac{\partial f_1(Y)}{\partial \alpha_1} & \frac{\partial f_1(Y)}{\partial \beta_1} & \frac{\partial f_1(Y)}{\partial \rho_1} & \cdots & 0 & 0 & 0 & 0 \\ \frac{\partial f_1(Z)}{\partial \alpha_1} & \frac{\partial f_1(Z)}{\partial \beta_1} & \frac{\partial f_1(Z)}{\partial \rho_1} & \cdots & 0 & 0 & 0 & 0 \\ \vdots & \vdots & \vdots & & \vdots & \vdots & \vdots & \vdots \\ 0 & 0 & 0 & \cdots & \frac{\partial f_N(X)}{\partial r_{N-1}} & \frac{\partial f_N(X)}{\partial a_{N-1}} & \frac{\partial f_N(X)}{\partial b_{N-1}} & \frac{\partial f_N(X)}{\partial \rho_N} \\ 0 & 0 & 0 & \cdots & \frac{\partial f_N(X)}{\partial r_{N-1}} & \frac{\partial f_N(X)}{\partial a_{N-1}} & \frac{\partial f_N(X)}{\partial b_{N-1}} & \frac{\partial f_N(X)}{\partial \rho_N} \\ 0 & 0 & 0 & \cdots & \frac{\partial f_N(X)}{\partial r_{N-1}} & \frac{\partial f_N(X)}{\partial a_{N-1}} & \frac{\partial f_N(X)}{\partial b_{N-1}} & \frac{\partial f_N(X)}{\partial \rho_N} \end{bmatrix} \begin{bmatrix} \alpha_1 \\ \beta_1 \\ \rho_1 \\ \vdots \\ r_{N-1} \\ a_{N-1} \\ b_{N-1} \\ \rho_N \end{bmatrix} - \begin{bmatrix} f_1(X) \\ f_1(Y) \\ f_1(Z) \\ \vdots \\ f_N(X) \\ f_N(Y) \\ f_N(Z) \end{bmatrix} = 0 \tag{4.9}$$

将构建的误差方程式为 $\boldsymbol{AK}-\boldsymbol{L}=0$，以各个波束激光到地面光斑质心的地面距离残差最小为原则，根据最小二乘原理求解基准波束 1 指向角、测距值以及其他波束相对波束 1 的旋转角参数，有

$$\boldsymbol{K}=\boldsymbol{K}^0+(\boldsymbol{A}^{\mathrm{T}}\boldsymbol{PA})^{-1}\boldsymbol{A}^{\mathrm{T}}\boldsymbol{PL} \tag{4.10}$$

$$K=[\alpha_1 \quad \beta_1 \quad \rho_1 \quad \cdots \quad r_{N-1} \quad a_{N-1} \quad b_{N-1} \quad \rho_N] \tag{4.11}$$

$$A=\begin{bmatrix} \frac{\partial f_1(X)}{\partial \alpha_1} & \frac{\partial f_1(X)}{\partial \beta_1} & \frac{\partial f_1(X)}{\partial \rho_1} & \cdots & 0 & 0 & 0 & 0 \\ \frac{\partial f_1(Y)}{\partial \alpha_1} & \frac{\partial f_1(Y)}{\partial \beta_1} & \frac{\partial f_1(Y)}{\partial \rho_1} & \cdots & 0 & 0 & 0 & 0 \\ \frac{\partial f_1(Z)}{\partial \alpha_1} & \frac{\partial f_1(Z)}{\partial \beta_1} & \frac{\partial f_1(Z)}{\partial \rho_1} & \cdots & 0 & 0 & 0 & 0 \\ \vdots & \vdots & \vdots & & \vdots & \vdots & \vdots & \vdots \\ 0 & 0 & 0 & \cdots & \frac{\partial f_N(X)}{\partial r_{N-1}} & \frac{\partial f_N(X)}{\partial a_{N-1}} & \frac{\partial f_N(X)}{\partial b_{N-1}} & \frac{\partial f_N(X)}{\partial \rho_N} \\ 0 & 0 & 0 & \cdots & \frac{\partial f_N(X)}{\partial r_{N-1}} & \frac{\partial f_N(X)}{\partial a_{N-1}} & \frac{\partial f_N(X)}{\partial b_{N-1}} & \frac{\partial f_N(X)}{\partial \rho_N} \\ 0 & 0 & 0 & \cdots & \frac{\partial f_N(X)}{\partial r_{N-1}} & \frac{\partial f_N(X)}{\partial a_{N-1}} & \frac{\partial f_N(X)}{\partial b_{N-1}} & \frac{\partial f_N(X)}{\partial \rho_N} \end{bmatrix} \tag{4.12}$$

$$L=\begin{bmatrix} f_1(X) \\ f_1(Y) \\ f_1(Z) \\ \vdots \\ f_N(X) \\ f_N(Y) \\ f_N(Z) \end{bmatrix} \tag{4.13}$$

式中：$\boldsymbol{K}^0$为 $\boldsymbol{K}$ 的初始值；$\boldsymbol{P}$ 为权矩阵。

4.1.3　现有激光测高检校方法及其优缺点

激光测高仪工作过程中会存在指向、测距、姿态、轨道等误差。其中，姿态、轨道等误差是随机误差，指向与测距偏差中包含系统误差。测距偏差对高程误差影响较大，对平面精度影响较少。由于卫星发射过程中的振动等影响，激光指向角与实验室的标定结果会存在差异，受时统、潮汐、大气延迟的影响，测距值也会存在误差，需要在轨检校对其进行重新标定[3-5]。根据参考源获取方式不同，可将目前主要在轨几何检校方法归纳为基于人工地面标志检校和基于自然地物检校两大类[5]。其中，基于人工地面标志检校方法有地面探测器检校法[1,6-7]、机载红外相机成像检校法[8]、角反射器（CCR）检校法[9]等；基于自然地物检校方法有平坦地形检校法[10]、坡度地形检校法[6,11]等。

4.1.3.1　基于人工地面标志检校

1）地面探测器检校法[1,6-7]

该方法是在检校场内按一定规则布设一系列可捕获卫星过顶时激光光斑红外信号的探测器。探测器最小可探测的能量阈值根据激光探测器实测情况设定，能量响应阈值为 1nJ/cm^2。当卫星过顶时，若探测到激光信号超过阈值，则状态为“开”，否则状态为“关”。由被触发的探测器位置利用脚点坐标定位算法，可以计算激光光斑质心的坐标，从而对激光测高仪误差进行检校。

2）机载红外相机成像检校法[8]

在检校场内按一定规则布设一系列红外发光二极管（IR LED）作为控制点，如图 4.2 所示，这些控制点阵列中心线平行于测高仪足印轨迹线。当夜间卫星飞过检校场时，由飞机搭载红外相机进行同步飞行，通过航空摄影的方式对激光足印内红外发光二极管进行成像；当相机进行曝光成像时，由于飞机的运动，激光足印内部红外发光二极管在影像中呈条纹状。根据获取的航空红外影像进行数据处理，获取激光光斑与控制点的位置关系，并利用控制点地面坐标，即可精确计算激光光斑质心的真实坐标，从而对系统误差进行标定。

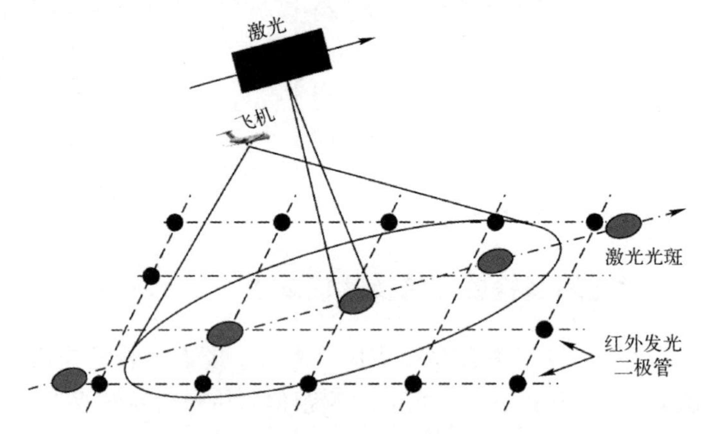

图 4.2　机载红外相机成像检校方法示意图

3）角反射器检校法[9]

在布设地面探测器的基础上，Magruder 等又使用了角反射器[6,9]。CCR 被放置在不同高度的杆子顶端，不同高度类似地形起伏，会在回波中产生时间差。通过在回波中产生的独特信号，利用在数字波形中的时间信息和 CCR 回波强度信息，并通过 CCR 信号分析程序来计算光斑质心位置。CCR 返回信号相对于地面返回信号的强度信息，取决于 CCR 在光斑内的位置。

例如 GLAS，为了使 CCR 和地面的信号强度近似等效，将 CCR 直径设定 12mm[7]，便于进行波形比较。CCR 回波和地面回波到达测高仪的时间差可在 GLA01 数字波形中被发现。例如 CCR 杆子高为 1.5m，则地面回波到达时间会比 CCR 回波到达时间晚 10ns。如图 4.3 所示，两个峰值之间的时间差为 10ns。反射信号由实线表示，发射脉冲的信号由点线表示。

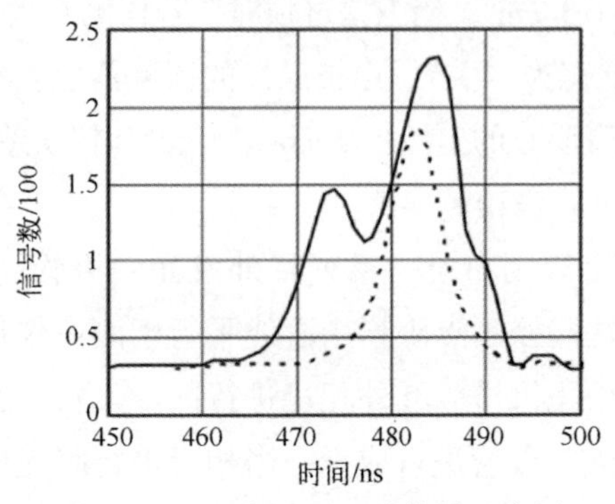

图 4.3　CCR 与地面回波信号示意图

对地面人工标志参考法的检校流程进行归纳，如图 4.4 所示。

通过总结分析可以得知，基于地面人工标志检校方法有许多相似之处，对于检校场的选择，三种方法都要求地势平坦、开阔且地表植被单一。在探测器布设间距方面，位置探测器要求较密，CCR 较疏散。为了击中地面探测

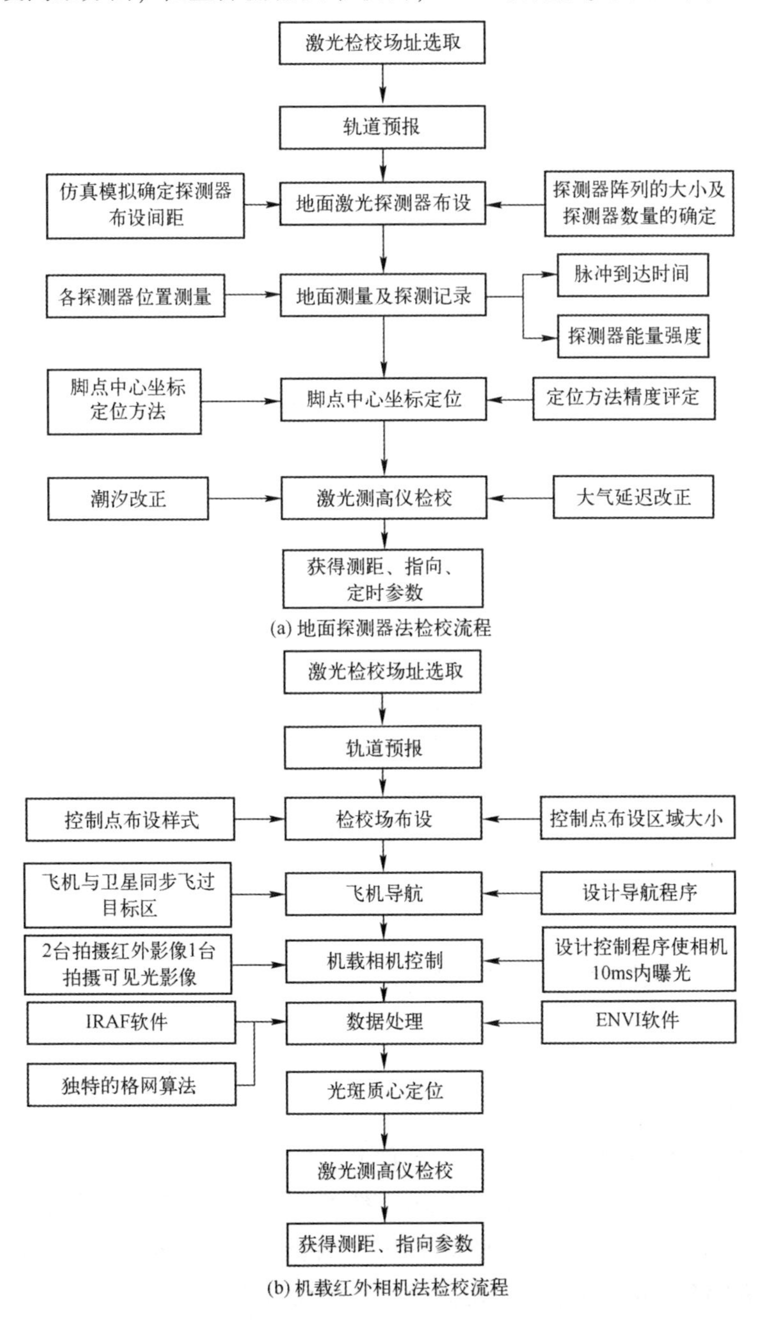

(a) 地面探测器法检校流程

(b) 机载红外相机法检校流程

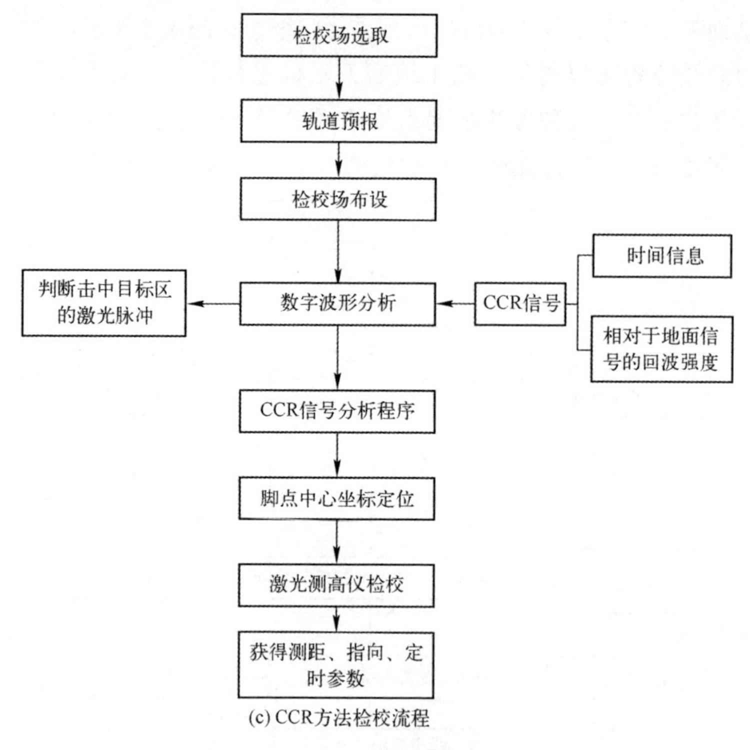

(c) CCR方法检校流程

图 4.4　基于人工地面标志的卫星激光几何检校流程

器，均要求卫星飞过目标区为天底指向。三种方法都需要利用差分 GPS（±1m）测定探测器位置作为已知条件，通过确定的激光光斑质心与激光测高仪发射前构建的模型解算的光斑质心作比较，并利用最小二乘来对系统误差进行检校。要解求 3 个未知参数，至少需要 1 个光斑质心。可以说，地面探测器检校法是在机载红外相机成像检校法基础上的改进，地面探测器“模仿”CCD 相机，能够自动被触发并记录能量强度，绕开了飞机与卫星同步控制、相机极短时间曝光等技术难题；而 CCR 检校法又是在地面探测器检校法的基础上，加入了独特的信号信息，通过对波形识别可以判断是否击中目标区。

4.1.3.2　基于自然地物检校

1）平坦地形检校法

该方法检校流程如图 4.5 所示，它主要是基于平坦地形如海平面或者平坦陆地来实现指向角检校。首先采用卫星姿态机动方式[12-13]，利用海洋扫描（Ocean Scans，OS）或对整条轨道采用姿态机动方式（“Round”-The-World Scans，RTWS）来获取星载激光测高仪测距观测值，然后利用贝叶斯最小二乘差分纠正来减小高度计测距残差，从而估计激光指向、测距、定时、轨道误差参数。海平面的高程在检校前通过雷达高度计测量值精确已知。

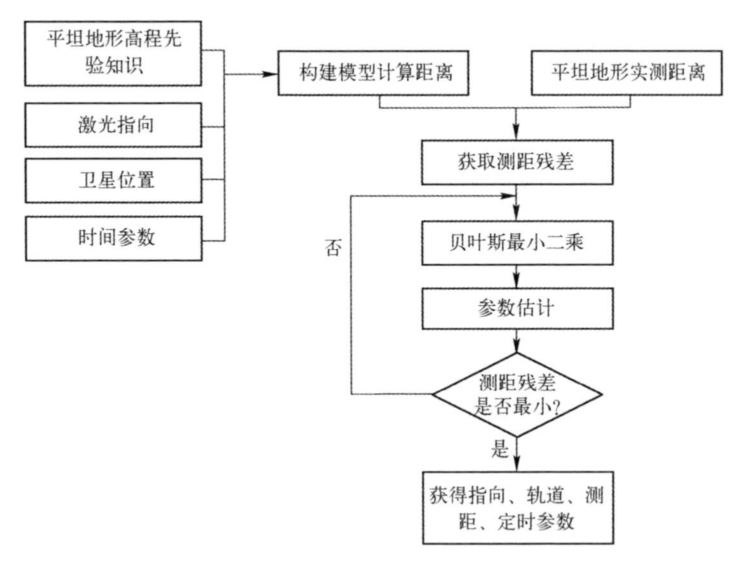

图4.5 平坦地形检校法

2）坡度地形检校法

该方法检校流程如图4.6所示，它主要是通过波形分析来对激光测高系统的指向和测距偏差进行检校[14]。在卫星本体坐标系（Satellite Body Frame，SBF）中，激光指向方向为[sin$Y$cos$X$, -sin$Y$, -cos$Y$cos$X$]，为了从距离残差估算指向误差，需要建立激光测距残差和X、Y指向偏差的关系。对于GLAS，通过Airborne Topographic Mapper（ATM）来获取回波波形仿真所需要的激光脚点内高程分布。ATM平均密度是每3m^2一个点。在直径70m的GLAS脚点内，将有大约1000个ATM高程点来满足波形仿真所需的高程点密度。

两种基于自然地物的方法在检校原理方面都是通过测距残差来进行系统误差检校。卫星姿态机动方式由构建的模型计算的距离和实测的距离差值来获取测距残差，而基于波形分析方法是通过波形匹配来获取测距残差。在解算方式上，前者是通过将测距残差代入贝叶斯最小二乘公式，解算指向、测距和定时等系统参数[10,13,15]；后者是通过模型将测距残差和指向角相关联，通过求偏导并利用最小二乘来解算测距偏差和指向角偏差。

3）检校方法对比及国产卫星激光检校方法确定

针对当前几种主要在轨几何检校方法进行对比分析，总结各自的优缺点，

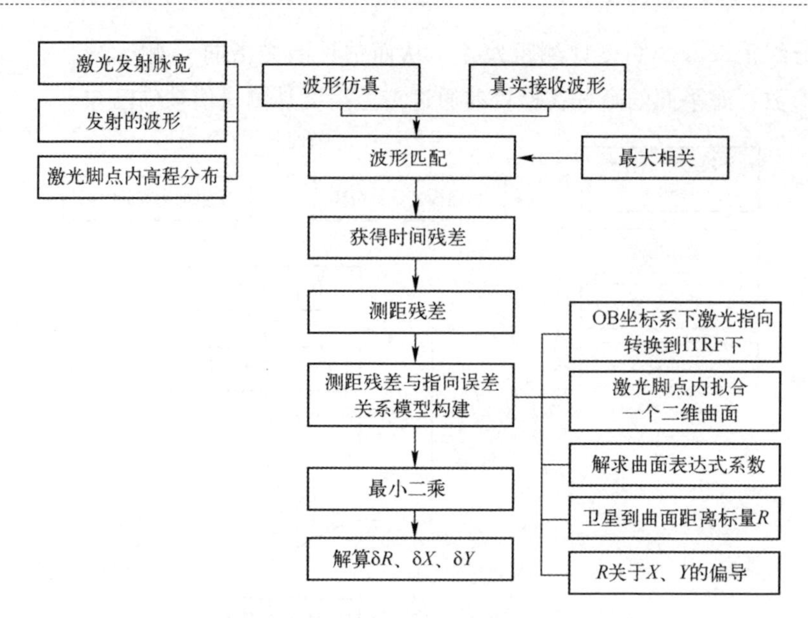

图 4.6　坡度地形检校法

如表 4.1 所列。基于自然地物检校法无需外业支持，成本较低，但由于其依赖地面特殊地物或地形，精度相对较低。而基于人工地面标志检校法精度高，但激光光斑捕获难度大，外业人力成本高。因此，应根据卫星激光检校任务的需要和现有装备条件，合理选择检校方法。

表 4.1　几种主要在轨几何检校方法对比[5]

	基于人工地面标志检校法			基于自然地物检校法	
	地面探测器检校法	机载红外相机成像检校法	CCR 检校法	平坦地形检校法	坡度地形检校法
优点	① 不受时间限制，全天可以检校；② 探测系统具有自动性；③ 探测器扩展至时间测量系统，能对时间精度进行检校；④ 不需要卫星观测数据（包括测距值），可作为独立验证	① 能获得激光脚点光强分布；② 能为回波波形提供参考；③ 不需要卫星观测数据（包括测距值），可作为独立验证；④ 检校精度比地面探测法好，两种方法可互为补充、验证	① 作为地面探测器法的辅助手段，且可检校时间；② 通过独特的信号可判断激光是否击中探测器阵列，以及判定哪一束激光击中探测器阵列	① 可对整条轨道指向偏差进行统计分析，并使测距和指向偏差相分离，单独修正指向偏差；② 卫星姿态机动可获取大量观测值，最小二乘时多余观测充足；③ 检校误差对坡度、粗糙度不敏感	① 精度较高；② 无需外业支持，无需购置探测器，成本较低；③ 检校频次高；④ 对卫星性能要求较低

续表

	基于人工地面标志检校法			基于自然地物检校法	
	地面探测器检校法	机载红外相机成像检校法	CCR 检校法	平坦地形检校法	坡度地形检校法
缺点	①探测器件质量均一性难控制； ②受大气延迟和探测器的敏感度、位置、间距影响，对探测器的一致性要求高； ③布设上千个探测器，需要较大的人力	①导航及相机曝光控制要求高； ②只能在夜间且月亮处于地平线下时实施； ③激光到达地表时，足印能量密度低造成对足印成像处理困难，成功率较低	①接收端存在波形失真； ②检校场布设的特性，经度方向误差小，纬度方向误差大； ③精度相比其他方法较低	①需要地形等先验知识； ②卫星敏捷性要求较高； ③会引入额外的高频姿态噪声； ④姿态机动方式获取观测值，耗时长； ⑤检校场（海平面）受潮汐和气压影响，不是完全平坦	①波形仿真难度大； ②波形仿真精度要求高； ③检校场地形要求较高； ④检校精度受坡度、粗糙度、表面反射率等环境因素影响

国产卫星激光测高仪的主要用途是获取地面高精度控制数据，以辅助光学相机开展立体测绘任务，对激光测高精度具有较高的精度需求。根据上述分析可知，基于地面探测器检校法的卫星激光测高仪能够获得高精度的检校参数，满足国产卫星激光测高的精度要求。

考虑到国产卫星激光测高仪的发射脉冲频率较低，相邻两束激光发射至地面后，在地面上的间隔平均为几千米，在这种情况下布设地面探测器对激光初始指向精度要求较高，否则难以捕获激光光斑。结合上述分析可知，平坦地形检校法和坡度地形检校法可以在地面探测器检校法检校试验开展前，进行实验室检校处理，为地面探测器检校法提供初始指向，以提高探测器布设位置的预报精度。

4.2　检校场设计

4.2.1　检校场选址设计

基于地面探测器检校法的卫星激光测高仪需要临时检校场地进行检校，而检校场地的选取关系着参数检校的精度，同时也影响着检校作业实施的难易程度。临时检校场的选取应基本满足以下要求。

（1）由于激光波形受地形影响较大，为尽量减少干扰，检校场应选择平地地形，且候选的区域范围要大于铺设探测器的面积。

（2）根据轨道预报星下点轨迹，尽量靠近星下点，卫星侧摆角小于5°。

（3）避免大气气溶胶的影响，卫星过境期间，检校区域无云或少云。

（4）为了便于检校设备的运输和人员的安全等，临时检校场应铺设在郊区或者距离居民区不远处的野外，且应交通便利。

4.2.2 检校场布设方案设计

4.2.2.1 布设原则设计

为了能够更好更多地捕捉到激光光斑信号能量，布设方案的设计应满足以下要求。

（1）布设方位与卫星星下点轨迹方位一致。

（2）布设范围应以最大预报误差为参考，确保光斑落在地面探测器阵内。

（3）地面探测器间距应该控制在一定范围内，保证光斑内至少有5个以上的地面探测器被响应。

（4）为确保响应一致性，尽量保证所有探测器在同一水平面。

4.2.2.2 单星过境布设方案

在实际的试验开展过程中，需要根据卫星检校的数量，设计不同的地面探测器布设方案。针对单星过境情况下，设计了多种布设方式，这里选取其中两种比较典型的布设方案，其中：第一种方案采用半椭圆式的布设方式，如图4.7（a）所示；第二种方案采用规则矩形式的布设方式，如图4.7（b）所示。

在轨布设时，往往采用逐步逼近的思想，通常两次成功布设即可达到高精度的理想状态。图4.8给出了初次布设探测器示意图。由于首次布设时，激光与卫星平台和相机相对关系未定，试验主要目的是找到光斑，完成激光与卫星平台和可见光相机相对关系的初检校，为后面激光指向、测距系统参数检校做准备。

第二次卫星过境中，采用正视/多光谱与激光光轴相对关系，精确预报地面位置；利用密集探测器捕获激光，精确标定激光光轴与卫星平台、相机相对关系和测距误差等系统误差。第二次布设探测器示意图如图4.9所示。

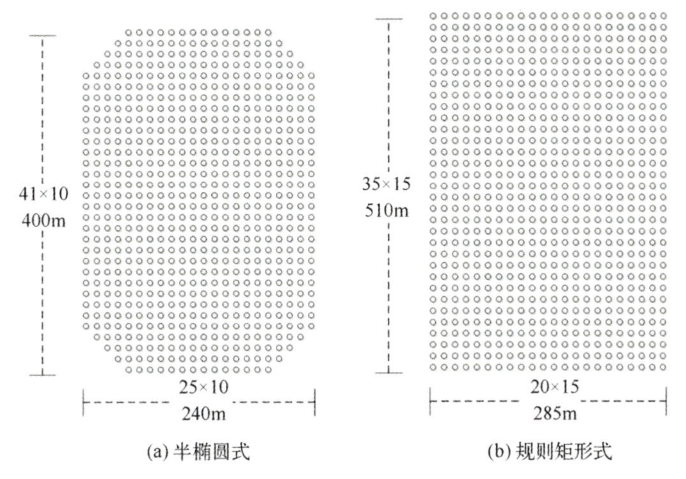

图 4.7　激光探测器布设方式

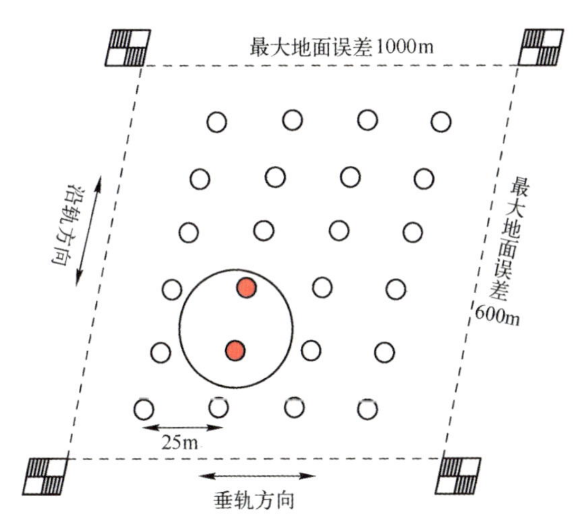

图 4.8　初次布设探测器示意图

第三次至第 N 次卫星过境中，则需要根据卫星激光检校的实际需要逐渐缩小探测器间距，以提高激光控制数据的精度。

4.2.2.3　多星多任务布设方案

针对多颗卫星激光同时检校的需求，设计了多星多任务布设方案，通过一次探测器布设完成多颗卫星激光的在轨几何检校，在保证在轨几何检校精度的情况下，节省了人力物力。根据目前国产卫星激光的基本参数，设计了两种多星多任务布设方案，其中：图 4.10（a）表示交叉轨检校模式下的布设方案，该模式下两/多颗分别昼夜拍摄；图 4.10（b）表示顺轨检校模式下的布设方案，该模式下两/多颗均为白天或夜晚拍摄。

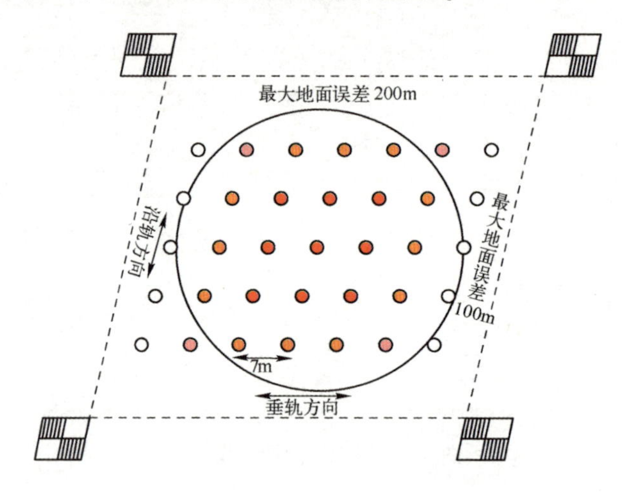

图 4.9　第二次布设探测器示意图

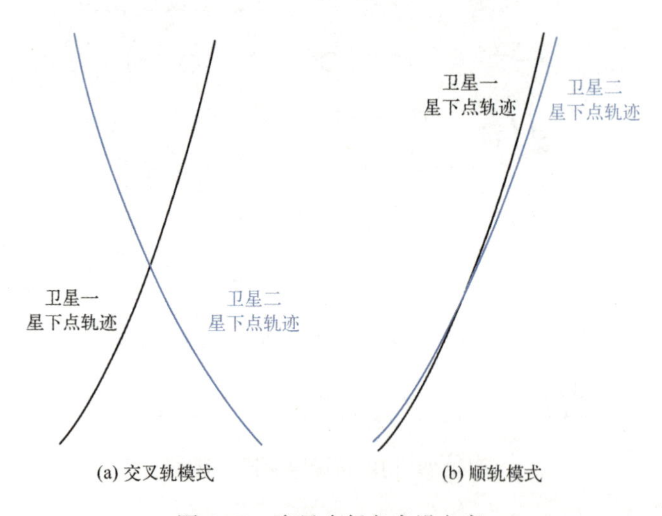

图 4.10　多星多任务布设方案

多颗卫星激光波长一致的情况下，综合多颗卫星激光检校的任务需求，可采用上述两种布设方案。两种地面探测器布设方案的选择，需要根据卫星轨道的高度和过境时间等条件综合考虑，最终根据实际外业情况确定。

4.2.3　检校场踏勘确定与建设

基于检校场的基本选取要求，实地踏勘国内的多个地区，经过综合分析，初步确定以下预选检校区域，详见表 4.2。

表 4.2 检校场预选区域汇总

预选区域	经纬度	气候	交通	地形	地表	备注
阿拉善地区	38°54′18.39″N 105°38′49.85″E	大陆性气候	便利	平坦	土地	
呼伦贝尔草原	49° 6′34.00″N 119°31′23.00″E	大陆性气候	便利	平坦	牧草	
乌兰察布	41° 6′50.00″N 113° 2′11.00″E	大陆性季风气候	便利	平坦	牧草	
呼图壁	44°21′26.00″N 86°41′11.00″E	大陆性干旱半干旱气候	便利	平坦	草地	
苏尼特右旗	42°54′21″N 112°1′28.17″E	大陆性气候	便利	平坦	草地	
额济纳	41°52′43.10″N 101°36′31.04″E	大陆性气候	便利	平坦	草地	
敦煌	40°5′17.36″N 94°23′41.89″E	大陆性气候	便利	平坦	戈壁	

7 个预选检校场的基本情况如下：

4.2.3.1 阿拉善地区

如图 4.11 所示，候选靶标场位于阿拉善盟郊区，距离市区 4km，交通便利，地表由裸露土壤覆盖。阿拉善盟是内蒙古自治区所辖盟，地处内蒙古自

图 4.11 阿拉善地区预选检校场地

治区最西端。典型的大陆性气候，干旱少雨，风大沙多，冬寒夏热，四季气候特征明显，昼夜温差大。年均气温 6～8.5℃，其中：1 月平均气温 -9～14℃。极端最低气温 -36.4℃；7 月平均气温 22～26.4℃，极端最高气温 41.7℃。由于受东南季风影响，雨季多集中在 7 月、8 月、9 月。年日照时数达 2600～3500h，年太阳总辐射量 147～165kcal/cm^2。

4.2.3.2 呼伦贝尔草原

如图 4.12 所示，候选靶标场位于呼伦贝尔市郊区，距离市区 13km，交通便利，地表由牧草覆盖。呼伦贝尔地处温带北部，大陆性气候显著。气候特点是冬季寒冷漫长，夏季温凉短促，春季干燥风大，秋季气温骤降霜冻早。热量不足，昼夜温差大，有效积温利用率高，无霜期短，日照丰富，降水量差异大，降水期多集中在 7 月、8 月。冬春两季各地降水一般为 40～80mm，占年降水量 15%左右。夏季降水量大而集中，大部地区为 200～300mm，占年降水量 65%～70%，秋季降水量相应减少。

图 4.12 呼伦贝尔草原预选检校场地

4.2.3.3 乌兰察布

如图 4.13 所示，候选靶标场位于乌兰察布郊区，距离市中心 7km，交通便利，地表由牧草覆盖，属大陆性季风气候，四季特征明显。因大青山横亘中部的分隔，前山地区比较温暖，雨量较多；后山地区多风。年平均降水量 150～450mm，雨量集中在每年 7 月、8 月、9 月。年平均气温一般在 0～18℃，无霜期 95~145 天。灰腾梁地区气温最低，一般在年均 1℃以下。

图 4.13　乌兰察布预选检校场地

4.2.3.4　呼图壁

如图 4.14 所示，临时靶标场位于呼图壁县周围，距离市区 12km。呼图壁县隶属昌吉回族自治州，位于新疆维吾尔自治区中北部，属温带大陆性干旱半干旱气候。平原地区平均气温 6.7℃，年降水量 167mm，无霜期平均 180 天，全年日照总时数 3090h，稳定在 10℃以上的年有效积温为 3553℃。在 5 月到 8 月，平原地区作物生长旺盛的季节，每天平均日照时数 10h 以上，7 月达 11h 以上。

图 4.14　呼图壁预选检校场地

4.2.3.5 苏尼特右旗

如图 4.15 所示，临时靶标场位于苏尼特城区的西部，距离市区几十千米，周围均为牧场。苏尼特位于内蒙古自治区中部，属古湖盆地上升而形成剥蚀高原，平均海拔高度为 1000～1400m，整个地形南高北低，中北部为坦荡的高平原和丘陵。苏尼特右旗地处北温带，属干旱性大陆性气候，平均气温为 4.3℃，最高气温 38.7℃，最低气温-38.8℃，无霜期 130 天；年降水量平均为 170～190mm，蒸发量平均为 2384mm；盛行西北风，风力一般在 3～5 级，最大9～10级，平均风速 5.5m/s，是国内最佳的风能区；平均日照时数为 3231.8h。

图 4.15　苏尼特预选检校场地

4.2.3.6 额济纳旗

额济纳旗是隶属内蒙古自治区阿拉善盟的一个旗，地处中国北疆，位于内蒙古自治区最西端。额济纳旗境内为北东走向的断裂凹陷盆地。地形呈扇状，总势西南高，北边低，中间呈低平状。地域大部海拔高度 1200～1400m，相对高度 50～150m，平均海拔 1000m，最低 900m。最低点西居延海，海拔 820m。额济纳旗属内陆干燥气候，具有干旱少雨、蒸发量大、日照充足、温差较大、风沙多等气候特点。年均气温 8.3℃，其中：1 月平均气温-11.6℃，极端低温-36.4℃；7 月平均气温 26.6℃，极端高温 42.5℃。预选检校场地如图 4.16 所示。

图 4. 16　额济纳预选检校场地

4. 2. 3. 7　敦煌

敦煌市是甘肃省酒泉市代管的一个县级市，位于河西走廊的最西端，地处甘肃、青海、新疆三省（区）的交汇处。敦煌光照充足，光合作用强，昼夜温差大，是甘肃省最大的棉花生产基地和瓜果之乡。敦煌大气透明度高，地势平坦开阔，是中国太阳辐射量最高的区域之一，全年日照时数 3257. 9h，日照百分率达 75%。预选检校场地如图 4. 17 所示。

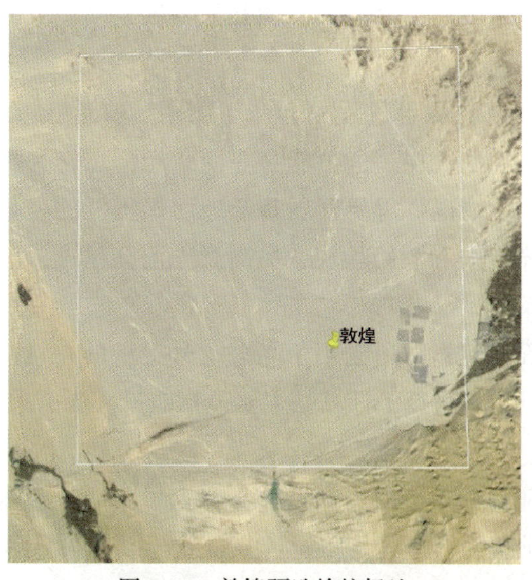

图 4. 17　敦煌预选检校场地

4.2.3.8 预选检校区域确定

基于检校场的基本选取要求，结合试验选取的现有条件进一步筛选，在原来基础上，最终确定以下预选检校区域，如表 4.3 所列。

表 4.3 检校场预选区域汇总

预选区域	经纬度	气候	交通	地形	地表	备注
苏尼特右旗	42°54′21″N 112°1′28.17″E	大陆性气候	便利	平坦	草地	内蒙古
额济纳旗	41°52′43.10″N 101°36′31.04″E	大陆性气候	便利	平坦	草地	内蒙古
敦煌	40°5′17.36″N 94°23′41.89″E	大陆性气候	便利	平坦	戈壁	甘肃

4.3 探测器设计

4.3.1 探测器参数设计

测图精度是衡量国产测绘卫星性能最重要的指标，其中高程精度的提升显得尤为重要。激光雷达因具有方向性好、测距精度高等特点，在深空探测和地球科学领域中体现了巨大的应用潜力。将星载激光测高应用于遥感卫星立体测绘，辅助光学载荷提高卫星影像几何特别是高程方向的精度，成为一种重要的技术手段。

由于激光测高仪在测量过程中会产生测距、轨道、指向角、质心偏移、系统时钟同步等多项系统误差，可能会降低激光脚点作为测绘行业的高程控制的精度。针对以上情况，需要开展基于地面探测器的高分七号卫星在轨检校试验，实现激光指向和测距检校，提高激光测高精度，辅助提升高分七号卫星无控制测图精度。

为了完成地面探测器的研制用于高分七号卫星的在轨检校试验，首先对探测器的参数设计需求进行了计算，主要包括能量探测需求、计时精度需求、无线传输需求等。

激光足印的能量分布近似为高斯分布，为了获取足印能量的强度分布模型，用二维高斯曲面对其激光足印能量分布进行拟合，如图 4.18 所示。激光足印的能量分布函数可以表示为

$$I(x,y)=\frac{E}{2\pi d^2}e^{\frac{-[(x-x_0)^2+(y-y_0)^2]}{2d^2}} \tag{4.14}$$

式中：$I(x,y)$为(x,y)位置处的激光的能量强度；E为激光传输到地表的平均能量密度；d为足印直径，即包含高斯脉冲总能量86.4%的圆形区域的直径；(x_0,y_0)为足印质心位置坐标。

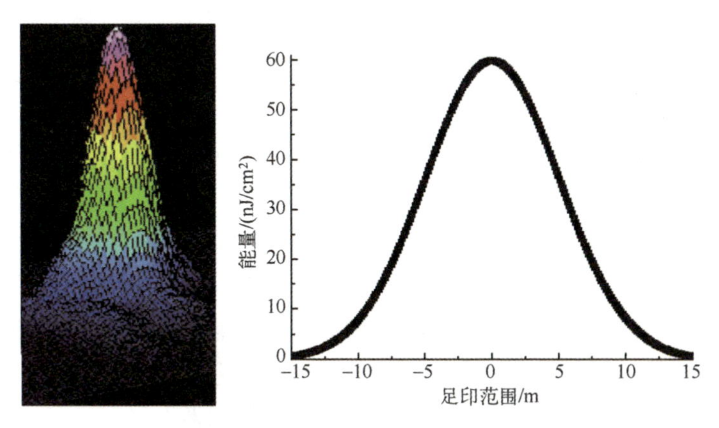

图4.18 激光光束的高斯分布图

根据激光能量的传输原理，激光足印在激光发射角内为高斯分布，激光能量为发射总能量的86.4%[16]；激光束经过大气的衰减，能量透过率约为70%，到达地面的总能量约为测高仪发射激光总能量的60%。在地面激光足印直径30m范围内的平均能量密度为

$$E_{ave}=\frac{E_t\times\eta\times\tau}{A}=\frac{E_t\times 86.4\%\times 70\%}{\pi\times r^2} \tag{4.15}$$

式中：E_t为激光束发射总能量；η为激光足印能量占总能量比例；τ为激光能量透过率；A为地面激光足印面积。

激光足印的能量分布是根据激光测高仪自身的参数计算得到，如表4.4所列，激光足印的大小为30m，单脉冲激光能量为160mJ，结合大气透过率的假设与激光高斯分布，计算出最大的激光能量密度为54.8nJ/cm^2，因此，探测器设计的激光足印能量密度采集范围为(1~80)nJ/cm^2，满足激光足印能量的采集。

激光测高仪指向定标需要地面足印点质心位置和激光脉冲发射点位置，其中激光发射点位置是根据地面探测器的触发时刻获得。利用激光达到地面的时间和激光脉冲传输时间获得激光脉冲的发射时间，结合星载传感器可以获得激光发射点的位置。理论上，激光触发时刻的精度越高，星载激光器的位置越精确。结合激光测高仪指向角和平面精度的需求，建议设计的计时精度为 1μs，可以达到 0.7m 的平面精度定位。

表 4.4　激光测高仪主要技术参数

参　数	指　标
轨道高度	500km
工作波长	1064nm
单脉冲能量	160mJ
脉冲宽度	8ns
脉冲重复频率	3Hz
激光指向发散全角	60μrad
足印直径	30m

激光测高仪的在轨检校需要布设探测器的阵列，根据轨道预报信息和卫星姿态控制精度推算激光足印坐标，并以此为中心确定地面探测器阵列布设范围。考虑到国产遥感卫星轨道预报精度，探测器的布设范围为沿轨方向 350m、垂轨方向 240m，地面探测器阵列布设示意图如图 4.19 所示，设计的探测器的无线传输距离为 500m，满足整个探测器阵列探测器的无线数据传输。

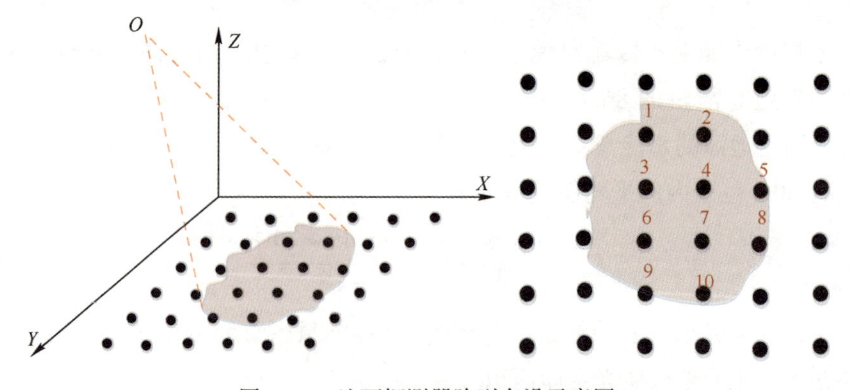

图 4.19　地面探测器阵列布设示意图

结合以上的探测器的设计参数分析与实际应用需求，探测器的设计参数如表 4.5 所列。

(1) 中心波长：1064±2nm。

星载激光测高仪的激光脉冲波长为 1064nm。为实现激光脉冲的测量并对杂散光进行消除，设计激光脉冲探测器的响应中心波长为 1064nm，其中偏差为 2nm。

(2) 能量密度探测范围：(1~80) nJ/cm^2。

根据激光测高仪的发射激光能量、激光足印大小，计算得到激光足印的评价能量密度。结合激光脉冲的高斯分布特性，计算出激光足印从中心到边沿的激光能量密度范围，设计的（1～80）nJ/cm^2可实现激光足印的能量采集。

（3）计时精度：优于1μs。

激光测高仪的激光发射时间是影响指向角校正的一项关键数据。为精确获得这一数据，对激光足印触发探测器的时刻进行精确测量，1μs的计时误差对卫星平面位置精度差异为0.7m。

（4）无线数据传输距离：≥500m。

为避免人为观测探测器影响测试结果，在探测器中集成无线测控模块，结合布设矩阵的大小，设计中集成不小于500m无线信息传送的功能。

（5）单机工作时间。

为了满足探测器的多次应用，探测器采用低功耗和大功率电池的联合设计方法，实现优于60h的单机工作时间。

（6）显示功能。

测高仪实验过程中需要对探测器的参数进行拟合，完成基于数码管的多功能显示，完成待机模式、触发模式、计时时间、触发能量的显示。

表4.5　探测器设计参数

参　数	指　标
波长	1064±2nm
能量密度探测范围	1～80nJ/cm^2
计时精度	优于1μs
无线数据传输距离	≥500m
单机工作时间	≥60h
显示功能	数码管显示

4.3.2　地面等效实验设计

4.3.2.1　激光能量探测测试

激光地面探测器采用定量化采集的方式，可以实现不同激光信号的强度检测，利用图4.20所示的激光能量检测装置进行了探测器的定量化检测，探测器响应值如图4.21所示，其中：激光脉冲能量密度为81.8nJ/cm^2时，地面探测器正常输出数字量为3954；激光脉冲能量密度为0.798nJ/cm^2时，地面探测器正常输出数字量为39。探测器可以实现优于1～80nJ/cm^2的激光能量密度检测。

图 4.20　激光能量检测装置

(a) 81.8nJ 激光能量的输出值

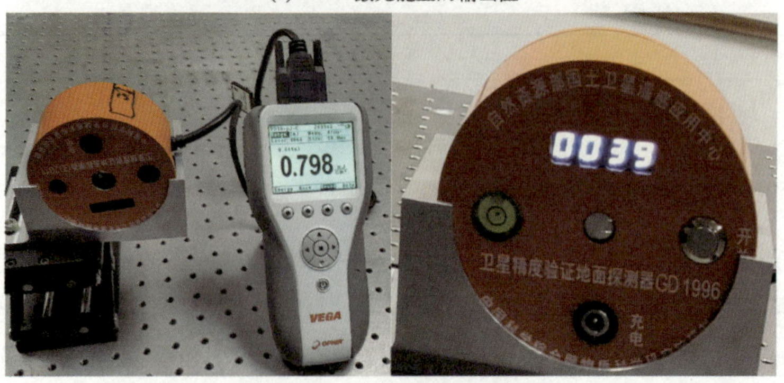

(b) 0.798nJ 激光能量的输出值

图 4.21　不同输入激光能量的探测器响应值

4.3.2.2　工作角度范围

为了验证激光能量探测器的工作角度范围，利用图 4.22 所示的测试装置对探测器的水平和垂直方向的视场角进行了测试。测试中光源采用了脉冲激光器，经过衰减和准直后照射到探测器上，通过二维旋转台以 1°的间隔变换探测器的角度，得到如图 4.23 所示的测量结果。基于探测器采用能量响应的相对结果，获得探测器阵列的质心，因此在±10°的角度范围内，探测器可以获得有效的响应数据，用于测高仪侧摆中的在轨检校。

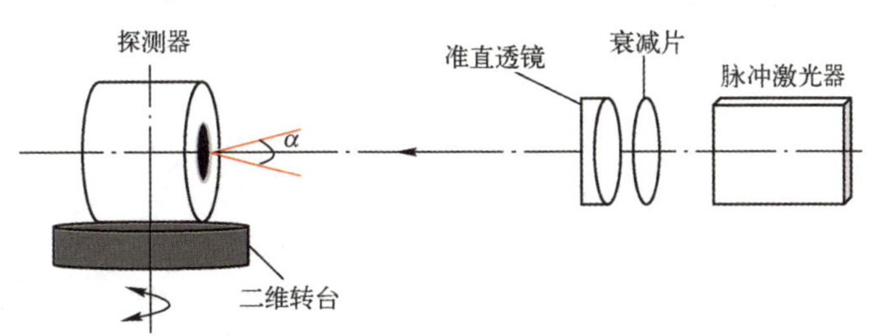

图 4.22　探测器工作角度测试装置

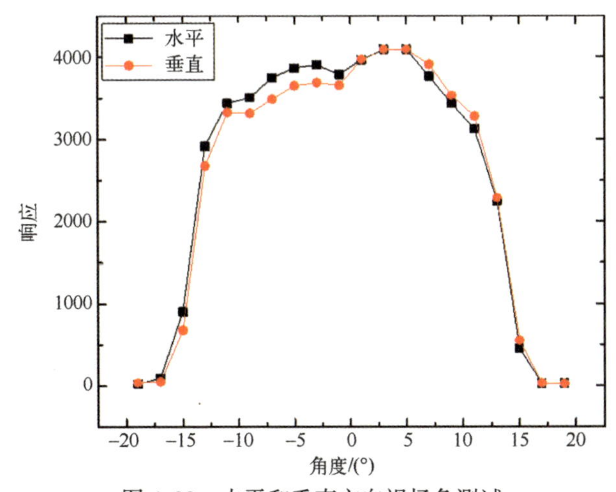

图 4.23　水平和垂直方向视场角测试

4.3.2.3　探测器灵敏度测试

为确认地面探测器针对纳秒级激光脉冲的探测灵敏度，利用纳秒级脉冲激光器作为光源，利用中性滤光片和扩束镜进行能量衰减和扩束，实现不同间隔的激光能量分布，获得激光脉冲探测器在模拟条件下的能量采集。脉冲激光器和激光测高仪的脉冲宽度和波长相似，增加不同参数的平凹透镜增加激光光束的发散角，利用中性滤光片大幅度衰减激光脉冲能量，可以模拟出

1~80nJ/cm²的激光足印。

如图 4.24 所示，首先调整激光能量密度的输出为 14.18nJ/cm²，探测器的响应结果为 1073，然后调整衰减片的衰减系数，获得的激光能量密度输出为 14.7nJ/cm²，探测器的响应结果为 1096。因此，在激光能量密度变化 0.52nJ/cm²的情况下，探测器的输出变化的量值为 23，可以证明探测器的响应灵敏度优于 1nJ/cm²。

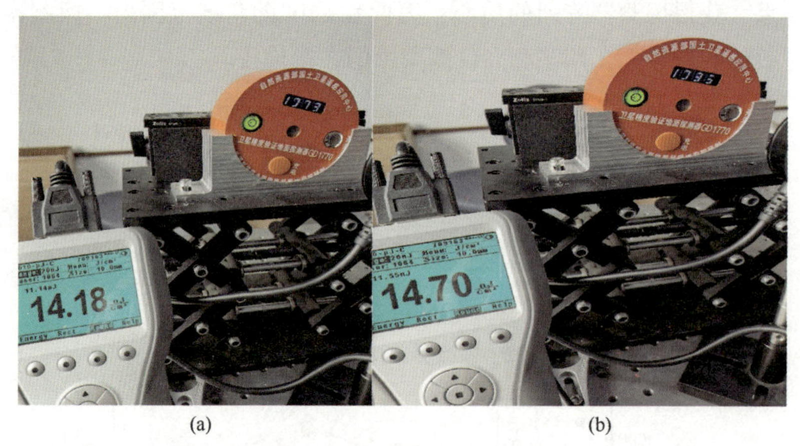

(a)　　(b)

图 4.24　灵敏度测试结果

4.3.2.4　激光探测器的应用

基于激光脉冲探测器的激光束向量指向检校精度，利用高分七号卫星激光测高仪的在轨定标结果对其进行了验证。此次试验于 2020 年 5—6 月在内蒙古的苏尼特右旗开展。整个试验过程探测器性能稳定，并成功捕捉到激光足印。

2020 年 6 月 19 日，实验中对激光测高仪的波束 1 进行激光指向定标，探测器阵列大小为 49 行×26 列，相邻探测器间距为 4.5m。卫星过顶后查看探测器，探测器阵列中的第 12~17 列、21~25 行共触发 23 个激光脉冲探测器，每个探测器阵列响应结果如表 4.6 所列，数据波形图如图 4.25 所示。

表 4.6　4.5m 间距激光脉冲探测器阵列响应结果

探测器阵列		探测器所在列号					
		12	13	14	15	16	17
探测器所在行号	21	184	160	503	885	174	—
	22	528	489	2958	3834	2538	185
	23	6	138	1440	3409	2864	982
	24	—	—	186	1884	2369	511
	25	—	—	—	45	112	—

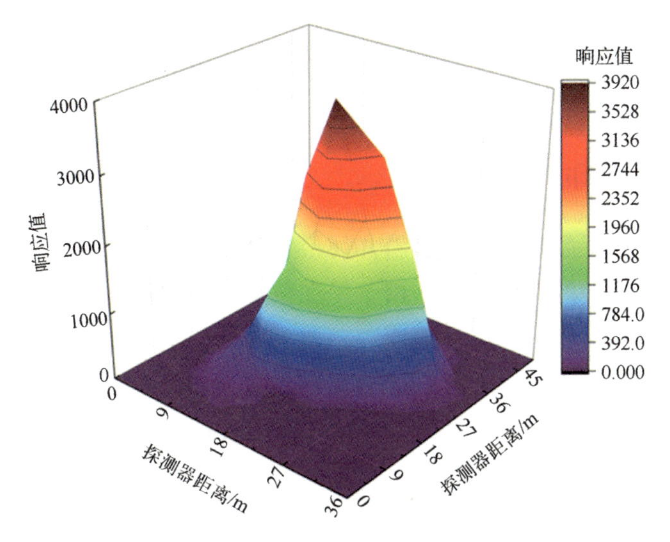

图4.25　4.5m间隔探测器阵列的数据波形图

4.3.2.5　几何检校参数确定

卫星激光测高仪先通过发射和接受激光脉冲的时间差来推算目标到卫星的距离，再根据卫星的姿态轨道参数来解算出卫星到该目标处参考椭球的距离，从而得到目标距离参考椭球的相对高程信息。激光测高仪在轨运行期间的系统误差主要包括测距和指向误差，严重影响测高数据产品的平面和高程精度。针对测距和指向误差，卫星激光测高在轨几何检校任务具体如下：

1）激光指向检校

激光指向误差主要由星敏感器等器件误差引起，或由振动和热量等环境因素影响改变发射前的星上器件刚性连接关系引起。激光光束指向不但对光斑的位置有直接影响，还会与地形坡度一起影响测距精度。利用地面检校探测设备，能够捕捉激光足印的实际落点，与指向定位系统确定的激光足印位置进行比对，可修正激光指向定位误差。

2）激光测距系统差检校

在激光测高仪检校前，通过检校双频GNSS等设备，精确测定卫星轨道位置。根据激光足印落点和卫星GNSS定位信息，确定激光发射时刻测距仪至足印落点的距离，从而修正激光测高仪测距值。

4.4 激光测高检校

4.4.1 激光足印位置预报

针对国产卫星激光测高仪在轨几何检校试验需求，在分析光学遥感卫星平台机动控制特性的基础上，利用卫星在轨运行姿轨高稳定度的特点，充分借鉴了激光测高仪光束定位几何原理，提出并构建了一套在轨道系下的严密激光足印位置预报模型，并设计了“足印位置预报”和“卫星平台侧摆+延时预报”两种预报方案，为高精度的几何检校奠定了数据基础[1]。

4.4.1.1 严格几何预报模型

基于卫星摄影测量的原理，顾及激光足印位置预报应用可靠性，充分考虑激光测高仪与卫星平台的几何关系，构建具有物理意义的激光足印位置预报模型[17]，见式（4.16）。该模型全面考虑了预报过程中涉及的各项误差，有效规避了姿态难以预报的问题，通过虚拟激光与地面高程迭代内插，实现高精度的激光足印位置预报。

$$\begin{bmatrix} X_{\mathrm{P}} \\ Y_{\mathrm{P}} \\ Z_{\mathrm{P}} \end{bmatrix}_t = \begin{bmatrix} X_{\mathrm{GPS}} \\ Y_{\mathrm{GPS}} \\ Z_{\mathrm{GPS}} \end{bmatrix}_t + \begin{bmatrix} X_{\mathrm{D}} \\ Y_{\mathrm{D}} \\ Z_{\mathrm{D}} \end{bmatrix} + \begin{bmatrix} X_{\mathrm{d}} \\ Y_{\mathrm{d}} \\ Z_{\mathrm{d}} \end{bmatrix} + m \cdot \boldsymbol{R}_{t\,\mathrm{orbit}}^{\mathrm{CTS}} \cdot \boldsymbol{R}_{t\,\mathrm{body}}^{\mathrm{orbit}} \cdot \begin{bmatrix} \cos(\theta) \cdot \cos(\alpha) \\ \cos(\theta) \cdot \sin(\alpha) \\ \sin(\theta) \end{bmatrix} \tag{4.16}$$

式中：$[X_{\mathrm{P}} \quad Y_{\mathrm{P}} \quad Z_{\mathrm{P}}]_t^{\mathrm{T}}$ 为 t 时刻在地固坐标系下预报的地面探测器布设位置中心；$[X_{\mathrm{GPS}} \quad Y_{\mathrm{GPS}} \quad Z_{\mathrm{GPS}}]_t^{\mathrm{T}}$ 为 t 时刻预报的在地固坐标系下 GPS 质心坐标；$[X_{\mathrm{D}} \quad Y_{\mathrm{D}} \quad Z_{\mathrm{D}}]^{\mathrm{T}}$ 为 GPS 质心相对于卫星质心的安装偏差；$[X_{\mathrm{d}} \quad Y_{\mathrm{d}} \quad Z_{\mathrm{d}}]^{\mathrm{T}}$ 为激光测高仪质心相对于卫星质心的安装偏差；m 为通过模型的虚拟光线与地面高程多次迭代得到的比例因子；$\boldsymbol{R}_{t\,\mathrm{orbit}}^{\mathrm{CTS}}$ 为 t 时刻从轨道坐标系向地固坐标系转换的旋转矩阵；$\boldsymbol{R}_{t\,\mathrm{body}}^{\mathrm{orbit}}$ 从 t 时刻卫星本体坐标系向轨道坐标系转换的旋转矩阵；α 和 θ 为预估的激光测高仪指向。

根据激光足印位置严格预报模型，梳理激光足印位置预报涉及的技术链路，分析卫星激光测高仪足印位置预报的各项误差，激光足印位置预报误差主要包含时延误差、指向误差、轨道预报误差和姿态对地误差。激光足印位置预报对平面精度要求较高，考虑到激光测高仪与卫星本体坐标系的安装误差、预报区域内地形起伏和激光测距误差引起的高程误差对平面预报精度影响较小，因此忽略该部分小量误差。

4.4.1.2　预报方案设计

根据高分七号卫星所具备的能力，结合激光在轨几何检校的需要，设计了两种激光预报方案，以实现激光足印位置的精确预报。常规位置预报主要用于地面临时检校场便于选取的区域，在预报的地面位置提前布设激光探测器，以获取激光光斑的真实位置和能量分布。出光时刻和侧摆角度预报主要用于临时检校场选取较困难的情况，即根据临时检校场的位置预报激光出光的时刻和平台侧摆角度，提前在临时检校场布设探测器以捕获激光。

1）常规位置预报

在临时检校场待选范围内，根据卫星过境的时刻，预报激光光斑在地面的位置，如图 4.26 所示，预报卫星激光载荷在 T_1 和 T_2 时刻将发射激光脉冲至地面 P_1 和 P_2 位置。常规位置预报是一种预报精度较高的方案，该模式下卫星平台不侧摆，且激光出光时刻不延迟，一定程度上规避了时延误差和指向误差。

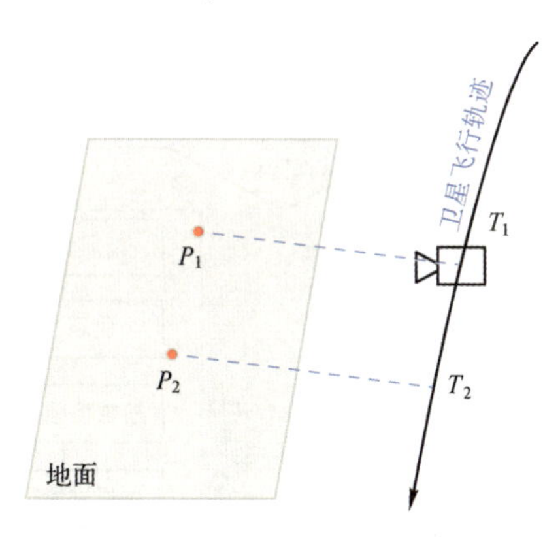

图 4.26　常规位置预报模式下轨道预报误差引起的足印位置预报误差

2）出光时刻和侧摆角度预报

在不具备大面积临时检校场待选区域的情况下，通过预报激光的出光时刻，采用延迟出光的策略使临时检校场在沿轨上具有一定的灵活性，通过预报卫星平台侧摆角，采用平台侧摆的方式使临时检校场在垂轨上具有一定的灵活性。预报误差如图 4.27 所示，已知地面位置 P_1 和 P_2，预报卫星激光发射至 P_1 和 P_2，卫星本身在 T_1 和 T_2 时刻所需要的是激光延迟开机时间 T_0、卫星侧摆角度 φ。出光时刻和侧摆角度预报方案降低了地面临时检校场选取的难度，但是会在一定程度上引入时延误差和姿态稳定误差。

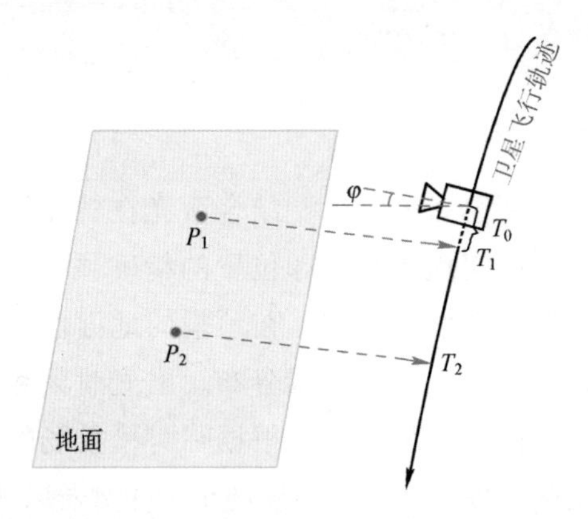

图 4.27　出光时刻和侧摆角度预报模式下轨道预报误差引起的足印位置预报误差

3）激光预报方案设计

根据激光足印位置预报的模式，设计了完备的激光足印位置预报技术方案，如图 4.28 所示。

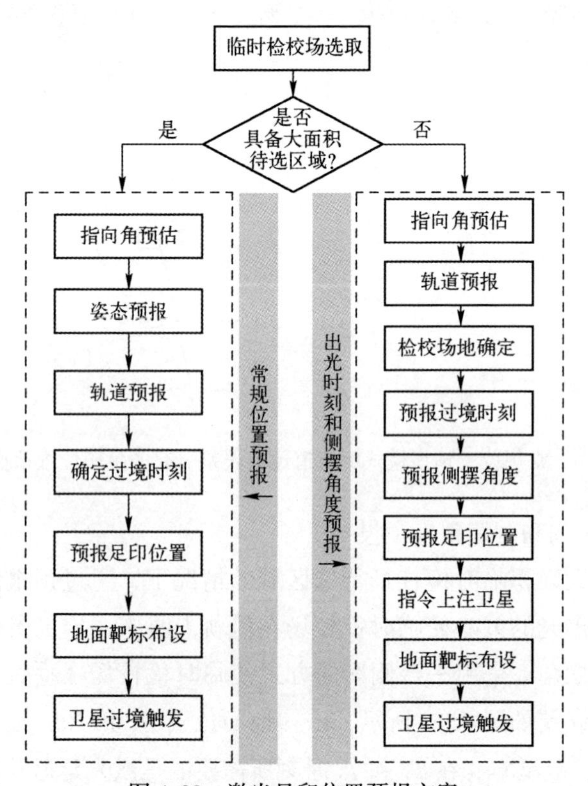

图 4.28　激光足印位置预报方案

当临时检校场具备大面积待选条件时，一般采用常规位置预报模式，减少卫星系统引入的误差，主要包括轨道预报、确定过境时刻、预报足印位置、地面靶标布设和卫星过境触发；当临时检校场不具备大面积待选条件或靶标场地固定时，只可采用出光时刻和侧摆角预报模式，通过轨道预报、检校场地确定、预报过境时刻、预报侧摆角度、预报足印位置、指令上注卫星、地面靶标布设和卫星过境触发等步骤来完成激光足印位置的预报工作。

4.4.2　激光地面光斑质心提取

卫星激光从500km外的太空传输至地面，可能受到风、云等大气因素影响，同时也存在探测器响应误差，导致激光探测器接收到的能量与实验室中结果有很大差别：在光斑内部，有的点能量值比较高，有的点比较低；有的点孤立，有的点连成片，有的点却没有发生响应。拟合的曲面复杂多样，并非近似呈现高斯分布，也不是近似对称的形状。

（1）对激光足印光斑进行可靠性分析，重点分析天气原因和探测器能量等级设定等带来的误差是否太大、会不会影响到激光在轨检校的精度。总体分析激光足印单个光斑的特点：激光光斑中心区域的能量值比较大，有部分点能量缺失，有部分点与周围能量值相差很大，光斑周围还有一些孤立点，整个光斑几乎呈现一边高一边低的特点。

（2）根据星下点轨迹线，分析多个光斑中心之间的联系和特点。通过沿轨光斑中心与星下点平行性分析及相邻两中心点之间的沿轨距离，分析激光数据的可靠性，同时大致确定激光足印中心的位置，制定激光预处理的方案。例如1区的光斑中心点应在两个峰值之间，而非任意一个，激光探测器所得数据可能有些误差，在质心提取时应适当保留靠北的孤立点。

（3）根据分析结果进行光斑预处理，主要包括以下步骤：依据制定的光斑预处理原则，剔除光斑周围和距离足印光斑较远的孤立点；在光斑内部，个别比较突兀的且距离光斑中心比较远的点需要进行校正，对没有响应的点需要进行补偿。

为了获取激光足印质心坐标，需要对地面探测器捕获的激光足印进行预处理，将孤立点、缺失点和异常点进行剔除和校正处理。各点监测示意图如图4.29所示，利用距离 d、足印半径 r 和 I_5 与周围像素的能量大小来确定所述窗口中心元素是否属于孤立点、缺失点或异常点。

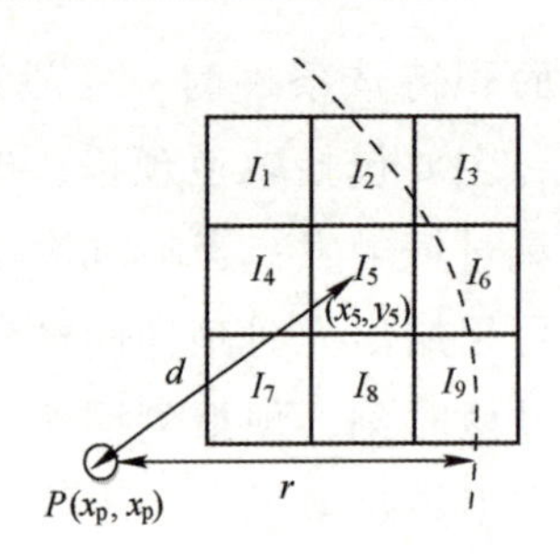

图 4.29 各点检测示意图

针对检测出来的结果分为两种情况进行处理：

(1) 位于足印有效范围之外，由于地面探测器未复位或受探测器一致性、大气扰动等影响而误亮的点为孤立点，则进行剔除处理。

(2) 位于足印有效范围之内，距离足印质心比较近，由于地面探测器一致性或者大气等原因而缺省的点为缺失点，采用均值内插的方法进行补偿。对异常点进行处理的方法同缺失点。

激光测高系统采用地面铺设探测器矩阵与位置标识点的方式进行激光检校，如图 4.30 所示，利用地面能量探测器捕捉激光足印位置。被触发的探测器大地坐标是由差分 GPS（±1m）测量所得。基于已知的探测器地面坐标和探测的信息准确计算激光光斑中心绝对位置，与通过激光严格几何模型解算的光斑质心进行比较，从而检校出指向、测距等系统误差。探测器点位阵列及激光光斑捕获示意图如图 4.30 所示。

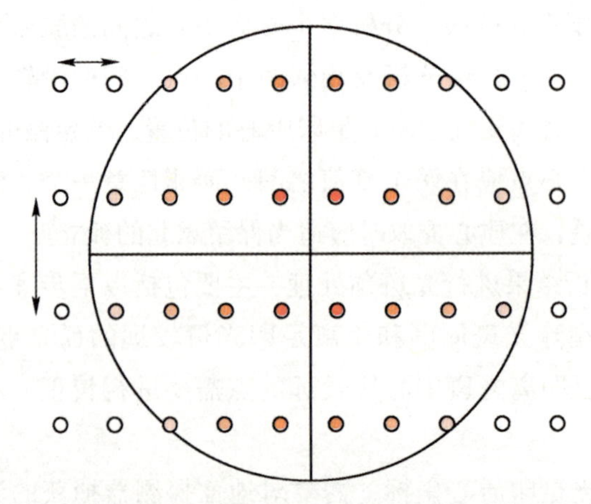

图 4.30 探测器点位阵列及激光光斑捕获示意图

在实验室中，85%近似服从高斯分布，但在在轨检校实验中等级大于 2 的点的能量约为能量总和的 85%。中心提取的方法很多，如高斯插值法、曲面拟合法、灰度加权法等。

（1）高斯函数的数学关系式为

$$g_{ij}=\frac{A}{2\pi\sigma^2}e^{\left(-\frac{(x_i-x_p-\Delta x)^2+(y_i-y_p-\Delta y)^2}{2\sigma^2}\right)} \tag{4.17}$$

式中：g_{ij}为点(x_i,y_i)的能量等级值；$(x_p$、$y_p)$ 为中心点坐标；Δx、Δy 为偏移量。

A 与到达地面的能量成一定的函数关系，高斯插值法就是在高斯函数基础上通过变形求取中心的方法。

（2）曲面拟合法的数学关系式为

$$g_{ij}=a_0x_i^m+a_1x_i^{m-1}y_j+a_2x_i^{m-2}y_j^2+\cdots+a_{m-1}x_iy_j^{m-1}+a_my_j^m+a_{m+1} \tag{4.18}$$

式中：$a_0,a_1,\cdots,a_m,a_{m-1}$为方程式的系数；$m$ 为选择的曲面拟合方程式的最高次数。

（3）灰度加权法的数学关系式为

$$x_p=\frac{\sum x_{ij}g_{ij}}{\sum g_{ij}},\quad y_p=\frac{\sum y_{ij}g_{ij}}{\sum g_{ij}} \tag{4.19a}$$

或

$$x_p=\frac{\sum x_{ij}(g_{ij})^2}{\sum (g_{ij})^2},\quad y_p=\frac{\sum y_{ij}(g_{ij})^2}{\sum (g_{ij})^2} \tag{4.19b}$$

式中：各参数定义同上。

卫星飞过目标区域时，对于触发的探测器位置，可利用 RTK 进行测量，获取探测器的地理坐标，记录被触发的探测器能量等级，为后续的光斑质心提取做准备。

4.4.3　激光几何检校与精度验证

4.4.3.1　基于波形分析的单波束激光粗检校

基于双波束激光测高仪在轨几何检校模型，利用地面探测器获取的激光足印能量质心位置，在大气延迟改正、潮汐值改正后，对激光检校参数进行整体迭代解算。两波束参数改正数迭代过程中残差变化如图 4.31 所示。可以看出，迭代 3 次即可收敛，验证了模型的稳健性[2]。

高分七号双波束激光测高仪经过“两步法”在轨几何检校后，激光测高参数（三轴指向修正参数 Angle_X、Angle_Y、Angle_Z 和距离修正参数 Dis）检校结果如表 4.7 所列。

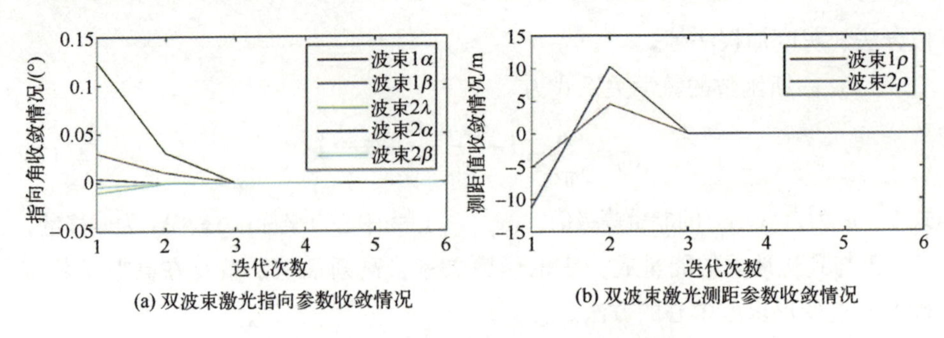

(a) 双波束激光指向参数收敛情况　　(b) 双波束激光测距参数收敛情况

图 4.31　双波束激光检校参数收敛结果图

表 4.7　激光测高参数检校结果

检校阶段	波束	Angle_X/(°)	Angle_Y/(°)	Angle_Z/(°)	Dis/m
粗检校	1	0.032	-0.037	0.032	—
	2	0.019	-0.021	-0.021	—
精检校	1	0.031	-0.038	0.033	-1.011
	2	0.107	-0.044	-0.414	-1.256

4.4.3.2　高分七号双波束激光测高精度验证

1）相对测高精度验证

选取 2019 年 12 月 2 日高分七号卫星第 446 轨激光数据，星下点轨道过我国南方鄱阳湖地区，考虑到冬季南方湖面较为平静，可用于验证激光测高仪高程相对精度。相对测高精度验证区域示意图如图 4.32 所示[2]。

图 4.32　相对测高精度验证区域示意图

分别选取图4.32中位于湖面上的激光点，进行相对精度验证，其中波束1位于湖面共7个点，波束2共4个点。统计各波束测高标准差，如表4.8所列。

表4.8 鄱阳湖试验区激光测高相对精度验证

波束类型	时间码/s	纬度/(°)	经度/(°)	激光高程/m	标准差/m
波束1	186750191.668596	28.609294	116.335929	10.745765	0.047
	186750192.001927	28.588269	116.330982	10.796222	
	186750192.335261	28.567241	116.326032	10.69541	
	186750192.668595	28.546211	116.321087	10.671369	
	186750193.001927	28.525186	116.316141	10.72016	
	186750193.335261	28.504162	116.311197	10.73029	
	186750193.668595	28.483131	116.306253	10.659727	
波束2	186750187.339761	28.859261	116.52098	8.675473	0.057
	186750187.673095	28.83824	116.51599	8.66211	
	186750188.006427	28.817214	116.511	8.682429	
	186750188.339761	28.796192	116.50601	8.786174	

结果表明，经大气、潮汐等参数修正后，高分七号激光波束1相对测高精度优于0.05m，波束2相对测高精度优于0.06m，表明了高分七号激光测高数据稳定性较好。

2）绝对测高精度验证

外业检校期间，在非检校区域的平坦地形上（坡度小于2°，地表为平地且没有地物或植被覆盖），利用RTK采集了激光高程地面验证控制数据。其中，波束1验证控制数据22个，波束2验证控制数据24个，激光测高绝对精度结果如表4.9所列。

表4.9 激光测高绝对精度验证

波束1				波束2			
序号	激光高程/m	控制高程/m	高程差值/m	序号	激光高程/m	控制高程/m	高程差值/m
1	1046.096	1045.923	0.173	1	1053.565	1053.690	-0.125
2	1043.427	1043.244	0.183	2	1056.531	1056.717	-0.186
3	1029.180	1029.043	0.137	3	1066.209	1066.471	-0.262
4	1074.190	1074.216	-0.026	4	1045.172	1045.254	-0.082
5	1084.580	1084.636	-0.056	5	1071.721	1071.717	0.004

续表

波束 1				波束 2			
序号	激光高程/m	控制高程/m	高程差值/m	序号	激光高程/m	控制高程/m	高程差值/m
6	1092. 217	1092. 287	-0. 070	6	1079. 265	1079. 289	-0. 024
7	1091. 810	1091. 818	-0. 008	7	1080. 026	1080. 103	-0. 077
8	1038. 952	1038. 865	0. 087	8	1081. 481	1081. 606	-0. 125
9	1040. 736	1040. 625	0. 111	9	1088. 015	1088. 007	0. 008
10	1040. 756	1040. 631	0. 125	10	1076. 137	1076. 071	0. 066
11	1050. 801	1050. 652	0. 149	11	1074. 432	1074. 345	0. 087
12	1050. 023	1049. 865	0. 158	12	1078. 353	1078. 240	0. 113
13	1051. 554	1051. 558	-0. 004	13	1084. 606	1084. 564	0. 042
14	1067. 047	1066. 953	0. 094	14	1084. 376	1084. 315	0. 061
15	1075. 073	1074. 972	0. 101	15	1093. 792	1093. 675	0. 117
16	1076. 360	1076. 292	0. 068	16	1092. 944	1092. 921	0. 023
17	1086. 001	1086. 007	-0. 006	17	1101. 480	1101. 343	0. 137
18	1089. 925	1089. 961	-0. 036	18	1109. 663	1109. 637	0. 026
19	1088. 877	1089. 012	-0. 135	19	1118. 486	1118. 360	0. 126
20	1118. 686	1118. 790	-0. 104	20	1094. 082	1093. 979	0. 103
21	1133. 556	1133. 612	-0. 056	21	1121. 161	1121. 061	0. 100
22	1136. 435	1136. 469	-0. 034	22	1125. 901	1125. 848	0. 053
				23	1128. 618	1128. 691	-0. 073
				24	1124. 473	1124. 414	0. 059
AVE：0. 039m　RMSE：0. 097m				**AVE：0. 007m　RMSE：0. 104m**			

可以看出，经过双波束激光在轨几何检校后，系统差抑制效果明显，其中：波束 1 误差均值为 0. 039m，中误差为 0. 097m；波束 2 误差均值为 0. 007m，中误差为 0. 104m。控制点验证误差曲线如图 4. 33 所示[2]。

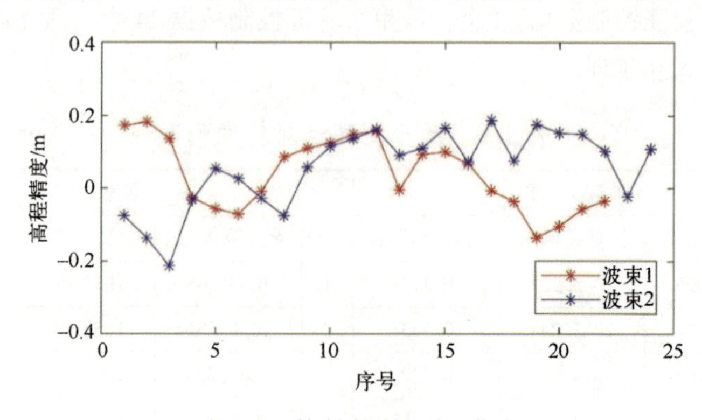

图 4. 33　控制点验证误差曲线

参考文献

[1] 唐新明，谢俊峰，付兴科，等．资源三号 02 星激光测高仪在轨几何检校与试验验证［J］．测绘学报，2017，46（6）：714-723.

[2] 唐新明，谢俊峰，莫凡，等．高分七号卫星双波束激光测高仪在轨几何检校与试验验证［J］．测绘学报，2021，50（3）：384-395.

[3] 蒋永华，张过，唐新明，等．资源三号测绘卫星三线阵影像高精度几何检校［J］．测绘学报，2013，42（4）：523-529，553.

[4] 张过，李少宁，黄文超，等．资源三号 02 星对地激光测高系统几何检校及验证［J］．武汉大学学报（信息科学版），2017，42（11）：1589-1596.

[5] 韩玲，田世强，谢俊峰．星载激光测高仪检校技术发展现状浅析［J］．航天返回与遥感，2016，37（6）：11-19.

[6] MAGRUDER L, SILVERBERG E, WEBB C, et al. In situ timing and pointing verification of the ICESat altimeter using a ground-based system [J]. Geophysical Research Letters, 2005, 32 (21): 365-370.

[7] MAGRUDER L A, Schutz B E, SILVERBERG E C. Laser pointing angle and time of measurement verification of the ICESat laser altimeter using a ground-based electro-optical detection system [J]. Journal of Geodesy, 2003, 77 (3): 148-154.

[8] MAGRUDER L A, RICKLEFS R L, SILVERBERG E C, et al. ICESat geolocation validation using airborne photography [J]. IEEE Transactions on Geoscience and Remote Sensing, 2010, 48 (6): 2758-2766.

[9] MAGRUDER L A, WEBB C E, URBAN T J, et al. ICESat altimetry data product verification at white sands space harbor [J]. IEEE Transactions on Geoscience & Remote Sensing, 2006, 45 (1): 147-155.

[10] LUTHCKE S B, ROWLANDS D D, MCCARTHY J J, et al. Spaceborne laser-altimeter-pointing bias calibration from range residual analysis [J]. Journal of Spacecraft and Rockets, 2000, 37 (3): 374-384.

[11] TANG X M, XIE J F, GAO X M, et al. The in-orbit calibration method based on terrain matching with pyramid-search for the spaceborne laser altimeter [J]. IEEE Journal of Selected Topics in Applied Earth Obser-vations and Remote Sensing, 2019, 12 (3): 1053-1062.

[12] LUTHCKE S B, CARABAJAL C C, ROWLANDS D D. Enhanced geolocation of spaceborne

laser altimeter surface returns: parameter calibration from the simultaneous reduction of altimeter range and navigation tracking data [J]. Journal of Geodynamics, 2002, 34 (3): 447-475.

[13] ROWLANDS D D, PAVLIS D E, LEMOINE F G, et al. The use of laser altimetry in the orbit and attitude determination of Mars Global Surveyor [J]. Geophysical Research Letters, 1999, 26 (9): 1191-1194.

[14] MARTIN C F, THOMAS R H, KRABILL W B, et al. ICESat range and mounting bias estimation over precisely-surveyed terrain [J]. Geophysical Research Letters, 2005, 32 (21): 242-257.

[15] LUTHCKE S B, ROWLANDS D D, WILLIAMS T A, et al. Reduction of ICESat systematic geolocation errors and the impact on ice sheet elevation change detection [J]. Geophysical Research Letters, 2005, 32 (21): L21S05.

[16] 胡庆云. 激光参数综合测量研究 [J]. 济南大学学报, 1996, 6 (3): 68-74.

[17] 唐新明, 谢俊峰, 莫凡, 等. 资源三号02星激光测高仪足印位置预报方法 [J]. 测绘学报, 2017, 46 (7): 866-873.

第5章　高分七号卫星两线阵相机数据处理

5.1　辐射校正处理

高分七号卫星的辐射校正处理分成两部分：相对辐射校正处理和绝对辐射定标。相对辐射校正处理是对卫星传感器不同探测元件响应度不一致的校正。绝对辐射定标是确定卫星载荷的数字量化输出值 DN 与其所对应视场中辐射亮度值之间的定量关系，即计算出辐射定标系数。

卫星载荷的原始数据由于相机各 CCD 探元的响应不一致，造成影像上出现了条带，这种条带包括探测器之间、扫描线之间及多个扫描行的条带，也会造成不同 CCD 片间的色差[1-5]。在高分七号卫星数据的辐射校正影像产品生产过程包括相对辐射校正参数获取、相对辐射校正处理等步骤，使用相对辐射校正系数作用于原始影像，消除由于探元的响应不一致导致的像元值的差异，生成相对辐射校正影像产品。

高分七号卫星载荷在发射前会进行实验室绝对辐射定标。但卫星传感器受发射时振动、在轨空间环境变化和元器件变化等因素的影响，其性能指标（如探测灵敏度）会不断发生变化，这些衰减直接影响卫星遥感数据的精度、可靠性和应用水平。开展卫星传感器场地绝对辐射定标工作，是对传感器实验室定标的补充和检验，它可以校正高分七号卫星载荷在运输、发射和在轨期间由于空间环境影响所造成的绝对辐射定标系数的变化，提高绝对辐射定标系数的精度，从而提高数据应用质量，满足遥感数据定量化要求[6-18]。通过在轨绝对辐射定标试验，可获取高分七号卫星载荷各波段的绝对辐射定标系数，并作为附属文件写入到辐射校正影像产品的配置文件中。

5.1.1　相对辐射校正产品处理

高分七号卫星数据的相对辐射定标系数可采用实验室积分球定标试验和在

轨原始条带影像数据统计两种主要方法获得。在高分七号卫星在轨运行一段时间，实验室积分球相对辐射定标系数不再适用，此时需要通过在轨原始条带影像数据进行统计分析，消除地物和大气条件差异等外界影响因素，得到与在轨运行实际状态一致的相对辐射定标系数，用以消除或减少相机的辐射响应不一致性[17-24]。对于高分七号卫星相机而言，在轨统计相对辐射定标系数是当实验室相对辐射定标系数不适用的情况下唯一可行的相对辐射校正手段，在卫星运行周期内对于保障高精度相对辐射定标和校正具有不可或缺的重要意义。

5.1.1.1 基于实验室积分球定标试验的相对辐射校正处理

积分球数据提供了关于高分七号卫星在发射前各载荷 CCD 探元的响应能力的描述。这些数据包括用户模式、实验室半球模式和整星半球模式。整星半球模式用于描述 CCD 探元的响应能力，一旦遥感器安装在卫星上，即可通过积分球数据获得各个 CCD 探元对不同光源的响应能力。积分球数据清晰地显示了 CCD 探元的入瞳光照度与探元响应能力之间的关系。通过这些数据，可以了解卫星发射前 CCD 阵列中各个探元的响应情况。在基于积分球数据的基础上，采用回归分析来获取相对辐射校正系数。利用积分球数据进行辐射校正，由于其数据特性与 CCD 早期响应能力相关，因此可以作为实际影像统计方法中线性回归的初始条件[19]。

5.1.1.2 探元的线性度分析

针对实验室积分球数据，建立每个探元的标准输出与实际输出之间的对应关系。对于每个级别的积分球数据，可选择它们的中值作为每个 CCD 探元的实际输出，并将所有 CCD 探元中值的均值作为每个 CCD 探元的标准输出。之所以使用中值而不是均值，是因为中值更加稳定，不容易受到噪声的影响[19]。

由图 5.1 可以看出，探元的线性度良好，符合建立直线拟合的前提条件。

(1) 定标系数的计算。

采用最小二乘法一次拟合计算实验室相对辐射定标系数即可。设 DN_k 为第 k 级辐亮度级下所有有效探元的 DN 均值，$\mathrm{DN}_{i,k}$为第 k 级辐亮度级下第 i 个探元的 DN 均值，最小二乘法一次拟合的方程可表示为

$$
\begin{cases}
\mathrm{DN}_1 = a_i \times \mathrm{DN}_{i,1} + b_i \\
\mathrm{DN}_2 = a_i \times \mathrm{DN}_{i,2} + b_i \\
\vdots \\
\mathrm{DN}_k = a_i \times \mathrm{DN}_{i,k} + b_i
\end{cases}
\tag{5.1}
$$

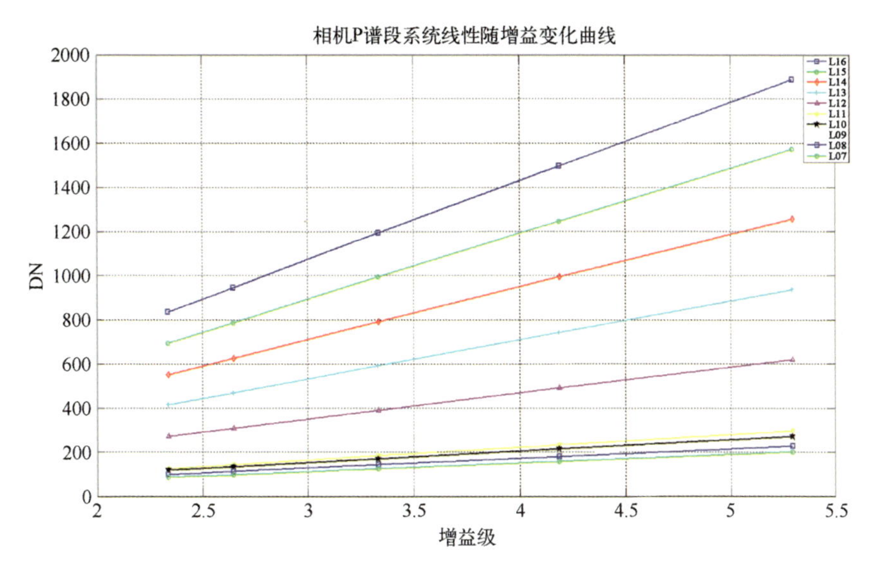

图 5.1 增益响应线性测试结果

按最小二乘原理对 k 个一次方程求解，即可得到定标系数 a_i 和 b_i。

（2）基于实验室相对辐射定标系数的校正处理。

相对辐射校正处理可表示为

$$\mathrm{DN}_{i\mathrm{new}} = a_i \times \mathrm{DN}_{i\mathrm{raw}} + b_i \tag{5.2}$$

式中：$\mathrm{DN}_{i\mathrm{new}}$ 为第 i 个探元相对辐射校正后的 DN 值；$\mathrm{DN}_{i\mathrm{raw}}$ 为第 i 个探元原始数据的 DN 值。

图 5.2 和图 5.3 分别对应后视相机实验室相对校正前和校正后的输出响应曲线。

（3）实验室相对辐射定标误差分析。

综合考虑积分球均匀性、相对定标算法误差等因素，相对辐射定标精度计算结果见表 5.1。

表 5.1 相对辐射定标精度计算结果

序号	误 差 源	参考值
σ_1	辐射定标源（积分球）面均匀性（峰谷值）	1.0%
σ_2	辐射定标源（积分球）角均匀性	1.0%
σ_3	定标算法误差	0.58%
综合（均方根）	—	1.53%

根据式（5.3）计算实验室相对定标精度为 1.53%。

$$\sigma = \sqrt{\sigma_1^2 + \sigma_2^2 + \sigma_3^2} = 1.53\% \tag{5.3}$$

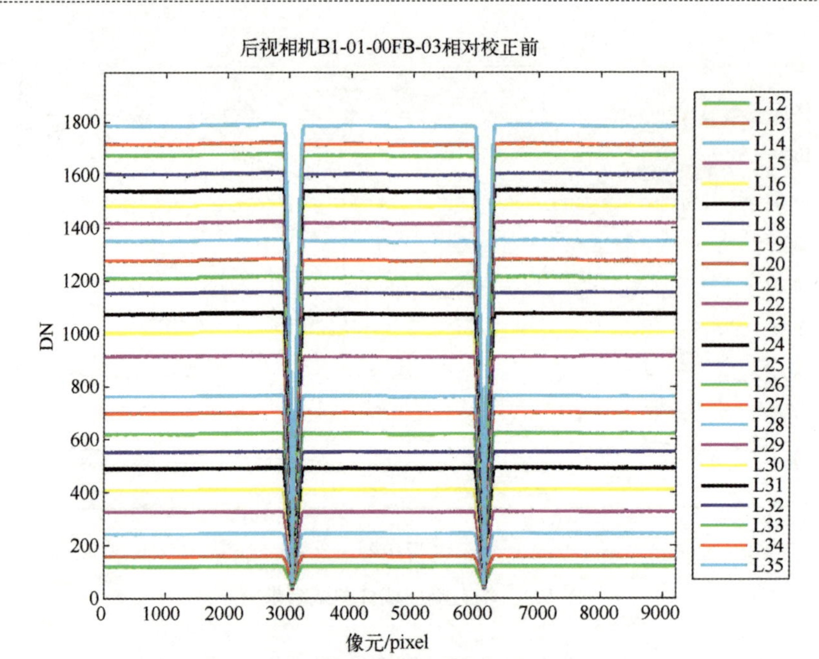

(a) 后视相机多光谱B1波段

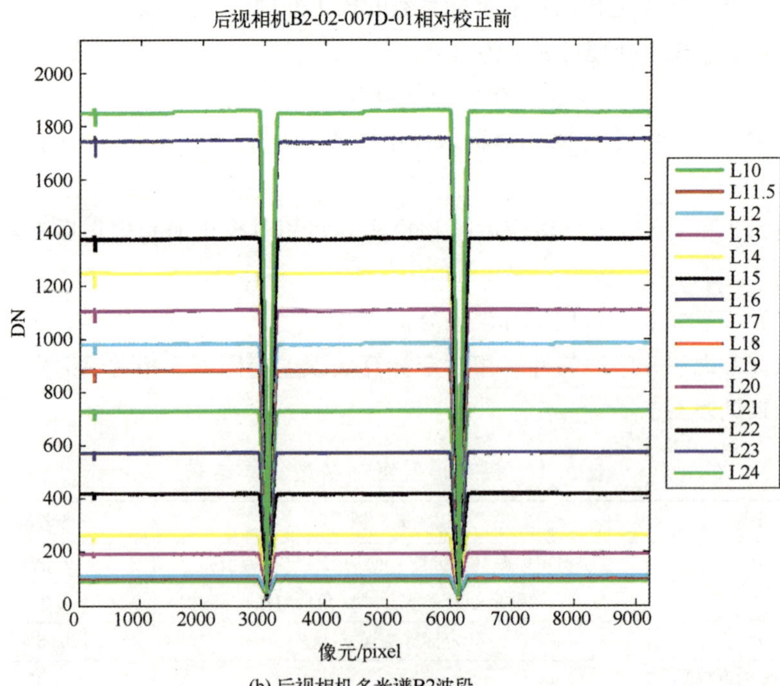

(b) 后视相机多光谱B2波段

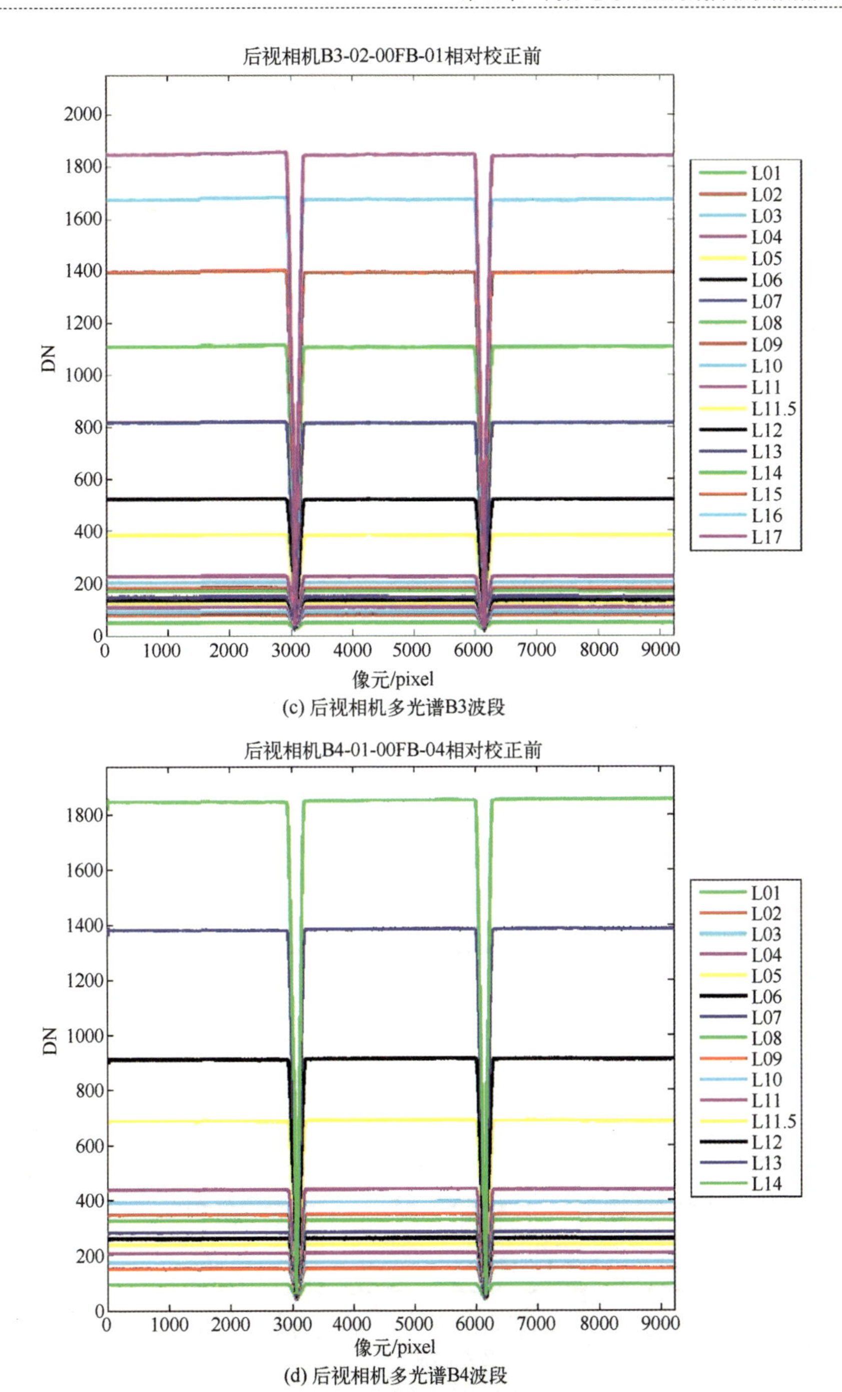

(c) 后视相机多光谱B3波段

(d) 后视相机多光谱B4波段

图 5.2　后视相机实验室相对校正前输出响应曲线

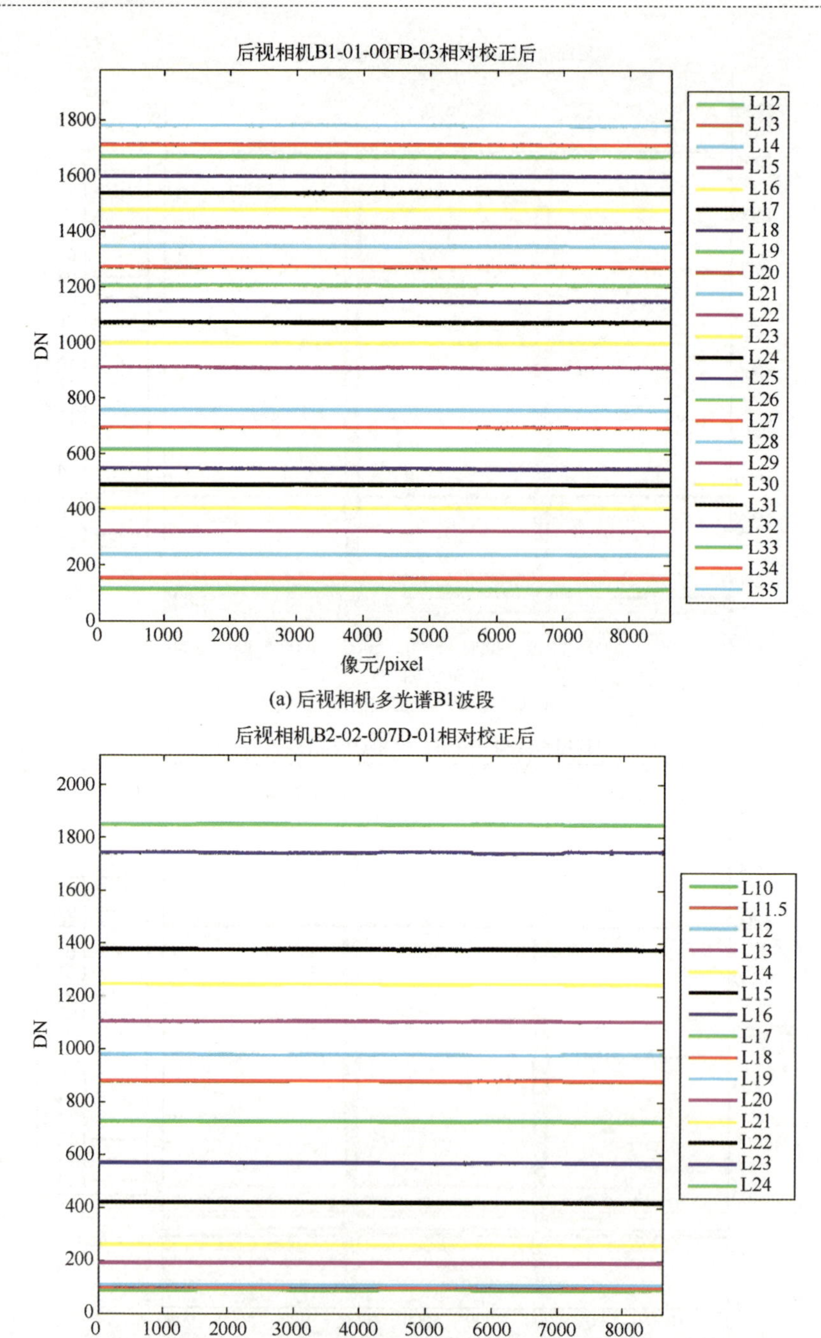

(a) 后视相机多光谱B1波段

(b) 后视相机多光谱B2波段

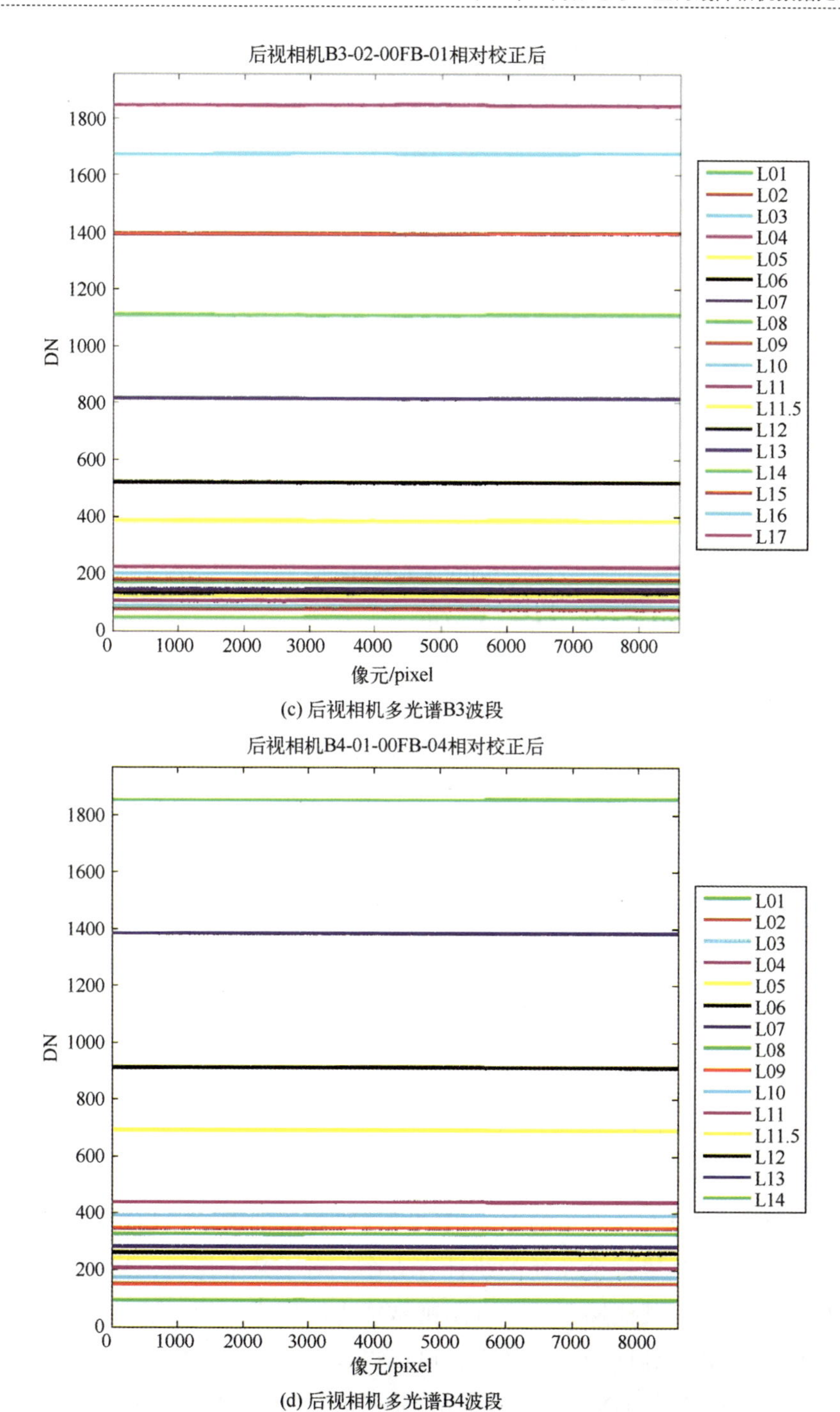

(c) 后视相机多光谱B3波段

(d) 后视相机多光谱B4波段

图 5.3　后视相机实验室相对校正后输出响应曲线

5.1.1.3 基于在轨原始条带影像数据统计的相对辐射校正处理

在高分七号卫星在轨运行一段时间后，实验室积分球相对辐射定标系数不再适用于影像的辐射校正处理，此时需要通过大量的在轨原始条带影像数据进行统计分析，消除地物和大气条件差异等外界影响因素，得到与在轨运行实际状态一致的相对辐射定标系数，用以消除或减少相机各探元之间的辐射响应不一致性。

5.1.1.4 高分七号卫星相机 CCD 的相对辐射校正模型构建

根据相机 CCD 的响应特性，对 CCD 的模型类型进行确定。通过对高分七号卫星相机进行地面实验数据的分析，可以初步确定 CCD 的模型为一次线性模型，即

$$\begin{cases} Y_i = \mathrm{Gain}_i \cdot I_i + \mathrm{Offset}_i \\ I_i = (Y_i - \mathrm{Offset}_i) / \mathrm{Gain}_i \end{cases} \tag{5.4}$$

式中：Y_i、I_i 分别为第 i 个 CCD 像元的影像输出和输入光强；Gain_i、Offset_i 分别为第 i 个像元的光电响应特性的增益和偏置。

以均匀光源照射时，由式（5.4）中的反函数可得

$$\begin{aligned} (Y_i - \mathrm{Offset}_i) / \mathrm{Gain}_i &= (Y_j - \mathrm{Offset}_j) / \mathrm{Gain}_j \\ &= \cdots = (Y_n - \mathrm{Offset}_n) / \mathrm{Gain}_n \end{aligned} \tag{5.5}$$

根据式（5.5）可得，在相机的线性成像模型条件下，当入射能量相同的情况下，各像元的输出之间也呈现线性关系[19]。换言之，如果将某个像元的输出作为标准输出，通过应用线性关系校正，其他像元的输出可以与标准输出相匹配，有

$$Y_{\mathrm{std}} = k_i \cdot Y_i + b_i = k_j \cdot Y_j + b_j = \cdots = k_n \cdot Y_n + b_n \tag{5.6}$$

式中：Y_{std}为标准的像元输出；(k_i, b_i)、(k_j, b_j)、(k_n, b_n)分别为第 i、j、n 个像元的校正模型。

为了处理高分七号卫星的多光谱和两线阵相机的大量原始影像数据，以探元为基本单位生成每个探元的统计直方图。对于某个探元，将其直方图作为期望直方图，而其他探元的直方图则被视为原始直方图。通过将每个探元的原始直方图映射到期望直方图上，可以得到该探元的直方图查找表。影像直方图用于描述影像 DN 值（数字值）的分布情况，横坐标表示 DN 值，纵坐标表示该 DN 值出现的概率。它反映了不同 DN 值的像素面积或像素数量在整幅影像中所占的比例。建立直方图查找表的原理是使经过匹配处理后的每个

探元的直方图的概率密度函数与期望直方图的概率密度函数相同。直方图匹配过程中生成对照查找表的步骤如下[19]：

(1) 求取影像每个探元直方图的概率密度和期望直方图的概率密度。

第 i 个探元的直方图中像素的 DN 值为 k 的概率密度函数 $p_i(k)$ 为

$$p_i(k)=\frac{n_k^i}{N_i} \tag{5.7}$$

式中：$k,l=0,1,2,\cdots,L-1$，当高分七号卫星影像采用 11bit 量化时，$L=2048$；i 为探元的个数，$i=1,2,\cdots,I$，其中 I 为探元的总个数；n_k^i 为第 i 个探元中 DN 值为 k 的像素数目；N_i 为第 i 个探元的直方图总像素数。

以某个设定探元作为期望直方图，其概率密度函数 $P(l)$ 为

$$P(l)=\frac{m_l}{M} \tag{5.8}$$

式中：m_l 为期望直方图中 DN 值为 l 的像素数目；M 为期望直方图总像素数。

(2) 求取每个探元的直方图的累计概率密度和基准探元期望直方图的累计概率密度。

第 i 个探元的直方图 DN 值为 k 对应的累计概率密度 S_k^i 为

$$S_k^i=\sum_{j=0}^{k}\frac{n_j^i}{N_i}=\sum_{j=0}^{k}p_i(j) \tag{5.9}$$

期望直方图 DN 值为 l 对应的累计概率密度 V_l为

$$V_l=\sum_{j=0}^{l}\frac{m_j}{M}=\sum_{j=0}^{l}P(l) \tag{5.10}$$

(3) 对照查找表的生成。

对第 i 个探元的任意 DN 值来说，在期望直方图上总能找到一个 l，使得 $V_l\leqslant S_k^i\leqslant V_{l+1}$。如果 $|V_l-S_k^i|-|S_k^i-V_{l+1}|\leqslant 0$，则用 l 代替 DN 值 k；如果 $|V_l-S_k^i|-|S_k^i-V_{l+1}|>0$，则用 $l+1$ 代替 DN 值 k。用同样的方法处理所有的探元，这样便可以获得该影像的直方图查找表。

(4) 将该查找表进行最小二乘线性拟合，计算相对辐射定标系数，作为相对辐射校正参数，或直接将该查找表作为相对辐射校正参数。

假设现在只看第 i 个像元的关系，即

$$Y_{\text{std}}=k_i\cdot Y_i+b_i \tag{5.11}$$

两边取均值，可得

$$E(Y_{\text{std}})=E(k_i\cdot Y_i+b_i)=k_i\cdot E(Y_i)+b_i \tag{5.12}$$

式中：$E(x)$为 x 的数学期望。两边取标准差，可得

$$D(Y_{\mathrm{std}})=D(k_i\cdot Y_i+b_i)=E\ (k_i\cdot Y_i+b_i)^2-E^2(k_i\cdot Y_i+b_i)=k_i^2\cdot D(Y_i) \tag{5.13}$$

式中：$D(x)$表示 x 的标准差。

对原始的卫星影像数据，首先按列方向统计其数据的特征值，然后根据先验的相机 CCD 特性，计算出每个 CCD 像元的校正模型，即

$$\begin{cases}k_i=\sqrt{D(Y_{\mathrm{std}})/D(Y_i)}\\ b_i=E(Y_{\mathrm{std}})-k_i\cdot E(Y_i)\end{cases} \tag{5.14}$$

从式（5.14）可以看出，只要能够计算出每个像元（反映在影像上则是每列数据）的均值和标准差，以及所有像元（整个影像数据）的均值和标准差，就可以计算出每个像元的校正模型(k_i,b_i)。

根据每个像元的校正模型(k_i,b_i)，对高分七号卫星原始影像每一行相应的像元输出值进行修正，即

$$Y_{i,\mathrm{out}}=k_i\cdot Y_{i,\mathrm{in}}+b_i \tag{5.15}$$

式（5.15）中输入数据为卫星的原始影像数据，输出数据为相机 CCD 的辐射校正模型参数；根据需要还可以输出直方图统计结果。

根据相对辐射校正模型处理输出高分七号卫星相对辐射校正影像产品，如图 5.4 和图 5.5 所示。

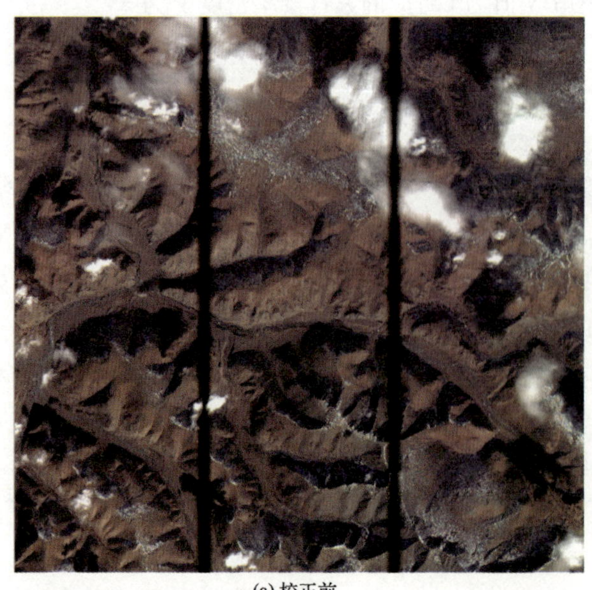

(a) 校正前

(b) 校正后

图 5.4　高分七号卫星后视相机多光谱影像相对辐射校正处理前后对比

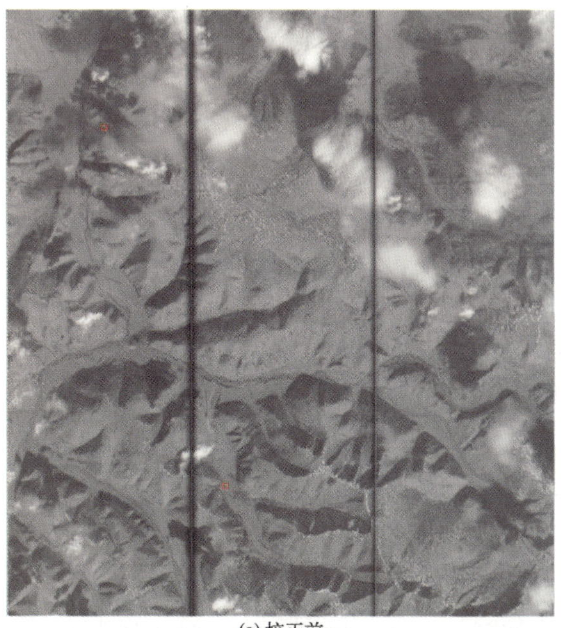

(a) 校正前

(b) 校正后

图 5.5 高分七号卫星后视相机全色波段相对辐射校正处理前后对比

5.1.2 绝对辐射定标处理

5.1.2.1 实验室绝对辐射定标

高分七号卫星载荷在实验室使用积分球开展绝对辐射定标，积分球绝对辐射定标试验流程见图 5.6。用积分球绝对辐射定标系统作为可输出不同辐亮度级次的稳定均匀辐射源，通过图像采集设备采集相机系统在不同辐亮度条件下的定标图像。在每档辐亮度情况下，得到相机系统的积分球绝对辐射定标数据。

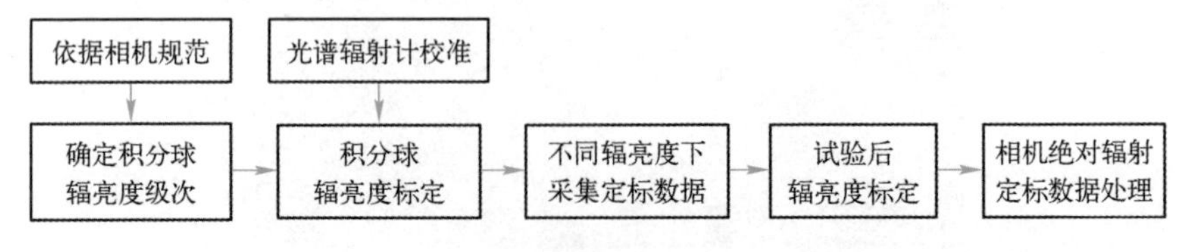

图 5.6 高分七号卫星载荷实验室积分球绝对辐射定标试验流程

高分七号卫星载荷在实验室绝对辐射定标用 ϕ2.5m 积分球的辐亮度动态

范围较大，采集定标数据前利用光谱辐亮度计 PR735 标定不同级次下积分球出口处的光谱辐亮度，积分球光谱辐射经过相机系统滤波后的入瞳前等效辐亮度计算公式为

$$L_e = \int L(\lambda).R(\lambda)/\int R(\lambda)\mathrm{d}\lambda \tag{5.16}$$

式中：L_e 为相机入瞳前的等效辐亮度；$L(\lambda)$ 为积分球的光谱辐亮度；$R(\lambda)$ 为相机系统的光谱响应，其归一化结果为相对光谱响应。

如表 5.2 所列，实验室绝对辐射定标规范要求相机入瞳辐亮度 $L_1(\theta=20°,\rho=0.05)$，$L_2(\theta=70°, \rho=0.65)$，其中：$\theta$ 为太阳高度角；ρ 为地面反射率。相机测试要求的入瞳辐亮度范围调整积分球辐亮度，使相机入瞳等效辐亮度可达到不同的三个辐亮度级次，并保证相机在每个参数组合下至少有 4 个辐射定标测试点。

表 5.2　实验室绝对辐射定标规范要求的入瞳辐亮度

谱段范围	规范要求的入瞳辐亮度/($W \cdot m^{-2} \cdot sr^{-1}$)	
	$L_1(\theta=20°, \rho=0.05)$	$L_2(\theta=70°, \rho=0.65)$
P：450~900nm	7.07	115.02
B1：450~520nm	2.29	24.25
B2：520~590nm	1.49	21.8
B3：630~690nm	0.83	15.95
B4：770~890nm	0.94	22.59

由积分球出口光谱辐亮度测试结果，结合相机光谱响应，计算得到积分球输出级次的等效辐亮度，根据式（5.17）计算出实验室绝对辐射定标系数，即

$$\mathrm{DN} = A \cdot L_e + B \tag{5.17}$$

式中：DN 为每一个辐亮度级下相机输出 DN 值的平均值；A 为绝对定标系数，单位为 $\mathrm{DN}/(W \cdot m^{-2} \cdot sr^{-1} \cdot \mu m^{-1})$；$B$ 为 DN 偏置量；L_e 为 CCD 相机入瞳处的等效光谱辐亮度，单位为 $W \cdot m^{-2} \cdot sr^{-1} \cdot \mu m^{-1}$。

由式（5.17）可得

$$A = \frac{\mathrm{DN} - \mathrm{DN}_0}{L_e} \tag{5.18}$$

由式（5.18）可计算出相机的实验室绝对辐射定标系数。

实验室绝对辐射定标误差按表 5.3 中各误差源大小的均方根误差（RMS）估算，绝对辐射定标精度估算结果为 5.71%。

表 5.3　实验室绝对辐射定标精度估算

序　号	误　差　源	参　考　值
σ_1	积分球辐亮度标定	4.00%
σ_2	辐射定标源（积分球）面均匀性（峰谷值）	1.00%
σ_3	辐射定标源（积分球）辐亮度稳定性	0.50%
σ_4	辐射定标源（积分球）角均匀性	1.00%
σ_5	相机探测器像元响应稳定性	2.00%
σ_6	量化误差	0.50%
σ_7	系统非线性误差（相机输出信号的最大非线性误差）	1.69%
σ_8	相机视场外杂光	1.41%
σ_9	光谱响应函数测试引入误差	2.3%
总误差（RMS）	$\sigma=\sqrt{\sigma_1^2+\sigma_2^2+\sigma_3^2+\sigma_4^2+\sigma_5^2+\sigma_6^2+\sigma_7^2+\sigma_8^2+\sigma_9^2}$	5.71%

5.1.2.2　外场绝对辐射定标

高分七号卫星采用反射率基法进行在轨绝对辐射定标，技术流程如图 5.7 所示。当卫星经过辐射定标场地上空时，测量地面固定靶标（图 5.8）或自然地物的光谱反射率，并获取空中、地面和大气环境数据。通过计算大气消光系数、水和臭氧含量，分析光谱反射率数据以及卫星成像时的几何参数和时间，将获取的各种参数与计算结果应用于大气辐射传输模型中。这样可以计算得到卫星载荷入瞳处的辐射亮度，并进行定标系数的计算和误差分析。通过在轨绝对辐射定标试验，可获得高分七号卫星相机各波段的绝对辐射定标系数，并被记录在辐射校正影像产品的配置文件中，作为附属文件使用。

1）地物光谱反射率测量

同步地物光谱采集的目的是为高分七号卫星相机绝对辐射定标提供地面像元“真值”，地物光谱测量采用间接法观测，即通过分别观测参考板和目标的方法计算光谱反射率。根据仪器探头的视场角和观测目标，在观测时分别对各靶标进行同步光谱测量和地表其他相关参数测量以及影像参数获取。自然地物和辐射靶标的光谱数据获取主要是为卫星相机提供地物反射和辐射测量的真值，必须保证测量光谱是像元光谱而非组分光谱，同步性好，能够与卫星相机获取的数据匹配。因此，必须设计测量高度、测量路线等方案，保证在卫星过境时能准确测量到地物像元光谱真值，以便进行辐射定标与应用

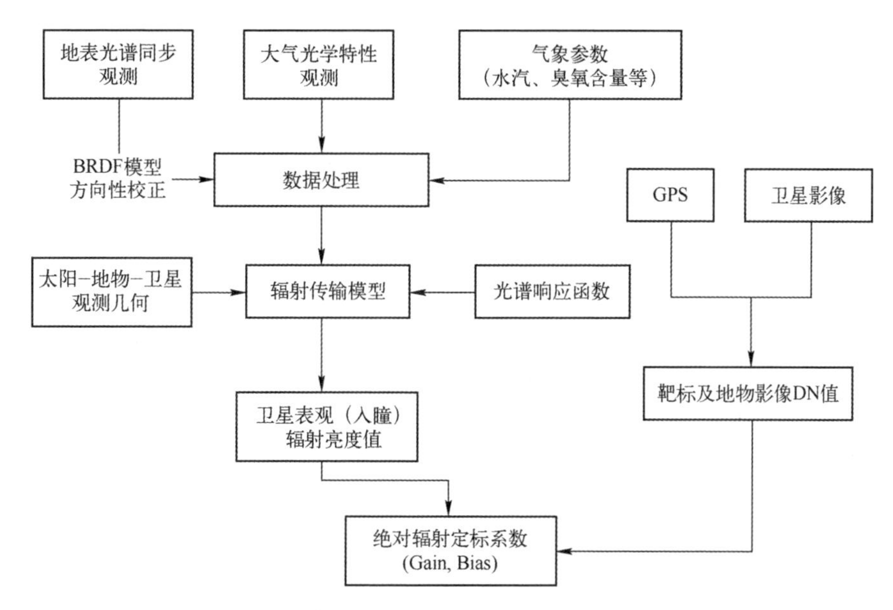

图 5.7　高分七号卫星绝对辐射定标技术流程

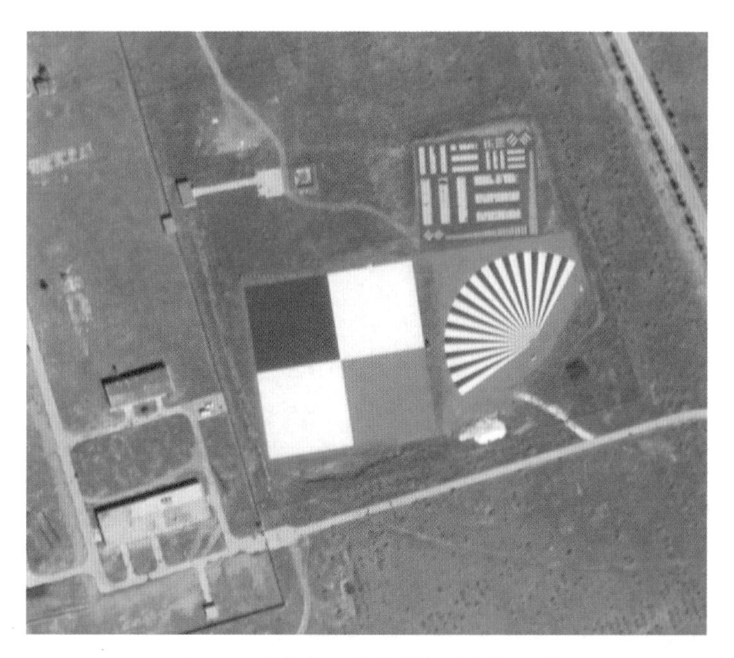

图 5.8　定标场固定辐射灰阶靶标示意

结果验证。

卫星观测的光谱辐亮度 $L(\lambda)$ 可表示为

$$L(\lambda)=\frac{1}{\pi}\int_{\lambda_1}^{\lambda_2}E_0(\lambda)\cdot R(\lambda)\cdot[\tau_\theta(\lambda)\cdot\tau_Z(\lambda)\cdot\rho(\lambda)\cdot\cos\theta+r(\lambda)]\mathrm{d}\lambda \tag{5.19}$$

式中：$E_0(\lambda)$为大气层顶部的太阳光谱辐照度，单位为$\mathrm{W}\cdot\mathrm{m}^{-2}\cdot\mu\mathrm{m}^{-1}$；$R(\lambda)$为传感器波段的光谱响应函数；$\tau_\theta(\lambda)$为太阳天顶角为$\theta$时的大气光谱透射率；$\tau_Z(\lambda)$为大气在天顶方向的光谱透射率；$\rho(\lambda)$为地物的光谱反射率；$r(\lambda)$为大气对电磁辐射的散射影响。

在地面进行地物光谱观测时，由于光谱仪探头到地物的高度相对于卫星传感器到地物的高度小得多，光谱仪探头到地物之间大气对电磁辐射的散射影响可以忽略不计，可同时测得地物和参考板的反射光谱辐亮度为

$$L(\lambda)_\mathrm{T}=\frac{1}{\pi}E_0(\lambda)\cdot\cos\theta\cdot\tau_\theta(\lambda)\cdot\rho(\lambda)_\mathrm{T}\cdot\tau_Z(\lambda)\cdot\Delta\lambda\cdot K(\lambda) \tag{5.20}$$

$$L(\lambda)_\mathrm{P}=\frac{1}{\pi}E_0(\lambda)\cdot\cos\theta\cdot\tau_\theta(\lambda)\cdot\rho(\lambda)_\mathrm{P}\cdot\tau_Z(\lambda)\cdot\Delta\lambda\cdot K(\lambda) \tag{5.21}$$

式中：$\Delta\lambda$为光谱段；$K(\lambda)$为光度计光谱回应率（灵敏度）。

取两式之比，可得

$$\frac{L(\lambda)_\mathrm{T}}{L(\lambda)_\mathrm{P}}=\frac{\rho(\lambda)_\mathrm{T}}{\rho(\lambda)_\mathrm{P}} \tag{5.22}$$

因此有

$$\rho(\lambda)_\mathrm{T}=\rho(\lambda)_\mathrm{P}\frac{L(\lambda)_\mathrm{T}}{L(\lambda)_\mathrm{P}} \tag{5.23}$$

式中：$\rho(\lambda)_\mathrm{P}$为已知参考板的光谱反射率；$\rho(\lambda)_\mathrm{T}$为被测地物的光谱反射率。

2）大气光学特性同步观测

为确保载荷获取影像的辐射定标精度，必须在高分七号卫星过境时同步利用太阳光度计 CE318 连续监测太阳光谱信息和地球辐射收支信息，并监测空气能见度和气溶胶的类型、粒径组成和气溶胶光学厚度，为遥感影像大气校正提供完整的大气参数，即计算出整层大气光学厚度τ_0和目标-传感器的大气光学厚度τ_v。

3）大气及气象参数获取

在高分七号卫星过境时刻，利用无线电探空气球监测辐射定标场各类大气参数和配套的气象参数，包括连续监测大气温度廓线、湿度廓线、以及二氧化碳、水汽、臭氧等主要吸收气体浓度廓线等。

5.1.2.3　大气辐射传输计算与绝对辐射定标系数确定

1）获取太阳–地物–卫星观测几何条件

卫星过境时，测量当时的太阳天顶角 θ_0 和卫星传感器观测天顶角 θ_v，并求出 $\mu_0=\cos\theta_0$ 和 $\mu_v=\cos\theta_v$，计算卫星过境时刻的太阳方位角和卫星观测方位角。

2）大气参数计算

测量大气环境参量，计算出整层大气光学厚度 τ_0 和目标–传感器的大气光学厚度 τ_v，并计算出太阳–目标的大气透射率 $T_{\theta_0}=\mathrm{e}^{-\tau_0/\cos\theta_0}$ 和目标–传感器的大气透射率 $T_{\theta_v}=\mathrm{e}^{-\tau_v/\cos\theta_v}$。

3）卫星过境同步地面靶标反射率处理

测量光学人工靶标（辐射靶标）和自然靶标的反射率，假定测得地面靶标（大面积且表面均匀）反射率为 ρ_λ，利用高分七号卫星各相机通道响应函数，卷积计算通道等效反射率 ρ_{Band}。

4）卫星表观反射率计算

卫星载荷入瞳处表观反射率 $\rho^*(\mu_0,\phi_0;\mu_v,\phi_v)$ 为

$$\rho^*(\mu_0,\mu_v,\phi_0-\phi_v)=\rho_{\mathrm{a}}(\lambda)+\frac{\rho}{1-S(\lambda)\cdot\rho}T_{\theta_0}(\lambda)T_{\theta_v}(\lambda) \tag{5.24}$$

$$\mu_0=\cos\theta_0,\quad \mu_v=\cos\theta_v$$

式中：S 为大气球面反照率；$\rho_{\mathrm{a}}(\lambda)$ 为大气反射率；$T_{\theta_0}=\mathrm{e}^{-\tau_0/\cos\theta_0}$ 为大气下行透射率；$T_{\theta_v}(\lambda)$ 为传感器和目标之间的透过率（包括直射透过率 $\mathrm{e}^{-\tau_v/\cos\theta_v}$ 和散射透过率 $t'_{\mathrm{d}}(\theta_v)$，且有 $T_{\theta_v}(\lambda)=\mathrm{e}^{-\tau_v/\cos\theta_v}+t'_{\mathrm{d}}(\theta_v)$）。

5）卫星传感器入瞳处辐射亮度计算

求取地物在传感器入瞳处的辐射亮度 $L(\theta_0,\phi_0;\theta_v,\phi_v)$：

$$L(\theta_0,\phi_0;\theta_v,\phi_v)=\frac{\mu_0E_0\rho^*}{\pi\cdot d^2} \tag{5.25}$$

$$\mu_0=\cos\theta_0$$

式中：d 为日地天文单位距离，取值 1；E_0 为大气顶部的太阳辐照度；θ_0 为成像时的太阳高度角。

6）计算绝对辐射定标系数，进行误差分析

基于最小二乘法，计算绝对辐射定标系数，即

$$L=\mathrm{Gain}\times\mathrm{DN}+\mathrm{Bias} \tag{5.26}$$

式中：L 为地物在传感器入瞳处的辐射亮度；DN 为载荷获取的数字图像上相应区域的像元灰度值。

通过求解辐射定标参数的增益（Gain）和偏置（Bias），可以确定辐射定标参数的数值。在仪器严格定标且现场测量条件准确控制的情况下，进行误差分析。将所获取的高分七号卫星相机各波段的绝对辐射定标系数作为附属文件，并记录在辐射校正影像产品的配置文件中。

7）绝对辐射定标系数不确定度分析

为了保证高分七号卫星的外场绝对辐射定标系数精度，进一步分析了试验过程中各种因素对定标系数的影响及不确定度。基于反射率基法的高分七号卫星在轨绝对辐射定标中不确定性的因素有很多，主要有地面靶标反射率测量、大气光学特性参数测量和辐射传输模型引起的误差等。地面靶标反射率的测量误差主要是由参考板定标精度和场地测量误差组成，其中参考板定标精度约为 2%，地物光谱测量本身带来的误差约为 0.5%，固定灰阶靶标 BRDF 方向性校正误差约为 2%。大气气溶胶光学厚度由严格定标的太阳光度计 CE318 测量，其误差约为 2%，利用 AERONET 算法反演大气气溶胶物理性质参数的误差约为 1%。在可见近红外波段，大气吸收透过率主要受氧气、臭氧等特征吸收气体的影响，通过选取合适的大气模式，综合考虑大气吸收引入约 1.5%的误差，另外还需综合考虑辐射传输模型固有误差和太阳-卫星观测几何等因素。目前对绝对辐射定标不确定度的计算方法是通过各误差分量的均方和的根来表示。根据以上分析，本次辐射定标的总合成不确定度为 4.33%，小于 5%，如表 5.4 所列。

表 5.4　高分七号卫星在轨绝对辐射定标不确定度分析

不确定度来源	不确定度贡献	
靶标反射率测量	参考板定标	2%
	测量误差	0.5%
	靶标方向性修正	2%
大气气溶胶光学厚度		2%
大气气溶胶微物理参数		1%
水汽臭氧 CO_2 等大气吸收		1.5%
辐射传输模型固有误差		2%
太阳-卫星观测几何因素		0.5%
总合成不确定度		4.33%

卡儿坐标；$[X_{GPS} \quad Y_{GPS} \quad Z_{GPS}]^{T}$WGS84 为 GPS 天线的相位中心在 WGS84 坐标系下的坐标；$[d_x \quad d_y \quad d_z]^{T}$ 为相机坐标系原点相对于本体坐标系原点的平移量；$[D_x \quad D_y \quad D_z]^{T}$ 为 GPS 天线的相位中心在本体坐标系下的 3 个偏移量；(ψ_X,ψ_Y)为像素在相机坐标系下的指向角。

令 X_s、Y_s、Z_s 和 X_{v_s}、Y_{v_s}、Z_{v_s}为卫星质心在 WGS84 坐标系中的位置和速度，$\boldsymbol{P}(t)=[X_S \quad Y_S \quad Z_S]^{T}$，$\boldsymbol{V}(t)=[X_{v_S} \quad Y_{v_S} \quad Z_{v_S}]^{T}$，则 $\boldsymbol{Z}_2=\dfrac{\boldsymbol{P}(t)}{\|\boldsymbol{P}(t)\|}$，$\boldsymbol{X}_2=\dfrac{\boldsymbol{V}(t)\wedge \boldsymbol{Z}_2}{\|\boldsymbol{V}(t)\wedge \boldsymbol{Z}_2\|}$，$\boldsymbol{Y}_2=\boldsymbol{Z}_2\wedge \boldsymbol{X}_2$。

$$\boldsymbol{R}_{\mathrm{orbit}}^{\mathrm{WGS84}}\boldsymbol{R}_{\mathrm{body}}^{\mathrm{orbit}}=\boldsymbol{R}_{\mathrm{J2000}}^{\mathrm{WGS84}}\boldsymbol{R}_{\mathrm{body}}^{\mathrm{J2000}} \tag{5.29}$$

式中：$\boldsymbol{R}_{\mathrm{J2000}}^{\mathrm{WGS84}}$为在某一像元成像时刻由 J2000 坐标系到 WGS84 坐标系的旋转矩阵；$\boldsymbol{R}_{\mathrm{body}}^{\mathrm{J2000}}$为在某一成像时刻本体坐标系相对于 J2000 坐标系的转换矩阵，由星敏感器和陀螺提供的数据求得。通过四元数 q_1、q_2、q_3、q_4 构成旋转矩阵，即

$$\boldsymbol{R}_{\mathrm{body}}^{\mathrm{J2000}}=\begin{bmatrix} q_1^2-q_2^2-q_3^2+q_4^2 & 2(q_1q_2+q_3q_4) & 2(q_1q_3-q_2q_4) \\ 2(q_1q_2-q_3q_4) & -q_1^2+q_2^2-q_3^2+q_4^2 & 2(q_2q_3+q_1q_4) \\ 2(q_1q_3+q_2q_4) & 2(q_2q_3-q_1q_4) & -q_1^2-q_2^2+q_3^2+q_4^2 \end{bmatrix} \tag{5.30}$$

式中：$\boldsymbol{R}_{\mathrm{camera}}^{\mathrm{body}}$为相机坐标系到本体坐标系的旋转矩阵。

实际操作过程中，定义的指向角是定义在本体坐标系下的(ψ_x,ψ_y)，再直接由本体坐标系转换到 J2000 坐标系。因此，式（5.27）可以简化为

$$\begin{bmatrix} X \\ Y \\ Z \end{bmatrix}_{\mathrm{WGS84}}=\begin{bmatrix} X_{\mathrm{GPS}} \\ Y_{\mathrm{GPS}} \\ Z_{\mathrm{GPS}} \end{bmatrix}_{\mathrm{WGS84}}+\boldsymbol{R}_{\mathrm{J2000}}^{\mathrm{WGS84}}\cdot \boldsymbol{R}_{\mathrm{body}}^{\mathrm{J2000}}\cdot \begin{pmatrix} -\tan(\psi_y) \\ \tan(\psi_x) \\ -1 \end{pmatrix} \tag{5.31}$$

由式（5.27）和式（5.31）不难看出，严密成像几何模型是利用卫星的运动矢量、姿态、相机指向角建立起影像坐标与地固坐标之间的坐标转换式，其中需要的卫星基本运动矢量、卫星各成像时刻的姿态参数以及指向角均需从影像的辅助文件中获取。

由于严密成像几何模型建立了卫星影像与物方地面间的几何关系，因此具有很广的使用范围，如单（多）片空间后方交会、多片空间前方交会、数字微分纠正、区域网平差的基本误差方程等。

5.2.2　高分七号严密成像几何模型解算

严密成像模型的解算方法，在资源三号卫星数据处理几何方法中有比较详尽的阐述。高分七号的坐标系统转换、轨道内插、姿态内插、偏置矩阵构建、内方位元素模型解算等方法与资源三号基本相同。

本节针对高分七号卫星提供的辅助数据，对其严密成像几何模型进行适应性的改造，并举例进行正反计算。试验数据采用的是高分七号 01 星 2020 年 11 月 11 日 10 时 50 分获取的黑龙江地区后视全色数据，如表 5.6 和表 5.7 所列。

表 5.6　高分七号严密模型计算示例轨道数据

时　间	X/m	Y/m	Z/m	X_v/(m/s)	Y_v/(m/s)	Z_v/(m/s)
216557541.00	−2752891.90	3896938.60	4951701.60	−1666.38	5431.38	−5177.25
216557542.00	−2754556.20	3902367.70	4946521.30	−1662.23	5426.88	−5183.32
216557543.00	−2756216.30	3907792.40	4941335.00	−1658.09	5422.36	−5189.39
216557544.00	−2757872.40	3913212.50	4936142.60	−1653.94	5417.84	−5195.44
216557545.00	−2759524.20	3918628.00	4930944.10	−1649.79	5413.31	−5201.49
216557546.00	−2761171.90	3924039.10	4925739.60	−1645.64	5408.78	−5207.54
216557547.00	−2762815.50	3929445.60	4920529.00	−1641.49	5404.23	−5213.58
216557548.00	−2764454.90	3934847.60	4915312.40	−1637.33	5399.69	−5219.61
216557549.00	−2766090.20	3940245.00	4910089.80	−1633.18	5395.13	−5225.64
216557550.00	−2767721.30	3945637.80	4904861.10	−1629.02	5390.56	−5231.66
216557551.00	−2769348.20	3951026.10	4899626.50	−1624.86	5385.99	−5237.67
216557552.00	−2770971.00	3956409.80	4894385.80	−1620.70	5381.41	−5243.68
216557553.00	−2772589.60	3961788.90	4889139.10	−1616.54	5376.83	−5249.68
216557554.00	−2774204.10	3967163.50	4883886.40	−1612.38	5372.23	−5255.67
216557555.00	−2775814.40	3972533.40	4878627.80	−1608.22	5367.63	−5261.66
216557556.00	−2777420.50	3977898.70	4873363.10	−1604.06	5363.03	−5267.64

表 5.7　高分七号严密模型计算示例姿态数据

时　间	q_1	q_2	q_3	q_4
216557545.1167	0.349924297	−0.185002694	0.910922002	0.116396290
216557545.2417	0.349985224	−0.184986043	0.910899490	0.116415745
216557545.3667	0.350046028	−0.184969544	0.910877058	0.116434664

续表

时 间	q_1	q_2	q_3	q_4
216557545. 4917	0. 350107102	−0. 184952563	0. 910854571	0. 116453931
216557545. 6167	0. 350167467	−0. 184936017	0. 910832269	0. 116473143
216557545. 7417	0. 350228156	−0. 184919222	0. 910809869	0. 116492504
216557545. 8667	0. 350289275	−0. 184902645	0. 910787285	0. 116511613
216557545. 9917	0. 350350101	−0. 184886207	0. 910764751	0. 116530963
216557546. 1167	0. 350410900	−0. 184869358	0. 910742372	0. 116549793
216557546. 2417	0. 350471811	−0. 184852874	0. 910719785	0. 116569286
216557546. 3667	0. 350532491	−0. 184835905	0. 910697403	0. 116588599
216557546. 4917	0. 350593131	−0. 184819555	0. 910674938	0. 116607655
216557546. 6167	0. 350653950	−0. 184802942	0. 910652422	0. 116626958
216557546. 7417	0. 350714825	−0. 184786218	0. 910629937	0. 116645972
216557546. 8667	0. 350775790	−0. 184769276	0. 910607444	0. 116665087
216557546. 9917	0. 350836404	−0. 184752412	0. 910585003	0. 116684684
216557547. 1167	0. 350897128	−0. 184735840	0. 910562512	0. 116703839
216557547. 2417	0. 350958139	−0. 184719301	0. 910539924	0. 116722798
216557547. 3667	0. 351018857	−0. 184702731	0. 910517424	0. 116741951
216557547. 4917	0. 351079430	−0. 184686144	0. 910494966	0. 116761200
216557547. 6167	0. 351140324	−0. 184669480	0. 910472370	0. 116780644
216557547. 7417	0. 351201099	−0. 184652793	0. 910449894	0. 116799510
216557547. 8667	0. 351262137	−0. 184636307	0. 910427202	0. 116818900
216557547. 9917	0. 351322385	−0. 184619614	0. 910404900	0. 116837914
216557548. 1167	0. 351383191	−0. 184602642	0. 910382409	0. 116857124
216557548. 2417	0. 351444224	−0. 184585983	0. 910359744	0. 116876467
216557548. 3667	0. 351505403	−0. 184569167	0. 910337068	0. 116895667
216557548. 4917	0. 351565733	−0. 184552595	0. 910314665	0. 116914868
216557548. 6167	0. 351626526	−0. 184536136	0. 910292037	0. 116934206
216557548. 7417	0. 351687461	−0. 184519523	0. 910269398	0. 116953400
216557548. 8667	0. 351748254	−0. 184502551	0. 910246881	0. 116972605
216557548. 9917	0. 351808953	−0. 184485964	0. 910224324	0. 116991752
216557549. 1167	0. 351869885	−0. 184469346	0. 910201672	0. 117010944
216557549. 2417	0. 351930436	−0. 184452572	0. 910179192	0. 117030144
216557549. 3667	0. 351991128	−0. 184435986	0. 910156622	0. 117049288

续表

时　间	q_1	q_2	q_3	q_4
216557549. 4917	0. 352051996	−0. 184419306	0. 910133960	0. 117068723
216557549. 6167	0. 352112687	−0. 184402544	0. 910111421	0. 117087823
216557549. 7417	0. 352173431	−0. 184386014	0. 910088835	0. 117106722
216557549. 8667	0. 352234151	−0. 184369316	0. 910066206	0. 117126252
216557549. 9917	0. 352295161	−0. 184352474	0. 910043519	0. 117145543
216557550. 1167	0. 352355845	−0. 184335879	0. 910020922	0. 117164683
216557550. 2417	0. 352416584	−0. 184319343	0. 909998319	0. 117183580
216557550. 3667	0. 352477386	−0. 184302594	0. 909975628	0. 117203254
216557550. 4917	0. 352538065	−0. 184285998	0. 909953018	0. 117222393
216557550. 6166	0. 352598480	−0. 184269190	0. 909930615	0. 117241010
216557550. 7416	0. 352659334	−0. 184252493	0. 909907908	0. 117260441
216557550. 8666	0. 352720068	−0. 184235778	0. 909885322	0. 117279293
216557550. 9916	0. 352780773	−0. 184219067	0. 909862653	0. 117298819
216557551. 1166	0. 352841621	−0. 184202374	0. 909839934	0. 117318246
216557551. 2416	0. 352902492	−0. 184185846	0. 909817248	0. 117337041
216557551. 3666	0. 352962903	−0. 184169104	0. 909794658	0. 117356763
216557551. 4916	0. 353024006	−0. 184152372	0. 909771913	0. 117375562
216557551. 6166	0. 353084792	−0. 184135610	0. 909749178	0. 117395230
216557551. 7416	0. 353145366	−0. 184119046	0. 909726568	0. 117414219
216557551. 8666	0. 353206025	−0. 184102439	0. 909703910	0. 117433351
216557551. 9916	0. 353266685	−0. 184085658	0. 909681287	0. 117452440

5. 2. 2. 1　高分七号卫星严密成像几何模型

（1）轨道观测数据的适应性改造。

高分七号卫星提供的辅助数据中的轨道数据是本体中心在 WGS84 下的位置和速度，严密成像几何模型不涉及 GPS 安置矩阵，模型可以写为

$$\begin{bmatrix} X \\ Y \\ Z \end{bmatrix}_{\mathrm{WGS84}} = \begin{bmatrix} X_{\mathrm{GPS}} \\ Y_{\mathrm{GPS}} \\ Z_{\mathrm{GPS}} \end{bmatrix} + \boldsymbol{R}_{\mathrm{orbit}}^{\mathrm{WGS84}} \boldsymbol{R}_{\mathrm{body}}^{\mathrm{orbit}} \left[\begin{bmatrix} d_x \\ d_y \\ d_z \end{bmatrix} + m\boldsymbol{R}_{\mathrm{camera}}^{\mathrm{body}} \begin{bmatrix} X \\ Y \\ Z \end{bmatrix}_{\mathrm{camera}} \right] \tag{5.32}$$

（2）姿态观测数据的适应性改造。

高分七号卫星提供的辅助数据中的姿态数据为本体坐标系与 J2000 坐标系

的四元数，因此有 $\boldsymbol{R}_{\text{orbit}}^{\text{WGS84}}\boldsymbol{R}_{\text{body}}^{\text{orbit}}=\boldsymbol{R}_{\text{J2000}}^{\text{WGS84}}\boldsymbol{R}_{\text{body}}^{\text{J2000}}$，则式（5.32）改变为

$$\begin{bmatrix}X\\Y\\Z\end{bmatrix}_{\text{WGS84}}=\begin{bmatrix}X_{\text{GPS}}\\Y_{\text{GPS}}\\Z_{\text{GPS}}\end{bmatrix}+\boldsymbol{R}_{\text{J2000}}^{\text{WGS84}}\boldsymbol{R}_{\text{body}}^{\text{J2000}}\left[\begin{bmatrix}d_x\\d_y\\d_z\end{bmatrix}+m\boldsymbol{R}_{\text{camera}}^{\text{body}}\begin{bmatrix}X\\Y\\Z\end{bmatrix}_{\text{camera}}\right]\tag{5.33}$$

（3）探元视角的适应性改造。

针对探元指向角，高分七号的严密成像几何模型可表示为

$$\begin{bmatrix}X\\Y\\Z\end{bmatrix}_{\text{WGS84}}=\begin{bmatrix}X_{\text{S}}\\Y_{\text{S}}\\Z_{\text{S}}\end{bmatrix}_{\text{WGS84}}+m\boldsymbol{R}_{\text{J2000}}^{\text{WGS84}}\boldsymbol{R}_{\text{body}}^{\text{J2000}}\left\{\begin{bmatrix}d_x\\d_y\\d_z\end{bmatrix}+\boldsymbol{R}_{\text{camera}}^{\text{body}}\begin{bmatrix}x-x_0-\Delta x\\y-y_0-\Delta y\\-f\end{bmatrix}\right\}\tag{5.34}$$

式中：$\boldsymbol{R}_{\text{camera}}^{\text{body}}$ 为相机坐标系在卫星本体坐标系下的安装角确定的转换矩阵；$\boldsymbol{R}_{\text{body}}^{\text{J2000}}$ 为由定姿设备（星敏和陀螺）测量处理得到的卫星本体坐标系与 J2000 坐标系转换矩阵；$\boldsymbol{R}_{\text{J2000}}^{\text{WGS84}}$ 为 J2000 坐标系相对 WGS84 坐标系的转换矩阵；$[d_x\quad d_y\quad d_z]^{\text{T}}$ 为相机坐标系相对于卫星本体坐标系的原点偏移；(x_0,y_0) 为相机主点；f 为相机主距；$(\Delta x,\Delta y)$ 为相机像元畸变。

在高分七号卫星提供的辅助数据中，CCD 探元在本体坐标系中指向是经过在轨精确标定的，因此，可以去掉模型中的 $[d_x\quad d_y\quad d_z]^{\text{T}}$ 和 $\boldsymbol{R}_{\text{camera}}^{\text{body}}$ 两项。所以，最终产品处理模型可以修改为

$$\begin{bmatrix}X\\Y\\Z\end{bmatrix}_{\text{WGS84}}=\begin{bmatrix}X_{\text{GPS}}\\Y_{\text{GPS}}\\Z_{\text{GPS}}\end{bmatrix}+\boldsymbol{R}_{\text{orbit}}^{\text{WGS84}}\boldsymbol{R}_{\text{body}}^{\text{orbit}}\begin{bmatrix}X\\Y\\Z\end{bmatrix}_{\text{camera}}\tag{5.35}$$

5.2.2.2 高分七号卫星严密成像几何模型的正计算

正计算是指根据原始的轨道数据和姿态数据，利用每个像素对应的高程数据，从原始影像坐标到一定地图投影坐标的计算。具体过程就是建立影像 l 行上 p 像素与 WGS84 坐标系 $(X,Y,Z)^{\text{T}}$ 之间的坐标转换关系 $(X,Y,Z)^{\text{T}}=\text{sensor\_model\_func}(l,p,h)$，高程 h 为 250.81457。

1）l 行积分时间计算

高分七号卫星系统提供了影像各行的成像时间，在计算像点行方向坐标 l（28400.0000）的成像时间时，需要线性内插 l 的成像时间，结果为 216557549.29355037。

2）l 行成像时刻卫星位置和速度计算

对 GPS 观测值进行内插，获得 l 行卫星成像时刻的位置和速度。计算结果为

$$\begin{bmatrix} X_S \\ Y_S \\ Z_S \end{bmatrix} = \begin{bmatrix} -2766569.4174744356 \\ 3941828.5220415150 \\ 4908555.5318165459 \end{bmatrix}$$

$$\begin{bmatrix} X_{V_S} \\ Y_{V_S} \\ Z_{V_S} \end{bmatrix} = \begin{bmatrix} -1631.9567901214182 \\ 5393.7879863753606 \\ -5227.4063202241068 \end{bmatrix}$$

3）l 行成像时刻姿态内插

高分七号辅助数据提供了本体与 J2000 坐标系的关系 $\boldsymbol{R}_{\text{body}}^{\text{J2000}}$，可以内插获得 l 行成像时刻的卫星姿态，在与在轨标定获得的 $\boldsymbol{R}_{\text{Cam}}^{\text{body}}$ 相乘后转换到 WGS84 坐标系下，得到相机在 WGS84 下的指向 $\boldsymbol{R}_{\text{Cam}}^{\text{WGS84}}$，即

$$\boldsymbol{R}_{\text{Cam}}^{\text{WGS84}} = \boldsymbol{R}_{\text{J2000}}^{\text{WGS84}} \boldsymbol{R}_{\text{body}}^{\text{J2000}} \boldsymbol{R}_{\text{Cam}}^{\text{body}} =$$

$$\begin{bmatrix} -0.20922058222378817 & 0.92879342560763889 & 0.30589135411444085 \\ 0.69612942715238535 & 0.36115466733900536 & -0.62046041526574769 \\ -0.68675364478569079 & 0.083126883781840036 & -0.72212142508465260 \end{bmatrix}$$

式中：$\boldsymbol{R}_{\text{body}}^{\text{J2000}}$ 为根据 l 行成像时刻姿态四元组计算。

4）l 行上 p 像素在相机坐标系的指向

取 l 行 5200 列的像素，内插标定获得的各探元指向角，得到其在相机坐标系的指向，即

$$\boldsymbol{u}_1 = [-0.087144497717327921 \quad 0.015977363545781175 \quad 0.99606754809687503]^{\text{T}}$$

5）l 行上 p 像素在地面坐标系的指向

根据 l 行姿态内插数据，计算由四元组构成的本体相对于地面坐标系的指向，即

$$\boldsymbol{u}_3 = \boldsymbol{R}_{\text{Cam}}^{\text{WGS84}} \boldsymbol{u}_1 =$$

$$[0.33776054384668774 \quad -0.67291403438403719 \quad -0.65810676743928764]^{\text{T}}$$

6）l 行上 p 像素在地球模型上定位

根据 l 行上 p 像素成像时刻相机本体坐标系原点在地心坐标系下的坐标，计算其在地心坐标系的坐标，即

$$\begin{cases} X = X_S + m \times (u_3)_X \\ Y = Y_S + m \times (u_3)_Y \\ Z = Z_S + m \times (u_3)_Z \end{cases} \tag{5.36}$$

$$\frac{X^2+Y^2}{A^2} + \frac{Z^2}{B^2} = 1 \tag{5.37}$$

$$\left(\frac{X_i^2+Y_i^2}{A^2} + \frac{Z_i^2}{B^2}\right) m^2 + 2\left(\frac{X_S X_i + Y_S Y_i}{A^2} + \frac{Z_S Z_i}{B^2}\right) m + \left(\frac{X_S^2+Y_S^2}{A^2} + \frac{Z_S^2}{B^2}\right) = 1 \tag{5.38}$$

式中：X, Y, Z 为 l 行上 p 像素在地心坐标系坐标；X_S, Y_S, Z_S 为 l 行上 p 像素成像时刻相机原点在地心坐标系下的坐标；$A=a+h$，$B=b+h$，a、b 为椭球系数，h 为 l 行上 p 像素的椭球高。

计算结果如下：

$$A = 6378137.0000000$$

$$B = 6356825.3140000$$

$$E_A = \left(\frac{X_i^2+Y_i^2}{A^2} + \frac{Z_i^2}{B^2}\right) = 2.4651532653648401 \times 10^{-14}$$

$$E_B = 2\left(\frac{X_S X_i + Y_S Y_i}{A^2} + \frac{Z_S Z_i}{B^2}\right) = -3.3620596924530382 \times 10^{-7}$$

$$E_C = \left(\frac{X_S^2+Y_S^2}{A^2} + \frac{Z_S^2}{B^2}\right) = 0.16626701596136062$$

$$m = \frac{-E_B - \sqrt{E_B E_B - 4 E_A E_C}}{2E_A} = 513903.44439614820$$

根据式（5.38）计算得

$$[X\ Y\ Z] = [-2592993.1106105065 \quad 3596015.6819890500 \quad 4570352.1972490810]$$

将上述结果转换为经纬度坐标，可以得到 l 行 p 像素地面坐标为经度 125.79439011222250、纬度 46.063809306336488，完成影像坐标到地面坐标的定位。

5.2.2.3 高分七号卫星严密成像几何模型的反计算

反计算是指将某地面点在一定地图投影的平面位置及其高程转换到原始影像像素坐标的计算。遥感影像的总体变形包括平移、缩放、旋转、仿射、偏扭、弯曲以及更高次的基本变形，难以用一个简单的仿射变换来描述，但是在一个无限小的局部区域内，可以用一个包含平移、缩放和旋转关系的仿射变换来描述遥感影像的几何变形。

在高分七号工程中，反计算通常是基于正计算迭代解算的。利用光学卫星严密成像几何模型，反计算地面点坐标（125.79439011222250，46.063809306336488，73）的像点坐标，具体步骤如下：

（1）利用正变换计算出卫星原始影像的中心点和 4 个角点的影像坐标的地面点坐标，再利用这 5 个点计算仿射变换参数 f_0、f_1、f_2、g_0、g_1、g_2。

（2）取任意地面一点坐标（lat，lon）即（117.15491173370，39.154332890557），得到预测的影像坐标(x_p, y_p)即（5175.9307889245792，28412.711055966240）。

（3）根据光学卫星严密成像几何模型的正计算计算影像坐标(x_p, y_p, h)即（5175.9307889245792，28412.711055966240，100）的地面点坐标$(\mathrm{lat}_p, \mathrm{lon}_p)$即（125.79440263850746，46.063876956148398）。

（4）根据$(\mathrm{lat}_p, \mathrm{lon}_p)$与(lat, lon)之差和对应的像方误差(d$x$, d$y$) = (1.8887560981859199, 10.200470065384252)建立局部仿射变换模型。局部仿射变换模型计算数据如表 5.8 所列。

表 5.8　高分七号严密模型反算示例局部仿射变换模型计算数据

行/pixel	列/pixel	经度/(°)	纬度/(°)
5175.931	28412.71	125.7944	46.06388
5165.730	28402.51	125.7943	46.06395
5186.131	28402.51	125.7945	46.06392
5186.131	28422.91	125.7945	46.06381
5165.730	28422.91	125.7943	46.06383

（5）利用计算出的仿射变换系数，求得(lat, lon)对应的像点坐标为(5177.2274862485992，28424.287257505686)。重复步骤（2）~（5）直至满足式（5.39）的迭代条件 e 小于 0.000001 时，迭代终止，求得地面点对应的像点坐标(x_p, y_p)即（5177.2274862485992，28424.287257505686），通常迭代 2~3 次完成计算过程。

$$\begin{cases} e_s = |\mathrm{lat} - \mathrm{lat}_p| \\ e_l = |\mathrm{lon} - \mathrm{lon}_p| \\ e = (e_s)^2 + (e_l)^2 \end{cases} \tag{5.39}$$

5.2.3　有理函数模型

遥感影像几何校正模型（RPC 模型）又称有理函数模型，是直接利用比值多项式将地面点大地坐标 $D(D_{\mathrm{lat}},D_{\mathrm{lon}},D_{\mathrm{hei}})$ 与影像对应的像点坐标 $d(s,l)$ 联系起来的一种广义的遥感卫星传感器成像几何模型。当前绝大多数主流的商业卫星运营商均为其影像产品提供有理函数模型，如 Pleaides，SPOT 6，WorldView 1&2&3，SPOT 6 ，Quickbird 和 ALOS 等卫星影像均采用有理函数模型。高分七号卫星的基础影像产品（主要指传感器校正影像）也采用了 RPC 模型。

RPC 模型的一般表达式为

$$\begin{cases} Y=\dfrac{N_l(P,L,H)}{D_l(P,L,H)} \\ X=\dfrac{N_s(P,L,H)}{D_s(P,L,H)} \end{cases} \tag{5.40}$$

$$\begin{aligned} N_l(P,L,H)=&a_1+a_2L+a_3P+a_4H+a_5LP+a_6LH+a_7PH+a_8L^2+a_9P^2+\\ &a_{10}H^2+a_{11}PLH+a_{12}L^3+a_{13}LP^2+a_{14}LH^2+a_{15}L^2P+a_{16}P^3+a_{17}PH^2+\\ &a_{18}L^2H+a_{19}P^2H+a_{20}H^3 \\ D_l(P,L,H)=&b_1+b_2L+b_3P+b_4H+b_5LP+b_6LH+b_7PH+b_8L^2+b_9P^2+\\ &b_{10}H^2+b_{11}PLH+b_{12}L^3+b_{13}LP^2+b_{14}LH^2+b_{15}L^2P+b_{16}P^3+b_{17}PH^2+\\ &b_{18}L^2H+b_{19}P^2H+b_{20}H^3 \\ N_s(P,L,H)=&c_1+c_2L+c_3P+c_4H+c_5LP+c_6LH+c_7PH+c_8L^2+c_9P^2+\\ &c_{10}H^2+c_{11}PLH+c_{12}L^3+c_{13}LP^2+c_{14}LH^2+c_{15}L^2P+c_{16}P^3+c_{17}PH^2+\\ &c_{18}L^2H+c_{19}P^2H+c_{20}H^3 \\ D_s(P,L,H)=&d_1+d_2L+d_3P+d_4H+d_5LP+d_6LH+d_7PH+d_8L^2+d_9P^2+\\ &d_{10}H^2+d_{11}PLH+d_{12}L^3+d_{13}LP^2+d_{14}LH^2+d_{15}L^2P+d_{16}P^3+d_{17}PH^2+\\ &d_{18}L^2H+d_{19}P^2H+d_{20}H^3 \end{aligned}$$

$$\begin{cases} P=\dfrac{D_{\mathrm{lat}}-D_{\mathrm{lat\_off}}}{D_{\mathrm{lat\_scale}}} \\ L=\dfrac{D_{\mathrm{lon}}-D_{\mathrm{lon\_off}}}{D_{\mathrm{lon\_scale}}} \\ H=\dfrac{D_{\mathrm{hei}}-D_{\mathrm{hei\_off}}}{D_{\mathrm{hei\_scale}}} \end{cases} \tag{5.41}$$

$$\begin{cases} X=\dfrac{s-s_{\mathrm{off}}}{s_{\mathrm{scale}}} \\ Y=\dfrac{l-l_{\mathrm{off}}}{l_{\mathrm{scale}}} \end{cases} \tag{5.42}$$

式中，(P,L,H)为标准化的地面坐标；(X,Y)为标准化的影像坐标；a_i，b_i，c_i，d_i为RPC模型系数；$D_{\text{lat\_off}}$，$D_{\text{lat\_scale}}$，$D_{\text{lon\_off}}$，$D_{\text{lon\_scale}}$，$D_{\text{hei_off}}$和$D_{\text{hei_scale}}$为地面坐标的标准化参数；s_{off}，s_{scale}，l_{off}和l_{scale}为影像像素坐标的标准化参数。其中，b_1和d_1通常为1。

根据分母表现形式的不同，RPC模型可以分为9种不同的形式[23,25]，见表5.9。

表5.9　RPC模型形式

形式	分母	阶数	待求解RPC参数个数	需要的最小控制点数目
1	$D_s(P,L,H) \neq D_l(P,L,H)$ （分母不相同）	1	14	7
2		2	38	19
3		3	78	39
4	$D_s(P,L,H)=D_l(P,L,H)\,!\equiv 1$ （分母相同但不恒为1）	1	11	6
5		2	29	15
6		3	59	30
7	$D_s(P,L,H)=D_l(P,L,H)\equiv 1$ （分母相同且恒为1）	1	8	4
8		2	20	10
9		3	40	20

表5.9给出了在9种情况下待求解RPC参数的形式和需要的最小控制点数目。当RPC模型分母相同且恒为1（$D_s(P,L,H)=D_l(P,L,H)\equiv 1$）时，RPC模型退化为一般的三维多项式模型。当RPC模型分母相同但不恒为1（$D_s(P,L,H)=D_l(P,L,H)\,!\equiv 1$），且在一阶多项式的情况下，RPC模型退化为DLT（直接线性变换）模型。因此，RPC模型是一种通用成像模型。

5.2.4　高分七号RPC模型解算

高分七号工程应用时，传感器校正产品的严密成像几何模型参数已知，用严密成像几何模型建立地面点的立体空间格网和影像面之间的对应关系作为控制点来求解RPC参数。该方法求解RPC参数，不需要详细的地面控制信息，仅仅需要该影像覆盖地区的最大高程和最小高程。解算流程如图5.9所示。

本节采用高分七号卫星2020年11月11日获取的后视全色数据作为试验数据进行RPC模型计算。

对高分七号卫星在轨绝对辐射定标系数与实验室辐射定标系数进行对比，如表5.5所列。

表5.5 在轨绝对辐射定标系数与实验室辐射定标系数对比

单位：$W \cdot m^{-2} \cdot sr^{-1} \cdot \mu m^{-1}$

高分七号卫星	在轨绝对辐射定标系数		发射前实验室辐射定标系数	
	Gain	Bias	Gain	Bias
后视多光谱 MUX-B1	0.0987	-1.037	0.0928	0
后视多光谱 MUX-B2	0.0915	-1.763	0.0939	0
后视多光谱 MUX-B3	0.0716	-1.917	0.0726	0
后视多光谱 MUX-B4	0.0811	-0.342	0.0881	0
后视全色 BWD-PAN	0.0779	-0.756	0.0794	0
前视全色 FWD-PAN	0.0820	-1.994	0.0815	0

5.2 严密成像几何模型和有理函数模型

5.2.1 严密成像几何模型

严密成像几何模型主要用于建立影像坐标系和地固参考系（CTS）之间的转换关系。目前我国大多数高分辨率遥感卫星采用线阵相机推扫进行成像，严密成像几何模型的构建需要用到卫星的精密定轨、坐标系的转换、偏置矩阵和内方位元素的检校，以及姿轨参数的内插和精化等方法。根据对资源三号、法国SPOT以及日本ALOS等卫星资料的分析，基于推扫式相机的卫星严密成像几何模型可表示为

$$\begin{bmatrix} X \\ Y \\ Z \end{bmatrix}_{\text{WGS84}} = \begin{bmatrix} X_{\text{GPS}} \\ Y_{\text{GPS}} \\ Z_{\text{GPS}} \end{bmatrix}_{\text{WGS84}} + \boldsymbol{R}_{\text{orbit}}^{\text{WGS84}} \boldsymbol{R}_{\text{body}}^{\text{orbit}} \left[m \cdot \boldsymbol{R}_{\text{camera}}^{\text{body}} \begin{bmatrix} -\tan(\psi_X) \\ \tan(\psi_Y) \\ -1 \end{bmatrix} + \begin{bmatrix} d_x \\ d_y \\ d_z \end{bmatrix} + \begin{bmatrix} D_x \\ D_y \\ D_z \end{bmatrix} \right] \tag{5.27}$$

$$\boldsymbol{R}_{\text{orbit}}^{\text{WGS84}} = \begin{bmatrix} (\boldsymbol{X}_2)_X & (\boldsymbol{Y}_2)_X & (\boldsymbol{Z}_2)_X \\ (\boldsymbol{X}_2)_Y & (\boldsymbol{Y}_2)_Y & (\boldsymbol{Z}_2)_Y \\ (\boldsymbol{X}_2)_Z & (\boldsymbol{Y}_2)_Z & (\boldsymbol{Z}_2)_Z \end{bmatrix} = \boldsymbol{R}_1(-\omega)\boldsymbol{R}_2(\varphi)\boldsymbol{R}_3(\kappa) \tag{5.28}$$

式中：m为尺度因子；$[X \quad Y \quad Z]_{\text{WGS84}}^{\text{T}}$为地面点在WGS84坐标系下的三维笛

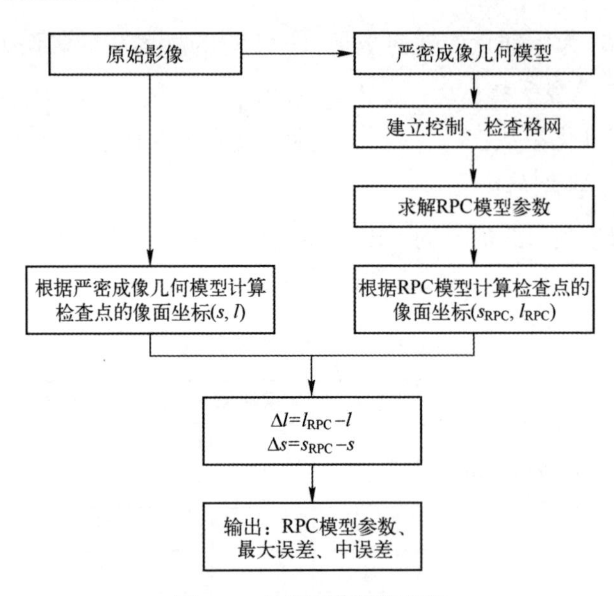

图 5.9　有理函数解算流程

(1) 建立控制格网和检查格网。

该组试验控制点和检查点的格网大小为 400pixel×400pixel，高程分 15 层，位置处于控制格网的中间。试验数据区域最大高程为 224.25118m，最小高程为 94.2642m，则高程格网间隔为 9.28478m。试验数据大小为 35864pixel×40000pixel，像面格网点数为 91×101。控制与检查格网点坐标如表 5.10 所列。

表 5.10　高分七号卫星 RPC 模型控制与检查格网点坐标

控制格网			检查格网		
s	l	H	s	l	H
0	0	94.2642	200	200	98.90659
400	0	94.2642	600	200	98.90659
⋮	⋮	⋮	⋮	⋮	⋮
35600	0	94.2642	35800	200	98.90659
0	400	94.2642	200	600	98.90659
400	400	94.2642	600	600	98.90659
⋮	⋮	⋮	⋮	⋮	⋮
35600	400	94.2642	35800	600	98.90659
0	39200	94.2642	200	39800	98.90659
400	39200	94.2642	600	39800	98.90659

续表

控制格网			检查格网		
s	*l*	*H*	*s*	*l*	*H*
⋮	⋮	⋮	⋮	⋮	⋮
35600	39200	94. 2642	35800	39800	98. 90659
⋮	⋮	⋮	⋮	⋮	⋮
0	0	159. 25769	200	200	163. 90008
400	0	159. 25769	600	200	163. 90008
⋮	⋮	⋮	⋮	⋮	⋮
35600	0	159. 25769	35800	200	163. 90008
0	400	159. 25769	200	600	163. 90008
400	400	159. 25769	600	600	163. 90008
⋮	⋮	⋮	⋮	⋮	⋮
35600	400	159. 25769	35800	600	163. 90008
0	40000	159. 25769	200	39400	163. 90008
400	40000	159. 25769	600	39400	163. 90008
⋮	⋮	⋮	⋮	⋮	⋮
35600	40000	159. 25769	35800	39400	163. 90008
⋮	⋮	⋮	⋮	⋮	⋮
0	0	224. 25118	200	200	219. 60879
400	0	224. 25118	600	200	219. 60879
⋮	⋮	⋮	⋮	⋮	⋮
35600	0	224. 25118	35800	200	219. 60879
0	400	224. 25118	200	600	219. 60879
400	400	224. 25118	600	600	219. 60879
⋮	⋮	⋮	⋮	⋮	⋮
35600	400	224. 25118	35800	600	219. 60879
0	40000	224. 25118	200	39800	219. 60879
400	40000	224. 25118	600	39800	219. 60879
⋮	⋮	⋮	⋮	⋮	⋮
35600	40000	224. 25118	35800	39800	219. 60879

（2）计算格网点对应的地面坐标。

对高分七号卫星严密成像几何模型进行反计算，计算对应格网点的地面坐标。

（3）计算标准化参数。

计算格网点的地面坐标和影像坐标的标准化参数，可得

$$D_{\text{lat\_off}}=46.09472650,\ D_{\text{lat\_scale}}=0.13798334$$

$$D_{\text{lon\_off}}=125.91517541,\ D_{\text{lon\_scale}}=0.18770471$$

$$D_{\text{hei\_off}}=159.258,\ D_{\text{hei\_scale}}=64.993$$

$$s_{\text{off}}=17800.000,\ s_{\text{scale}}=17800.000$$

$$l_{\text{off}}=20000.000,\ l_{\text{scale}}=20000.000$$

（4）计算标准化参数。

将控制点和检查点的地面坐标和影像坐标标准化。

（5）线性化与构建误差方程。

高分七号卫星按照分子与分母不同形式的三次多项式模型，将 7、8 参数形式的 RPC 模型进行线性化，构建误差方程。

（6）求解 RPC 参数。

利用虚拟格网控制点求解 RPC 参数，求解结果如下：

LINE_OFF：+020000.00 pixel

SAMP_OFF：+017800.00 pixel

LAT_OFF：+46.09472650 degree

LONG_OFF：+125.91517541 degree

HEIGHT_OFF：+159.258 meter

LINE_SCALE：+020000.00 pixel

SAMP_SCALE：+017800.00 pixel

LAT_SCALE：+00.13798334 degree

LONG_SCALE：+00.18770471 degree

HEIGHT_SCALE：+064.993 meter

LINE_NUM_COEFF_1：+2.52935101830323175522985401642017677659 17e-04

LINE_NUM_COEFF_2：−2.551286306959927308035673831909662112593 7e-01

LINE_NUM_COEFF_3：−1.145538062808865387154355630627833306789 4e+00

LINE_NUM_COEFF_4：−5.232558399258161038400394282632532849675 0e-04

LINE_NUM_COEFF_5：+6.392683621301553089852354183619809191441 2e-04

LINE_NUM_COEFF_6：+1. 5224925219706204634586210397428907015183e-07

LINE_NUM_COEFF_7：+3. 6156577479326265777835776316084803738704e-07

LINE_NUM_COEFF_8：−1. 1309789710783383319403494482457972480915e-03

LINE_NUM_COEFF_9：−1. 6970893213462948838701760401193041616352e-04

LINE_NUM_COEFF_10：+5. 5690962029964635877240580134461128691825e-09

LINE_NUM_COEFF_11：−2. 1985836930596403444108233446105393760206e-09

LINE_NUM_COEFF_12：+1. 2057459212629786174736314270650172630894e-07

LINE_NUM_COEFF_13：−1. 7821000675248043372737405225236795303090e-07

LINE_NUM_COEFF_14：+1. 0548093669881500721722358994555598932230e-11

LINE_NUM_COEFF_15：+5. 0290921649824421800321775158360004809310e-07

LINE_NUM_COEFF_16：+4. 8775258724468617692827720816114989155210e-08

LINE_NUM_COEFF_17：+5. 4883185974351493852360818351612814502971e-11

LINE_NUM_COEFF_18：−6. 9585304327621231679092846903085523013743e-10

LINE_NUM_COEFF_19：+7. 4168004929748262197074668093102131627425e-10

LINE_NUM_COEFF_20：−3. 6215179600066358375707974797661398190865e-14

LINE_DEN_COEFF_1：+1. 0000000000000000000000000000000000000000e+00

LINE_DEN_COEFF_2：+9. 3646200873717186786808486242961180323618e-05

LINE_DEN_COEFF_3：+9. 1225848725642319026266080506104572123149e-05

LINE_DEN_COEFF_4：−3. 2510635997008338712621925911672171594091e-07

LINE_DEN_COEFF_5：+1. 3663633680123927825300188948487445372848e-06

LINE_DEN_COEFF_6：+1. 7402346277897188553026475859881322394429e-09

LINE_DEN_COEFF_7：−1. 5667321139467569629425230023889691055583e-10

LINE_DEN_COEFF_8：−1. 0997142020593535984159493101852689278530e-06

LINE_DEN_COEFF_9：−2. 6017714997901701115955055802764217531831e-07

LINE_DEN_COEFF_10：−4. 7421685327543450111355421180796276825475e-11

LINE_DEN_COEFF_11：−1. 3997107262069250901543987596550990904279e-12

LINE_DEN_COEFF_12：−7. 7578188658210059230941388325577048878934e-10

LINE_DEN_COEFF_13：−2. 4732342073018179954273937110748038392671e-09

LINE_DEN_COEFF_14：−1. 1316170073016426826919465580093297416009e-16

LINE_DEN_COEFF_15：+1. 2504637011878049130646528054339877700230e-08

LINE_DEN_COEFF_16：−2. 3878283975136017032127297340373880962794e-10

LINE_DEN_COEFF_17：−7. 9480067547970514708555453961704232907523e-15

LINE_DEN_COEFF_18：+1. 4958947001944709369226233333244007839107e−12

LINE_DEN_COEFF_19：+4. 9209373387169251656425332905521750946967e−13

LINE_DEN_COEFF_20：+3. 2592915230887295335025132650469418735522e−15

SAMP_NUM_COEFF_1：+1. 0170066720593196399335944590802682796493e−03

SAMP_NUM_COEFF_2：+1. 2094065132402533890854101628065109252930e+00

SAMP_NUM_COEFF_3：−3. 1467002743260896746591015471494756639004e−01

SAMP_NUM_COEFF_4：+6. 4683544707639512028052308778569567948580e−04

SAMP_NUM_COEFF_5：−3. 1791364146559141466708009460262474021874e−03

SAMP_NUM_COEFF_6：+2. 5385686979151314165666693950518251199355e−06

SAMP_NUM_COEFF_7：−1. 0595647770853415444445091986302998066094e−06

SAMP_NUM_COEFF_8：−1. 3484831841846353552710757739419022982474e−03

SAMP_NUM_COEFF_9：+2. 4974532764434248565191265534224385191919e−04

SAMP_NUM_COEFF_10：−5. 0426142931254925399642833261024121860316e−09

SAMP_NUM_COEFF_11：−1. 7042683514765467587834808066947489546550e−08

SAMP_NUM_COEFF_12：−9. 5015939357321758390600855218033338189798e−07

SAMP_NUM_COEFF_13：−6. 8770904569006457724561487410142035514582e−06

SAMP_NUM_COEFF_14：−3. 3358306927296497208552413351115295547800e−09

SAMP_NUM_COEFF_15：−2. 9039214895679793992846334793611617897113e−06

SAMP_NUM_COEFF_16：+1. 7277636978202439667817637974911448850435e−06

SAMP_NUM_COEFF_17：+8. 6683623862460055379854197480076621884493e−10

SAMP_NUM_COEFF_18：−7. 2130813629854701240190332795637617735451e−09

SAMP_NUM_COEFF_19：−1. 0165617330303994450379470089072461713720e−09

SAMP_NUM_COEFF_20：−1. 7275515668376526748348091067647588035816e−12

SAMP_DEN_COEFF_1：+1. 0000000000000000000000000000000000000000e+00

SAMP_DEN_COEFF_2：+2. 4712081940523465857506568710277861100622e−03

SAMP_DEN_COEFF_3：−1. 2332511983797229005582751781844308425207e−03

SAMP_DEN_COEFF_4：−1. 3377563395931992137541377552167887188261e−04

SAMP_DEN_COEFF_5：−2. 9902043595614134487105026383169104065018e−05

SAMP_DEN_COEFF_6：+9. 7936249573431049164203509270476555315099e−08

SAMP_DEN_COEFF_7：+5. 0660433668208364622785941496982409226746e−08

SAMP_DEN_COEFF_8：+2. 7645269137962364525530969960875893320917e−05

SAMP_DEN_COEFF_9：−2. 1081631310035301964589046774811720297294e−06

SAMP_DEN_COEFF_10：-1.702993546577792530326418381832892512406 4e-09
SAMP_DEN_COEFF_11：+6.750649024584197139467961758479801204213 5e-10
SAMP_DEN_COEFF_12：-4.295696702999976775785184084435752716046 9e-08
SAMP_DEN_COEFF_13：+1.183855905145647337729080132619902121504 7e-08
SAMP_DEN_COEFF_14：-1.008292343012162686800783698241998267292 1e-11
SAMP_DEN_COEFF_15：-1.602779401798396745993058277665599398176 3e-07
SAMP_DEN_COEFF_16：-1.822676353854746762484187612950170542802 7e-08
SAMP_DEN_COEFF_17：-3.774134638379035755053305923779899270012 5e-12
SAMP_DEN_COEFF_18：-2.492679770030013191934047367179076194754 2e-11
SAMP_DEN_COEFF_19：+6.573457621441914681422759224815009770903 6e-10
SAMP_DEN_COEFF_20：+3.628830380357137506311310592343612977392 7e-13

（7）模型精度。

先利用步骤（2）计算得到地面点坐标，再利用步骤（6）求得的 RPC 和像点坐标，最后与格网的像点坐标对比分析，如表 5.11 所列。

表 5.11　高分七号 RPC 模型求解精度

类　型	s/pixel		l/pixel		平　面	
	最大	中误差	最大	中误差	最大	中误差
控制点	-2.427×10^{-5}	6.910×10^{-6}	1.597×10^{-4}	9.388×10^{-5}	1.597×10^{-4}	9.364×10^{-5}
检查点	-2.146×10^{-5}	6.650×10^{-6}	-1.653×10^{-4}	9.400×10^{-5}	1.654×10^{-4}	9.424×10^{-5}

表 5.11 表明，高分七号卫星的 RPC 模型替代平滑的严密几何模型，能够满足后续的生产要求，精度优于 5×10^{-4}pixel。

参考文献

[1] 唐新明，谢俊峰，莫凡，等．资源三号 02 星激光测高仪足印位置预报方法［J］．测绘学报，2017，46（7）：866-873.

[2] DELWART S，BOURG L. Radiometric cailbration of MERIS［C］//SPIE Remote Sensing，2004，Berlin，Germany.

[3] DELWART S，HUOT J P，BOURG L. Calibration and early results of MERIS on ENVISAT［C］//International Symposium on Remote Sensing，2002，Crete，Greece.

[4] GONG P. Some essential questions in remote sensing science and technology [J]. Journal of Remote Sensing, 2009, 13: 13-23.

[5] 潘志强，顾行发，刘国栋，等．基于探元直方图匹配的 CBERS-01 星 CCD 数据相对辐射校正方法 [J]. 武汉大学学报（信息科学版），2005, 30 (10): 925-927.

[6] 何红艳，王小勇，宗云花．CBERS-02B 卫星 TDICCD 相机的相对辐射定标方法及结果 [J]. 航天返回与遥感，2010, 31 (4): 38-44.

[7] SLATER P N, BIGGAR S F, HOLM R G, et al. Reflectance- and radiance-based methods for the in-flight absolute calibration of multispectral sensors [J]. Remote Sensing of Environment, 1987, 22: 11-37.

[8] BIGGAR S F, SANTER R P, SLATER P N. Irradiance-based calibration of imaging sensors [C]//10th Annual International Symposium on Geoscience and Remote Sensing, 1990, College Park, MD.

[9] BIGGAR S F, DINGUIRARD M C, GELLMAN G I, et al. Radiometric calibration of SPOT 2 HRV - a comparison of three methods [C]//Calibration of Passive Remote Observing Optical and Microwave Instrumentation, 1991, Orlando, FL, United States.

[10] BIGGAR S F, SLATER P N, GELLMAN D I. Uncertainties in the in-flight calibration of sensors with reference to measured ground sites in the 0.4 ~ 1.1μm range [J]. Remote Sensing of Environment, 1994, 48: 245-252.

[11] BIGGAR S F, THOME K J, WISNIEWSKI W. Vicarious radiometric calibration of EO-1 sensors by reference to high-reflectance ground targets [J]. IEEE Transactions on Geoscience and Remote Sensing, 2003, 41: 1174-1179.

[12] THOME K J. Absolute radiometric calibration of landsat 7 ETM+ using the reflectance-based method [J]. Remote Sensing of Environment, 2001, 78: 27-38.

[13] THOME K J, HELDER D L, AARON D, et al. Landsat-5 TM and Landsat-7 ETM+ absolute radiometric calibration using the reflectance-based method [J]. IEEE Transactions on Geoscience and Remote Sensing, 2004, 42: 2777-2785.

[14] THOME K J. Sampling and Uncertainty issues in trending reflectance-based vicarious calibration results [C]//Proceedings of SPIE - The International Society for Optical Engineering, August, 2005.

[15] NAUGHTON D, BRUNN A, CZAPLA-MYERS J S, et al. Absolute radiometric calibration of the rapid eye multispectral imager using the reflectance - based vicarious calibration method [J]. Journal of Applied Remote Sensing, 2011, 5: 053544.

[16] GAO H, GU X, YU T, et al. HJ-1A HSI on-orbit radiometric calibration and validation research [J]. Science China-Technological Sciences, 2010, 53: 3119-3128.

[17] MARKHAM B L, SCHAFER J S, WOOD J F M, et al. Monitoring large-aperture spherical

integrating sources with a portable radiometer during satellite instrument calibration [J]. Metrologia, 1998, 35: 643-648.

[18] 张玉香，张广顺，等. FY-1C 传感器可见近红外各通道在轨辐射定标 [J]. 气象学报，2002，60（6）：740-747.

[19] 唐新明，周平，等. 资源三号卫星影像产品及应用 [M]. 北京：科学出版社，2018.

[20] DINGUIRARD M, SLATER P N. Calibration of space-multispectral imaging sensors: A review [J]. Remote Sensing of Environment, 1999, 68: 194-205.

[21] XIONG X X, SUN J Q, BARNES W L. Multiyear on-orbit calibration and performance of Terra MODIS reflective solar bands [J]. IEEE Transactions on Geoscience and Remote Sensing, 2007, 45: 879-889.

[22] ZHANG L F, HUANG C P, WU T X, et al. Laboratory calibration of a outdoor imaging spectrometer system [J]. Sensors, 2011, 11: 2408-2425.

[23] KOUKAL T, SUPPAN F, SCHNEIDER W. The impact of relative radiometric calibration on the accuracy of kNN-predictions of forest attributes [J]. Remote Sensing of Environment, 2007, 110: 431-437.

[24] PAHLEVAN N, SCHOTT J R. Characterizing the relative calibration of Landsat-7 (ETM+) visible bands with Terra (MODIS) over clear waters: the implications for monitoring water resources [J]. Remote Sensing of Environment, 2012, 125: 167-180.

[25] TOUTIN T. Review article: Geometric processing of remote sensing images: models, algorithms and methods [J]. International Journal of Remote Sensing, 2004, 25 (10): 1893-1924.

第 6 章　高分七号卫星激光测高数据处理

6.1　卫星激光测高几何模型

卫星激光测高是一种通过在卫星平台上搭载激光测高仪，并以一定频率向地面发射激光脉冲，测量激光从卫星到地面再返回的时间，计算激光单向传输的精确距离，再结合精确姿态、卫星轨道、激光指向角等参数，最终获得激光足印脚点三维空间坐标的技术。在数据获取过程中，需要多种传感器数据协同工作、考虑多种因素对足印定位精度的影响，本节从坐标系统、大气延迟改正、三维几何定位、潮汐改正等几个方面分析激光测高原理，并构建了卫星激光测高几何模型。

6.1.1　坐标系统

如图 6.1 所示，假设高分七号卫星的星载激光测高仪在 t_1 时刻于 S_1 位置处向地表发射激光，在 t_2 时刻于 S_2 位置处接收到激光回波，激光到达地表 P 点的时刻为 $(t_1+t_2)/2$，据此，可基于已有不同时刻的卫星轨道位置及姿态信息内插出此刻卫星所在的轨道位置 S 及姿态，构建激光测高严格几何模型[1-3]。

高分七号卫星激光测高脚点定位具体解算过程主要涉及 5 个坐标框架，分别是激光测量坐标系、卫星基准坐标系、国际天球参考框架（ICRF）、国际地球参考框架（ITRF）及大地坐标系。各坐标系定义如下：

（1）激光测量平台坐标系：以激光发射参考点为原点，x 轴指向卫星飞行方向，z 轴指向天底方向，y 轴垂直于轨道平面，与 x、z 轴构成右手坐标系。

（2）卫星基准坐标系：坐标轴指向与激光测量坐标系相同，与激光测量

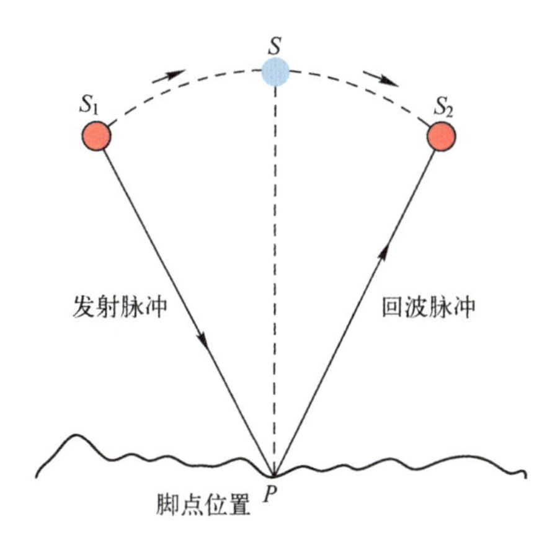

图 6.1　星载激光测高示意图[1]

坐标系仅存在原点偏移，又称卫星本体坐标系。

（3）国际天球参考框架：由国际地球自转服务组织（IERS）推荐，X 轴指向 J2000.0 动力学春分点，Z 轴指向北天极（NCP）方向，Y 轴与 X、Z 轴构成右手坐标系，为惯性参考系。在摄影测量中，常称为 J2000 坐标系，原点位于地球质心。

（4）国际地球参考框架：一种地固坐标系，原点位于地球的质心，X 轴指向格林尼治子午圈与赤道的交点，Z 轴指向协议地极（CTP），Y 轴与 X、Z 轴构成右手坐标系。高分七号卫星激光测高脚点定位中采用了 WGS84 地固坐标系。

（5）大地坐标系：一种以参考椭球为基准面建立的坐标系，由椭球体、椭球定位参数、椭球定向参数和大地起算数据共同确定，地面点的位置用大地经度、大地纬度和高程表示。

6.1.2　大气延迟改正

当激光脉冲穿过地球大气层时，由于大气折射率不均匀产生距离延迟，最大测距误差可达 2.5m，对最终的激光测量精度造成显著影响。激光测高系统单程大气折射延迟表示为[4]

$$\Delta L = \int_{S_{\mathrm{ATM}}} n(s)\,\mathrm{d}s - \int_{S_{\mathrm{VAC}}} \mathrm{d}s \tag{6.1}$$

式中：ΔL 为单程大气延迟值；$n(s)$ 为沿激光脉冲传播路径上的大气折射率；S_{ATM} 为实际发射激光脉冲从卫星传播到地球表面所穿越的曲线路径；S_{VAC} 为从卫星沿着激光脉冲方位角方向到地球反射表面的直线路径。第二项积分计算只需已知卫星测量参考点和激光脚点的坐标位置；而第一项积分计算需要已知沿发射激光脉冲传播曲线路径沿途的大气折射率，用光线追踪方法可以得到非常精确的结果。但对于大量的数据而言，这种方法需要的时间太长。因此，通常使用沿天顶方向的大气延迟值与映射函数乘积的方法来计算不同高度角时的大气延迟，即

$$\Delta L = m(\varepsilon)\int_{z}^{\mathrm{loc}}[n(z)-1]\mathrm{d}z \tag{6.2}$$

式中：$m(\varepsilon)$为与高度角 ε 相关的映射函数；积分项由沿天顶方向从地面激光脚点 z 到卫星测量参考点的直线积分得到。

1）天顶延迟模型

大气延迟修正解算模型中的积分变量是折射率（$n-1$），它通常以百万分之一为单位来给定，即$(n-1)=10^{-6}N$。对于光波段，折射率 N 表示为

$$N=k_1(\lambda)\frac{p_{\mathrm{d}}}{T}Z_{\mathrm{d}}^{-1}+k_2(\lambda)\frac{p_{\mathrm{w}}}{T}Z_{\mathrm{w}}^{-1} \tag{6.3}$$

式中：$k_1(\lambda)$和 $k_2(\lambda)$为波长 λ 的函数，分别由大气中干空气分子的组成比例和水汽的密度决定：p_{d}和 p_{w}为干空气和水汽的分压强；Z_{d}和 Z_{w}表征了干空气和水汽的压缩率，并遵从非理想气体法则；T 为温度。假定 ρ_i是气体 i 的密度（大气中为干空气或者水汽），总气体密度 $\rho=\rho_{\mathrm{d}}+\rho_{\mathrm{w}}$，可得

$$N=k_1\frac{R}{M_{\mathrm{d}}}\rho+\left(k_2-k_1\frac{M_{\mathrm{w}}}{M_{\mathrm{d}}}\right)\frac{R}{M_{\mathrm{w}}}\rho_{\mathrm{w}} \tag{6.4}$$

式中：M_{d}为分子量；R 为气体常数。第一项为大气的静力学部分（又称干项延迟），由于重力在整个大气中为常数，因此，该项值对应的测距修正值可以精确计算出。运用静力学方程 $\mathrm{d}p/\mathrm{d}z=-\rho(z)g(z)$，其中 $\mathrm{d}p/\mathrm{d}z$ 是以高度 z 为函数的压强 p 的微分，$g(z)$为重力加速度。因此，大气静力延迟项 ΔL_{H}可以表示为

$$\Delta L_{\mathrm{H}} = 10^{-6}k_1\frac{R}{M_{\mathrm{d}}}g_{\mathrm{m}}^{-1}\int_{z}^{\infty}\frac{\mathrm{d}p}{\mathrm{d}z}\mathrm{d}z \tag{6.5}$$

式中：g_{m}为大气中的平均重力加速度。重力加速度随着高度增加而缓慢减小，可以简单估计为纬度 φ 和高度 z 的函数。因为积分项仅仅是高度 z 处的表面压强，因此，天顶方向的大气延迟可以表示为

$$\Delta L_{\mathrm{H}}=10^{-6}k_1\frac{R}{M_{\mathrm{d}}}g_{\mathrm{m}}^{-1}p_{\mathrm{SURF}} \tag{6.6}$$

式中：p_{SURF}为表面压强。天顶延迟的另一部分为静力项延迟没有包括的水汽部分，也称“湿项”ΔL_{w}，可以表示为

$$\Delta L_{\mathrm{w}} = 10^{-6} k_2' \frac{R}{M_{\mathrm{w}}} \int_z^{\infty} \rho_{\mathrm{w}} \mathrm{d}z \tag{6.7}$$

$$k_2' = k_2 - k_1 M_{\mathrm{w}} / M_d$$

积分项为总可降水气量 PW，是大气模型中经常用到的大气变量。因此，式（6.7）可改写为

$$\Delta L_{\mathrm{w}} = 10^{-6} k_2' \frac{R}{M_{\mathrm{w}}} \mathrm{PW} \tag{6.8}$$

参数 k_1 和 k_2 可以根据经验方程来解算，对于激光波长为 1064nm 的高分七号激光测高系统而言，参数 $k_1 = 0.80277\mathrm{K/Pa}$，$k_2 = 0.66388\mathrm{K/Pa}$。干空气分子量 $M_{\mathrm{d}} = 28.9644\mathrm{g/mol}$，水汽分子量 $M_{\mathrm{w}} = 18.0152\mathrm{g/mol}$，则 $k_2' = 0.16458\mathrm{K/Pa}$。因此，最后干项、湿项分别为

$$\Delta L_{\mathrm{H}} = (2.304\mathrm{m}^2\mathrm{s}^2/\mathrm{Pa}) g_{\mathrm{m}}^{-1} p_{\mathrm{SURF}} \approx (2.349 \times 10^{-5}\mathrm{m/Pa}) p_{\mathrm{SURF}} \tag{6.9}$$

$$\Delta L_{\mathrm{w}} = (7.620 \times 10^{-5}\mathrm{m/(kg/m^2)})\mathrm{PW} \tag{6.10}$$

假定地表平均气压为 10^5Pa，则天顶干项延迟大约为 2.35m。而天顶湿项延迟则更为多变，可降水量的值从极地的不到 10mm 到热带地区的 50mm 不等，湿项延迟也在 1~4mm 之间变化。

2）映射函数

目前常见的复杂映射函数有 Marini 连分式模型、NMF 模型、CfA2.2 模型。假设对流层大气折射率为球对称，Marini 给出一种常参数连分数形式的映射函数，即

$$m(\varepsilon) = \cfrac{1}{\sin\varepsilon + \cfrac{a}{\sin\varepsilon + \cfrac{b}{\sin\varepsilon + \cfrac{c}{\sin\varepsilon + \cdots}}}} \tag{6.11}$$

式中：a，b，c，…为待定常数，可以用气象数据来估计。此方程最简单的形式为

$$m(\varepsilon) = \frac{1}{\sin\varepsilon} \tag{6.12}$$

当仰角接近天顶方向时，a、b、c 等参数远小于 1，式（6.12）可以很好地近似。将简化的映射函数与 NMF 模型、CfA2.2 模型进行比较，利用映射函数的差值乘以天顶延迟 2.3m，可以得出使用简单映射形式对整个大气折射延迟的影响。高分七号激光测高仪的高度角一般是在近天顶方向（高度角接近

90°)，在高度角80°范围内，简单映射函数与CfA2.2映射函数模型差别不超过0.5mm，与NMF模型差别不超过0.1mm。实际上，不同映射函数差别主要在低高度角条件下，高分七号激光测高系统可以使用简单映射函数式（6.12）。

3）地表气压

根据前两节论述，如果已知测量高度角、地表气压和可降水量，则可以计算大气延迟。星载激光测高仪测量范围覆盖全球，无法在每个测量位置建立气象观测站，因此需要能覆盖全球的较准确的气象数据来源。美国国家环境预测中心（NCEP）提供全球数值天气分析数据集，数据集在格林尼治时间00：00、06：00、12：00和18：00时更新，其中包含地表大气压，风速、可降水量，以及以标准大气压层给出的温度、相对湿度和位势高度数据。

虽然NCEP数据集中含有地表大气压的参考值，但其误差可达40mbar以上，对应干项延迟误差达十几毫米。应用中，根据高分七号激光测高测量时间、经纬度和未经大气延迟等修正的高程数据，以及NCEP基于标准大气压层的温度、相对湿度和位势高度气象数据，通过解静态非理想大气的流体静力学方程，并使用4阶Runge-Kutta算法进行数值积分，计算出较为准确的地表大气压力，进而求出大气干项延迟。

4）可降水量

由于湿项延迟影响仅在毫米量级，相对干项延迟的2m量级，几乎可以忽略。因此，用于计算湿项延迟的可降水量计算较为容易，直接对NCEP在经纬度网格点处的可降水量进行时间和空间内插即可。

6.1.3 三维几何定位

（1）激光脚点在激光测量平台坐标系中的坐标为

$$\begin{bmatrix} x_L \\ y_L \\ z_L \end{bmatrix} = \begin{bmatrix} \rho\cos\alpha_x \\ \rho\cos\alpha_y \\ \rho\cos\alpha_z \end{bmatrix} \tag{6.13}$$

式中：ρ为激光测距值；α_x、α_y、α_z分别为激光发射方向与激光测量平台坐标系的x轴、y轴及z轴的夹角。

（2）激光脚点在卫星基准坐标系中的坐标为

$$\begin{bmatrix} x_{SL} \\ y_{SL} \\ z_{SL} \end{bmatrix} = \begin{bmatrix} x_L \\ y_L \\ z_L \end{bmatrix} + \begin{bmatrix} \Delta x_{\text{Laser}} \\ \Delta y_{\text{Laser}} \\ \Delta z_{\text{Laser}} \end{bmatrix} \tag{6.14}$$

激光测量平台坐标系与卫星基准坐标系轴向相同，相对于卫星基准坐标系仅存在原点偏移，x 轴、y 轴及 z 轴方向上的偏移量分别为 Δx_{Laser}、Δy_{Laser} 与 Δz_{Laser}。

（3）激光脚点在国际天球参考框架中的坐标。

高分七号卫星平台上载有卫星定轨及定姿系统，可确定卫星不同时刻的轨道位置及姿态信息，其中 GPS 天线相位中心与卫星平台质心（卫星基准坐标系原点）不重合，GPS 天线相位中心相对于卫星基准坐标系原点的偏移量 $\Delta G=(\Delta x_{\text{GPS}},\Delta y_{\text{GPS}},\Delta z_{\text{GPS}})$，则激光脚点在国际天球参考坐标系中的坐标为

$$\begin{bmatrix} x_{\text{ICRF}} \\ y_{\text{ICRF}} \\ z_{\text{ICRF}} \end{bmatrix} = \begin{bmatrix} x_{\text{GPS}} \\ y_{\text{GPS}} \\ z_{\text{GPS}} \end{bmatrix}_{\text{ICRF}} + \boldsymbol{M}_{\text{SC/ICRF}} \left[\begin{bmatrix} x_{\text{Laser}} \\ y_{\text{Laser}} \\ z_{\text{Laser}} \end{bmatrix} - \begin{bmatrix} \Delta x_{\text{GPS}} \\ \Delta x_{\text{GPS}} \\ \Delta y_{\text{GPS}} \end{bmatrix} \right] \tag{6.15}$$

$$\begin{aligned} \boldsymbol{M}_{\text{SC/ICRF}} &= \begin{bmatrix} q_0^2+q_1^2-q_2^2-q_3^2 & 2(q_1q_2-q_0q_3) & 2(q_1q_3+q_0q_2) \\ 2(q_1q_2+q_0q_3) & q_0^2-q_1^2+q_2^2-q_3^2 & 2(q_2q_3-q_0q_1) \\ 2(q_1q_3-q_0q_2) & 2(q_2q_3+q_0q_1) & q_0^2+q_1^2-q_2^2+q_3^2 \end{bmatrix} \\ &= \begin{bmatrix} \cos\omega & -\sin\omega & 0 \\ \sin\omega & \cos\omega & 0 \\ 0 & 0 & 1 \end{bmatrix} \cdot \begin{bmatrix} \cos\varphi & 0 & \sin\varphi \\ 0 & 1 & 0 \\ -\sin\varphi & 0 & \cos\varphi \end{bmatrix} \cdot \begin{bmatrix} 1 & 0 & 0 \\ 0 & \cos\kappa & -\sin\kappa \\ 0 & \sin\kappa & \cos\kappa \end{bmatrix} \\ &= \begin{bmatrix} \cos\omega\cos\varphi & \cos\omega\sin\varphi\sin\kappa-\sin\omega\cos\kappa & \sin\omega\sin\kappa+\cos\omega\sin\varphi\cos\kappa \\ \sin\omega\cos\varphi & \cos\omega\cos\kappa+\sin\omega\sin\varphi\sin\kappa & \sin\omega\sin\varphi\cos\kappa-\cos\omega\sin\kappa \\ -\sin\varphi & \cos\varphi\sin\kappa & \cos\varphi\cos\kappa \end{bmatrix} \end{aligned} \tag{6.16}$$

式中：$[x_{\text{GPS}}\quad y_{\text{GPS}}\quad z_{\text{GPS}}]_{\text{ICRF}}^{\text{T}}$ 为 GPS 天线相位中心在国际天球参考坐标系下的坐标；$\boldsymbol{M}_{\text{SC/ICRF}}$ 为由星敏、陀螺确定的卫星基准坐标系转换至国际天球参考坐标系下的旋转矩阵，分别由四元素(q_0,q_1,q_2,q_3)及旋转角（ω,φ,κ，旋转顺序为 XYZ）表示。

（4）激光脚点在国际地球参考坐标系中的坐标为

$$\begin{bmatrix} x_{\text{ITRF}} \\ y_{\text{ITRF}} \\ z_{\text{ITRF}} \end{bmatrix} = \boldsymbol{M}_{\text{ICRF/ITRF}} \begin{bmatrix} x_{\text{ICRF}} \\ y_{\text{ICRF}} \\ z_{\text{ICRF}} \end{bmatrix} \tag{6.17}$$

由于高分七号激光测高坐标系统内 ICRF 采用地心天球参考系，因此，激光脚点定位坐标由 ICRF 转至 ITRF 仅涉及坐标系旋转，其中，旋转矩阵 $\boldsymbol{M}_{\text{ICRF/ITRF}}$ 为 3×3 矩阵。由于受地球章动、岁差及极移等的影响，ITRF 框架参

数随时间不断变化，因此 $\boldsymbol{M}_{\mathrm{ICRF/ITRF}}$ 与激光到达地表的时刻密切相关，旋转矩阵参数可根据 IERS 公布的岁差章动模型以及极移数据、UT1 时间计算得到。由式（6.14）、式（6.15）、式（6.16）、式（6.17），激光脚点坐标可表示为

$$\begin{bmatrix} x_{\mathrm{ITRF}} \\ y_{\mathrm{ITRF}} \\ z_{\mathrm{ITRF}} \end{bmatrix} = \boldsymbol{M}_{\mathrm{ICRF/ITRF}} \cdot \left(\begin{bmatrix} x_{\mathrm{GPS}} \\ y_{\mathrm{GPS}} \\ z_{\mathrm{GPS}} \end{bmatrix}_{\mathrm{ICRF}} + \boldsymbol{M}_{\mathrm{SC/ICRF}} \left[\begin{bmatrix} \rho\cos\alpha_x \\ \rho\cos\alpha_y \\ \rho\cos\alpha_z \end{bmatrix} + \begin{bmatrix} \Delta x_{\mathrm{Laser}} \\ \Delta y_{\mathrm{Laser}} \\ \Delta z_{\mathrm{Laser}} \end{bmatrix} - \begin{bmatrix} \Delta x_{\mathrm{GPS}} \\ \Delta y_{\mathrm{GPS}} \\ \Delta z_{\mathrm{GPS}} \end{bmatrix} \right] \right) \tag{6.18}$$

（5）激光脚点在大地椭球坐标系中的坐标。

激光脚点坐标可由 ITRF 转至大地椭球坐标系下，最终解算出激光脚点在大地坐标系下的经度、纬度和高程坐标。假定椭球体长半轴和短半轴长度分别为 a 和 b，则位于 ITRF(X,Y,Z) 与大地椭球坐标系（λ，φ，h）下的激光点的坐标关系式为

$$\begin{cases} X=(N+h)\cos\varphi\cos\lambda \\ Y=(N+h)\cos\varphi\sin\lambda \\ Z=[N(1-e^2)+h]\sin\varphi \end{cases} \tag{6.19}$$

式中

$$e^2=\frac{a^2-b^2}{a^2},\ N=\frac{a}{\sqrt{1-e^2\sin^2\varphi}} \tag{6.20}$$

对 λ、φ、h 进行解算，容易发现 $\lambda=\arctan\left(\frac{Y}{X}\right)$，而 φ 与 h 无解析解，需进行迭代计算。当 $Z\neq 0$ 时，有

$$\varphi=\arctan\left[\frac{Z}{\sqrt{X^2+Y^2}}\left(1+\frac{e^2N\sin\varphi}{Z}\right)\right] \tag{6.21}$$

解算过程可设定激光点高程初值为 0（$h^{(0)}=0$），此时有

$$\varphi^{(0)}=\arctan\left[\frac{Z}{\sqrt{X^2+Y^2}}\left(1+\frac{e^2}{1-e^2}\right)\right] \tag{6.22}$$

将 $\varphi^{(0)}$ 带入式（6.19），计算激光脚点高程，即

$$h^{(1)}=(X^2+Y^2)\cos\varphi+Z\sin\varphi-a\sqrt{1-e^2\sin^2\varphi} \tag{6.23}$$

对式（6.22）和式（6.23）进行迭代，当纬度值 φ 的变化量 $|\varphi^{(n)}-\varphi^{(n-1)}|$ 收敛至一定阈值时（转换精度可达到毫米级），迭代结束。

6.1.4 潮汐改正

潮汐改正采用卫星激光测高仪测量地表高程时，由于地表受日月引力变

化的影响会呈现周期性形变，即所谓的潮汐现象，因此必须对激光的测量值进行潮汐改正。潮汐可分为固体潮、海潮、极潮、海潮负荷潮以及大气负荷潮等不同类型[1,5]。

1）海洋潮汐与海洋潮汐负荷改正

由于太阳、月亮以及其他天体的引力的作用，地球上各点会产生周期性的运动和变化，总称为潮汐。潮汐是海面高度测量中非常重要的误差来源。由于地球各圈层都受到太阳和月亮引潮力直接或间接的作用，卫星测高观测值中的潮汐影响主要包括海水体直接受到引力潮作用产生的海洋潮汐、固体地球受引力潮作用产生的固体地球潮、固体地球受海洋潮汐涨落的质量变化作用产生的负荷潮汐，以及地球瞬时自转轴变化（极移）引起离心力变化而产生的潮汐。

海洋潮汐及其负荷潮汐也称为弹性海洋潮汐。海水受日、月和近地行星万有引力作用而产生的周期性涨落现象称为海洋潮汐，其影响最大可达十几米。同时，海水质量负荷将周期性地作用在地球上，并将导致整个地球的周期性负荷形变，称为海洋负荷潮。海洋负荷潮引起的海面高度变化较小，仅为海洋潮汐的4%~6%，典型值为-2~2cm。

2）固体潮改正

固体潮对地表高程的影响包含着与纬度有关的长期偏移和主要由日周期与半日周期组成的周期项。若静态观测24h，周期项的大部分影响可平滑消除。但是，长期项不能利用此类方法消除。因此，即使利用长时间观测（例如24h）的方法消除部分固体潮的影响，其残余影响在径向仍可达12cm，在水平方向可达5cm。

由固体潮引起的测站的位移可以用 n 维 m 阶含有 Love 数和 Shida 数的球谐函数来表示。这些数值与测站纬度和潮汐频率有相关性，这些相关性来源于地球扁率、自转和地幔滞弹性。如果测站位置需要达到1mm的精度，那就需要考虑这两个因素的影响。而测站的潮汐位移几乎是由二阶引潮力位引起，三阶潮汐效应很小，在毫米精度上更高阶的潮汐影响完全可以忽略。所以一般对固体潮主要考虑二阶潮和三阶潮的影响，二阶潮的影响通过式（6.24）修正，三阶潮的影响通过式（6.24）修正。

$$\Delta \boldsymbol{P} = \sum_{j=2}^{3} \frac{(GM_j R_e^4)(h_2 \boldsymbol{P}(3(\boldsymbol{R}_j \boldsymbol{P}))^2 - 1)}{2(GM_e R_j^3)} + 3l_2(\boldsymbol{R}_j \boldsymbol{P})(\boldsymbol{R}_j - (\boldsymbol{R}_j \boldsymbol{P})\boldsymbol{P}) \tag{6.24}$$

$$\Delta \boldsymbol{P} = \sum_{j=2}^{3} \frac{(GM_j R_e^4)(h_3 \boldsymbol{P}(5(\boldsymbol{R}_j \boldsymbol{P}))^3 - 3(\boldsymbol{R}_j \boldsymbol{P}))}{2(GM_e R_j^3)} + \frac{l_3(15(\boldsymbol{R}_j \boldsymbol{P})^2 - 3)(\boldsymbol{R}_j - (\boldsymbol{R}_j \boldsymbol{P})\boldsymbol{P})}{2} \tag{6.25}$$

式中：GM_j为万有引力常数，对于月亮$j=2$，对于太阳$j=3$；GM_e为地球的万有引力常数；$\boldsymbol{R}_j$和R_j为地心分别到月球/太阳距离的单位向量和模；R_e为地球的赤道半径；$\boldsymbol{P}$为地心到测站距离的单位向量；h_2和l_2分别为2阶Love数和Shida数的标称值。

其他固体潮修正项，如周日波修正、半日波修正、与频率相关修正项，由于量级较小，在此处未作叙述，可参见IERS。另外，如果采用的是零潮汐模型，在计算潮汐对点位的所有影响时，包含了永久性潮汐的间接影响，则必须恢复永久性潮汐的间接影响。如果只要求5mm的精度，则需要进行修正，即

$$\Delta \overline{\boldsymbol{X}}_j = \sum_{j=2}^{3} \frac{GM_j}{GM_e} \cdot \frac{R_e^4}{|\boldsymbol{X}_j|^3} \left[3l_2 \cdot \frac{\boldsymbol{X}_p \cdot \boldsymbol{X}_j}{|\boldsymbol{X}_p| \cdot |\boldsymbol{X}_j|} \cdot \frac{\boldsymbol{X}_j}{|\boldsymbol{X}_j|} + \left[3 \cdot \left(\frac{h_2}{2} - l_2 \right) \cdot \left(\frac{\boldsymbol{X}_p \cdot \boldsymbol{X}_j}{|\boldsymbol{X}_p| \cdot |\boldsymbol{X}_j|} \right)^3 - \frac{h_2}{2} \right] \cdot \frac{\boldsymbol{X}_p}{|\boldsymbol{X}_p|} \right] + [-0.025 \cdot \sin\phi \cos\phi \sin(\theta + \lambda)] \cdot \frac{\boldsymbol{X}_p}{|\boldsymbol{X}_p|} \tag{6.26}$$

式中：$\boldsymbol{X}_p$为测站在地心参考框架中的坐标向量；ϕ和λ为地面测站的纬度和经度（东为正）；θ为格林尼治平恒心时。

3）极潮改正

地球自转绕其平均位置有一个周期为12~14个月的摆动，即钱德勒摆动。受极移的作用，地球表面受到额外的离心力作用，从而使得表面各点产生周期性潮汐变化。根据国际地球自转服务IERS发布的极移数据，计算地球上各点的极潮。

6.2 高分七号卫星激光数据标准处理方法

激光足印影像、回波波形是高分七号卫星激光系统的核心数据，本节围绕数据特点总结、归纳卫星激光数据标准处理技术中的难点展开论述，这主要包含激光足印影像概况、足印影像几何处理、光斑质心提取及变化分析、

全波形自适应高斯滤波、激光测高全波形分解等几个部分。

6.2.1　足印影像处理

1）足印影像概况

不同于冰、云和陆地高程卫星（ICESat）采用恒星参考系统，高分七号卫星激光系统通过激光足印影像与线阵影像匹配实现激光指向稳定度监测。图 6.2 所示为高分七号卫星激光测高系统内部光路图，两台激光足印相机分别服务于波束 1、2，激光光轴监视相机同时对两波束光斑成像。激光指向定位系统，主要由激光光轴监视相机单元与激光相机单元两个部分共同组成。激光器光学谐振腔稳定性、在轨重力释放后的框架变形、温度变化等因素均会引起激光发射光轴指向发生偏移，从而导致地面标定时激光发射光轴与足印相机光轴发生偏差，因此需要实时对激光发射光轴进行监测[6-7]。

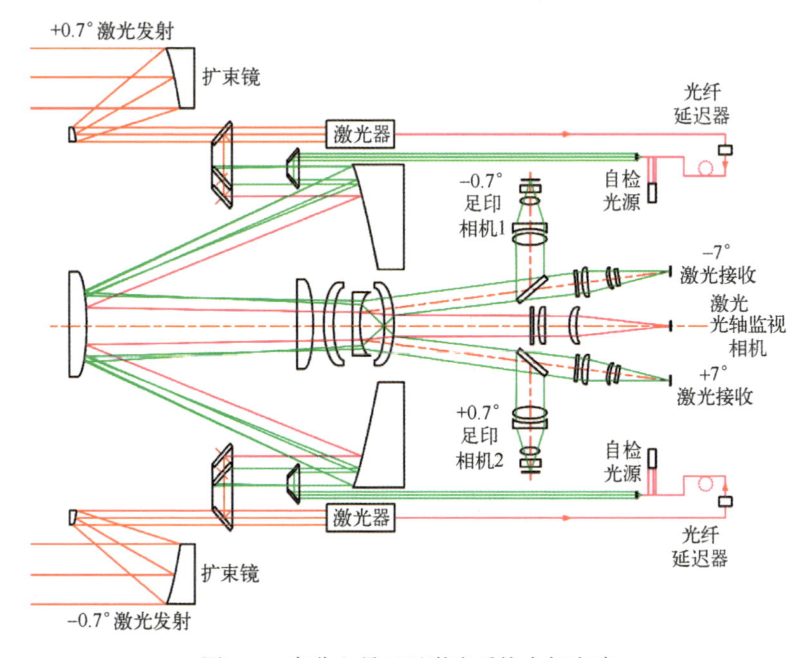

图 6.2　高分七号卫星激光系统内部光路

（1）激光光轴监视相机单元：经扩束取光棱镜取光后，再经转折光路、望远镜主镜、次镜后再经过后光路在激光光轴监视相机上进行成像，通过分析两波束激光光斑的质心，可得到波束间的相对指向。

（2）激光足印相机单元：激光足印相机主要用于对激光光斑、背景地物成像，但是对于同步模式而言，质心提取易受到复杂背景地物的影响。足印相机与激光接收共用望远镜，对激光足印地物进行成像，来自后光路的自检参考光通过相机自检取光镜，再经主、次镜同时在激光光轴监视相机与足印相机像面成像，这样通过自检光可建立两相机间的空间关系。

如图 6.3 所示，红色表示波束 1，蓝色表示波束 2，从左至右依次为激光足印影像 1 和 2、激光光轴监视相机影像，局部放大图为对应的激光光斑影像。激光足印影像大小为 550×550pixel，激光光斑影像大小为 20×20pixel。

(a) 波束1足印影像及光斑影像

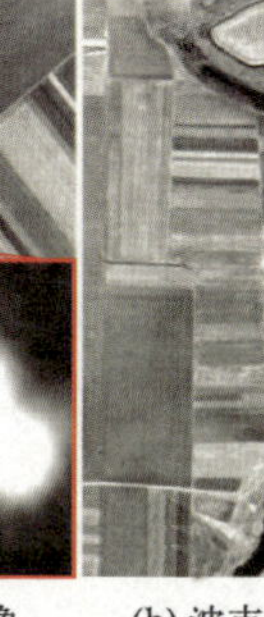

(b) 波束2足印影像及光斑影像

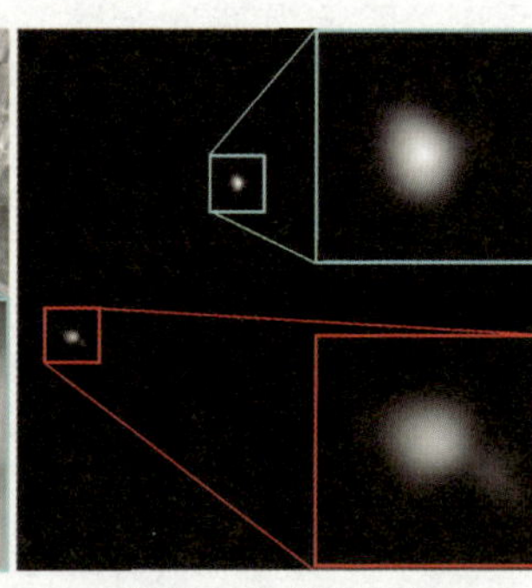

(c) 光轴监视相机影像及光斑1&2

图 6.3　高分七号激光光斑影像

2）足印影像几何处理

高分七号卫星搭载的激光足印相机采用互补式金属氧化物半导体（Complementary Metal Oxide Semiconductor，CMOS）面阵成像传感器，在某个成像时刻，相机焦面全局曝光形成一幅二维影像。激光足印相机的严密成像几何模型以共线条件方程为基础，利用成像时的卫星轨道数据、星敏感器测得的姿态以及激光足印相机与卫星本体坐标系的安装关系构建。数据处理方法与线阵相机的处理方法基本一致。高分七号足印相机的几何检校方法和严密成像几何模型详见第 3 章，经过几何检校后，足印影像的定位精度优于 1pixel，内方位元素误差小于 0.3pixel。

3）精度验证

试验采用 2020 年 9 月过境浙江湖州地区的数据，参考数据为 2018 年通过航空摄影获取并生产的 1∶2000 比例尺的高精度数字正射影像（DOM）和数字高程模型（DEM）成果。参考数据范围内足印相机 1 影像选取了 10 景，足印相机 2 影像选取了 11 景（剔除了云量较大的足印影像），如图 6.4 所示。使用地面实验室测量的初始参数，结合过境湖州时的精密姿态、轨道数据以及各景足印影像曝光时刻，根据足印相机严密成像几何模型模拟足印影像。将模拟的影像与对应实际获取的影像进行匹配，两波束足印相机分别获取 1066 个和 991 个高精度控制点。

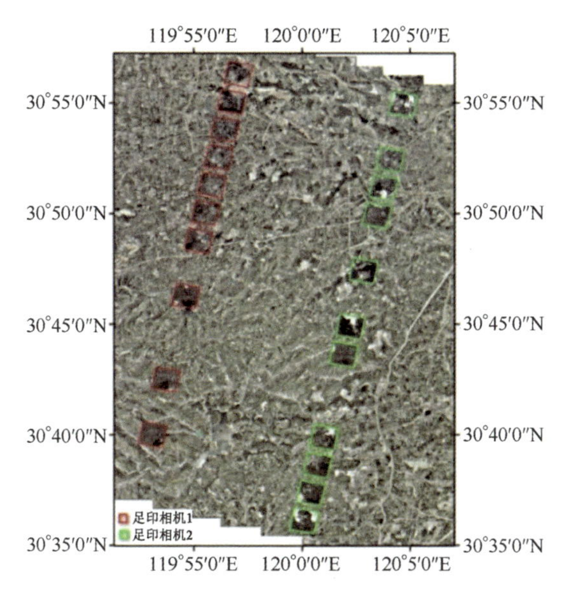

图 6.4　DOM 参考影像和高分七号两波束激光足印影像

足印影像定位残差如图 6.5 所示，残差统计结果如表 6.1 所列。可以看出，经过处理后，残差相对于外定标明显减小，并且大小和方向不具有明显规律，呈现出随机性的特点。

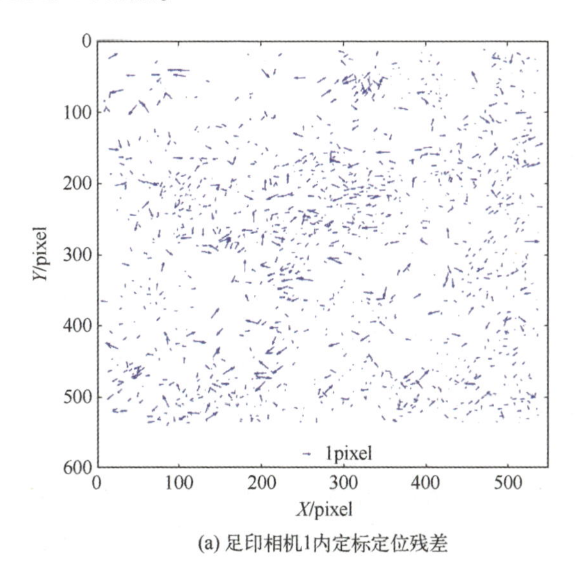

(a) 足印相机1内定标定位残差

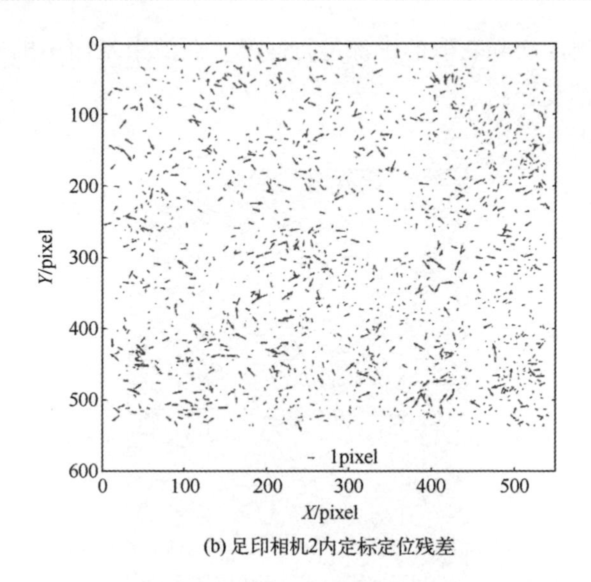

(b) 足印相机2内定标定位残差

图 6.5　两波束激光足印相机内定标后足印影像定位残差

表 6.1　两波束激光足印相机内定标后足印影像定位残差统计结果

单位：pixel

相机	均值		RMS		
	X	*Y*	*X*	*Y*	平面
足印相机 1	−0.009	0.002	0.519	0.456	0.691
足印相机 2	0.048	0.014	0.470	0.453	0.652

图 6.6 显示了两波束激光足印相机内部畸变曲面，可以看出内部误差呈现靠近影像边缘误差大、接近中心的区域误差较小的特点，并且这个特点在纵向（y 方向）更加明显。这是因为两波束激光足印相机共用望远镜，都只使用了望远镜视场范围内的一小部分，并且足印影像也只取激光足印相机整个焦面的一部分。在横向上，影像左右两侧畸变方向一致，引起的误差具有系统性，在外部定标过程中被消除；而在纵向上，影像上下两侧畸变方向相反，外部定标过程中无法消除。因此，激光足印相机在纵向畸变值变化范围更大。

内部定标精度验证采用在轨检校期间激光足印影像拍摄到的靶标点及其实测坐标。2020 年 6 月 9 日、14 日、19 日两波束激光足印相机均捕捉到 4 个地面靶标，如图 6.7 所示。分别使用单景足印影像上的 4 个靶标点进行外部

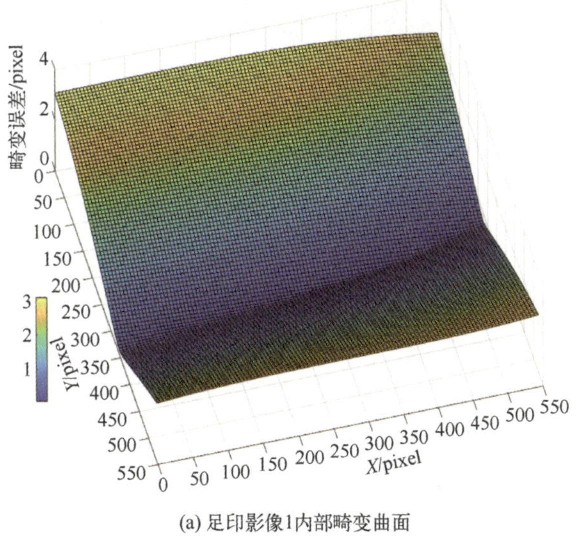

(a) 足印影像1内部畸变曲面

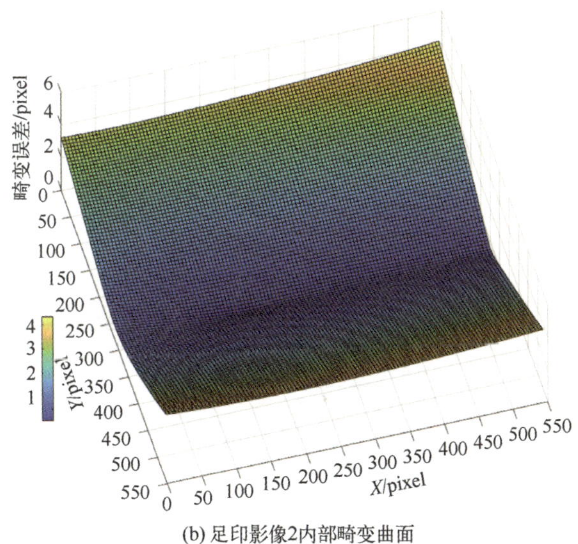

(b) 足印影像2内部畸变曲面

图 6.6　两波束激光足印相机内部畸变曲线

定标，消除外部误差，利用外定标后靶标点残差评价内部误差定标精度。外定标后，各景足印影像上 4 个靶标点残差均值均接近零，内定标验证结果见表 6.2。可以看出，各景影像上 4 个靶标点平面定位精度均在 2.0m 以内，中误差在 1.0m 左右，均优于 0.4pixel。

为避免单个测区外定标时与卫星短时间内特定状态关联性较强，导致定标结果并不可靠，采用多轨不同区域数据协同的外部误差定标，最大程度地

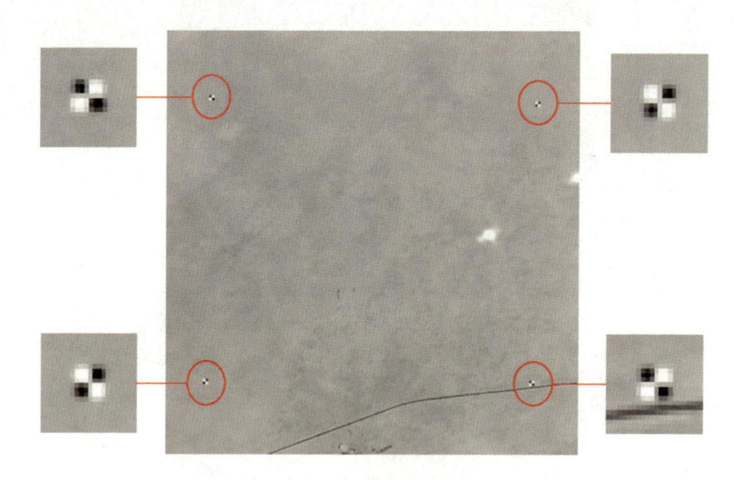

图 6.7 足印影像上靶标点

避免卫星姿态随机误差等影响足印影像的最终几何定位精度。在内定标的基础上，选取激光在轨检校期间的足印影像上靶标点和浙江湖州地区参考数据获取的部分高精度控制点进行了处理，定标残差如表 6.3 所列。

表 6.2 内定标验证结果

单位：m

项目		足印相机 1				足印相机 2			
		X	Y	平面	RMS	X	Y	平面	RMS
2020-06-09	靶标点 1	1.704	-0.677	1.834	1.182	-0.821	0.882	1.205	1.056
	靶标点 2	-0.541	1.283	1.393		-0.326	-0.173	0.369	
	靶标点 3	0.497	-0.481	0.692		-0.767	-0.589	0.966	
	靶标点 4	-1.661	-0.124	1.666		1.914	-0.119	1.918	
2020-06-14	靶标点 1	1.756	-0.528	1.834	1.051	0.794	-1.096	1.354	1.163
	靶标点 2	-0.686	1.119	1.313		-1.601	0.453	1.664	
	靶标点 3	-0.465	-0.068	0.470		-0.346	-0.604	0.696	
	靶标点 4	-0.606	-0.522	0.799		1.153	1.249	1.700	
2020-06-19	靶标点 1	1.127	-0.309	1.168	0.916	0.828	-1.690	1.882	1.282
	靶标点 2	-1.097	0.200	1.115		-1.368	0.197	1.382	
	靶标点 3	0.513	-0.029	0.513		-1.141	0.143	1.150	
	靶标点 4	-0.543	0.140	0.561		1.682	1.351	2.157	
残差 RMS		1.055（≈0.33pixel）				残差 RMS	1.171（≈0.37pixel）		

表6.3 多轨综合外定标残差

单位：m

相机	时间	景数	控制点数	X方向误差均值	Y方向误差均值	平面定位精度		
						Max	Min	RMS
足印相机1	2020-06-09	1	4	2.142	1.556	3.940	1.505	3.025
	2020-06-14	1	4	1.785	0.503	3.929	0.956	2.270
	2020-06-19	1	4	1.664	-1.421	3.518	1.168	2.427
	2020-09-03	6	10	-2.250	-0.325	4.269	0.891	3.148
	综合	9	22	-0.006	-0.032	4.269	0.891	2.809
足印相机2	2020-06-09	1	4	-0.545	4.491	6.049	3.436	4.799
	2020-06-14	1	4	2.206	0.203	3.646	0.845	2.641
	2020-06-19	1	4	1.873	-2.275	4.794	2.219	3.399
	2020-09-03	4	10	-1.444	-0.934	4.888	1.390	2.956
	综合	7	22	-0.014	0.015	6.049	0.845	3.366

从表6.3中可以看出，各景足印影像上，除个别控制点最大残差大于6.0m外，外定标的中误差均在5.0m以内。两波束激光足印相机几何定位的中误差分别为2.809m和3.366m，约为1pixel。参与定标的足印影像在不同时间、不同区域获取，但相互之间的一致性比较好，所有影像的定位偏差都在2pixel以内。

4）光斑质心提取及变化监测

对于足印影像而言，光斑以及周围区域会受到地表地物的影响，高反射率地物会影响传统算法结果。本节提出一种阈值约束的椭圆拟合算法（TEFM）[4]，如图6.8所示，分为以下几步：

（1）去除背景地物影响。提取光斑所在位置的足印影像切片，每个像元可视为光斑与地物相互叠加的效果。经过统计大量数据，发现背景区域灰度分布直方图往往在2000~3000范围内聚集。切片影像去除地物影响，整体灰度值幅值减去2000，如图6.8（a）所示；

（2）基于阈值法初步提取光斑轮廓。利用式（6.27）计算阈值T、确定光斑的初提取结果，作为第一次约束，将小于阈值的像元赋值为0，图6.8（b）为处理结果，存在一部分云区域被误识别。

$$T = \frac{1}{e^2} \times \max\left(\sum_{i=1}^{M}\sum_{j=1}^{N} I(i,j) - 2000\right) \tag{6.27}$$

式中：$I(i,j)$为 $M \times N$ 影像块中第 i 行、j 列处像元的灰度值；max 为取最大值；e 为欧拉数，取值为 2.718。

（3）形态学处理去除噪声。对初提取结果进行形态学腐蚀处理，作为第二次约束，去除细小噪声、孔隙、地物细节纹理特征的影响，避免对后续步骤造成影响，大程度上保留、贴近光斑形状。参见式（6.28），腐蚀处理为提取每个像素邻域 D_1 内局部最小值的过程。图 6.8（c）为处理结果，腐蚀处理去除了红色框选区域的像元。

$$I_{\mathrm{dst}}(i,j) = \min \sum_{i,j \in D_1} I_{\mathrm{src}}(i,j) \tag{6.28}$$

式中：$I_{\mathrm{src}}(i,j)$为形态学处理前的输出影像；$I_{\mathrm{dst}}(i,j)$为形态学处理后的去噪结果；min 为取最小值；D_1为逐像素领域半径，本算法中取值为 1。

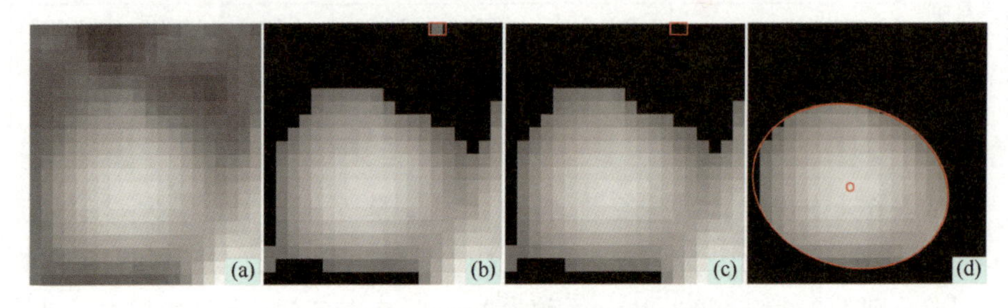

图 6.8　阈值约束的椭圆拟合质心提取算法

（4）椭圆拟合约束光斑形状[5]。将腐蚀结果代入式（6.29），利用最小二乘进行椭圆拟合，求解目标函数 f 的最小值确定各系数。将椭圆轮廓作为第三次约束，将边界外的像元赋值为 0，并保留光斑特征参数，如图 6.8（d）所示。

$$f(A,B,C,D,E) = \sum_{i=1}^{M} \sum_{j=1}^{N} (Ai^2 + Bij + Cj^2 + Di + Ej + F)^2 \tag{6.29}$$

式中：f 为椭圆拟合函数；A、B、C、D、E、F 等变量为拟合系数，是最终输出的光斑特征参数之一。

（5）利用灰度重心法实现光斑质心提取[8]，算法流程如图 6.9 所示。将步骤（4）中的结果作为输入，利用式（6.30）和式（6.31）计算质心坐标。

$$x = \frac{\sum_{i=1}^{M} \sum_{j=1}^{N} i \times I(i,j)}{\sum_{i=1}^{M} \sum_{j=1}^{N} I(i,j)} \tag{6.30}$$

$$y = \frac{\sum_{i=1}^{M}\sum_{j=1}^{N} j \times I(i,j)}{\sum_{i=1}^{M}\sum_{j=1}^{N} I(i,j)} \tag{6.31}$$

式中：x、y 分别为行列方向的光斑质心坐标。

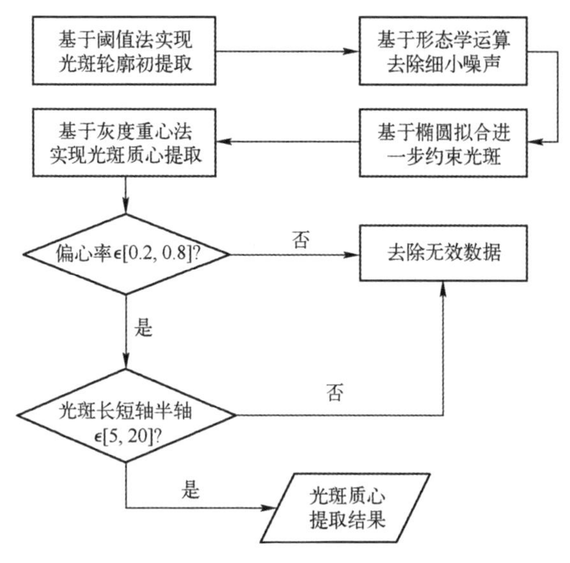

图 6.9　质心提取算法流程

（6）基于光斑特征参数去除粗差。足印影像上地物信息很有可能会掩盖光斑信息，甚至无法提取光斑轮廓形状，此情况会在业务化处理中带来大量的误差，因此根据偏心率、长短半轴等光斑特征去辨别是否成功提取光斑信息，借此去除误差。由于出光角度、仪器内部框架等因素，理想光斑偏心率往往在 0.2~0.8 之间。经过实际检校，激光光斑直径在 17~20m（波束 1 为 19m、波束 2 为 21m）之间，对应 5~7pixel，但是为了捕捉更多的光斑轮廓信息，将这一阈值扩大到理想发散光斑边缘，取值为 20。

为了验证方法精度的可靠性，如图 6.10 所示，分别采用夜间升轨、背景为复杂地物的足印影像作为实验数据，红、蓝、黄色圆点分别对应质心标定位置、质心提取结果、灰度重心法质心提取结果。如图 6.10（a）所示，在夜间条件、避免复杂背景的情况下，本方法质心提取精度在 0.05pixel 以内，灰度重心法质心提取精度在 0.08pixel 左右；如图 6.10 所示，在复杂地物影响下，本方法质心提取精度在 0.08pixel 以内，优于灰度重心法结果约为 2.5pixel。灰度重心法的误差主要来源于光斑轮廓附近的曝光色散、背景地物的影响，而本方法通过多次约束去除了这些干扰因素。在背景地物更为复杂的条件下，灰度重心法与本算法的差距还会更大。

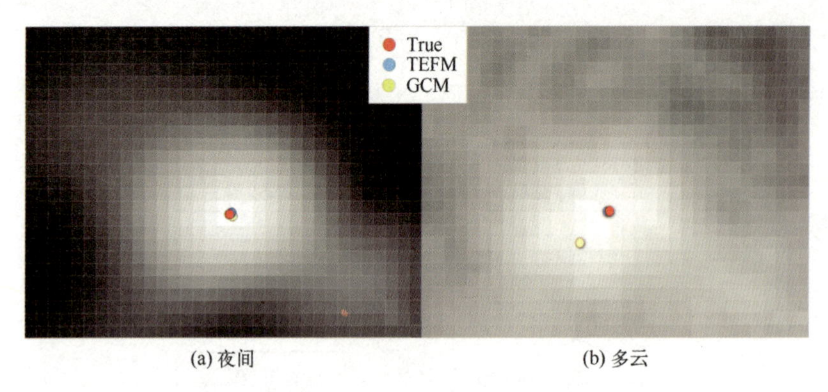

(a) 夜间　　(b) 多云

图 6.10　质心提取算法精度分析

如表 6.4 所列，为了检验本章所提出的 TEFM 算法精度，随机抽选时间相近、地物类型丰富的足印影像共 1600 张进行精度验证。将两波束在轨标定位置作为真实值，分别计算坐标误差均值 Mean、坐标误差极值 Range、坐标分布均方根误差 RMSE，统计结果表明：传统算法在复杂背景下基本不具备提取光斑质心能力，本方法采用的 TEFM 算法在稳定性、整体提取精度均保持较高水平，优于传统算法一个量级，满足复杂背景条件下亚像素级的质心提取需求。

表 6.4　足印影像质心提取算法精度评价

单位：pixel

算法	Mean		Range		RMSE	
	X	*Y*	*X*	*Y*	*X*	*Y*
GCM	2. 565	2. 522	4. 941	5. 185	2. 512	2. 218
TEFM	0. 062	0. 071	0. 092	0. 088	0. 052	0. 081

对 2020 年 3 月 15 日至 30 日共计 61 轨足印相机影像数据进行质心提取，获取足印影像 8.6 万张，其中有 27%的影像由于被云遮盖、过曝等原因丢失光斑轮廓信息，无法进行质心提取。如图 6.11 所示，横坐标表示 *X* 方向、纵坐标表示 *Y* 方向。图 6.11（a）为波束 1 光斑质心坐标统计结果，坐标均值为（120.83，263.71），*X* 方向在 0.4pixel 左右来回振荡，*Y* 方向在 0.5pixel 左右来回振荡，平面位置变化在 1pixel 以内；图 6.11（b）为波束 2 光斑质心坐标统计结果，坐标均值为（216.32，162.51），*X* 方向在 0.5pixel 左右来回振荡，

Y方向在0.5pixel左右来回振荡，平面位置变化在1pixel以内。可以得出初步结论：①相比于传统算法，本书所改进的算法能有效提取复杂地物背景下的光斑质心；②在每月内质心坐标变化比较稳定，在X、Y方向均小于1pixel的幅度振荡。

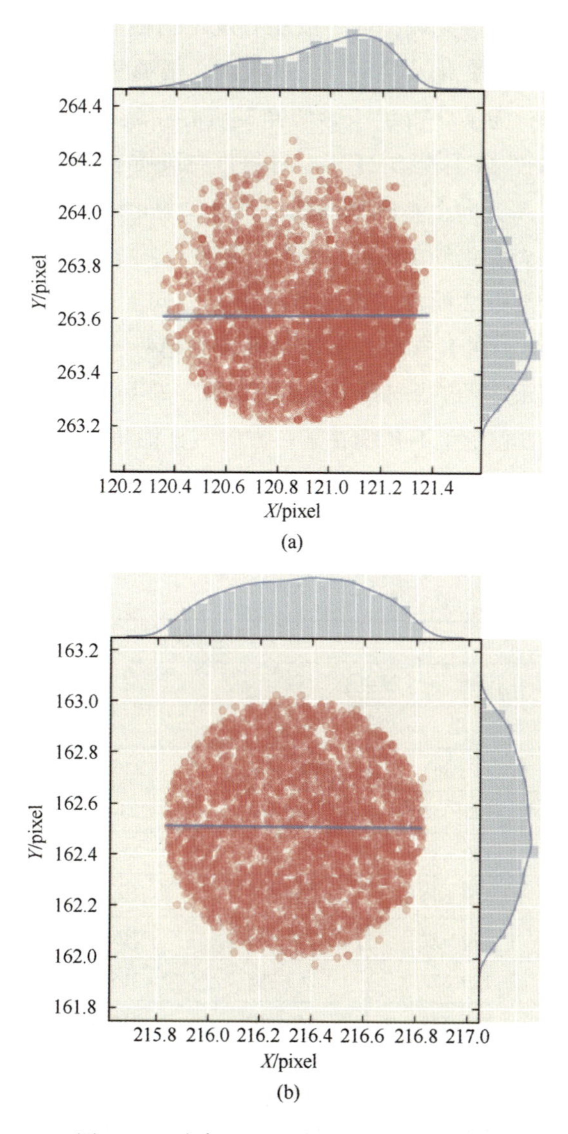

图6.11　波束1&2足印光斑质心坐标统计

建立长时间序列激光指向监测系统（长时间序列质心提取）的难点在于剔除粗差的同时保留质心坐标本身的变化趋势。尽管本书采用了多个条件约束光斑轮廓、精确定位光斑质心位置，但背景地物对光斑的影响仍不能完全去除，带来了粗差，使光斑质心坐标出现跳变，破坏本有的坐标变化趋势。出现粗差的情形主要有以下两种：①高反射率地物完全遮盖了光斑轮廓；②光斑本身幅值较低、比较黯淡，光斑特征被地物特征淹没。经过大量统计发现，偏心率、半轴长度等光斑特征参数能有效识别粗差，提升整体识别精度。为了分析足印光斑质心变化及稳定性，从宏观、微观两个角度展开分析。

如表 6.5 所列，为了分析足印影像光斑质心在轨运行以来长周期内的稳定性，统计了 2019 年 11 月至 2021 年 9 月每月光斑质心坐标均值。对于波束 1 而言，质心坐标在 X 方向上整体呈现减小趋势、变化约 0.4pixel，在 Y 方向上整体呈现减小趋势、变化约 1pixel，平面位置变化约 1.1pixel，对应指向角变化约 0.341″；对于波束 2 而言，质心坐标在 X 方向上呈现先减小后增大的趋势、变化约 0.4pixel，在 Y 方向上整体呈现减小趋势、变化约 1.5pixel，平面位置变化约 1.4pixel，对应指向角变化约 0.434″。实际上，不论是波束 1 还是波束 2，每月光斑质心变化不是朝着某一方向一直移动的，每月变化幅度在一个非常小的范围内。

表 6.5　足印影像光斑质心坐标每月均值统计结果

单位：pixel

时间		足印影像			
		波束 1		波束 2	
		X	Y	X	Y
2019 年	11 月	121.364	261.474	216.343	161.948
	12 月	121.352	261.367	216.33	161.825
2020 年	3 月	120.836	263.714	216.329	162.509
	4 月	120.504	264.513	216.889	162.639
	5 月	120.357	263.884	216.853	162.569
	6 月	120.372	263.795	216.876	162.368
	7 月	120.527	263.902	216.935	162.109
	8 月	120.635	263.285	216.811	161.655
	9 月	120.513	262.265	216.721	161.534
	10 月	120.11	261.858	216.355	161.603
	11 月	120.332	262.021	216.425	161.642
	12 月	120.372	262.302	216.312	161.822

续表

时间		足印影像			
		波束 1		波束 2	
		X	*Y*	*X*	*Y*
2021 年	1 月	120.491	262.556	216.000	161.655
	2 月	120.365	262.559	216.813	161.178
	3 月	120.458	262.674	216.623	161.684
	4 月	120.989	262.155	216.685	161.232
	5 月	120.938	262.286	216.641	161.119
	6 月	120.478	262.245	216.478	161.146
	7 月	120.597	262.181	216.711	161.145
	8 月	120.925	262.208	216.552	161.119
	9 月	120.965	262.142	216.534	161.121

6.2.2　全波形数据处理

6.2.2.1　全波形自适应高斯滤波

星载激光测高仪的回波波形噪声可认为是非零均值高斯白噪声，包含探测器噪声、前置放大器噪声、背景噪声、量子噪声、暗电流噪声和热噪声，其中除了背景噪声是非零均值噪声，其他噪声均可认为是零均值噪声。精确估计背景噪声均值并滤除，剩余整体噪声为零均值高斯白噪声，因此对高分七号卫星激光测高波形数据噪声的滤除可分为两步骤：①背景噪声均值估计及滤除；②对波形进行平滑，去除零均值高斯白噪声。

1）全波形噪声均值及标准差估计

星载激光测高仪全波形噪声可认为是非零均值高斯白噪声，精确估计噪声均值及标准差可有效滤除背景噪声，并保留真实有效信号[9]。对于星载激光测高仪，地球表面和云层反射的太阳背景辐照产生的噪声是主要的背景噪声源，噪声功率的计算公式[10]为

$$P_B = I_S A_R T_A^2 (r/\Omega) R_\phi T_R F_B \tag{6.32}$$

式中：I_S 为大气层外太阳光辐照度，约为 $6.6\times10^{-2}\ \mathrm{W/m^2}$（在波长 1064nm 处）；$A_R$ 为接收面积（$\mathrm{m^2}$）；T_A 为激光的气溶胶透过率；r/Ω 为目标后向散射截面（$\mathrm{sr^{-1}}$），其中 r 为地表反射率，Ω 为后向散射立体角；R_ϕ 为接收器视场

角（sr）；T_R为接收器透射率；F_B为带通滤波带宽。若根据理论模型计算背景噪声，需要目标地表后向散射截面等先验信息，并且需要获取激光传输路径上的大气气溶胶浓度信息，而高分七号卫星激光测高仪目前未能在波形中记录大气气溶胶相关的信息，因此难以根据模型直接计算背景噪声值。

为避免经验性背景噪声滤除方法的可能误差（如取波形的前端或后端部分计算背景噪声），本节设计了一种迭代去除高分七号卫星原始波形背景噪声的方法，并最终完成对全波形噪声均值及方差的估计。高分七号卫星星载激光测高全波形数据发射波形记录时长为200ns，采样间隔为0.5ns。回波波形记录时长通常为400ns，采样间隔为0.5ns。以回波波形噪声均值及方差估计为例，假设回波原始波形电压序列数据表示为

$$\mathrm{WI}_i(i=1,2,3,\cdots,800) \tag{6.33}$$

背景噪声迭代去除方案如下：

（1）若 $\mathrm{WI}_k < \frac{\sum_{i=1}^{800}\mathrm{WI}_i}{800}$，其中$1\leqslant k\leqslant 800$，记录$\mathrm{WI}_k$，计算$\mathrm{WI}_k$序列数据均值作为背景噪声初值（Background Noise）记作BGNoise，计算WI_k序列数据标准差为噪声标准差初值，记作NoiseStd。

（2）若$\mathrm{WI}_j<\mathrm{BGNoise}$，其中$1\leqslant j\leqslant 800$，记录$\mathrm{WI}_j$，计算$\mathrm{WI}_j$序列数据均值：若$\mathrm{Abs}(\mathrm{BGNoise}-\mathrm{Mean}(\mathrm{WI}_j))<3\times\mathrm{NoiseStd}$，认为（1）中计算的背景噪声及标准差有效，否则认为背景噪声初值相比真值过高或过低，设定$\mathrm{BGNoise}=\mathrm{Mean}(\mathrm{WI}_j)$，$\mathrm{NoiseStd}=\mathrm{Std}(\mathrm{WI}_j)$。

（3）若BGNoise>NoiseStd，对波形进行背景噪声去除：若$\mathrm{WI}_k>\mathrm{BGNoise}$，设定$\mathrm{WI}_k=\mathrm{WI}_k-\mathrm{BGNoise}$；若$\mathrm{WI}_k<\mathrm{BGNoise}$，设定$\mathrm{WI}_k=0$。

（4）若BGNoise>NoiseStd，记录得到的BGNoise，继续循环（1）~（3）；若BGNoise<NoiseStd，迭代终止，此时NoiseStd为原始波形的噪声标准差。将已记录BGNoise序列数据进行相加，即为原始波形的背景噪声值。

2）自适应高斯滤波

全波形星载激光测高仪回波波形可以表示为多个高斯信号与噪声的叠加[11]，即

$$r(t)=\sum_{i=1}^{n}A_i\mathrm{e}^{-\frac{(t-\mu_i)^2}{2\sigma_i^2}}+N(t) \tag{6.34}$$

式中：A_i、μ_i和σ_i分别为第i个高斯分量（有效信号）的幅值，时间重心和均方根脉宽；$N(t)$为t时刻的噪声信号。滤除高分七号卫星星载激光测高全波

形中的背景噪声均值后，波形中包含的剩余噪声为独立的零均值高斯白噪声。独立的高斯分布相加，结果仍为高斯分布，则在 t 时刻零均值噪声，有

$$N(t) \sim N(0,\sigma_N^2) \tag{6.35}$$

由于高斯函数的对称性，对全波形数据进行高斯滤波，等价于卷积过程，假设高斯滤波函数为 $g(t)=\frac{1}{\sqrt{2\pi}\sigma}e^{-\frac{t^2}{2\sigma^2}}$，则对全波形数据进行滤波在连续空间可表示为

$$h(t)=r(t)*g(t)=N(t)*g(t)+\sum_{i=1}^{n}\frac{A_i\sigma_i}{\sqrt{\sigma^2+\sigma_i^2}}e^{-\frac{(t-\mu_i)^2}{2(\sigma^2+\sigma_i^2)}} \tag{6.36}$$

对波形有效信号进行高斯卷积后，仍然为高斯分量的叠加，且分量均方根脉宽变大为$\sqrt{\sigma^2+\sigma_i^2}$，振幅减小为$\frac{A_i\sigma_i}{\sqrt{\sigma^2+\sigma_i^2}}$，波形整体更加“扁平”。对噪声序列进行高斯滤波（$N(t)\times g(t)$），滤波后噪声方差经公式推导为

$$\sigma_N'^2=\mathrm{Var}[N(t)*g(t)]\approx\frac{\sigma_N^2}{2\sigma\sqrt{\pi}} \tag{6.37}$$

随着高斯滤波器均方根 σ 的增加，滤波后噪声方差减少，对噪声的抑制作用增强。然而由式（6.37）可知，随着 σ 的增加，将导致有效高斯波形的变形，因此对于有效的高斯滤波器，在噪声明显区域的 σ 应较大，以抑制噪声，而在有效信号区域的 σ 应较小，减少滤波过程对有效信号的影响。

基于波形数据的噪声及几何结构特点，在设计自适应滤波器时分别考虑了高分七号卫星星载激光测高全波形数据的波形噪声、波峰左偏/右偏和非饱和平峰三个因素[12]。

（1）波形噪声。

如图 6.12 所示，窗口 A 中波形部分在较短的时间内，信号震荡频繁，包含较多的噪声信号，有效信号较少；窗口 B 中波形为主要为有效波形信号，无波动震荡。本节使用滤波窗口内的波形的折点数目及波形强度标准差对滤波窗口内的波形的噪声作定量化描述。

图 6.12 包含滤波窗口中所有变化折点的形态分布，其中：在窗口 A 内，波形噪声明显，包含折点数目较多，且此时窗口内波形强度值标准差较小；在窗口 B 内，有效信号部分较强，包含折点数目较少，且此时强度值标准差较大。对滤波窗口波形离散点的折点数目进行统计，若当前点满足图 6.13 中的一种，则折点数目加 1，假设折点数目为 N，滤波窗口内的离散点强度值标

准差为 IntensitySTD，可构建滤波器窗口内波形噪声程度显著与否的定量化描述参数 NL，如式（6.38）所示。当滤波窗口内波形处于有效信号区域时，NL 值极小；当滤波窗口内波形处于噪声显著区域时，NL 值较大。利用该参数可对滤波器进行自适应调整。

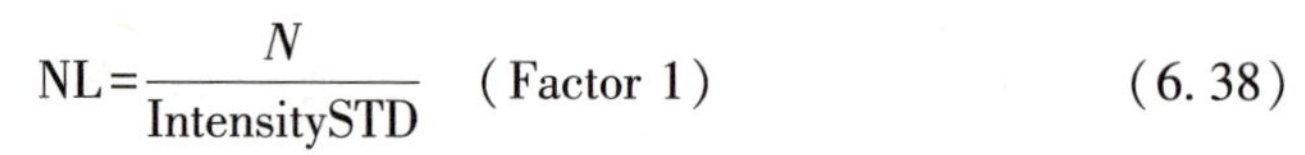

$$\mathrm{NL}=\frac{N}{\mathrm{IntensitySTD}}\quad(\mathrm{Factor}\ 1)\tag{6.38}$$

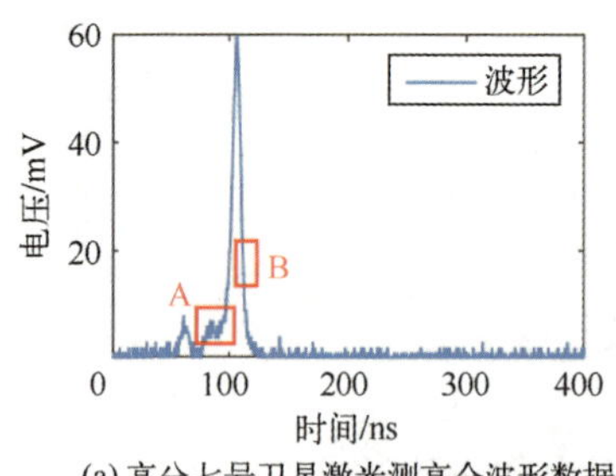

(a) 高分七号卫星激光测高全波形数据

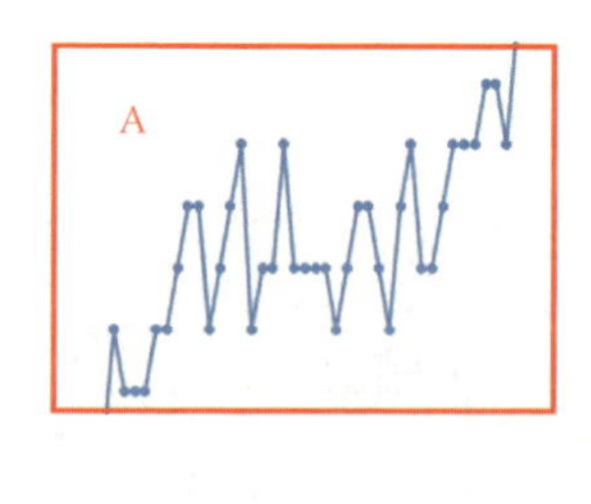

(b) 高分七号卫星激光测高全波形数据噪声显著区域

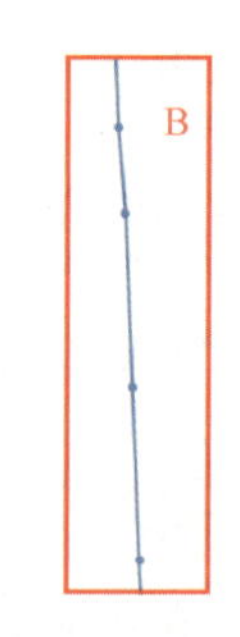

(c) 高分七号卫星激光测高全波形数据有效信号区域

图 6.12　高分七号卫星星载激光测高全波形数据（噪声（窗口 A 内波形）与有效信号（窗口 B 内波形））

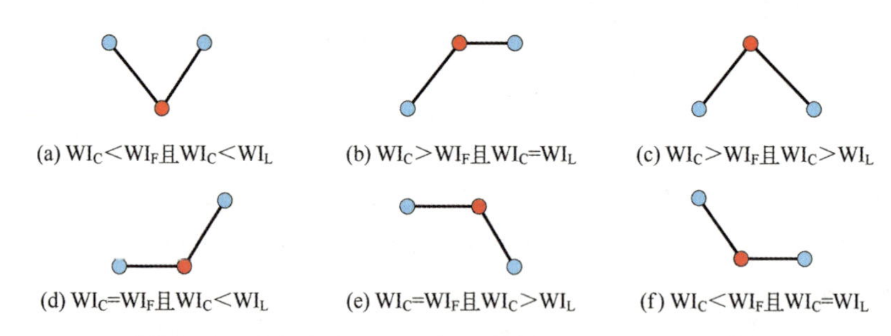

(a) $WI_C<WI_F$且$WI_C<WI_L$　(b) $WI_C>WI_F$且$WI_C=WI_L$　(c) $WI_C>WI_F$且$WI_C>WI_L$

(d) $WI_C=WI_F$且$WI_C<WI_L$　(e) $WI_C=WI_F$且$WI_C>WI_L$　(f) $WI_C<WI_F$且$WI_C=WI_L$

图 6.13　离散全波形中折点类型（红色点为当前点（Current），强度值为 WI_C；蓝色点为相邻时间的两个离散点（Former，Later），强度值分别为 WI_F 和 WI_L）

（2）波峰左偏/右偏。

高分七号卫星星载激光测高全波形数据中，部分波形的波峰存在左偏或右偏，如图 6.14 所示。对波形进行高斯滤波，波形的波峰位置主要为有效信号，若滤波器宽度过小则难以对波峰左偏或右偏进行有效抑制。本书提出以滤波窗口内的波形中心点将波形分为左右两部分并分段计算斜坡角，如图 6.15 所示，利用斜坡角信息描述波形波峰左偏或右偏的程度，最终用于约束高斯滤波器宽度。本书计算滤波器窗口内波形左偏或右偏的参数为

$$DL=\max\left(\frac{\alpha+\beta+\gamma}{\psi+\omega+\theta},\frac{\psi+\omega+\theta}{\alpha+\beta+\gamma}\right)\quad(\text{Factor 2})\tag{6.39}$$

若 DL 大于 1，则表明滤波窗口内的波形存在左偏或右偏的情况，高斯滤波器的均方根脉宽 σ 将会增加。

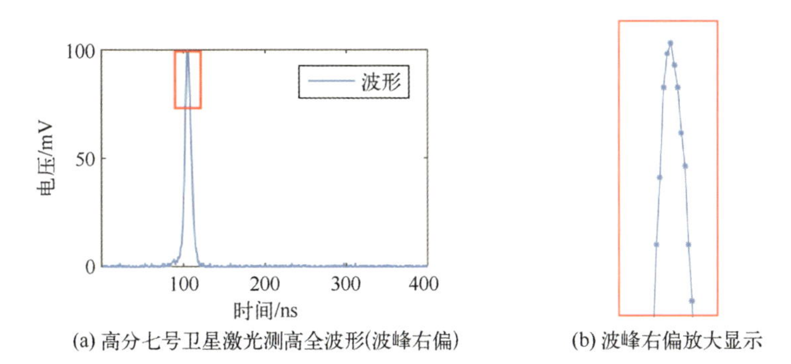

(a) 高分七号卫星激光测高全波形(波峰右偏)　　(b) 波峰右偏放大显示

图 6.14　存在波峰右偏的高分七号卫星星载激光测高全波形数据

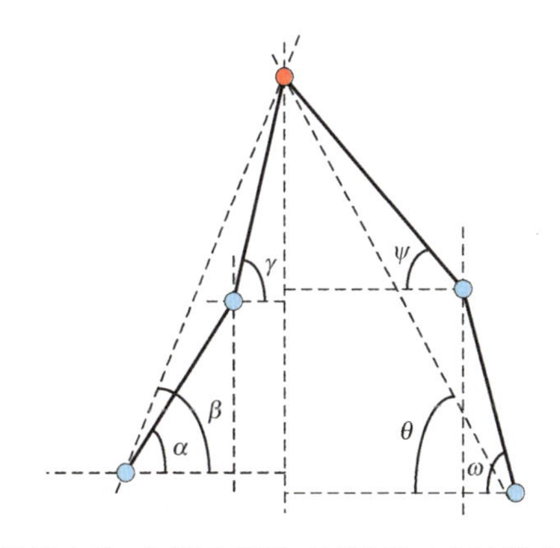

图 6.15　波形波峰左偏/右偏示意图（滤波窗口内波形中心点为红色点；蓝色点为滤波窗口内的相邻点；α、β、γ、ψ、ω、θ 为以中心点向左和向右将波形分为两部分并分段计算得到的斜坡角）

（3）非饱和平峰。

高分七号卫星星载激光测高全波形数据在被采样记录时，部分波形波峰处相邻采样点强度值差异小于激光器的量化分辨率，导致采样后输出的波形波峰为非饱和平峰（高分七号卫星星载激光测高仪设定波形饱和阈值为1024），即波形最大峰值在远小于饱和阈值时，波形波峰位置出现了平峰。如图 6.16 所示，波形的波峰位置处为平峰，有三个采样点强度相同，非饱和平峰将会降低利用波形进行星地距离测量精度，本章利用滤波窗口内的波形峰

度对高斯自适应滤波器进行约束，即

$$\mathrm{KL}=\frac{\mathrm{Kurtosis}}{1.8}(\mathrm{KL}\geqslant 1)\quad(\text{Factor 3})\tag{6.40}$$

式中：数值 1.8 对应均匀分布的峰度，基于高斯滤波窗口内的波形计算峰度，若峰度值小于 1.8，则 KL=1。

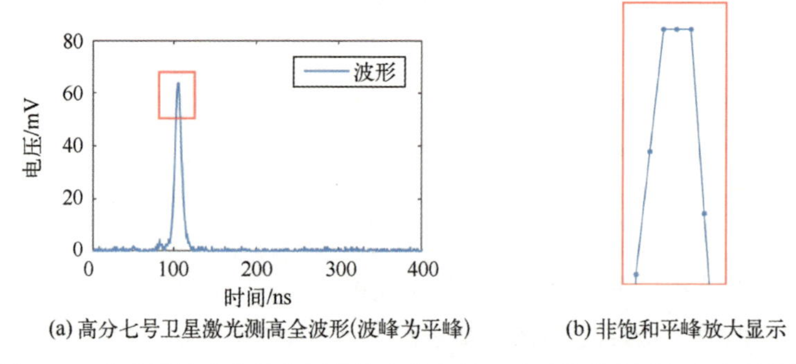

(a) 高分七号卫星激光测高全波形(波峰为平峰)　(b) 非饱和平峰放大显示

图 6.16　存在波峰为非饱和平峰的高分七号卫星星载激光测高全波形数据

综合式（6.38）、式（6.39）、式（6.40）内对高分七号卫星星载激光测高波形噪声及几何特点的分析及定量描述，本章设计了自适应高斯滤波器 $g(t)=\frac{1}{\sqrt{2\pi}\sigma}\mathrm{e}^{-\frac{t^2}{2\sigma^2}}$的均方根脉宽，即

$$\sigma=\mathrm{NL}\cdot\sqrt{\mathrm{KL}}\cdot\mathrm{DL}^{0.25}\cdot\mathrm{e}^{|\mathrm{DL}-1|}\tag{6.41}$$

规定 $\sigma\in[0.1\mathrm{ns},15\mathrm{ns}]$，当滤波窗口处于有效信号显著区域时，NL 值极小，如图 6.12（c）所示，此时 NL=0，$\sigma=0.1\mathrm{ns}$；而在噪声显著区域，如图 6.12（b）所示，此时 NL 值较大，σ 值也较大，对噪声平滑程度加强。若 DL=1，表示滤波窗口内，波形无左偏或右偏情况，此时 σ 值无变化；在有效信号区域 DL 值增加，然而由于 NL 对 σ 的约束，此时 σ 仍较小；在噪声显著区域，若 DL 值较大，此时 σ 将扩大，增强对噪声的平滑。在本章给定滤波窗口内，经过统计，KL 值不大于 5.06，对噪声显著区域及有效信号区域的滤波 σ 值变化影响较小，然而在波形波峰处，如图 6.16（b）所示，若滤波窗口以波峰中点为中心，此时窗口内波形 KL 值小于以波峰左侧点或右侧点为中心的滤波窗口内的波形 KL 值。

6.2.2.2　激光测高全波形分解

对星载激光测高全波形数据进行高斯拟合及分解，是获取激光足印内不同地物准确高度的关键步骤。在对星载激光测高全波形回波完成噪声滤除操作后，回波波形可认为是多个高斯信号的叠加，对应激光足印内不同高程的特征地物，有

$$f(t) = \sum_{i=1}^{n} A_i \mathrm{e}^{-\frac{(t-\mu_i)^2}{2\sigma_i^2}} \tag{6.42}$$

式中：A_i、μ_i和 σ_i分别为第 i 个高斯分量的幅值、时间重心和均方根脉宽。本章将对波形高斯分解详细论述。波形高斯分解可分为波形分量初值探测与波形分量参数优化。

1）波形分解初值探测

对波形分解的初值探测采用了迭代探测的方法，图 6.17 为初值探测过程中的某个分量的探测示意图。

（1）从波形中搜索波形强度最大值及时间位置（Maximum_Amp，Peak_loc），图 6.17（a）中波形最大幅值为 82，对应时间位置 t_0。

（2）以 Peak_loc 为中心向左或向右搜索 Maximum_Amp/2 对应的时间位置 HM_Amp_Left 与 HM_Amp_Right，图 6.17（a）中根据二分之一最大幅值探测出时间位置 t_1，t_2，t_3，t_4。

（3）利用高斯信号 $A\mathrm{e}^{-\frac{t^2}{2\sigma^2}}$的半高全宽（Full Width at Half Maxima）性质，即信号中幅值为 $A/2$ 的离散点的时间位置之差可表示为 $2\sqrt{2\log(2)}\cdot\sigma$，利用 Peak_loc 和 HM_Amp_Left 与 HM_Amp_Right 分别计算半高全宽值，并取较小的值作为待分解分量的半高全宽，即可计算得到分解分量的均方根脉宽，图 6.17（b）所示的波形即为根据探测出的高斯分量参数绘制的波形图。

（4）从原始波形数据中减去上述探测高斯分量的波形数据，得到剩余波形数据，如图 6.17（c）所示。

（5）从剩余波形数据中继续采用上述步骤（1）~（4），迭代探测波形分量初值，若步骤（3）中探测分量的幅值、均方根脉宽或时间重心不满足阈值要求则停止迭代，波形分解分量初值探测结束。

2）波形分解参数优化

对波形高斯分解分量参数进行优化，主要分为三部分：高斯分量参数优化；高斯分量剔除；高斯分量合并。

（1）高斯分量参数优化。

高斯分量参数优化属于非线性优化，本章采用阻尼高斯－牛顿法

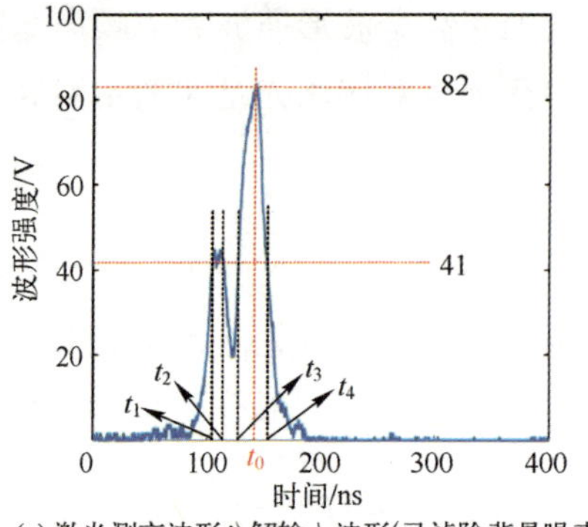

(a) 激光测高波形分解输入波形(已滤除背景噪声)，82为波形最大幅值，t_0、t_1、t_2、t_3和t_4为根据最大幅值及其一半在波形中探测出的回波时间

(b) 初值探测出的第一个高斯分量

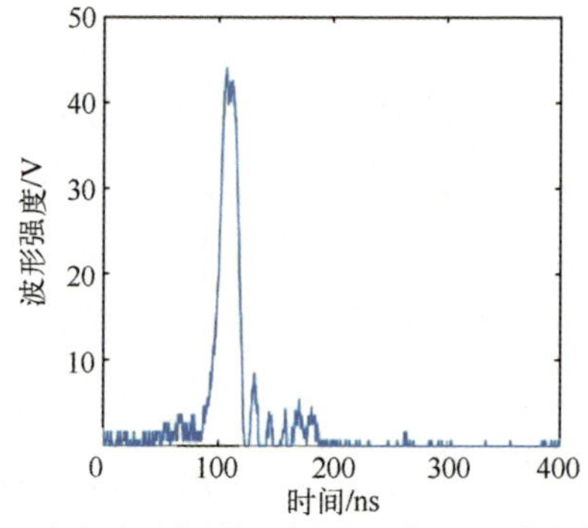

(c) 初始波形减去第一个探测分量波形后的剩余波形

图 6.17　高分七号卫星激光测高回波波形高斯分解初值探测示意图

(Damped Gauss-Newton Method)[13] 对其进行优化。对高斯分量参数进行最优化，以回波波形为例，在不同时间位置的波形拟合差值可表示为

$$E(A_1,\mu_1,\sigma_1,A_2,\mu_2,\sigma_2,\cdots,A_n,\mu_n,\sigma_n,t)=f(t)-\mathrm{RawWave}(t)$$

$$=\sum_{i=1}^{n}A_i\mathrm{e}^{-\frac{(t-\mu_i)^2}{2\sigma_i^2}}-\mathrm{RawWave}(t) \tag{6.43}$$

式中：$t=1,2,3,\cdots,800$。

记 $\boldsymbol{x}=[A_1,\mu_1,\sigma_1,A_2,\mu_2,\sigma_2,\cdots,A_n,\mu_n,\sigma_n]$，波形拟合目标函数可表示为

$$\boldsymbol{F}(\boldsymbol{x})=[E(\boldsymbol{x},1)\quad E(\boldsymbol{x},2)\quad\cdots\quad E(\boldsymbol{x},799)\quad E(\boldsymbol{x},800)] \tag{6.44}$$

当 $\sum\boldsymbol{F}(\boldsymbol{x})\cdot\boldsymbol{F}(\boldsymbol{x})^{\mathrm{T}}$ 取极小值时，高斯分量的参数值即为最优值，此时 $\boldsymbol{F}'=\boldsymbol{0}$。将 $\boldsymbol{F}(\boldsymbol{x})$ 用泰勒公式展开至二阶，有

$$\boldsymbol{F}(\boldsymbol{x})=\boldsymbol{F}(\boldsymbol{x}_k)+\boldsymbol{F}'(\boldsymbol{x}_k)(\boldsymbol{x}-\boldsymbol{x}_k)+\frac{1}{2}\boldsymbol{F}''(\boldsymbol{x}_k)(\boldsymbol{x}-\boldsymbol{x}_k)^2 \tag{6.45}$$

以 $\boldsymbol{F}(\boldsymbol{x})$ 取最小值的位置作为新的探索点 $\boldsymbol{x}_{k+1}$，令

$$\boldsymbol{F}'(\boldsymbol{x})=\boldsymbol{F}'(\boldsymbol{x}_k)+\boldsymbol{F}''(\boldsymbol{x}_k)(\boldsymbol{x}-\boldsymbol{x}_k)=\boldsymbol{0} \tag{6.46}$$

则有

$$\boldsymbol{x}-\boldsymbol{x}_k=-\frac{\boldsymbol{F}'(\boldsymbol{x}_k)}{\boldsymbol{F}''(\boldsymbol{x}_k)} \tag{6.47}$$

可得到 $\boldsymbol{x}$ 迭代公式为

$$\boldsymbol{x}_{k+1}=\boldsymbol{x}_k-\frac{\boldsymbol{F}'(\boldsymbol{x}_k)}{\boldsymbol{F}''(\boldsymbol{x}_k)},\quad k=0,1,\cdots \tag{6.48}$$

$\boldsymbol{F}(\boldsymbol{x})$ 为多变量函数，为对 $\boldsymbol{x}$ 参数进行迭代计算，需计算每一次迭代的 $\boldsymbol{F}'(\boldsymbol{x})$ 与 $\boldsymbol{F}''(\boldsymbol{x})$，此时 $\boldsymbol{F}'(\boldsymbol{x})$ 为雅克比（Jacobian）矩阵，$\boldsymbol{F}''(\boldsymbol{x})$ 为海森（Hessian）矩阵，则有

$$J_{\boldsymbol{F}}(x_1,x_2,x_3,\cdots,x_N)=\boldsymbol{F}'(\boldsymbol{x})=\begin{bmatrix}\dfrac{\partial E_1}{\partial x_1} & \cdots & \dfrac{\partial E_1}{\partial x_m}\\ \vdots & & \vdots\\ \dfrac{\partial E_n}{\partial x_1} & \cdots & \dfrac{\partial E_n}{\partial x_m}\end{bmatrix} \tag{6.49}$$

$$\boldsymbol{H}(\boldsymbol{F})=\begin{bmatrix}\dfrac{\partial \boldsymbol{F}}{\partial x_1^2} & \cdots & \dfrac{\partial \boldsymbol{F}}{\partial x_1\partial x_m}\\ \vdots & & \vdots\\ \dfrac{\partial \boldsymbol{F}}{\partial x_m\partial x_1} & \cdots & \dfrac{\partial \boldsymbol{F}}{\partial x_m^2}\end{bmatrix} \tag{6.50}$$

式中：$m=3n$。将两个矩阵代入式（6.48）中，则有

$$\boldsymbol{x}_{k+1}=\boldsymbol{x}_k-\boldsymbol{H}(\boldsymbol{F})^{-1}\boldsymbol{J}_{\boldsymbol{F}}(\boldsymbol{x}_k),\quad k=0,1,\cdots \tag{6.51}$$

由于 $\boldsymbol{H}(\boldsymbol{F})$ 计算较为复杂，高斯-牛顿法[14]提出用 $\boldsymbol{J}_{\boldsymbol{F}}^{\mathrm{T}}\boldsymbol{J}_{\boldsymbol{F}}$ 代替上述牛顿法中的海森矩阵，则有

$$\boldsymbol{x}_{k+1}=\boldsymbol{x}_k-(\boldsymbol{J}_{\boldsymbol{F}}^{\mathrm{T}}\boldsymbol{J}_{\boldsymbol{F}})^{-1}\boldsymbol{J}_{\boldsymbol{F}}(\boldsymbol{x}_k),\quad k=0,1,\cdots \tag{6.52}$$

无论是牛顿法还是高斯-牛顿法，其迭代公式中均没有步长因子，而是定步长（$-(\boldsymbol{J}_{\boldsymbol{F}}^{\mathrm{T}}\boldsymbol{J}_{\boldsymbol{F}})^{-1}\boldsymbol{J}_{\boldsymbol{F}}(\boldsymbol{x}_k)$）迭代。对于非二次型目标函数，有时会使函数值 $\sum \boldsymbol{F}(\boldsymbol{x})\cdot\boldsymbol{F}(\boldsymbol{x})^{\mathrm{T}}$ 上升，出现 $\sum \boldsymbol{F}(\boldsymbol{x}_{k+1})\cdot\boldsymbol{F}(\boldsymbol{x}_{k+1})^{\mathrm{T}} > \sum \boldsymbol{F}(\boldsymbol{x}_k)\cdot\boldsymbol{F}(\boldsymbol{x}_k)^{\mathrm{T}}$ 情形，表明牛顿法或高斯-牛顿法不能保证函数值稳定地下降，在严重情况下可能造成迭代发散而导致计算失败。

为消除上述方法的弊病，文献［13］提出了阻尼高斯-牛顿法，该方法每次迭代的方向仍采用$-(\boldsymbol{J}_F^{\mathrm{T}}\boldsymbol{J}_F)^{-1}\boldsymbol{J}_F(\boldsymbol{x}_k)$，但是每次迭代时需沿此方向作一维搜索（Linear search），寻找最优的步长因子$\boldsymbol{\lambda}_k$，即

$$\lambda_k = \arg\min_{\lambda \in \mathbb{R}} \boldsymbol{F}(\boldsymbol{x}_k - \lambda(\boldsymbol{J}_F^{\mathrm{T}}\boldsymbol{J}_F)^{-1}\boldsymbol{J}_F(\boldsymbol{x}_k)) \tag{6.53}$$

代入步长因子，有

$$\boldsymbol{x}_{k+1} = \boldsymbol{x}_k - \lambda_k(\boldsymbol{J}_F^{\mathrm{T}}\boldsymbol{J}_F)^{-1}\boldsymbol{J}_F(\boldsymbol{x}_k), \quad k=0,1,\cdots \tag{6.54}$$

经过上述阻尼高斯-牛顿法迭代优化，当$\boldsymbol{x}_{k+1}-\boldsymbol{x}_k$满足一定阈值时，停止迭代，输出结果即为高斯分量参数优化结果。

（2）高斯分量剔除。

对波形进行高斯拟合分解，需与实际地物相匹配，因此需对不满足阈值要求的分量进行剔除。其中，幅值阈值可通过对波形强度进行经验性统计得到，若高斯分量幅值小于幅值阈值，则予以剔除；时间重心的阈值为波形有效起止位置，若波形分量时间重心小于波形有效信号起始位置或大于波形有效信号结束位置，则该高斯分量无效，予以剔除；回波波形高斯分量脉宽阈值为发射波形拟合脉宽值，若回波高斯分量脉宽值小于脉宽阈值，则该高斯分量无效，予以剔除。

（3）高斯分量合并。

由于足印内地形地物的复杂性，在基于星载激光测高回波波形进行高斯分解时，认为某一地表特征一定高度范围（例如1m）以内的地物为同一类型。若相邻回波分解高斯分量时间重心位置间距小于间隔阈值6ns（1m/0.15m），则对两个高斯分量进行合并。

图6.18给出了高分七号卫星激光测高真实发射波形与回波波形高斯分解实例，其中：图6.18（a-1）和（a-2）分别为光斑722078570的发射波形和回波波形的高斯分解及拟合结果，前者高斯分解参数$(\mathrm{Amp},\mu,\sigma)$为(51.5491，102.5725，3.093425)，后者接收波形经过高斯分解，得到两个分量，即高斯参数$(\mathrm{Amp},\mu,\sigma)$为（27.4705，104.632，6.69485），（38.8915，129.028，4.133245）；图6.18（b-1）和图6.18（b-2）分别为光斑722078653的发射波形和回波波形的高斯分解及拟合结果，前者高斯分解参数$(\mathrm{Amp},\mu,\sigma)$为（67.2159，101.915，3.432725），后者接收波形经过高斯分解，得到两个分量，即高斯参数$(\mathrm{Amp},\mu,\sigma)$为（45.4421，123.951，21.2162）和(27.795，147.0045，5.9888)。

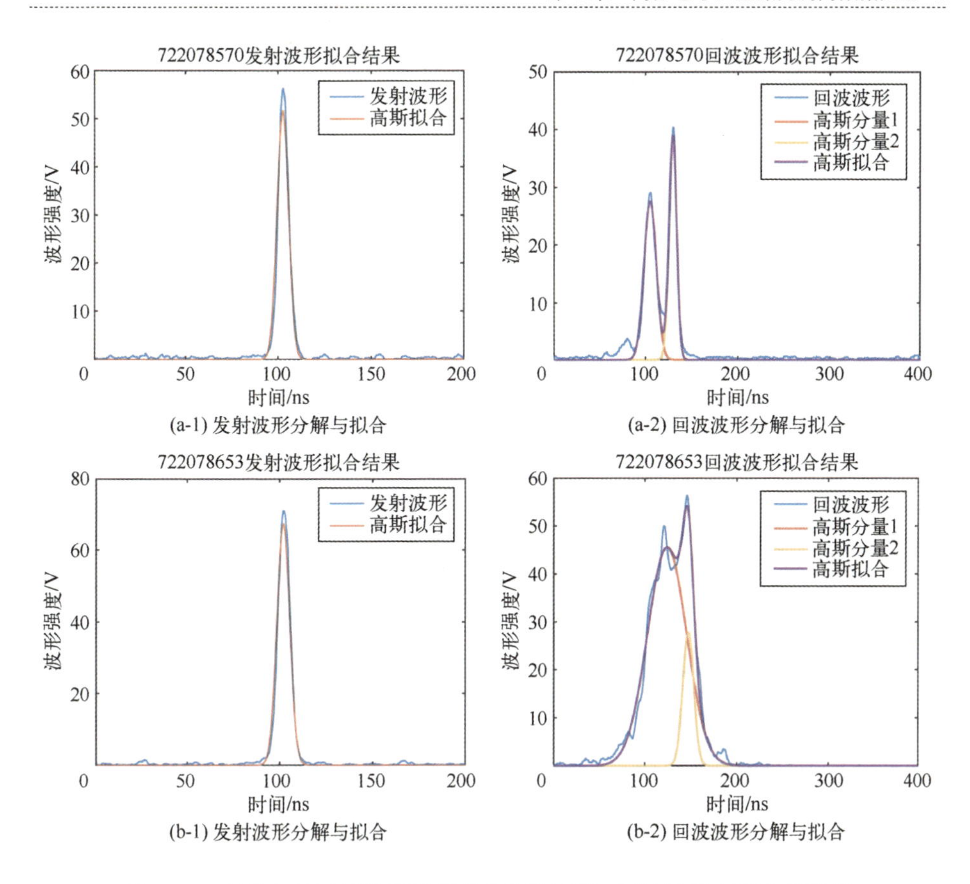

图 6.18　高分七号卫星激光测高真实发射波形与回波波形高斯分解实例

6.3　高分七号卫星激光测高产品设计

6.3.1　高分七号卫星激光测高产品分级

高分七号卫星搭载了我国首个具备全波形记录能力的激光测高仪，为精确获取目标高程信息、反演地形特征、准确估算森林生物量提供基础。参考国外 ICESat、ICESat-2、全球生态系统动态调查激光雷达（GEDI）等多型卫星激光数据产品设计经验，结合高分七号卫星激光数据特点和处理经验，设计了高分七号卫星激光测高产品[15-16]。

产品分级是一种根据数据处理流程、面向用户需求的数据产品结构设计，具有多层次、多方位、多主题的优点，便于用户快速检索所需数据，并减小冗余数据下载量，也极大提升了数据分发效率。结合高分七号卫星激光测高仪的特点，对激光测高产品的分级信息表如表 6.6 所列。其中：SLA00、SLA01、SLA02 为初级产品；SLA03 已实现业务化生产，可向用户分发使用；后续产品仍待进一步完善。L2 以上级别的数据具有两种数据存储形式：①按光学影像分景储存；②按百万图幅储存。

表 6.6　高分七号卫星激光测高产品分级信息表

产品名称	产品定义	产品级别	备注
SLA00	原始二进制数据文件	L0	星上原始数据
SLA01	对 SLA00 进行解码、整理、归类后的明码数据文件	L1	—
SLA02	对 SLA01 产品结合定标参数、预姿、预轨，经波形处理、基本几何定位的基础测距产品	L2A	粗定位和应急使用
SLA03	对 SLA01 或 SLA02，结合精密轨道、精密姿态、大气和潮汐改正、全波形处理、足印影像测绘标准化处理，形成的激光测高标准产品	L2B	已业务化，可对外分发
SLA04	大气类产品，目前暂空	L3	暂无
SLA05	对 SLA03 进行提取优化后的高程控制点专题产品	L3	全球高程控制点
SLA06	基于 SLA03 生产的大型湖泊水位专题产品	L3	正在研发

6.3.2　高分七号卫星激光测高标准产品构成

激光测高标准产品体系定义为：对获取的激光数据经过全波形处理、足印影像几何定位、激光几何定位和大气、潮汐等各项精细改正处理后形成的标准数据产品，包括波形数据、影像数据、激光足印三维坐标以及各种特征参数。图 6.19 所示为高分七号卫星激光测高标准产品生产流程，对原始数据进行预处理，根据测距信息、姿轨信息对激光地面足印进行初始定位，进行大气延迟改正和地球潮汐改正获取激光地面足印精确三维坐标，分析全波形提取激光足印范围内的地形地物信息，形成激光测高标准产品。

（1）波形处理。对波形数据进行预处理，经高斯分解提取波形特征参数，结合发射和接收回波对应的时间差，计算激光传输的距离和粗定位位置。

（2）大气改正。结合全球气象再分析资料，如美国国家环境预测中心（NCEP）发布的全球 1°×1°的每天 4 个时段的气象资料，利用激光的粗定位位置计算大气延迟改正值，获得精确距离值。

（3）足印影像处理。对足印影像进行预处理，提取激光光斑质心位置并分析其变化，根据定标结果在足印影像异步模式下合成虚拟足印影像。结合质心的位置变化和校正公式，对激光光斑的实际落点位置进行修正。

（4）潮汐改正和精确位置解算。结合精确距离值、精密轨道和姿态数据、几何定标以及落点位置修正值，计算激光点的三维坐标，并叠加固体潮、海潮、极潮、负荷潮等各类潮汐改正。

（5）质量控制标记。结合足印影像云检测、光轴监视相机光斑质心稳定性监测等对激光三维坐标的质量进行相应标记。

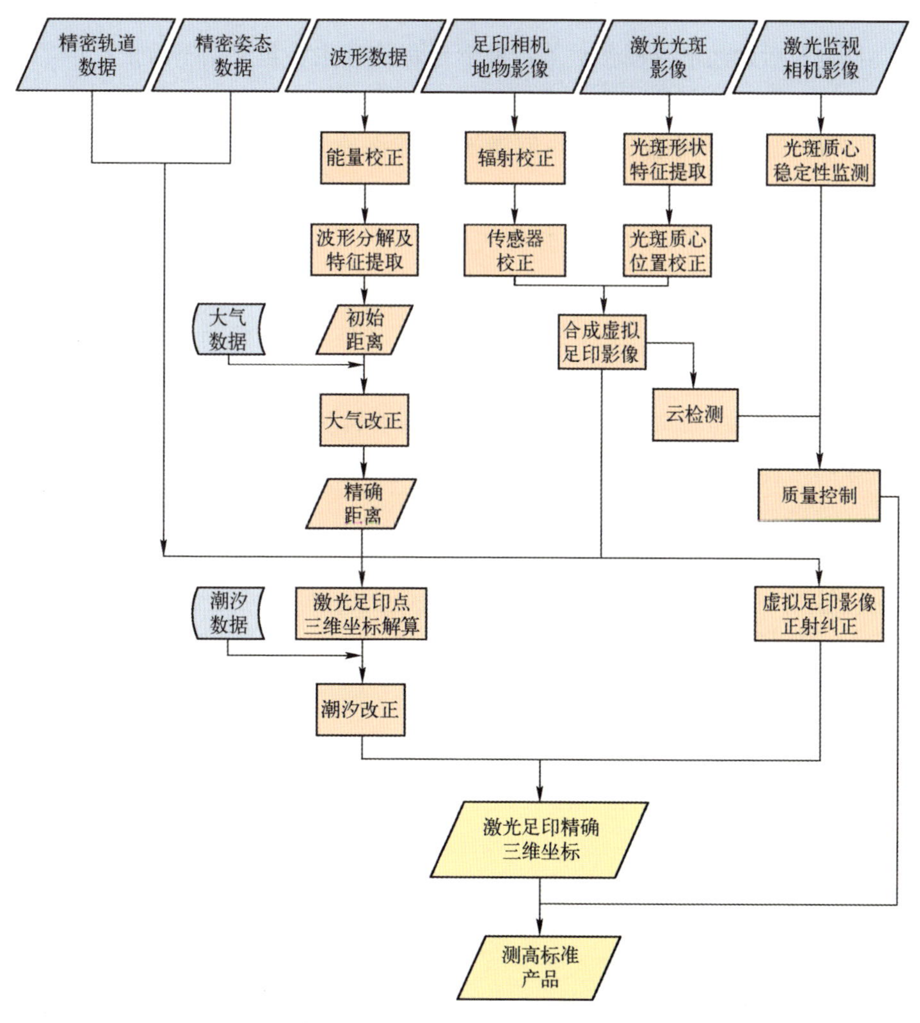

图 6.19　高分七号卫星激光测高标准产品生产流程

高分七号卫星激光测高标准产品 SLA03 中包括波形数据、影像数据、激光足印三维坐标以及各种特征参数。主体文件以 HDF5 格式存储，在 HDF5 文件内部，每个激光点存储在一个组（Group）中。每个激光点的数据由若干字段组成，根据字段的具体内容分为 6 个子组（SubGroup），包括综合信息（Basic_Information）、足印影像信息（LFI_Information）、波形信息（Waveform_Feature）、地形地物信息（TerrainFeature）、地球物理信息（Geophysic）、其他字段（Other）。其中，综合信息包含激光点的编号、三维坐标、所属激光器等；足印影像信息包含足印影像分辨率、激光落点在足印影像上的像素位置、足印影像数据体等；波形信息包含经滤波去噪等预处理后的发射和回波波形，经高斯分解后的波形特征参数等；地形地物信息主要包含基于波形提取的激光光斑内的高程分层值、地表坡度等；地球物理信息中包含大气折射延迟距离改正值以及固体潮、极潮、海潮和负荷潮改正值；其他字段包含基于 GLC30 获取的激光落点处地物覆盖类别、陆海标识。

激光测高标准产品主要有数据主体文件、元数据文件、空间分布文件、激光三维坐标文件，如表 6.7 所列。其中：主体文件为产品主体，存储了激光测高标准产品的所有信息；元数据文件为辅助文件，存储了激光测高标准产品的元信息；空间分布文件为 Shape 文件，包含了配套的辅助文件，一起存放于 LaserRange 文件夹中；激光三维坐标文件为文本文件，提供各个激光点的索引、经度、纬度、高程、高程可用性标记等信息。

表 6.7 激光测高标准产品文件列表

激光测高标准产品	文件格式	文件名
数据主体文件	HDF5 文件	*.h5
元数据文件	XML 文件	*.xml
空间分布文件	LaserRange 文件夹	*.shp *.dbf *.prj *shx
激光三维坐标文件	文本文件	*.sla

6.4 业务化处理与精度验证

6.4.1 业务化生产

高分七号卫星激光测高标准产品生产系统于 2021 年 4 月优化升级后正式

上线，目前已稳定运行。卫星激光测高标准产品生产过程全自动运行，无须人工干预，生产情况可以在生产管理界面查看，如图 6.20 所示。

图 6.20　卫星激光测高标准产品生产管理界面

2021 年（截至 11 月 30 日）高分七号卫星累积下传原始测高数据 4400 余次，成功生产 5700 余轨；累计发射 439 万次，累积获取地面激光点 360 多万个。高分七号卫星激光测高数据分布如图 6.21 所示。

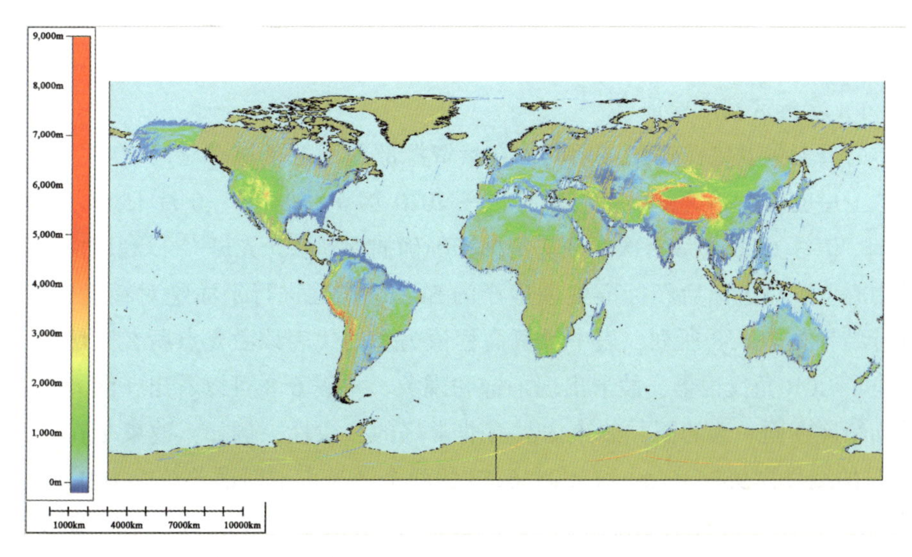

图 6.21　高分七号卫星激光测高数据分布示意图[17]

激光测高标准产品生产完成后，经过初步质量检验，即完成产品归档。归档数据可以在数据管理系统中查看，如图 6.22 所示。

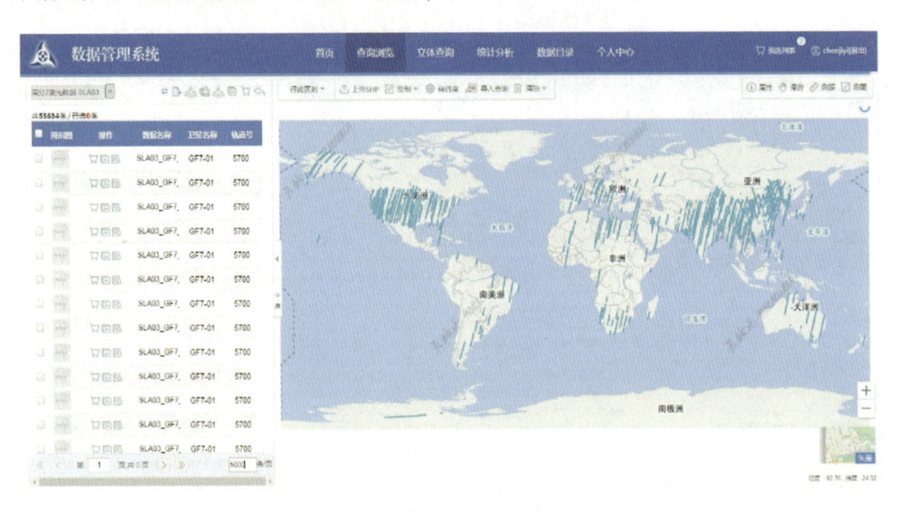

图 6.22　激光测高数据归档查询界面

6.4.2　激光测高产品精度验证

针对经业务化自动处理生产的 SLA03 激光测高标准产品，开展平面和高程精度验证，其中：平面精度采用地面探测器进行验证评价；高程精度采用实地实时动态测量技术-全球定位系统（RTK-GPS）测量点和激光雷达数字表面模型（LiDAR-DSM）进行验证分析。

1）定标区精度验证

高分七号卫星在轨测试期间，自然资源部国土卫星遥感应用中心、中国资源卫星应用中心等多家单位联合，在 2020 年 6 月 14 日、6 月 15 日、7 月 14 日、7 月 19 日先后多次在几何定标场准确捕捉到激光光斑[18]，利用探测器的中心位置对定标后经标准处理生产的 SLA03 产品进行平面绝对精度评价，统计结果如表 6.8 所列，表中计算高程值为空的代表该激光点所在区域地面布设了 CCR 角反射器，波形出现了饱和现象。从表 6.8 可以看出，激光点的平面精度在同一天的同一波束内具有非常好的一致性，例如：波束 1 在 7 月 14 日的编号为 959536149 和 959536153 的两个激光点平面误差较差为 0.12m，对应激光指向短时间的稳定精度为 0.05″；波束 2 在 7 月 19 日的编号为 964719118 和 964719122 的两个激光点平面误差较差为 0.58m，对应激光指向短时间的稳定精度约 0.24″。试验区波束 1 的激光点平面绝对误差最大为

4.861m，波束2最大为3.489m，基于地面探测器统计的两波束激光的平面精度分别为3.896±1.029m和3.286±0.337m。

表6.8 基于地面探测器的激光点平面误差统计

波束号	日期	激光点ID	误差/m			
			东向	北向	平面	高程
波束1	6月14日	928438249	1.296	2.068	2.441	-0.009
	6月15日	929460009	1.427	4.647	4.861	0.066
	7月14日	959536149 959536153	-2.421 -2.022	-3.434 -3.546	4.201 4.082	— —
波束2	6月14日	928438242	2.050	2.824	3.489	-0.014
	7月19日	964719118 964719122	-1.918 -1.358	-2.893 -2.558	3.471 2.896	— —

为评价激光点的绝对高程精度，采用定标区以及陕西华阴地区、德国北威州地区的高分七号卫星多期实际数据进行评价，高程基准均统一为WGS84椭球的大地高。陕西华阴地区的高程范围为[299.3m,1535.7m]，平地和山区基本各占一半；德国北威州验证区的高程范围为[73.8m,613.2m]，绝大部分属于城市平坦地区，部分属于丘陵和山区。这两个区域的激光点与定标区在时间和空间上均有一定距离，更能反映高分七号卫星激光标准产品的真实精度水平。

在外场定标区2020年6月9日、6月14日、6月19日、6月24日分别实测了一定数量的RTK-GPS点，与实际计算的高程验证结果统计表如表6.9所列。波束1和波束2参与统计的个数分别为20个，精度分别为0.018±0.099m，-0.017±0.096m，即与定标区时间和空间临近的激光点，在坡度小于2°的平坦地区绝对高程精度优于0.10m。

表6.9 临近定标区的激光点高程验证结果统计表

波束1				波束2			
点ID	高程/m	实测高程/m	差值/m	点ID	高程/m	实测高程/m	差值/m
923255253	1046.068	1045.932	0.136	923255250	1053.561	1053.607	-0.046
923255257	1043.417	1043.27	0.147	928438238	1045.207	1045.352	-0.145
928438249	1084.577	1084.565	0.012	928438242	1071.722	1071.717	0.005
928438253	1092.222	1092.246	-0.024	928438246	1079.281	1079.289	-0.008
928438257	1091.807	1091.802	0.005	928438250	1080.023	1080.134	-0.111

续表

波束 1				波束 2			
点 ID	高程/m	实测高程/m	差值/m	点 ID	高程/m	实测高程/m	差值/m
933621309	1038.939	1038.881	0.058	928438254	1081.505	1081.655	-0.15
933621313	1040.678	1040.655	0.023	928438258	1088.025	1088.04	-0.015
933621317	1040.688	1040.548	0.14	933621306	1076.083	1076.076	0.007
933621321	1050.721	1050.577	0.144	933621310	1074.375	1074.313	0.062
933621329	1049.947	1049.947	0	933621314	1078.336	1078.317	0.019
933621333	1051.517	1051.624	-0.107	933621318	1084.569	1084.551	0.018
933621337	1067.015	1066.953	0.062	933621322	1084.325	1084.252	0.073
933621341	1075.025	1075.043	-0.018	933621330	1093.745	1093.766	-0.021
938804341	1076.333	1076.309	0.024	933621334	1092.922	1092.936	-0.014
938804369	1086.0	1085.973	0.027	933621338	1101.447	1101.361	0.086
938804377	1089.915	1089.9	0.015	933621342	1109.606	1109.708	-0.102
938804381	1088.907	1088.946	-0.039	933621346	1118.435	1118.426	0.009
938804401	1118.783	1118.822	-0.039	938804370	1094.064	1093.971	0.093
938804405	1133.557	1133.629	-0.072	938804394	1121.145	1121.061	0.084
938804409	1136.424	1136.468	-0.044	938804398	1125.865	1125.81	0.055

2）足印影像平面精度验证

为充分评价高分七号卫星足印相机几何定位精度，使用外业实测的检查点对上述定标结果开展精度验证试验。试验采用过境陕西的两轨高分七号卫星足印相机数据，分别是 2020 年 4 月 26 日的 2662 轨和 5 月 1 日的 2738 轨。两轨数据共选取 11 景足印影像，每景足印影像上选择 3~4 个特征地物点作为检查点，共计 41 个检查点，在野外进行 RTK-GPS 测量，获得检查点的地理坐标，足印影像和检查点分布如图 6.23 所示。

足印相机绝对精度验证如表 6.10 所列。从表中可以看出，足印影像在 X 方向与 Y 方向的定位偏差均小于 3.2m，即在 1pixel 以内。少数检查点平面精度达到 7.0m 以上，这可能是由于足印影像分辨率较低使得检查点难以在影像上准确定位。整体看来，验证区检查点中误差不超过 5.039m，精度略低于定标区。另外，该区域两波束激光足印相机定位偏差具有较为明显的方向性，这可能是因为卫星各项仪器开机工作一段时间后，产生了一定程度的系统性偏差。

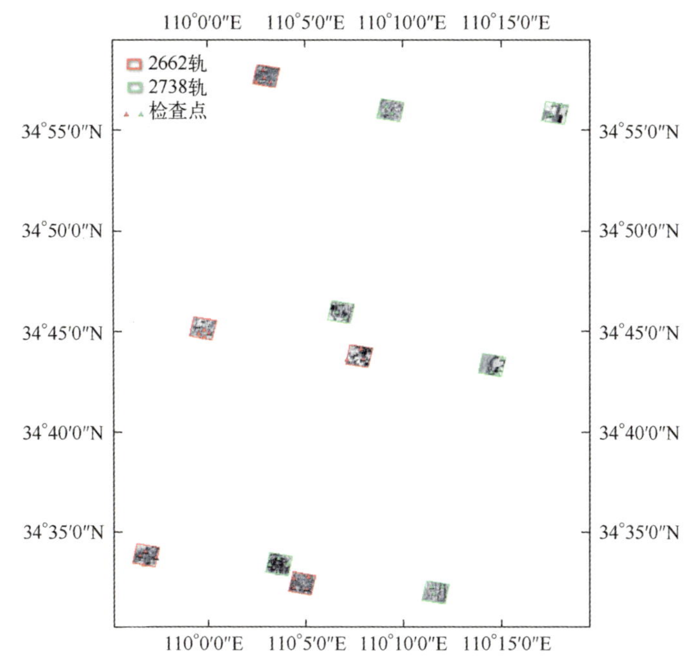

图 6.23 验证区足印影像和检查点分布

表 6.10 足印相机绝对精度验证

相 机	轨道号	景数	检查点数	X方向误差均值/m	Y方向误差均值/m	平面定位精度/m		
						最大误差	最小误差	中误差
足印相机1	2662	3景	13个	-2.973	-1.857	7.492	2.076	4.833
	2738	3景	10个	-0.252	-2.840	7.827	2.807	5.039
	综合	6景	23个	-1.790	-2.284	7.827	2.076	4.924
足印相机2	2662	2景	7个	-2.287	0.333	6.331	2.556	4.490
	2738	3景	11个	-0.240	-2.287	8.600	1.700	4.692
	综合	5景	18个	-1.036	-1.268	8.600	1.700	4.615

3）高程精度验证

选择与内蒙古定标区有一定时间和空间间隔的陕西验证区开展绝对精度验证，数据获取时间分别为2020年4月26日、5月1日的2662轨和2738轨。激光高程点分布如图6.24所示，针对激光点的落点位置经纬度，以3~5m间隔往外扩 20m 左右利用 RTK-GPS 采集地面点的三维精确坐标。波束 1 共 45 个点、波束 2 共 25 个点，经统计波束 1 和波束 2 的总体高程精度分别为 -0. 113±2. 519m 和 0. 191±1. 071m，如表 6. 11 所列。其中，ECP_Flag 字段标记为 1 的个数均为 11 个，两个波束绝对高程精度分别为 0. 111±0. 152m、-0. 064±0. 115m；Ecp_Flag 字段标记为 2 的分别为 19 个和 5 个，两个波束绝对高程精度分别为 0. 246±0. 229m、0. 122±0. 269m。从表 6. 11 中可以看出，标记为 1 的激光点绝对高程精度非常高，完全可以作为高程控制点使用；标记为 2 的次之，精度基本在 0. 3m 以内；标记为 3 的精度在 0. 5m 左右，可以考虑使用；剩下的为地形、地物复杂区或信噪比较低的点精度较差，不能作为控制点使用。从统计结果来看，标记为 1 和 2 的标记方法完全可信、精度可靠，可以作为高精度高程控制点使用。

表 6. 11　陕西验证区激光点绝对高程精度统计结果

激光点可用性标记	波束 1			波束 2		
	个数	占比/%	精度/m	个数	占比/%	精度/m
ECP_Flag=1	11	24. 44	0. 111±0. 152	11	44	-0. 064±0. 115
ECP_Flag=2	19	42. 22	0. 246±0. 229	5	20	0. 122±0. 269
ECP_Flag=3	1	2. 22	0. 487	4	16	0. 351±0. 448
其他	14	31. 10	-0. 836±4. 532	5	20	0. 690±2. 476
总点数	45		-0. 113±2. 519	25		0. 191±1. 071

进一步选择境外德国北威州地区共 5 轨高分七号卫星激光测高数据，如图 6. 25 所示，分别为 2020 年 6 月 21 日的第 3516 轨、7 月 6 日的第 3745 轨、7 月 11 日的第 3820 轨、7 月 21 日的第 3973 轨、8 月 29 日的第 4564 轨。图中部分空白段代表该区域因云层较厚激光未达到地面，数据无效。参考高程来自于该区域高精度的机载 LiDAR-DSM 数据，格网大小为 1m，获取时间为 2014-2016 年，高程基准为德国采用的 DHHN2016，采用 EGM2008 大地水准面模型转换为 WGS84 椭球的大地高。经咨询国外该数据发布方的专家，高程基准转换精度在 0. 1~0. 2m，综合考虑 LiDAR 点云本身的精度，该区域参考数据的绝对高程精度约 0. 25m。该区域 SLA03 产品的绝对高程精度统计表如表 6. 12 所列，两波束激光的总体精度分别为-0. 897±5. 485m 和-0. 202±6. 207m。ECP_Flag 标记为 1 的高程精度分别为-0. 304±0. 190m 和-0. 279±

0.220m，ECP_Flag 标记为 2 的高程精度分别为 -0.110±0.454m 和 0.024±0.501m，能控制在 0.5m 内，即 ECP_Flag 标记为 1 和 2 的可以作为高程控制点使用。

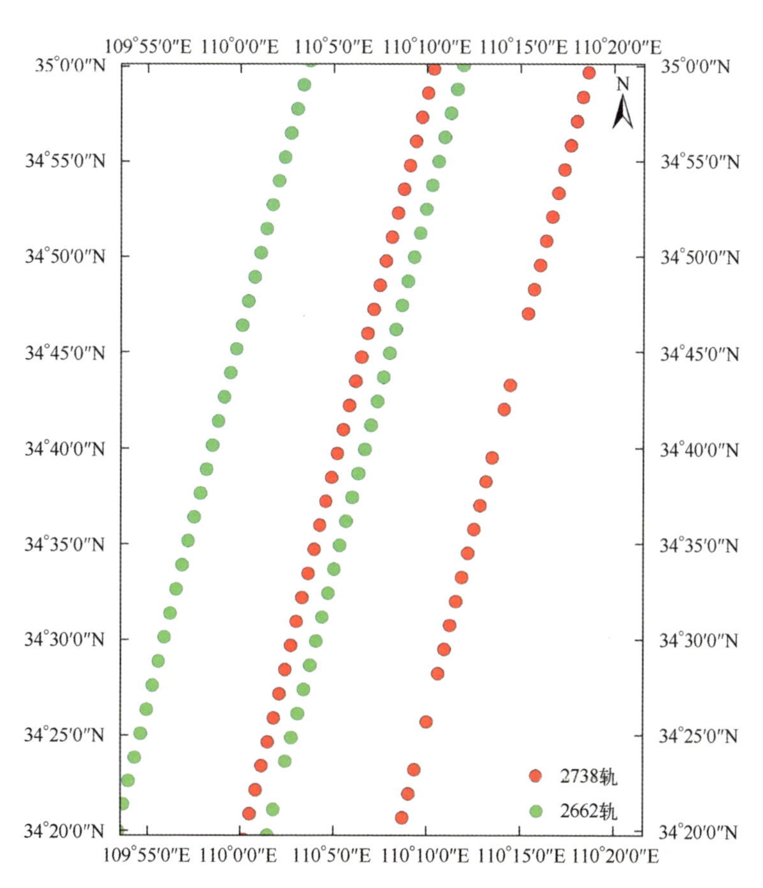

图 6.24　陕西区域部分激光高程点分布

表 6.12　德国北威州地区激光点绝对高程精度统计表

激光点可用性标记	波束 1			波束 2		
	个数	占比/%	精度/m	个数	占比/%	精度/m
ECP_Flag=1	43	38.74	-0.304±0.190	27	23.69	-0.279±0.220
ECP_Flag=2	29	26.13	-0.110±0.454	33	28.95	0.024±0.501
ECP_Flag=3	6	5.40	-0.669±0.832	9	7.89	-0.133±0.676
其他	33	29.73	-2.386±9.989	45	39.47	-0.336±9.929
总点数	111		-0.897±5.485	114		-0.202±6.207

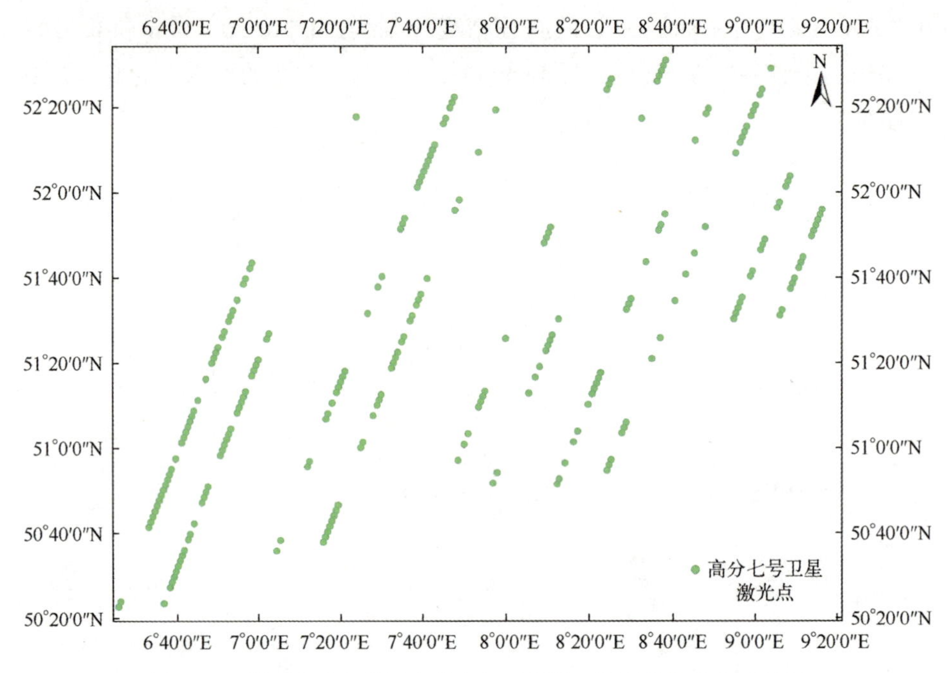

图 6.25　德国北威州地区高分七号卫星激光测高数据分布示意图

参考文献

[1] 范春波，李建成，王丹，等．ICESAT/GLAS 激光脚点定位及误差分析［J］．大地测量与地球动力学，2007，27（1）：104-106.

[2] ZWALLY H J，SCHUTZ B，ABDALATI W，et al. ICESat's laser measurements of polar ice，atmosphere，ocean，and land［J］. Journal of Geodynamics，2002，34（3-4）：405-445.

[3] ABSHIRE J B，SUN X，RIRIS H，et al. Geoscience laser altimeter system（GLAS）on the ICESat mission：pre-launch and on-orbit measurement performance［C］//Proceedings of the IEEE International Geoscience & Remote Sensing Symposium，2003，France.

[4] HERRING T A，QUINN K J. The algorithm theoretical basis document for the atmospheric delay correction to GLAS laser altimeter ranges［R］. NTRS，2012.

[5] 鄂栋臣，黄继锋．南极验潮进展及中山站验潮策略［J］．极地研究，2008，20（4）：363-370.

[6] 国爱燕，戴君，赵晨光，等．高分七号卫星激光测高仪总体设计与在轨验证［J］．航天器工程，2020，29（3）：43-48.

[7] 孟俊清，张鑫，蒋静，等．高分七号卫星激光测高仪激光器设计［J］．航天器工程，

2020, 29（3）：96-102.

[8] 杨雄丹，李国元，王佩贤，等．星载激光光斑影像激光指向变化探测法［J］．测绘学报，2020，49（12）：86-94.

[9] GARDNER C S. Target signatures for laser altimeters：an analysis［J］. Applied Optics，1982，21（3）：448-453.

[10] BUFTON J L. Laser altimetry measurements from aircraft and spacecraft［J］. Proceedings of the IEEE，1989，77（3）：463-77.

[11] WAGNER W，ULLRICH A，DUCIC V，et al. Gaussian decomposition and calibration of a novel small-footprint full-waveform digitising airborne laser scanner［J］. ISPRS journal of photogrammetry and remote sensing，2006（2）：60.

[12] 左志强，唐新明，李国元，等．GF-7星载激光测高仪全波形自适应高斯滤波［J］．红外与激光工程，2020，49（11）：11.

[13] HARTLEY H O. The modified Gauss-Newton method for the fitting of non-linear regression functions by least squares［J］. Technometrics，1961，3（2）：269-280.

[14] WEDDERBURN R W. Quasi-likelihood functions，generalized linear models，and the Gauss-Newton method［J］. Biometrika，1974，61（3）：439-447.

[15] 曹海翊，戴君，张新伟，等．“高分七号”高精度光学立体测绘卫星实现途径研究［J］．航天返回与遥感，2020，41（2）：17-28.

[16] 李国元，唐新明，陈继溢，等．高分七号卫星激光测高数据处理与精度初步验证［J］．测绘学报，2021，50（10）：1-11.

[17] 唐新明，李国元，张斌．自然资源陆地卫星激光测高产品及典型应用［J］．卫星应用，2022（9）：47-53.

[18] 谢俊峰，刘仁，王宗伟，等．高分七号星载激光测高仪在轨几何检校与精度评估［J］．红外与激光工程，2021，50（8）：195-205.

第7章 可见光与激光复合测绘

7.1 激光高程控制点提取

7.1.1 高分七号卫星激光高程控制点自动提取

高分七号卫星激光高程控制点主要由高精度激光测高点、高质量的激光测高足印影像以及激光测高点位于足印影像内的像点坐标组成。受卫星姿态测量误差、卫星轨道定位误差、激光指向误差以及激光测高回波波形质量等的影响，并非所有激光测高点都可达到较高的定位精度，同时，落至森林植被、水体等区域的激光测高点并不适合用于构建立体测绘控制信息，因此对高分七号卫星高精度激光测高点的提取进行研究是十分必要的。由于激光测高足印相机采集足印区域的地物影像时，可能受到云雾的遮挡，此时也难以构建准确的激光测高高程控制信息，因此对高分七号卫星高质量足印影像的提取进行研究也十分必要[1]。

为实现高分七号卫星激光高程控制点的自动提取，本章建立了一种综合考虑激光测高点高程误差、激光测高回波波形特征、激光测高足印内地物类别和激光测高足印影像质量的自动化准确提取方法，如图7.1所示。

7.1.1.1 激光测高高程控制点粗筛选

1）基础参考全球公开地形数据AW3D30

为高效获取全球范围的地形信息，日本宇航局（JAXA）于2006年发射了先进陆地观测卫星（ALOS），卫星上同时搭载有星下点分辨率为2.5m的全色三线阵立体测绘相机（PRISM）。在超过5年的卫星运行时间内，立体相机载荷拍摄了大约6.5×10^6景的影像数据，观测范围覆盖全球地表。考虑到已有的全球覆盖的公开地形数据（如航天飞机雷达地形探测任务（SRTM）[2]和先进星载热发射和反射辐射计全球数字高程模型（ASTER GDEM）[3]）存在一定不足，同时为便于学术界以及商业公司开展地理空间信息的研究及应用，JAXA 于 2016 年正式公开发布了大约由 3×10^6 景的 PRISM 影像数据生产的 30m 空间分辨率的全球地形数据（AW3D30）[4]。AW3D30 全球地表覆盖范围为 82°S 至 82°N，高程误差约为 4.4m（RMSE）。

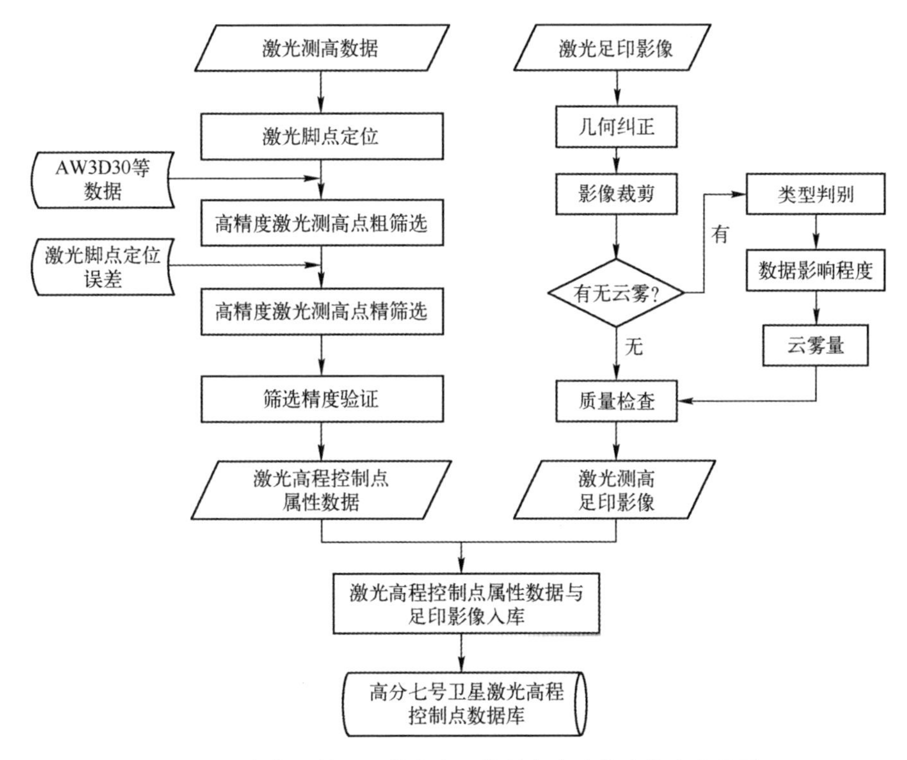

图 7.1　高分七号卫星激光高程控制点自动提取算法流程图

2）基础地表覆盖类型参考数据

全球地表覆盖类型数据库（FROM-GLC）于 2013 年由宫鹏团队发布[5]。FROM-GLC 由超过 8900 景的主题成像仪（Landsat TM）和专题绘图仪（ETM+）影像生产得到，空间分辨率为 30m。为实现对地表类型的准确分类，该团队共收集了 91433 个训练样本，分别对最大似然分类器、J4.8 决策树分类器、随机森林（RF）分类器以及支持向量机（SVM）进行训练，最后将影像数据输入至训练好的分类器，实现地表类型分类。其中，以 FROM-GLC（2015_v1）为例，数据库内共有 11 个地表一级分类类型和 23 个地表二级分类类型，例如：森林为一级分类类型；落叶阔叶林和未落叶阔叶林为二级分类类型。Guo等使用了遍布亚洲、欧洲以及非洲的共20396个样本数据对FROM-GLC30数据进行了精度验证，其总体精度为72.78%，其中裸地和森林的分类精度相对较高，而灌木地的分类精度最低[6]。

3）基于全球公开地形数据的激光测高高程控制点粗筛选

由于可能存在厚云或浓雾的遮挡，星载激光测高发射波形后，激光信号可能难以传输至地表，此类激光点的定位高程极大地偏离对应地表的高程，无法用作激光测高高程控制点。为避免此类激光测高点对激光测高高程控制点提取造成干扰，若激光测高点解算高程与该点平面位置处AW3D30的高程差值大于200m，则将该激光测高点剔除。

4）基于全球公开数字地表覆盖类型数据的激光测高高程控制点粗筛选

地球表面地表覆盖类型多样，包含建筑物、裸露地表、冰雪、森林、灌木、草地、河流、海洋、湖泊等，落至森林、海洋等区域的激光测高点难以用作激光测高控制点，可以使用全球公开的地表覆盖类型数据（FROM-GLC）将此类激光点剔除。若FROM-GLC地表覆盖类型数据库中，激光点所在位置处类型为森林、果木林或水体类型，则将此类激光点剔除。

5）基于激光测高足印影像质量的粗筛选

由6.2节可知，对高分七号卫星激光测高足印影像的处理，包括足印影像几何校正、云雾识别以及云量判定等步骤。在足印影像内，若激光测高点足印区域受厚云或雾遮挡，此时将该激光测高点数据剔除；若激光测高点足印区域仅受薄云或雾遮挡，或未受云雾遮挡，影像内足印区域地物特征较为清晰，则将保留该类激光测高点数据，并认为激光测高足印影像可用。

7.1.1.2 激光测高高程控制点精筛选

1）基于波形特征参数的筛选

高质量的激光测高回波是将激光测高点用作高程控制点的重要保障。激光测高发射信号经大气传输至地表，被地物特征反射，再次经过大气传输到达探测器，通过数字化采样、增益等过程，最终输出为数字化的回波波形。受到大气等因素的影响，回波信号可能变形较大，影响后续使用。同时，由于星载激光测高足印范围较大，足印范围内多种高度的地物特征将导致回波信号呈现多峰态，回波波形可分解为多个高斯分量，因而激光脚点处的准确高程难以判定，这将直接影响激光脚点定位的高程精度。

为避免上述问题可能带来的误差，基于波形特征参数（参见6.2节），如回波波形信噪比、回波波形拟合残差、回波波形高斯分解分量个数和回波波形峰度、偏度等，可以通过对不同波形特征参数设定合理阈值，以保留高质量有效波形。如果激光测高回波波形分解分量个数大于1个，且对应足印内存在多种高度的地物，此时为保证标准激光测高高程控制点的可靠性，将不使用此类回波波形下的激光脚点定位坐标作为激光测高高程控制信息。

2）基于激光测高脚点定位误差模型的筛选

星载激光测高系统通过测量激光从发射时刻至返回时刻的准确时间来计算卫星至地表的准确距离（激光测距）；辅助以激光到达地面时刻的卫星轨道、姿态和激光指向信息，可计算激光落点位置处的准确坐标。卫星至地表的激光测距精度将直接影响激光脚点定位的高程精度。

由激光测高回波理论模型可知，由于星载激光测高系统存在激光指向误差，且地表激光足印内地形存在坡度、粗糙度等的影响，激光测距精度将受到制约。本模块对激光测距误差进行了量化分析，如图7.2所示，图中：Z为激光指向误差下的激光测距值；Z_0为卫星平台至星下点地表的距离。

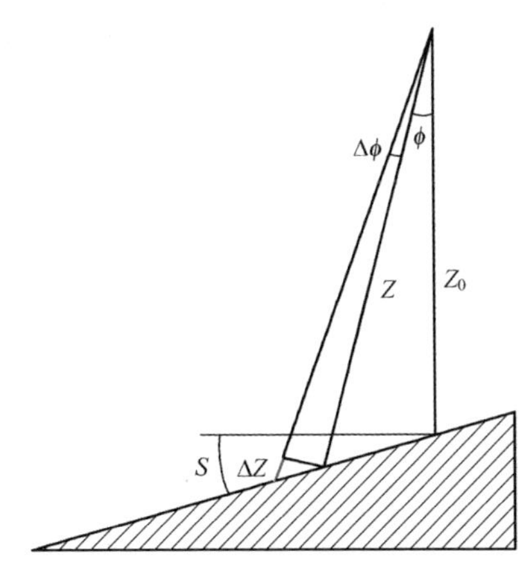

图7.2　由激光指向误差$\Delta\phi$及地形坡度S导致的测距误差ΔZ[7]

由星载激光测高严格几何模型可知，星载激光测高对地测量时，卫星的姿态、轨道以及激光指向、激光测距等测量精度将直接影响激光测高脚点的定位精度。若给定激光测量时卫星的姿态角为ω（偏航角，Yaw）、φ（俯仰角，Pitch）、κ（横滚角，Roll），测量精度分别为m_ω、m_φ、m_κ，卫星定位精

度为 m_X，m_Y，m_Z，激光测距值为 R，测量精度为 m_R，激光指向角为 β，测量精度为 m_β。激光脚点在 X、Y、Z 三个方向上的定位误差（均方误差）为[8]

$$
\begin{aligned}
M_X^2 = m_X^2 &+ [S\cos\omega\cos\varphi(\cos\kappa\cos\beta-\sin\kappa\sin\beta)]^2 m_\varphi^2 + \\
&[S\sin\beta(\cos\omega\cos\kappa+\sin\omega\sin\varphi\sin\kappa)+S\cos\beta(\cos\omega\sin\kappa-\sin\omega\sin\varphi\cos\kappa)]^2 m_\omega^2 + \\
&[-S\sin\beta(\sin\omega\sin\kappa+\cos\omega\sin\varphi\cos\kappa)+S\cos\beta(\sin\omega\cos\kappa-\cos\omega\sin\varphi\sin\kappa)]^2 m_\kappa^2 + \\
&[-S\cos\beta(-\sin\omega\cos\kappa+\cos\omega\sin\varphi\sin\kappa)-S\sin\beta(\sin\omega\sin\kappa+\cos\omega\sin\varphi\cos\kappa)]^2 m_\beta^2 + \\
&[\sin\beta(\sin\omega\cos\kappa-\cos\omega\sin\varphi\sin\kappa)+\cos\beta(\sin\omega\sin\kappa+\cos\omega\sin\varphi\cos\kappa)]^2 m_S^2
\end{aligned}
\tag{7.1}
$$

$$
\begin{aligned}
M_Y^2 = m_Y^2 &+ [S\sin\omega\cos\varphi(\cos\kappa\cos\beta-\sin\kappa\sin\beta)]^2 m_\varphi^2 + \\
&[S\sin\beta(\sin\omega\cos\kappa-\cos\omega\sin\varphi\sin\kappa)+S\cos\beta(\sin\omega\sin\kappa+\cos\omega\sin\varphi\cos\kappa)]^2 m_\omega^2 + \\
&[-S\sin\beta(\cos\omega\sin\kappa-\sin\omega\sin\varphi\cos\kappa)-S\cos\beta(\cos\omega\cos\kappa+\sin\omega\sin\varphi\sin\kappa)]^2 m_\kappa^2 + \\
&[-S\cos\beta(\cos\omega\cos\kappa+\sin\omega\sin\varphi\sin\kappa)-S\sin\beta(-\cos\omega\sin\kappa+\sin\omega\sin\varphi\cos\kappa)]^2 m_\beta^2 + \\
&[-\sin\beta(\cos\omega\cos\kappa+\sin\omega\sin\varphi\sin\kappa)+\cos\beta(\cos\omega\sin\kappa+\sin\omega\sin\varphi\cos\kappa)]^2 m_S^2
\end{aligned}
\tag{7.2}
$$

$$
\begin{aligned}
M_Z^2 = m_Z^2 &+ [S\sin\varphi(\sin\kappa\sin\beta-\cos\kappa\cos\beta)]^2 m_\varphi^2 + \\
&[-S\cos\varphi(\sin\beta\cos\kappa+\cos\beta\sin\kappa)]^2 m_\kappa^2 + [-S(\cos\beta\cos\varphi\sin\kappa+\sin\beta\cos\varphi\cos\kappa)]^2 m_\beta^2 + \\
&[-\sin\beta\cos\varphi\sin\kappa+\cos\beta\cos\varphi\cos\kappa]^2 m_S^2
\end{aligned}
\tag{7.3}
$$

通过对激光测高测距误差以及激光测高脚点定位的定量化误差分析，可以获取激光点的平面定位精度与高程精度误差分析值，保留脚点定位精度较高的激光测高点，用作激光测高高程控制点。

7.1.1.3 激光测高高程控制点分级标记

对激光测高点及激光测高足印影像完成筛选及评价后，可筛选得到高精度的激光测高点及高质量的足印影像，建立激光测高高程控制点，对激光高程控制点按精度情况可分为 3 级[1]，其中：1 级代表激光测高点非常适合作为高程控制点使用，高程精度非常可靠，足印影像可用，激光测高高程精度优于 0.3m；2 级代表激光测高点适合作为高程控制点使用，足印影像可用，激光测高高程精度优于 0.5m；3 级代表激光测高点可作为高程控制点使用，足印影像可用，激光测高高程精度优于 1.0m。

7.1.2　高程控制点精度验证与分析

为有效评价激光高程控制点提取精度，选取高分七号卫星过境德国北威州时采集的激光测高数据进行了实验，并基于高精度机载激光点云对控制点提取精度进行了验证。

1）验证区域及数据

验证区域位于德国北莱茵-威斯特法伦州（North Rhine-Westphalia，NRW，以下简称“北威州”，见图7.3），覆盖范围为50°21′ N至52°30′ N，6°E至9°23′ E，面积约34080km^2，区域内包含多种地貌，如平原、丘陵、高山和峡谷，海拔最低为-293m（Hambach露天矿），最高为843.2m（Langenberg），平均海拔109m。实验数据包括高分七号激光测高数据和高精度机载点云数据，其中：前者为高分七号星载激光测高仪于2020年4月18日、6月21日、7月6日、7月11日、7月21日与8月29日过境该州区域时采集的6轨激光测高数据，图7.3所示的蓝色点代表激光足印；后者为由北威州测绘局（Geobasis NRW）于2017年1月公开发布的该州机载点云数据，数据采集时间约为2014—2017年，点云平均空间分辨率为1m，平面和高程精度分别为0.5m与0.2m[9]。

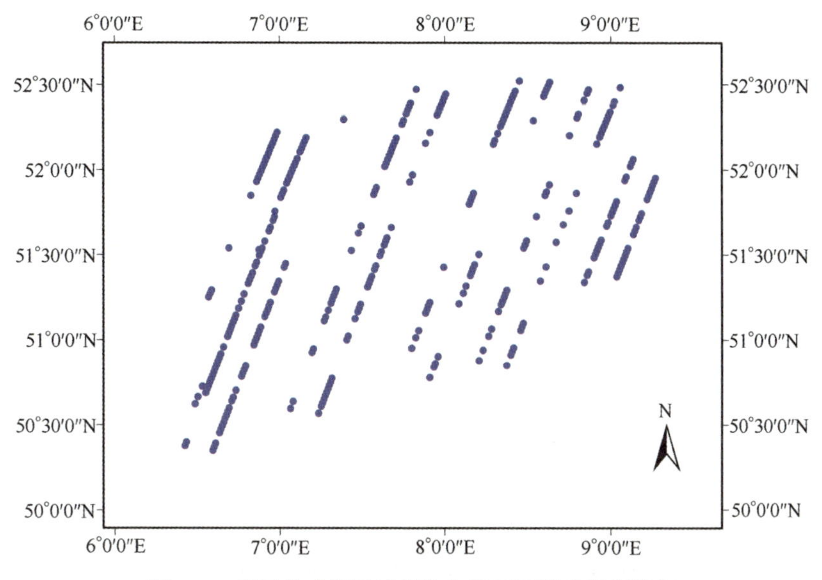

图7.3　德国北威州区域高分七号卫星激光测高足印
（2020年4月18日—8月29日）分布示意图

2）验证结果

基于验证区域内高精度机载激光点云数据，对提取的高分七号卫星激光测高高程控制点进行精度评价，如表7.1所列。

表7.1 德国北威州区域提取标记的高分七号卫星高精度激光测高点高程精度评价

激光测高点标记(Flag)	数量	最小高程误差/m	最大高程误差/m	MAE/m	RMSE/m	标记可信度/%
1	51	0.0009	0.73	0.27	0.15	94.1
2	23	0.002	0.77	0.21	0.22	95.6
3	20	0.01	1.37	0.52	0.36	95.0
注：标记可信度表示提取的高分七号卫星激光测高高程控制点中，实际高程精度满足标记值所对的精度的比例						

从表7.1可以发现，基于高分七号卫星激光测高数据，提取并标记为1级（高程精度优于0.3m）、2级（高程精度优于0.5m）和3级（高程精度优于1m）的激光测高高程控制点的提取标记可信度可达到94.1%、95.6%和95.0%；经机载激光点云验证，实际提取的激光测高高程控制点高程误差最大不超过0.73m，0.77m和1.37m，而实际中误差仅为0.15m，0.22m和0.36m。

7.2 线面相机联合处理

高分七号卫星通过激光器与足印相机的同光路设计，实现对激光出射方向和地面影像的同时获取。通过足印相机辅助激光定位，有助于进一步提升激光光斑在复杂地形地区的可用性。足印相机的高精度定向包括高精度几何检校和高精度姿态估计，而足印相机高精度几何定位是提升激光光斑可用性的关键。

激光足印相机通常采用小像幅设计，因此利用地面控制点的足印相机定向几乎不再可行。本节充分利用激光足印相机与高分相机同平台设计，提出基于高分七号卫星影像辅助的激光足印相机定向。通过高分卫星多光谱影像对激光足印影像进行波谱匹配和成像几何仿真，可实现高精度控制点的提取。利用物理模型，实现对足印相机的高精度几何检校，精确重建足印相机几何模型。在此基础上，利用全色影像成像几何模型，实现对足印相机的高精度定向。

线阵、面阵联合平差是建立高分七号卫星线面一体化几何模型的关键因素，常用的平差模型主要是有理多项式模型与严密成像几何模型。但是有理多项式模型参数缺乏物理意义，难以建立起影像间的几何约束关系。要实现足印相机与高分相机一体化的有理多项式模型平差，则要求每景影像上至少存在4对角点同名点，在此基础上进行联合平差。这种方式将每景影像作为独立单元处理，要求影像上存在分布清晰的多度重叠连接点。

相比之下，基于严密成像几何模型的平差方法可以有效兼顾高分七号卫星足印相机与高分相机同平台获取的特点，建立姿态参数补偿的物理模型，可降低控制点的需求，提高线面联合估计的稳定性。

由于高分七号卫星视场角较小，轨道误差与姿态误差耦合，因此可建立线面联合优化补偿模型。姿态误差随时间动态变化，建立随时间变化的姿态误差模型为

$$\begin{cases}\varphi(t)=\varphi_{s0}(t)+\varphi_0+\varphi_1\cdot t\\ \omega(t)=\omega_{s0}(t)+\omega_0+\omega_1\cdot t\\ \kappa(t)=\kappa_{s0}(t)+\kappa_0+\kappa_1\cdot t\end{cases}\tag{7.4}$$

式中：$\varphi_{s0}(t)$、$\omega_{s0}(t)$、$\kappa_{s0}(t)$分别为内插的轨道和姿态；φ_0、ω_0、κ_0、φ_1、ω_1、κ_1为补偿参数。姿态补偿模型应用于轨道坐标系，其定义为

$$\begin{aligned}\boldsymbol{R}_{\mathrm{nav}}^{\mathrm{orbit}(t)}(t)&=\boldsymbol{R}_{\varphi(t)}-\boldsymbol{R}_{\omega(t)}-\boldsymbol{R}_{\kappa(t)}\\ &=\begin{bmatrix}\cos\varphi(t)&0&\sin\varphi(t)\\0&1&0\\-\sin\varphi(t)&0&\cos\varphi(t)\end{bmatrix}\cdot\begin{bmatrix}1&0&0\\0&\cos\omega(t)&-\sin\omega(t)\\0&\sin\omega(t)&\cos\omega(t)\end{bmatrix}\cdot\\ &\quad\begin{bmatrix}\cos\kappa(t)&-\sin\kappa(t)&0\\\sin\kappa(t)&\cos\kappa(t)&0\\0&0&1\end{bmatrix}\end{aligned}\tag{7.5}$$

线面联合平差中，需建立起线面联合平差模型。面阵模型与线阵模型具有较好的一致性。本节构建本体坐标系下线面一体化平差模型，即建立本体坐标系下的虚拟观测方程。引入本体坐标系下齐次表达，则有

$$\begin{cases}\boldsymbol{p}_x \equiv \dfrac{X_{\mathrm{b}}}{Z_{\mathrm{b}}} \\ \boldsymbol{p}_y \equiv \dfrac{X_{\mathrm{b}}}{Z_{\mathrm{b}}}\end{cases} \tag{7.6}$$

式中：$[X_{\mathrm{b}} \quad Y_{\mathrm{b}} \quad Z_{\mathrm{b}}]^{\mathrm{T}}$为本体坐标系。足印相机本体坐标系下像方和物方向量为

$$\begin{bmatrix}X_{\mathrm{b}}\\Y_{\mathrm{b}}\\Z_{\mathrm{b}}\end{bmatrix}=\boldsymbol{R}_{\text{install}}\cdot\begin{bmatrix}x'-x_0+\Delta x\\y'-y_0+\Delta y\\-f\end{bmatrix}=\frac{1}{m}\cdot\boldsymbol{R}_{\text{orbit}}^{\text{nav}}(t_n)\cdot\boldsymbol{R}_{\text{ECEF}}^{\text{orbit}}(t_n)\cdot\left(\begin{bmatrix}X_{\mathrm{S}}(t_{\mathrm{n}})\\Y_{\mathrm{S}}(t_{\mathrm{n}})\\Z_{\mathrm{S}}(t_{\mathrm{n}})\end{bmatrix}_{\text{ECEF}}-\begin{bmatrix}X_{\mathrm{g}}\\Y_{\mathrm{g}}\\Z_{\mathrm{g}}\end{bmatrix}_{\text{ECEF}}\right) \tag{7.7}$$

高分相机本体坐标系下的物方向量为

$$\begin{bmatrix}X_{\mathrm{b}}\\Y_{\mathrm{b}}\\Z_{\mathrm{b}}\end{bmatrix}=\boldsymbol{R}_{\text{instal}}\cdot\begin{bmatrix}\tan(\psi_y(c))\\-\tan(\psi_x(c))\\1\end{bmatrix}=\frac{1}{m}\cdot\boldsymbol{R}_{\text{orbit}}^{\text{nav}}(t_{\mathrm{r}})\cdot\boldsymbol{R}_{\text{ECEF}}^{\text{orbit}}(t_{\mathrm{r}})\cdot\left(\begin{bmatrix}X_{\mathrm{S}}(t_{\mathrm{r}})\\Y_{\mathrm{S}}(t_{\mathrm{r}})\\Z_{\mathrm{S}}(t_{\mathrm{r}})\end{bmatrix}_{\text{ECEF}}-\begin{bmatrix}X_{\mathrm{g}}\\Y_{\mathrm{g}}\\Z_{\mathrm{g}}\end{bmatrix}_{\text{ECEF}}\right) \tag{7.8}$$

因此，当给定任意像点坐标时，由影像内方位元素可计算其对应本体坐标系下的虚拟观测值（p_{x0},p_{y0}），由外方位元素初值可计算出对应的常数部分。因此，对观测方程进行泰勒级数展开，则有

$$\begin{cases}v_x=\dfrac{\partial p_x}{\varphi_0}\cdot\Delta\varphi_0+\dfrac{\partial p_x}{\omega_0}\cdot\Delta\omega_0+\dfrac{\partial p_x}{\kappa_0}\cdot\Delta\kappa_0+\dfrac{\partial p_x}{\varphi_1}\cdot\Delta\varphi_1+\dfrac{\partial p_x}{\omega_1}\cdot\Delta\omega_1+\\ \qquad\dfrac{\partial p_x}{\kappa_1}\cdot\Delta\kappa_1+\dfrac{\partial p_x}{X}\cdot\Delta X+\dfrac{\partial p_x}{Y}\cdot\Delta Y+\dfrac{\partial p_x}{Z}\cdot\Delta Z-(p_{x0}-p_x)\\ v_y=\dfrac{\partial p_y}{\varphi_0}\cdot\Delta\varphi_0+\dfrac{\partial p_y}{\omega_0}\cdot\Delta\omega_0+\dfrac{\partial p_y}{\kappa_0}\cdot\Delta\kappa_0+\dfrac{\partial p_y}{\varphi_1}\cdot\Delta\varphi_1+\dfrac{\partial p_y}{\omega_1}\cdot\Delta\omega_1+\\ \qquad\dfrac{\partial p_y}{\kappa_1}\cdot\Delta\kappa_1+\dfrac{\partial p_y}{X}\cdot\Delta X+\dfrac{\partial p_y}{Y}\cdot\Delta Y+\dfrac{\partial p_y}{Z}\cdot\Delta Z-(p_{y0}-p_y)\end{cases} \tag{7.9}$$

则可分别为足印相机与高分相机构建误差方程，即

$$\begin{cases}\boldsymbol{v}_{\mathrm{F}}=\boldsymbol{A}_{\mathrm{F}}\boldsymbol{X}+\boldsymbol{B}_{\mathrm{F}}\boldsymbol{t}-\boldsymbol{L}_{\mathrm{F}},\boldsymbol{P}_{\mathrm{F}}\\ \boldsymbol{v}_{\mathrm{H}}=\boldsymbol{A}_{\mathrm{H}}\boldsymbol{X}+\boldsymbol{B}_{\mathrm{H}}\boldsymbol{t}-\boldsymbol{L}_{\mathrm{H}},\boldsymbol{P}_{\mathrm{H}}\end{cases} \tag{7.10}$$

式中：$\boldsymbol{v}_{\mathrm{F}}$和$\boldsymbol{v}_{\mathrm{H}}$分别为对应于足印相机与高分相机的误差方程；$\boldsymbol{X}$为待平差外方位元素模型；$\boldsymbol{t}$为地面点坐标改正值；$\boldsymbol{L}$为常数部分。由于高分七号卫星前

后视相机、足印相机为非同时成像系统，因此在平差的过程中将分别构建误差补偿模型，该模型包含18个参数。为降低误差方程规模，在平差时通过消去地面点坐标未知数，以达到降低误差方程规模的目的。由误差方程式（7.10）构建的法方程为

$$\begin{bmatrix} \boldsymbol{X} \\ \boldsymbol{t} \end{bmatrix} = \begin{bmatrix} \boldsymbol{A}_F^T\boldsymbol{P}_F\boldsymbol{A}_F+\boldsymbol{A}_H^T\boldsymbol{P}_H\boldsymbol{A}_H & \boldsymbol{A}_F^T\boldsymbol{P}_F\boldsymbol{B}_F+\boldsymbol{A}_H^T\boldsymbol{P}_H\boldsymbol{B}_H \\ \boldsymbol{B}_F^T\boldsymbol{P}_F\boldsymbol{A}_F+\boldsymbol{B}_H^T\boldsymbol{P}_H\boldsymbol{A}_H & \boldsymbol{B}_F^T\boldsymbol{P}_F\boldsymbol{B}_F+\boldsymbol{B}_H^T\boldsymbol{P}_H\boldsymbol{B}_H \end{bmatrix}^{-1} \begin{bmatrix} \boldsymbol{A}_F^T\boldsymbol{P}_F\boldsymbol{L}_F+\boldsymbol{A}_H^T\boldsymbol{P}_H\boldsymbol{L}_H \\ \boldsymbol{B}_F^T\boldsymbol{P}_F\boldsymbol{L}_F+\boldsymbol{B}_H^T\boldsymbol{P}_H\boldsymbol{L}_H \end{bmatrix} \tag{7.11}$$

消去未知数 $\boldsymbol{t}$ 的关键在于 $\boldsymbol{B}_F^T\boldsymbol{P}_F\boldsymbol{B}_F+\boldsymbol{B}_H^T\boldsymbol{P}_H\boldsymbol{B}_H$ 矩阵可逆。后视相机与足印相机之间的夹角仅为5°，导致足印相机与后视相机之间观测条件较差。如果足印点与后视影像的连接点仅在后视与足印影像上可见，将导致 $\boldsymbol{B}_F^T\boldsymbol{P}_F\boldsymbol{B}_F+\boldsymbol{B}_H^T\boldsymbol{P}_H\boldsymbol{B}_H$ 矩阵条件数差。因此，为提高平差的可靠性，连接点需要保证三度重叠。

因此，通过最小二乘法则可求解出每景影像的外方位元素改正模型，并将其更新到外方位元素模型中，进行迭代求解，直至外方位元素改正值小于一定限差。

实验采用长沙地区59个地面控制点进行精度验证，控制点分布如图7.4所示，影像中部分为云所覆盖。控制点通过GNSS测量，人工选点方式转刺。由于足印影像与高分影像之间分辨率差异极大，导致部分控制点无法在高分相机上准确定位。如图7.5所示，足印相机上清晰可辨识的点在前后视影像上的准确位置将无法确定。因此，仅部分足印影像上控制点同时在前后视影像上定位。

图7.4　长沙地区高分七号卫星足印影像及控制点分布

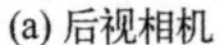
(a) 后视相机

(b) 前视相机

(c) 足印相机

图 7.5　足印影像控制点示意图

如表 7.2 所列，为验证线面联合优化方案，本节采用 5 种不同的实验方案进行验证。第 1 种方案是全部点作为检查点，此时仅连接点坐标参与平差，像平面中误差扫描和飞行方向上分别为 0.246pixel 和 0.142pixel，像平面中误差为 0.284pixel。第 2 种方案是当利用足印影像与高分影像上同时可观测的 4 个控制点进行平差时，像方中误差有所降低，为 0.328pixel。第 3 种方案是当 4 个控制点仅在高分影像上分布时，像方中误差为 0.306pixel，两个方向上精度相近。第 4 种方案是当使用一半的点作为控制时，其像方中误差为 0.499pixel。第 5 种方案是全部为控制点时，像方中误差为 0.640pixel。由此表明，基于线面联合平差的方式，可以实现高分相机与足印相机的高精度高可靠性定位。

表 7.2　足印相机与高分相机联合平差像方中误差

单位：pixel

实验方案	列	行	平面
全检查点	0.246	0.142	0.284
足印相机四控制	0.277	0.175	0.328
高分影像四控制	0.265	0.153	0.306
密集控制点	0.333	0.372	0.499
全控制点	0.441	0.463	0.640

当所有点当作检查点参与平差时，仅 37 个检查点具有较好的交会条件。此时，检查点中误差在 UTM 投影系下 X 方向为 3.687m，Y 方向为 4.853m，平面为 6.095m，高程方向为 4.658m，表明高分七号卫星具有极高的定位精度水平。其残差分布如图 7.6 所示，可以看出误差具有较好的一致性。

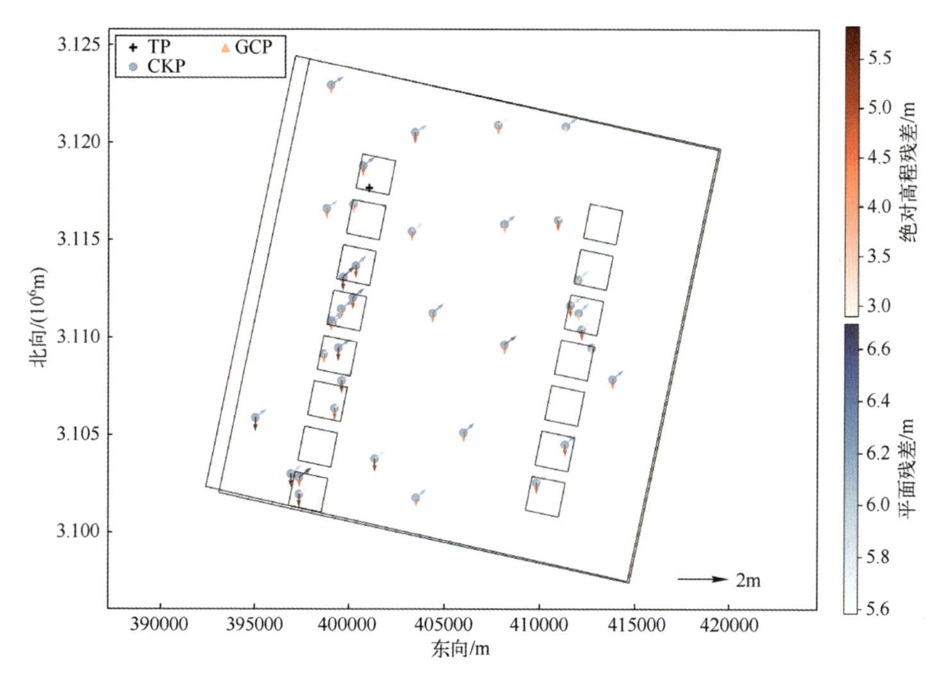

图7.6 全检查点区域网平差残余误差分布

当4个控制点同时分布在足印影像与高分影像上时，此时控制点平面中误差为0.322m，高程中误差为0.480m。这是因为足印影像设计的控制点在高分相机上难以精确测量，如图7.7所示。同时，高分七号卫星的交会角较小，较小的像方误差将引起大的高程偏差。但33个检查点精度表明，平差后物方中误差为0.463m，高程中误差为0.689m，满足1:10000比例尺测图精度要求（表7.3）。从4个控制点平差的残差分布示意图中可以看出，高分相机检查点误差较小，但部分足印相机与高分相机公共检查点误差较大。

表7.3 足印相机与高分相机联合平差控制点中误差

实验方案	控制点数	检查点数	X/m	Y/m	平面/m	Z/m
全检查点	0	37	—	—	—	—
足印相机四控制	4	33	0.235	0.220	0.322	0.480
高分影像四控制	4	33	0.084	0.161	0.181	0.363
密集控制点	15	22	0.339	0.241	0.416	0.683
全控制点	59	0	0.307	0.278	0.414	0.610

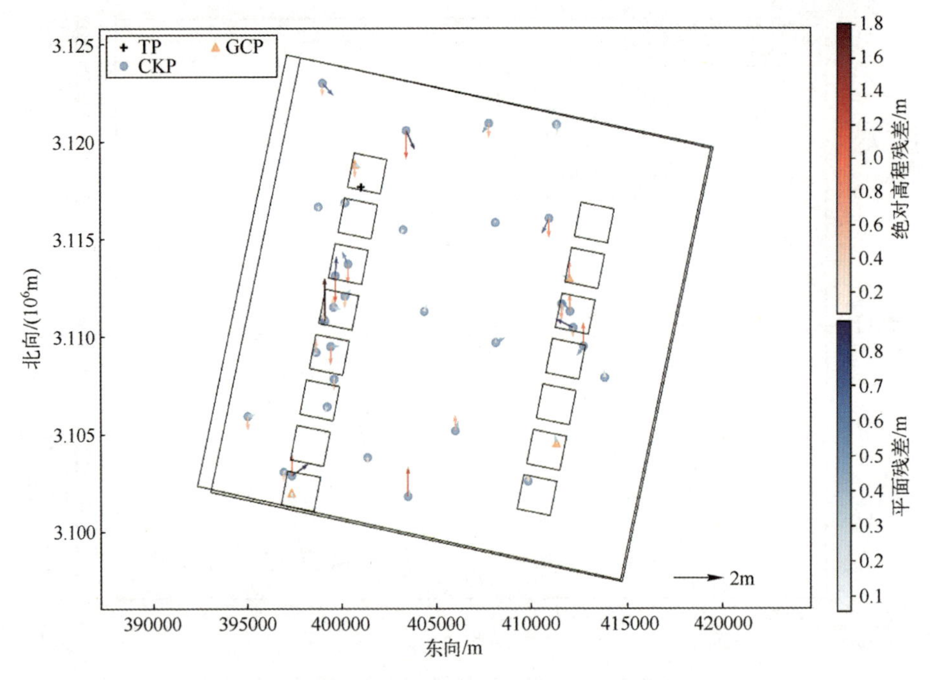

图 7.7 足印相机四控制区域网平差残余误差分布

如表 7.4 所列和图 7.6、图 7.7、图 7.8、图 7.9、图 7.10 所示，当 4 个控制点仅分布在高分影像上时，控制点精度极高，但检查点的平面中误差为 0.504m，高程中误差为 0.694m。高程精度与足印影像上 4 个控制点相近，平面精度略低。当继续增加控制点到 15 个时，22 个检查点得到的定位精度与 4 个角点布控相近，即继续增加控制点并不能提高定位精度。当所有点作为控制点时，平面中误差为 0.438m，高程中误差为 0.642m。

表 7.4 足印相机与高分相机联合平差检查点中误差

实验方案	控制点数	检查点数	X/m	Y/m	平面/m	Z/m
全检查点	0	37	3.687	4.853	6.095	4.658
足印相机四控制	4	33	0.360	0.291	0.463	0.689
高分影像四控制	4	33	0.379	0.333	0.504	0.694
密集控制点	15	22	0.288	0.329	0.438	0.642
全控制点	59	0	—	—	—	—

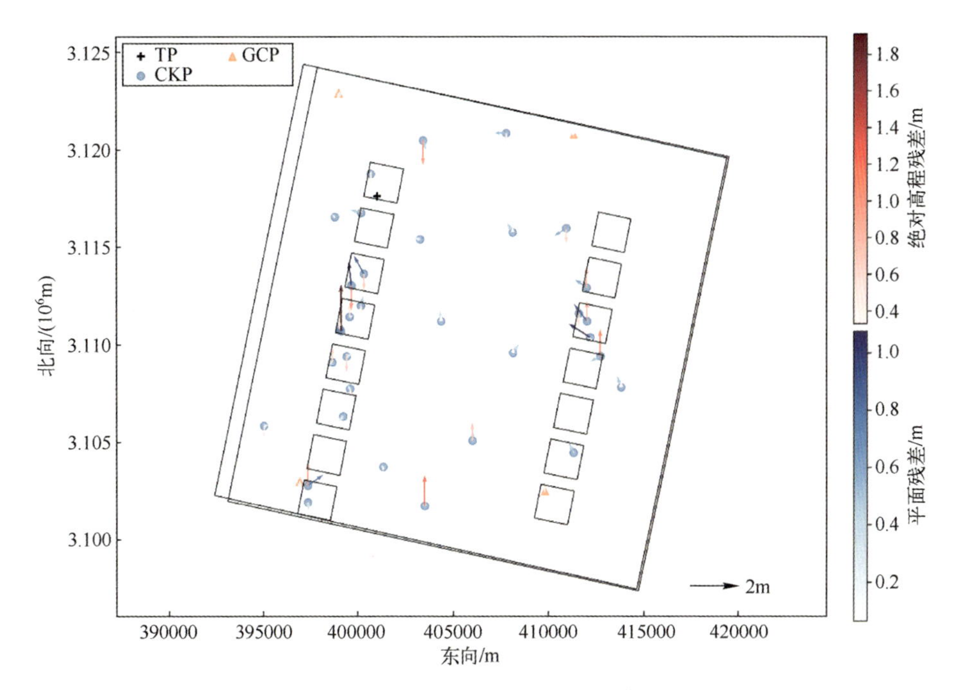

图 7.8　高分影像四控制区域网平差残余误差分布

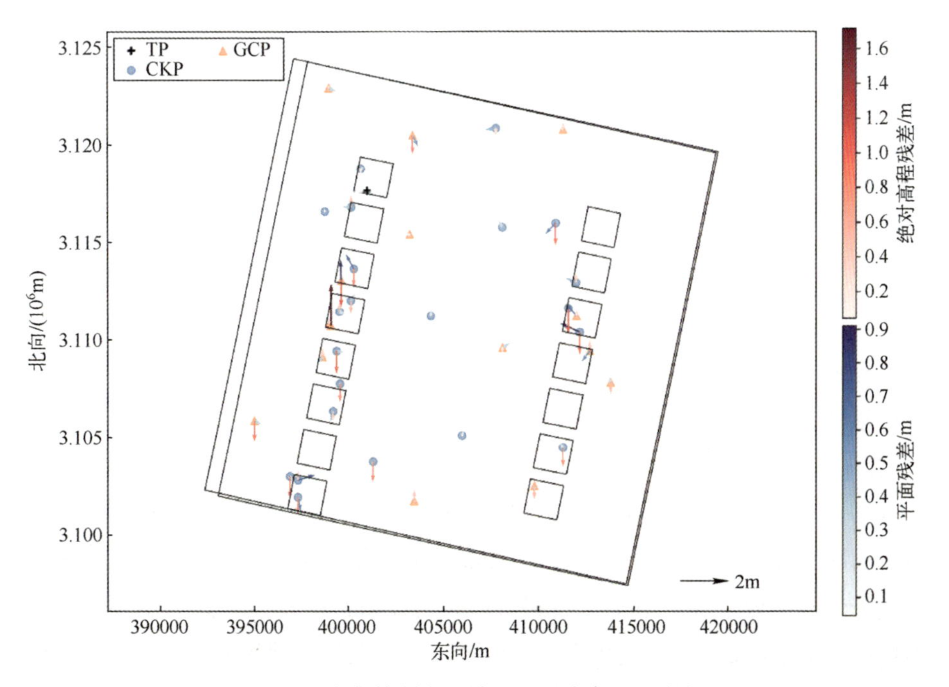

图 7.9　密集控制点区域网平差残余误差分布

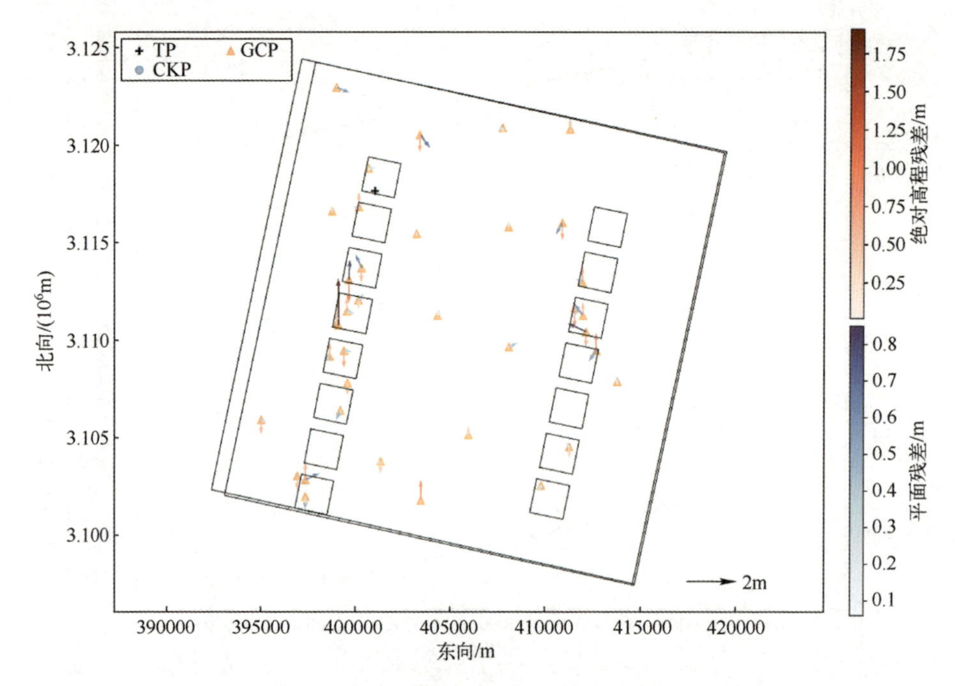

图 7.10　全控制点区域网平差残余误差分布

7.3　光学影像成像几何模型精化

7.3.1　复合测绘处理流程

高分七号卫星创造性地采用了同时安装了双线阵立体相机和激光测高仪的独特设计，其目的就是期望利用激光测高数据来提升立体影像的几何精度。通过开展立体影像和激光测高数据的复合测绘处理，有效提升光学立体影像几何精度，是保障高分七号卫星实现全球范围 1∶10000 比例尺立体测图的关键。

高分七号卫星激光测高仪包括两个激光波束，工作频率为 3Hz，可以获取沿轨向间隔 2.4km、垂轨向间隔 12.25km 的离散激光测高数据。在理想情况下，每个标准分景（每景影像长和宽均为约 20km）的高分七号卫星影像范围内可以获取 18~20 个激光测高点。然而，受到天气、地表起伏或地物复杂等因素影响，有相当部分激光测高点因精度较低而无法使用。高分七号卫星激光地面处理系统会根据激光回波波形脉宽、波峰数、足印影像质量、地形坡度等信息，对激光高程点进行质量控制[10]，剔除了那些足印范围内地形起伏和地表粗糙的激光高程点。仅对保留并外分发精度可靠的激光测高点，这些激光点简称为有效激光测高点。为了更加有效利用激光测高点，避免某些影像上的有效激光测高点稀少甚至缺乏带来的不利影响，同时保障同轨获取的立体影像几何精度的一致性，本节将以同轨连续多景影像或大区域影像为单位，开展连续多景或大区域立体影像与其对应激光测高点的复合测绘处理，如图 7.11 所示。

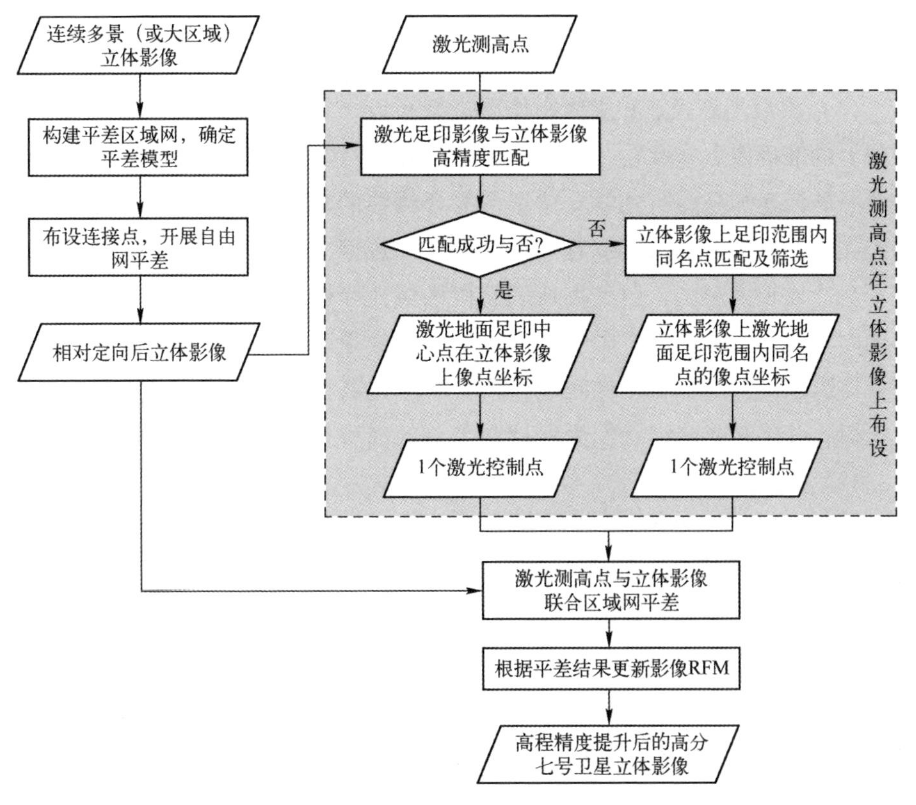

图 7.11　激光测高点与光学立体影像复合测绘处理流程示意图

具体处理流程的描述如下：

(1) 根据高分七号卫星影像产品的形式和特点，设计一个适合高分七号卫星影像和激光测高点的联合区域网平差模型。构建联合区域网平差模型是开展激光测高点与光学立体影像复合测绘的重要环节，具体构建过程和细节内容可参见 7.3.2 节。

(2) 将同轨连续多景或大区域的立体影像构建平差区域网，在每景立体影像内部自动匹配密集的连接点，在相邻景立体影像之间的重叠区域自动匹配适量的公共连接点。连接点可采用影像自动匹配和人工判读/量测两种方法获取，优先采用影像自动匹配方法获取连接点。当影像自动匹配的连接点分布不均匀和数量不足时，应采用人工判读/量测方法补测连接点。人工判读/量测的连接点应位于影像清晰、特征明显、反差较大、易于转刺和量测的固定目标上。

（3）利用连接点针对立体影像开展自由网平差，实现立体影像的高精度相对定向，为后续激光测高点在立体影像上的精确布设等操作提供相对定向后的立体影像。

（4）将激光高程点在立体影像上进行布设（计算获取激光高程点在立体影像上的准确像点坐标），并将其作为立体影像区域网平差时的高程控制点，这是开展激光测高点与光学立体影像复合测绘的极其重要的环节。若激光测高点在立体影像上的像点位置与实际像点位置偏差较大，在地表平缓区域也许不会造成较大影响，但是在地表起伏区域，等效于为激光测高点引入了额外的高程误差，将会严重影响联合区域平差效果。本节通过将激光足印影像与立体影像进行高精度影像匹配，来获取激光高程点在立体影像上的精确像点坐标，并将激光高程点作为区域网平差的高程控制点，具体方法步骤详见7.3.3节。

（5）受各种因素影响，如果一些激光高程点无法采用激光足印影像与立体影像匹配的方法完成布设，则在立体影像上的激光足印范围内获取同名像点，并将其作为高程控制点，其高程值为该激光高程点地面足印中心点的高程值，具体方法步骤详见7.3.3节。

（6）采用前述联合区域网平差模型，利用前述连接点以及激光测高高程控制点，针对立体影像开展区域网平差，实现立体影像高程定位精度的有效提升。

（7）根据区域网平差结果，更新立体影像的有理多项式模型（RFM）。

7.3.2 联合区域网平差模型构建

由于高分七号卫星的基础影像产品（主要指传感器校正影像）主要采用RFM（详见式（5.40）），因此立体影像与激光测高点的联合区域网平差需基于RFM开展。因为RFM的参数不具备任何具体的物理意义，因此在区域网平差过程中无法通过严密分析误差来源来改正模型误差，需要通过采用偏移补偿的方式进行模型误差改正，目前主要包括物方补偿和像方补偿两种补偿策略。基于物方的补偿模型是指构建一个物方坐标点的多项式模型，针对 RFM 计算的地面点坐标采用该多项式模型进行补偿[11]。该模型在平差过程中将立体模型作为平差单元，以模型的物方坐标作为观测值，计算获取各个模型单元的系统误差的补偿参数。由于模型的物方坐标并不是严格意义上的观测值，因此基于物方补偿的 RFM 区域网平差在理论上并不严密。基于像方的补偿模型是指建立一个影像像方坐标点的多项式模型，针对 RFM 计算获得的像点坐标进行补充[12-13]。该模型在平差过程中将单景影像作为平差单元，观测值为影像像点坐标，计算求解各影像系统误差的补偿参数。其误差方程是在基于共线方程光束法区域网平差理论之上建立的。研究表明，基于像方补偿的 RFM 区域网平差可以很好地消除影像的系统误差[14]。

RFM 的误差补偿采用像方仿射变换补充模型，则式（5.36）中 RFM 描述的像点坐标(X,Y)和地面点坐标(P,L,H)之间的关系可修正为

$$\begin{cases} Y+\Delta R=\dfrac{N_L(P,L,H)}{D_L(P,L,H)} \\ X+\Delta C=\dfrac{N_s(P,L,H)}{D_s(P,L,H)} \end{cases} \tag{7.12}$$

$$\begin{cases} \Delta R=a_0+a_1Y+a_2X+a_3Y^2+a_4X^2+\cdots \\ \Delta C=b_0+b_1Y+b_2X+b_3Y^2+b_4X^2+\cdots \end{cases} \tag{7.13}$$

式中：$(\Delta R,\Delta C)$为像点坐标(X,Y)的系统误差补偿值；$(a_0,a_1,a_2,\cdots,b_0,b_1,b_2,\cdots)$为系统误差补偿参数。

当系统误差补偿量$(\Delta R,\Delta C)$取至一次项时，系统误差补偿模型为仿射变换模型[15]，即

$$\begin{cases} \Delta R=a_0+a_1Y+a_2X \\ \Delta C=b_0+b_1Y+b_2X \end{cases} \tag{7.14}$$

式中：$(a_0,a_1,a_2,b_0,b_1,b_2)$为仿射变换参数。

为连接点和激光测高点在立体影像上的像点构建误差方程，形成联合区域网平差模型[16]，即

$$\boldsymbol{V}=\boldsymbol{At}+\boldsymbol{Bx}-l,\quad \boldsymbol{P} \tag{7.15}$$

针对连接点，式（7.15）将 RFM 的仿射变换参数和连接点对应的地面三维坐标作为未知数。针对激光测高点，若激光高程点作为平高控制点，则式（7.15）将 RFM 的仿射变换参数作为未知数；若激光高程点仅作为高程控

制点，则式（7.15）将 RFM 的仿射变换参数和激光测高点地面经纬度坐标作为未知数。

在式（7.15）中：$\boldsymbol{V}=[v_Y \quad v_X]^{\mathrm{T}}$为连接点和激光测高点在影像上的像点坐标观测值残差向量；$\boldsymbol{t}=[\Delta a_0 \quad \Delta a_1 \quad \Delta a_2 \quad \Delta b_0 \quad \Delta b_1 \quad \Delta b_2]^{\mathrm{T}}$为仿射变换参数的改正数向量；$\boldsymbol{A}=\begin{bmatrix} \frac{\partial Y}{\partial a_0} & \frac{\partial Y}{\partial a_1} & \frac{\partial Y}{\partial a_2} & 0 & 0 & 0 \\ 0 & 0 & 0 & \frac{\partial X}{\partial b_0} & \frac{\partial X}{\partial b_1} & \frac{\partial X}{\partial b_2} \end{bmatrix}$是未知数 $\boldsymbol{t}$ 对应的偏导数系数矩阵；$\boldsymbol{x}$ 为地面三维坐标的改正数向量；$\boldsymbol{B}$ 为 x 对应的偏导数系数矩阵；l 为利用初值代入误差方程计算得到的常数项；$\boldsymbol{P}$ 为各观测值的权矩阵，通常各类观测值的权值由他们的先验信息确定，一般可取观测值 10 倍先验标准差，并在每次平差迭代计算后重新计算各类观测值的权。不同的观测值有不同的形式，在激光测高点与光学影像联合平差中分为三类情况：针对连接点时，$\boldsymbol{x}=[\Delta P \quad \Delta L \quad \Delta H]^{\mathrm{T}}$为连接点对应的地面三维坐标的改正数向量，有 $\boldsymbol{B}=\begin{bmatrix} \frac{\partial Y}{\partial P} & \frac{\partial Y}{\partial L} & \frac{\partial Y}{\partial H} \\ \frac{\partial X}{\partial P} & \frac{\partial X}{\partial L} & \frac{\partial X}{\partial H} \end{bmatrix}$；针对激光测高点作平高控制时，$\boldsymbol{x}=[0 \quad 0 \quad 0]^{\mathrm{T}}$为激光测高点对应的地面三维坐标的改正数向量，有 $\boldsymbol{B}=\begin{bmatrix} 0 & 0 & 0 \\ 0 & 0 & 0 \end{bmatrix}$；针对激光测高点作高程控制时，$\boldsymbol{x}=[\Delta P \quad \Delta L \quad 0]^{\mathrm{T}}$为激光测高点对应的地面三维坐标的改正数向量，有 $\boldsymbol{B}=\begin{bmatrix} \frac{\partial Y}{\partial P} & \frac{\partial Y}{\partial L} & 0 \\ \frac{\partial X}{\partial P} & \frac{\partial X}{\partial L} & 0 \end{bmatrix}$。其中 $\frac{\partial Y}{\partial P}=\frac{\frac{\partial N_L}{\partial P}D_L-\frac{\partial D_L}{\partial P}N_L}{D_L^2}$，$\frac{\partial Y}{\partial L}=\frac{\frac{\partial N_L}{\partial L}D_L-\frac{\partial D_L}{\partial L}N_L}{D_L^2}$，$\frac{\partial Y}{\partial H}=\frac{\frac{\partial N_L}{\partial H}D_L-\frac{\partial D_L}{\partial H}N_L}{D_L^2}$，$\frac{\partial X}{\partial P}=\frac{\frac{\partial N_S}{\partial P}D_S-\frac{\partial D_S}{\partial P}N_S}{D_S^2}$，$\frac{\partial X}{\partial L}=\frac{\frac{\partial N_S}{\partial L}D_S-\frac{\partial D_S}{\partial L}N_S}{D_S^2}$，$\frac{\partial X}{\partial H}=\frac{\frac{\partial N_S}{\partial H}D_S-\frac{\partial D_S}{\partial H}N_S}{D_S^2}$

联合观测值可按式（7.15）建立误差方程，据最小二乘原理形成法方程，即

$$\begin{bmatrix} \boldsymbol{A}^{\mathrm{T}}\boldsymbol{A} & \boldsymbol{A}^{\mathrm{T}}\boldsymbol{B} \\ \boldsymbol{B}^{\mathrm{T}}\boldsymbol{A} & \boldsymbol{B}^{\mathrm{T}}\boldsymbol{B} \end{bmatrix} \begin{bmatrix} \boldsymbol{t} \\ \boldsymbol{x} \end{bmatrix} = \begin{bmatrix} \boldsymbol{A}^{\mathrm{T}}l \\ \boldsymbol{B}^{\mathrm{T}}l \end{bmatrix} \tag{7.16}$$

对式（7.16）按照光束法区域网平差中大规模法方程解算策略进行求解，即可获取光学影像 RFM 的修正量，补偿后提升几何定位精度。

7.3.3 激光测高点在立体影像上的布设方法

7.3.3.1 使用足印影像时激光高程点布设

高分七号卫星激光测高仪拥有两个激光波束，并为每个激光波束配备了一台框幅式足印相机，在获取激光波形数据的同时获取地面激光光斑（也称地面足印）的光学影像，用于记录激光足印所在地面的位置。高分七号卫星的激光高程点产品在内容上除了包括地面足印中心点的精确高程值、足印中心点的概略经纬度坐标之外，还包括了足印影像以及激光点在足印影像上的像点坐标等信息。因此，通过足印影像与立体影像的高精度影像匹配，获取足印影像上激光足印中心点的像点在立体影像上的同名像点，该同名像点亦即激光高程点在立体影像上的精确像点坐标。

1）立体影像重投影和降采样

高分七号卫星光学相机为了获得拥有较大交会角的立体影像，往往需要与地面有一个较大的成像视角，这导致光学影像上存在明显的地物变形或地形遮挡，而足印相机则一般为对地垂直成像。此外，足印影像和光学影像的空间分辨率也存在较大差距。这些因素都非常不利于通过匹配来确定足印影像上激光光斑中心点在前、后视立体影像上的像素位置。本节提出了一种立体影像虚拟重成像的匹配方案，对前、后视影像进行虚拟重成像，生成与足印相机成像角度和空间分辨率相仿的无几何畸变的重成像影像，以期提升足印影像与立体影像的匹配成功率。

以后视影像为例进行说明。假设在激光足印相机位置处，存在一个与足印影像对地成像角度相同的理想的虚拟线阵列推扫式光学相机。首先，为该虚拟相机构建理想的内方位元素，即电荷耦合器件（CCD）探元指向角垂直对地，且相机积分时间没有跳变等；然后根据该轨后视影像实际成像时的姿态和轨道测量数据，构建一个平滑姿态模型和平滑轨道模型；最后以此作为虚拟相机的外方位元素，构建该虚拟推扫式相机影像（重投影影像）的严密成像几何模型，即

$$\begin{bmatrix} X \\ Y \\ Z \end{bmatrix}_{\text{WGS84}} = \begin{bmatrix} X_{\text{GPS}} \\ Y_{\text{GPS}} \\ Z_{\text{GPS}} \end{bmatrix} + m \cdot \boldsymbol{R}_{\text{J2000}}^{\text{WGS84}} \cdot \boldsymbol{R}_{\text{body}}^{\text{J2000}} \cdot \left(\begin{bmatrix} D_x \\ D_y \\ D_z \end{bmatrix} + \begin{bmatrix} -\tan[\psi_y(s,l))] \\ \tan[\psi_x(s,l)] \\ -1 \end{bmatrix} \cdot f \right) \tag{7.17}$$

式中：$\boldsymbol{R}_{\text{body}}^{\text{J2000}}$为通过姿态数据构建的本体坐标系到J2000坐标系变换的旋转矩阵；$[X_{\text{GPS}} \quad Y_{\text{GPS}} \quad Z_{\text{GPS}}]^{\text{T}}$为成像时GPS天线相位中心在WGS84坐标系下坐标；$[D_x \quad D_y \quad D_z]^{\text{T}}$为从GPS天线相位中心到卫星质心的偏心矢量在卫星本体坐标系下的三维坐标；m为尺度因子；$\boldsymbol{R}_{\text{J2000}}^{\text{WGS84}}$为成像时从J2000坐标系转换到WGS84坐标系的旋转矩阵；$\psi_y(s,l)$和$\psi_x(s,l)$为虚拟相机上各CCD探元的指向角度；f为焦距。

高分七号卫星后视相机虚拟重成像原理如图7.12所示。

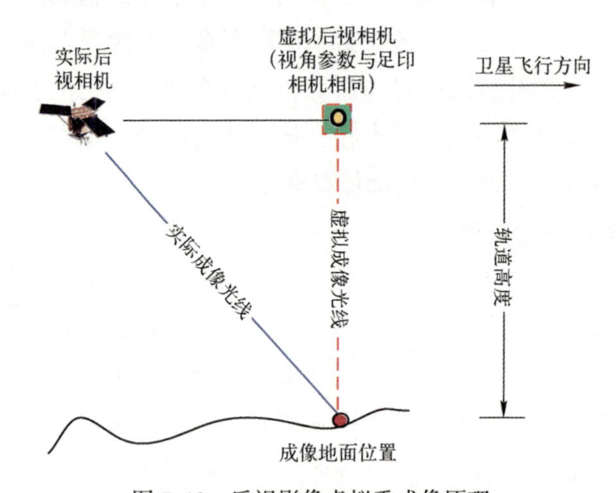

图7.12　后视影像虚拟重成像原理

利用重投影影像和真实后视影像严密成像几何模型的正反算公式，可以分别获取同一地面点在重投影影像和真实后视影像上的像点坐标，因此可以建立重投影影像和真实后视影像之间各个像素的对应关系。通过逐像素计算重投影影像像点位置对应的真实后视影像像点位置，并将真实后视影像的像点灰度值赋给重投影影像对应像点，最终完成重投影影像的生成，如图7.13所示。

具体流程步骤如下：

（1）以免费获取的全球1km格网的SRTM数据作为高程面（或直接使用该区域平均高程），利用重成像影像的严密成像几何模型，计算虚拟影像上像

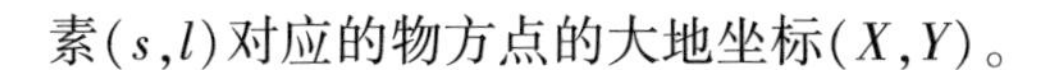
素(s,l)对应的物方点的大地坐标(X,Y)。

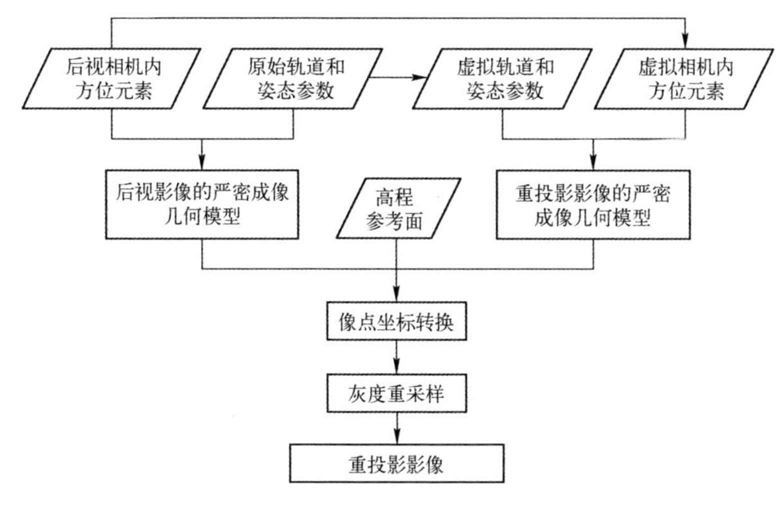

图 7. 13　重投影影像生成过程流程图

(2) 利用真实后视影像的严密成像几何模型，计算物方点(X,Y)在真实后视影像上的像点(s',l')。

(3) 将像点(s',l')的灰度值赋予像点(s,l)，如果像点(s',l')为非整数像元，则通过对像点(s',l')的临近像元进行灰度插值后赋给像点(s,l)。

(4) 重复上述步骤直至完成整个虚拟相机的重成像过程，得到重投影影像。

(5) 根据激光足印影像的空间分辨率，对生成的重投影影像进行降采样，生成与足印影像拥有相似空间分辨率的后视影像的重投影影像，并利用严密成像几何模型为其生成有理函数模型。

通过上述步骤，还可以生成前视影像的重投影影像。前后视影像的重投影不仅可以有效消除足印影像和立体影像的成像视角和空间分辨率的差异，还可以有效消除前后视影像中可能存在的内部几何畸变。

2) 重投影影像与足印影像的高精度匹配

采用尺度不变特征转换（SIFT）特征匹配方法[17]，对重投影影像与足印影像开展影像匹配，获取足印影像上激光足印中心点的像点在重投影影像上的同名像点。

SIFT 作为图像处理领域的一种局部特征描述子，在一定程度上具有尺度不变性。它对物体的尺度变化、刚体变换、光照强度和遮挡都具有较好的稳定性。算法实现特征匹配主要有三个流程：特征点提取、特征点描述和特征点匹配。

采用 SIFT 匹配方法开展足印影像与重投影影像的匹配流程如图 7.14 所示。

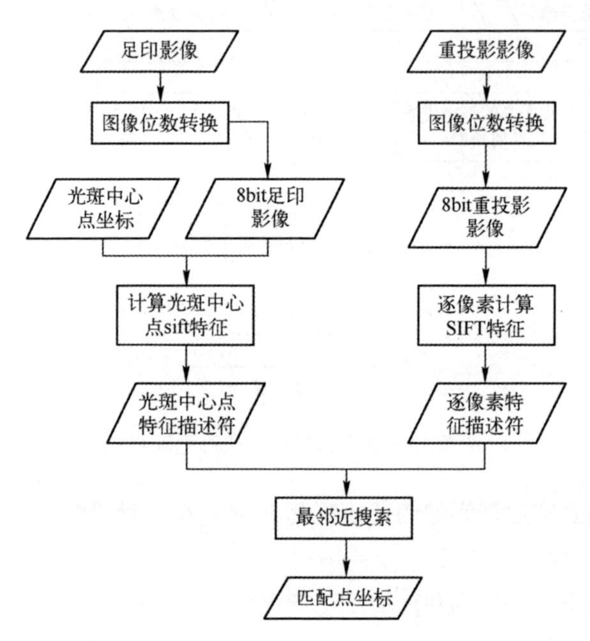

图 7.14 足印影像与重投影影像匹配流程

具体流程步骤包括：

(1) 分别针对足印影像和重投影影像开展图像位数转化，将两个影像的像素位数从 16bit 转化为 8bit。

(2) 计算足印影像上激光光斑中心点位置处像点的 SIFT 特征，生成 SIFT 特征描述符，具体包括：

① 将足印影像与使用不同“高斯核”的高斯函数进行卷积运算，得到足印影像的高斯多尺度空间序列，即

$$L(x,y,\sigma)=G(x,y,\sigma)*I(x,y) \tag{7.18}$$

$$G(x,y,\sigma)=\frac{1}{2\pi\sigma^2}\mathrm{e}^{\frac{x^2+y^2}{2\sigma^2}} \tag{7.19}$$

式中：$L(x,y,\sigma)$ 为影像的高斯尺度空间；(x,y) 为原图像上的像素坐标；σ 为尺度空间因子，它是高斯正态分布的标准差，其值越大图像越模糊，对应的尺度也就越大；$I(x,y)$ 为原图像上 (x,y) 位置处的像素值；$G(x,y,\sigma)$ 为可变参数的高斯函数。

② 采用式（7.20）将相邻的两个高斯空间的图像相减得到了高斯差分的响应图像，并寻找高斯差分响应图像局部极大或极小值，作为稳定特征点。

$$D(x,y,\sigma)=[G(x,y,k\sigma)-G(x,y,\sigma)]*I(x,y)=L(x,y,k\sigma)-L(x,y,\sigma) \tag{7.20}$$

式中：k 为相邻两个高斯尺度空间的比例因子。

③ 针对步骤②获得的特征点，利用图像的局部特征为特征点分配一个基准方向，使描述符对图像旋转具有不变性。计算以特征点为中心、以 $3\times1.5\sigma$ 为半径的区域图像的幅角和幅值，每个点 $L(x,y)$ 的梯度的模 $m(x,y)$ 以及方向 $\theta(x,y)$ 可表示为

$$\begin{cases} m(x,y)=\sqrt{[L(x+1,y)-L(x-1,y)]^2+[L(x,y+1)-L(x,y-1)]^2} \\ \theta(x,y)=\arctan\dfrac{L(x,y+1)-L(x,y-1)}{L(x+1,y)-L(x-1,y)} \end{cases} \tag{7.21}$$

再利用图像的梯度直方图求取关键点局部结构的稳定方向。

④ 针对步骤③获取的 SIFT 特征点，将坐标轴旋转为特征点的主方向，求取以特征点为中心的 16×16 窗口的像素的梯度幅值和梯度方向，将窗口内的像素分成 16 块，每块上绘制 8 个方向的梯度直方图并计算每个梯度方向的累加值，可形成 128 维的特征向量，即 SIFT 特征描述符。

（3）分别针对前视影像的重投影影像和后视影像的重投影影像，根据激光测高点的地面经纬度坐标和高程值，利用重投影影像的成像几何模型，计算激光测高点地面光斑中心点在重投影影像上的大致位置，并以此为中心，向四周外扩一定像素范围作为影像匹配的搜索范围。计算选定影像搜索范围内每个像素的 SIFT 特征，并生成其 SIFT 特征描述符。

（4）分别针对前视影像的重投影影像和后视影像的重投影影像搜索范围内每个像素的 SIFT 特征描述符，使用快速最近邻逼近搜索函数库，搜索与足印影像上激光测高点足印中心点像素的 SIFT 特征的最邻近值，则该像素为激光测高点地面光斑中心位置在前视影像的重投影影像或后视影像的重投影影像上的像点坐标。

（5）获取激光测高点在立体影像上的像点坐标。通过前视影像的重投影影像和后视影像的重投影影像的有理函数模型逆运算公式，分别计算重投影影像上激光测高点光斑中心点像点在前视影像和后视影像中的对应像点坐标。

通过上述步骤，即可获得一个激光测高点在一个立体影像上的准确像点坐标。

7.3.3.2 无法使用足印影像时激光高程点布设

受地形、云斑等因素影响，部分激光测高点无法采用前述的足印影像与立体影像匹配的方法实现在立体影像上的布设。为了论述方便，本节将这部分激光高程点称为“待处理激光高程点”，将采用前述的足印影像与立体影像匹配方法完成了布设的激光高程点称为“已布设激光高程点”。在高分七号卫星激光高程点产品生成时，剔除了足印范围内存在地形起伏和地表粗糙的激光高程点，所以用户使用的激光高程点的地面足印范围内地表高程几乎一致。因此，可在立体影像上待处理激光高程点足印范围内获取 1 个同名像点作为高程控制点。具体步骤包括[18]：

(1) 采用式 (7.22) 获取待处理激光高程点与所在后视影像在经度和纬度方向的平面相对误差改正量 $\Delta\mathrm{lon}$ 和 $\Delta\mathrm{lat}$，即

$$\begin{cases}\Delta\mathrm{lon}=\Delta\mathrm{lon}_{\mathrm{pro}}+\dfrac{n}{N}\cdot(\Delta\mathrm{lon}_{\mathrm{next}}-\Delta\mathrm{lon}_{\mathrm{pro}})\\ \Delta\mathrm{lat}=\Delta\mathrm{lat}_{\mathrm{pro}}+\dfrac{n}{N}\cdot(\Delta\mathrm{lat}_{\mathrm{next}}-\Delta\mathrm{lat}_{\mathrm{pro}})\end{cases}\tag{7.22}$$

式中：$\Delta\mathrm{lon}_{\mathrm{pro}}$ 和 $\Delta\mathrm{lat}_{\mathrm{pro}}$ 为同轨同波束的前一个已布设激光高程点与后视影像在经度和纬度方向的平面相对误差；$\Delta\mathrm{lon}_{\mathrm{next}}$ 和 $\Delta\mathrm{lat}_{\mathrm{next}}$ 为同轨同波束的后一个已布设激光高程点与后视影像在经度和纬度方向的平面相对误差，它们是利用激光高程点在后视影像上的像点坐标，开展空间前方交会获取对应地面经纬度坐标，再减去该激光高程点自带的经纬度坐标而获得的；N 为同轨同波束的前一个与后一个已布设激光高程点之间的激光高程点理论数量；n 为同轨同波束的前一个已布设激光高程点与待处理激光高程点之间的激光高程点理论数量。若前一个已布设激光高程点不存在，则令 $n/N=1$；若后一个已布设激光高程点不存在，则令 $n/N=0$。

(2) 利用待处理激光高程点的经纬度坐标和高程值，通过后视影像成像几何模型计算待处理激光高程点在后视影像上的像点坐标。利用上一步获取的 Δx 和 Δy 对该像点坐标进行改正。根据激光足印半径，可以获取待处理激光高程点的地面足印在后视影像上的像素范围。

(3) 将后视影像和其他影像开展影像匹配，获取多个同名像点。剔除粗差后，选取分布于后视影像上激光地面足印范围内的离激光足印中心点距离

最近的一个同名像点，将其作为激光高程控制点，其高程值为激光高程点的高程值。

7.3.4 复合测绘处理实验

7.3.4.1 试验区域和试验数据

为了验证本章所述方法的正确性和有效性，选择覆盖中国江苏省东部、河北省北部和四川省西南部区域的采用精密轨道和精密姿态数据生产的高分七号卫星传感器校正立体影像和激光测高点产品开展试验。传感器校正影像是高分七号卫星的基础影像产品，类似于 SPOT5 的 Level 1A 产品、WorldView-2 的 basic 产品以及 Pleiades 的 Primary 产品，影像附带 RFM。高分七号卫星激光测高点是针对激光测高原始数据，通过在轨激光几何检校、波形处理、大气改正、潮汐改正、质量控制等工序生产的可用于高程控制点的激光产品。根据高分七号卫星总体设计指标，以及激光测高点生产和应用情况来看，被分发出来的激光测高点的高程精度优于 0.1m，激光地面足印中心点在足印影像上的像素位置与真实位置的平面误差优于 1pixel[19]。同时，收集实验区域内采用 GPS CORS 技术测量获取的高精度 GPS 点作为检查资料，其平面和高程精度均优于 0.1m。

试验数据的详细信息如表 7.5 所列。

表 7.5 试验数据详细信息

试验区域		传感器校正立体影像			激光测高点		GPS点数量
地理位置	地形	覆盖面积/km^2	数量	数据轨道号	数量	数据轨道号	
江苏省东部	平地	15200	40	4638,4714,6201,6353,6432	252	1759,1760,1761,4638	95
河北省北部	平地	3500	70	2449,3267,5806,5880,5962	134	3267,6786,6868,7679,8652	20
	丘陵	4200			84		13
	山地	17300			244		62
	高山地	2000			1		5
	合计	27000			463		100
四川西南部	山地	2800	37	5625,5700,6602,6680,7497	21	6526,7497,5700,8507	7
	高山地	13500			68		24
	合计	16300			89		31

续表

试验区域		传感器校正立体影像			激光测高点		GPS 点数量
地理位置	地形	覆盖面积/km²	数量	数据轨道号	数量	数据轨道号	
全区域汇总	平地	18700	147	2449,3267,4638,4714,5625,5700,5806,5880,5962,6201,6353,6432,6602,6680,7497	386	1759, 1760, 1761, 3267, 4638, 5700, 6526, 6786, 6868, 7497, 7679, 8507, 8652	115
	丘陵	4200			84		13
	山地	20100			265		69
	高山地	15500			69		30
	合计	58500			804		227

由于天气和卫星侧摆等因素影响，有相当部分的立体影像和激光测高点并非同轨获取。试验区域的地形类型是根据中国 1∶50000 比例尺地形图各图幅的地形类型来确定的。根据中国测绘行业相关标准，地形类型可分为平地、丘陵、山地和高山地 4 种。江苏试验区全部为平地地形，地形起伏海拔 0~20m。河北试验区包括平地、丘陵、山地和高山地，地形起伏海拔 50~2000m。四川试验区主要为山地和高山地区域，地形起伏海拔 1500~5500m。

试验区及试验数据分布示意图如图 7.15 所示。

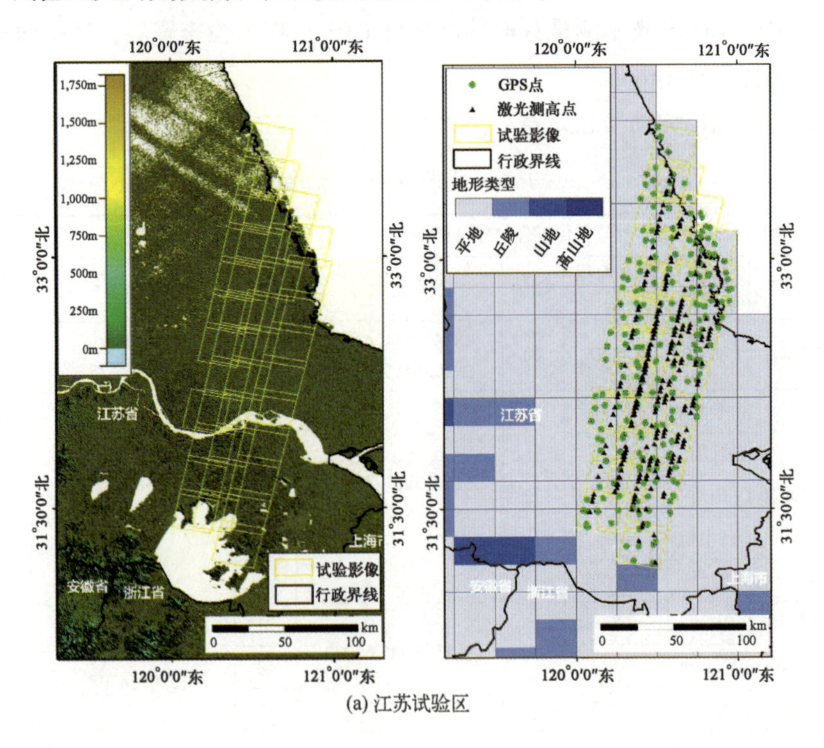

(a) 江苏试验区

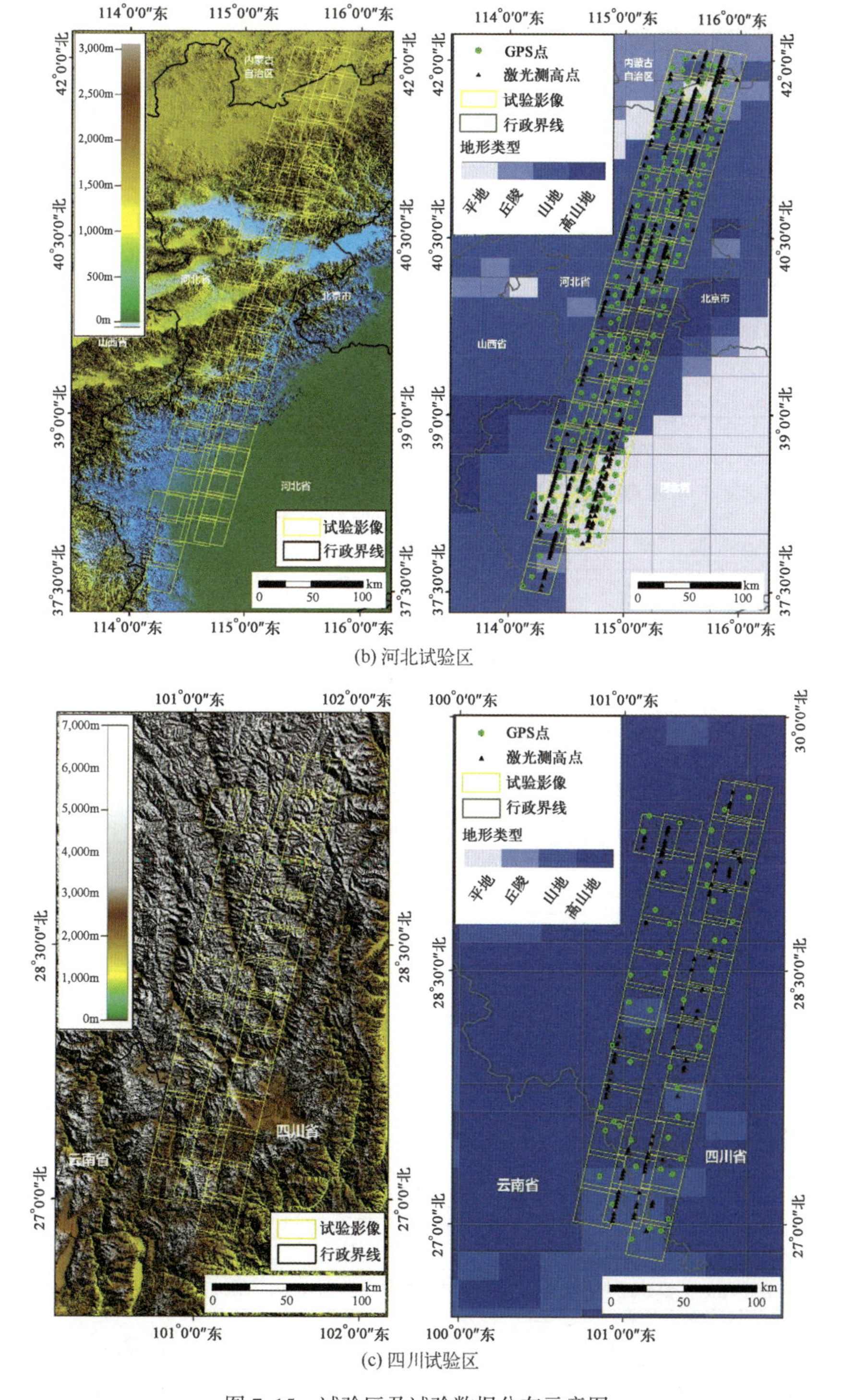

(b) 河北试验区

(c) 四川试验区

图 7.15 试验区及试验数据分布示意图

7.3.4.2 试验影像原始精度验证

针对3个试验区域的试验影像，采用影像匹配技术[20]在每景立体影像内部和相邻立体影像的重叠区域自动布设均匀分布的连接点，连接点分布密度约为每平方千米0.5个点。将所有的GPS点通过人工量测方式在立体影像上进行布设（像点量测精度优于1pixel），并作为检查点。采用式（7.15）开展自由网平差。

自由网平差结果如表7.6所列。

表7.6　自由网平差结果

试验区域	地形	GPS检查点				
		数量	平面精度/m		高程精度/m	
			中误差	最大误差	中误差	最大误差
江苏	平地	95	**2.26**	4.68	**3.58**	-7.56
河北	平地	20	**3.21**	5.22	**2.45**	-4.28
	丘陵	13	**3.48**	5.42	**1.69**	2.75
	山地	62	**2.76**	4.86	**2.25**	5.34
	高山地	5	**2.25**	2.80	**5.30**	7.16
	全区域	100	**2.93**	5.42	**2.49**	7.16
四川	山地	7	**4.42**	5.80	**3.20**	-4.84
	高山地	24	**3.01**	5.27	**3.61**	-7.14
	全区域	31	**3.38**	5.80	**3.52**	-7.14
全区域汇总	平地	115	**2.45**	5.22	**3.41**	-7.56
	丘陵	13	**3.48**	5.42	**1.69**	2.75
	山地	69	**2.97**	5.80	**2.36**	5.34
	高山地	30	**2.89**	5.27	**3.99**	7.16
	全区域	227	**2.74**	5.80	**3.14**	-7.56

注：在自由网的平差过程中，连接点的像方中误差均小于0.3pixel，最大残差均小于1.2pixel

通过表7.6可知，在整个试验区域内高分七号卫星立体影像的总体平面中误差为2.74m，其中在平地、丘陵、山地和高山地区域的平面中误差分别为2.45m、3.48m、2.97m和2.89m，可以完全满足中国1∶10000比例尺测图的平面精度要求，即影像的平面中误差在平地、丘陵、山地和高山地区域应分别小于5m、5m、7.5m和7.5m[21]；在平地、山地和高山地区域甚至可以满足1∶5000比例尺测图的平面精度要求，即影像的平面中误差在平地、丘陵、山地和高山地区域应分别小于2.5m、2.5m、3.75m和3.75m[21]。在整个试验区内高分七号卫星立体影像总体高程中误差为3.14m，其中在平地、丘陵、山地和高山地区域的高程中误差分别为3.41m、1.69m、2.36m和3.99m，无法满足中国1∶10000比例尺测图的高程精度要求，即影像的高程中误差在平地、丘陵、山地和高山地区域应分别小于0.5m、1.2m、2.5m和5m[21]。

7.3.4.3 复合测绘精度验证

针对3个区域的试验影像，采用上组试验的连接点布设方法和策略开展连接点布设。

采用本节所述的激光测高点布设方法，将所有激光测高点在立体影像上进行布设，并将其作为高程控制点。将所有GPS点作为检查点，采用本节所述的平差模型，开展立体影像的区域网平差，用于验证激光高程点能否有效提升立体影像高程精度。

联合区域网平差精度结果如表7.7所列。

表7.7 立体影像和激光测高点联合区域网平差精度结果

试验区域	地形	GPS检查点					激光高程控制点		
		数量	平面精度/m		高程精度/m		数量	高程残差/m	
			中误差	最大误差	中误差	最大误差		中误差	最大误差
江苏	平地	95	2.29	4.75	0.44	1.09	252	0.40	-1.11
河北	平地	20	3.33	5.14	0.35	-0.72	134	0.33	-0.94
	丘陵	13	3.52	5.72	0.66	-1.40	84	0.63	1.33
	山地	62	2.79	4.77	0.74	2.07	244	0.71	1.61
	高山地	5	2.22	2.91	0.91	1.80	1	1.00	1.00
	全区域	100	2.98	5.72	0.68	2.07	463	0.61	1.61

续表

试验区域	地形	GPS 检查点					激光高程控制点		
		数量	平面精度/m		高程精度/m		数量	高程残差/m	
			中误差	最大误差	中误差	最大误差		中误差	最大误差
四川	山地	7	4.39	5.77	0.94	-1.67	21	0.86	-1.54
	高山地	24	3.10	5.36	1.19	2.40	68	0.79	-2.03
	全区域	31	3.43	5.77	1.14	2.40	89	0.81	-2.03
全区域汇总	平地	115	2.50	5.14	0.43	1.09	386	0.38	-1.11
	丘陵	13	3.52	5.14	0.66	-1.40	84	0.63	1.33
	山地	69	2.99	5.77	0.76	2.07	265	0.72	1.61
	高山地	30	2.97	5.36	1.14	2.40	69	0.79	-2.03
	全区域	227	2.79	5.77	0.68	2.40	804	0.58	-2.03
注：在各个区域网平差过程中，连接点的像方中误差均小于 0.3pixel，最大残差均小于 1.2pixel									

表 7.7 中检查点的高程中误差相对于表 7.6 中的对应值而言，有了显著的降低，整个试验区域内试验影像的总体高程中误差由原来的 3.14m 降低至 0.58m，其中平地、丘陵、山地和高山地区域的高程中误差分别为 0.38m、0.63m、0.72m 和 0.79m，已经完全满足中国 1:10000（甚至 1:5000）比例尺立体测图的精度要求。由于激光测高点并没有作为平面控制点，所以表 7.7 中检查点的平面中误差值与表 7.6 中的对应值几乎没有变化，全区域的平面中误差为 2.79m，其中平地、丘陵、山地和高山地区域的平面中误差分别为 2.50m、3.52m、2.99m 和 2.97m，也已经达到了中国 1:10000（甚至 1:5000）比例尺立体测图的平面精度要求。因此，在将激光测高点作为高程控制点与立体影像开展联合区域网平差后，试验影像的平面和高程精度均可以满足中国 1:10000 比例尺立体测图的精度要求。

参考文献

[1] 左志强. 高分七号卫星激光测高数据与线阵立体影像复合测绘若干关键技术研究[D]. 武汉：武汉大学，2021.

[2] JPL N. NASA shuttle radar topography mission global 1 arc second [R/OL]. (2013). https://lpdaac.usgs.gov/news/nasa-shuttle-radar-topography-mission-srtm-global-1-

arc-second-data-released-over-africa/.

[3] SANTILLAN J, MAKINANO-SANTILLAN M. Vertical accuracy assessment of 30-M resolution ALOS, ASTER, and SRTM global DEMS over northeastern mindanao, Philippines [J]. International Archives of the Photogrammetry, Remote Sensing & Spatial Information Sciences, 2016, 41: 149-156.

[4] TADONO T, NAGAI H, ISHIDA H, et al. Generation of the 30 M-Mesh global digital surface model by Alos Prism [J]. The International Archives of the Photogrammetry, Remote Sensing & Spatial Information Sciences, 2016, 41: 149-156.

[5] GONG P, WANG J, YU L, et al. Finer resolution observation and monitoring of global land cover: first mapping results with Landsat TM and ETM+ data [J]. International Journal of Remote Sensing, 2013, 34 (7): 2607-2654.

[6] GUO Z, WANG C, LIU X, et al. Accuracy assessment of the from-Glc30 land cover dataset based on watershed sampling units: a continental-scale study [J]. Sustainability, 2020, 12 (20): 8435.

[7] HARDING D J, BUFTON J L, FRAWLEY J J, et al. Satellite laser altimetry of terrestrial topography: vertical accuracy as a function of surface slope, roughness, and cloud cover [J]. 1994, 32 (2): 329-339.

[8] 马跃. 星载激光测高系统数据处理和误差分析 [D]. 武汉: 武汉大学, 2013.

[9] Land NRW. Digitales Geländemodell mittlerer Punktabstand lm-dl-de/by-2-0 [R/OL]. (2019). http: //www. govdata. de/dl-de/by-2-0.

[10] 李国元, 唐新明, 陈继溢, 等. 高分七号卫星激光测高数据处理与精度初步验证 [J]. 测绘学报, 2021, 50 (10): 1338-1348.

[11] DI K, LI R, MA R. Geometric processing of IKONOS geo stereo imagery for coastal mapping applications [J]. Photogrammetric Engineering & Remote Sensing, 2003, 69 (8): 873-880.

[12] GRODECKI J, DIAL G. Block adjustment of high-resolution satellite images described by rational polynomials [J]. Photogrammetric Engineering & Remote Sensing, 2003, 69 (1): 59-68.

[13] TONG X, LIU S, WENG Q. Bias-corrected rational polynomial coefficients for high accuracy geo-positioning of QuickBird stereo imagery [J]. ISPRS Journal of Photogrammetry and Remote Sensing, 2010, 65 (2): 218-226.

[14] 李德仁, 张过, 江万寿, 等. 缺少控制点的 SPOT-5 HRS 影像 RPC 模型区域网平差 [J]. 武汉大学学报 (信息科学版), 2006, 31 (5): 377-380.

[15] FRASER C S, YAMAKAWA T. Insights into the affine model for high-resolution satellite sensor orientation [J]. ISPRS Journal of Photogrammetry and Remote Sensing, 2004, 58

(5/6), 275-288.

[16] TANG X M, ZHOU P, LI G Y, et al. Integrating stereo images and laser altimetry points derived from the same satellite for high-accuracy stereo mapping [J]. Remote Sensing, 2023, 15 (4): 869.

[17] LOWE D G. Distinctive image features from scale-invariant key points [J]. International Journal of Computer Vision, 2004, 60: 91-110.

[18] 周平，唐新明．高分七号卫星立体影像与激光数据复合测绘处理原理及方法 [J]．遥感学报，2024，28 (6)：1539-1550.

[19] 唐新明，谢俊峰，莫凡，等．高分七号卫星双波束激光测高仪在轨几何检校与试验验证 [J]．测绘学报，2021，50 (3)：384-395.

[20] LEPRINCE S, BARBOT S, AYOUB F, et al. Automatic and precise orthorectification, coregistration, and subpixel correlation of satellite images, application to ground deformation measurements [J]. IEEE Transactions on Geoscience and Remote Sensing, 2007, 45: 1529-1558.

[21] 国家测绘地理信息局测绘标准化研究所、陕西测绘地理信息局．基础地理信息数字成果 1∶5000 1∶10000 1∶25000 1∶50000 1∶100000 第 1 部分　数字线划图：CH/T 9009.1-2013 [S]．北京：测绘出版社，2013.

第 8 章　高分七号卫星测绘产品研发

8.1　高分七号卫星测绘产品体系

高分七号卫星是一颗测绘遥感卫星，其数据产品从测绘应用角度而言，可以分为三大类：第一类是测绘影像产品；第二类是激光测高产品；第三类是标准测绘产品。本章主要介绍测绘影像和标准测绘产品，激光测高的相关产品详见第 6 章。

8.1.1　高分七号卫星测绘影像产品体系

所谓测绘影像产品分级，可以理解为定义影像数据处理“级别”，通过影像产品“级别”可以判断其在生产过程中经过的处理流程、达到的质量水平，以帮助用户根据自身业务需要选择适合的影像产品，了解影像产品特性，并更好地使用所挑选的影像产品。因此，卫星测绘影像产品的分级体系是决定影像产品推广应用水平的关键因素之一。为了满足不同用户不同层次的应用需求，国内外各卫星影像供应商均制定了相应的影像产品分级方法，且不同卫星的影像产品分级方法各不相同，甚至差异巨大。本节从满足高分七号卫星测绘服务目标出发，介绍了高分七号卫星测绘影像产品分级方法和体系。

8.1.1.1　产品分级

影像产品分级方法主要是由卫星技术特点以及卫星服务目标等因素共同确定的。高分七号卫星作为主要满足 1∶10000 比例尺立体测图应用的测绘卫星，其影像产品的分级方法主要以几何精度作为分级依据。

直接从星上下传的原始数据是经过压缩和加密的以轨为单位的长条带数据，每个相机载荷摄影获取的一整轨影像数据、摄影过程中测量的外方位元素数据、成像时间数据和卫星成像状态信息等辅助数据均存储在一个长条带文件中。为了便于后续影像产品使用，需要对原始条带数据进行解扰、解密、解压和（或）分景，以及辅助数据的提取和解析等，并对原始条带数据中可能存在的错误进行检查验证和改正[1]。为此，在高分七号卫星影像产品分级体系中，将经过上述处理后的影像称为“原始影像”，由于原始影像对于绝大多数用户来说是无法使用的，通常情况下只能作为后续级别影像产品生产的数据输入，不向用户分发提供。

在卫星原始影像中，存在着由于电荷耦合器件（CCD）探元响应不一致而导致的CCD片间色差、不同器件间灰度不一致等辐射差异，以及可能存在的坏死探元导致的无效像元，这些现象都将极大影响卫星影像产品的可用性，测绘或遥感应用都要求影像产品应具备辐射均匀、反差应适中、纹理清晰、层次丰富、无明显失真、灰度直方图一般呈正态分布等辐射特征，因此需要对原始影像开展相对辐射校正处理，改善辐射状态。此外，为了适用于定量反演等应用，还需要确定相机输入的辐射值与输出的量化值之间的精确量化关系，即进行绝对辐射校正[2]。在高分七号卫星影像产品中，将仅经过相对辐射校正和绝对辐射校正处理后得到的影像产品称为“辐射校正影像产品”，作为“原始影像”的下一级影像产品。由于该级产品并未消除任何成像几何误差，不适合用户直接使用，因此不向一般用户分发提供。

为了开展立体测图应用，需要利用其成像几何模型，构建影像坐标与物方坐标精确对应关系，并且构建立体的影像产品。在卫星成像过程中，卫星平台运动误差、扫描速率误差、CCD线阵排列误差和光学系统畸变等因素都会对影像产品最终几何精度造成较大影响，严重情况下可能导致无法用于高精度测图应用。此外，原始影像是分片CCD获取的分片影像，这也给用户使用带来了不便。因此，在高分七号卫星影像产品分级体系中，在辐射校正影像基础上，消除或减弱卫星成像过程中的各类畸变或误差，实现分片CCD影像无缝拼接，并提供严密成像几何模型参数和有理函数模型参数的影像产品。这类产品称为“传感器校正影像产品”，也是大多数卫星供应商提供的主要影像产品，如SPOT系列的Level 1A产品、QuickBird和WorldView卫星的Basic

影像产品等。传感器校正影像产品也是高分七号卫星开展测绘应用的主要影像产品。

将传感器校正影像投影到一定投影系参考面上而形成的具有地理编码信息的影像产品，也是一种应用广泛的卫星影像产品，可称为“几何纠正影像产品”。根据误差消除和地形改正的程度，几何纠正影像产品可以细分成多级产品，其中：在几何纠正影像制作过程中，没有使用控制点进行误差消除，也没有进行地形改正的几何纠正影像，称为系统几何纠正影像产品；使用控制点消除了误差以提高定位精度，但没有进行地形改正的几何纠正影像，称为精纠正影像产品；使用控制点和高精度数字高程模型（DEM）数据同时消除了各种系统误差，并进行了地形改正的影像产品，称为正射纠正影像产品[3]。系统几何纠正影像产品可以直接利用所附带的地理编码信息，确定像素坐标和对应地面坐标之间的对应关系，然而它并未利用控制点消除传感器校正影像中存在的各类误差，也未改正地形起伏引起的投影差，因此定位精度较差。为了满足后续利用控制点和 DEM 消除各类误差并进行地形改正的需求，利用其与传感器校正影像产品的对应关系以及传感器校正影像产品的成像几何模型，构建系统几何纠正影像产品的有理函数模型（RFM），如 Ikonos 和 GeoEye 系列卫星的 Geo 级产品（对应于高分七号卫星系统几何纠正影像产品）均附带 RFM。基于相同的原理，为了保留精纠正影像产品后续进行地形改正的能力，也可以建立其 RFM。

综上所述，出于满足高分七号卫星影像产品的测绘应用需求，根据影像产品的处理级别和地理定位精度，高分七号卫星测绘影像产品可划分为 6 个级别，从低到高依次是原始影像、辐射校正影像、传感器校正影像、系统几何纠正影像、精纠正影像和正射纠正影像。高分七号卫星测绘影像产品分级描述如表 8.1 所列。

表 8.1　高分七号卫星测绘影像产品分级描述

产品级别	产品名称	描　　述	备　注
0	原始影像	原始影像（RAW）是指对原始获取的直接从卫星上下传的影像数据进行数据解扰、解密、解压和（或）分景后得到的数据产品。该产品保留相机原始成像的辐射和几何特征，并包含从星上下传的外方位元素测量数据、成像时间数据、卫星成像状态，以及相机内方位元素参数和载荷设备安装参数等	

续表

产品级别	产品名称	描　述	备　注
1	辐射校正影像产品	辐射校正影像产品（RC）是指对原始影像产品进行辐射校正处理后形成的产品。辐射校正主要包括消除CCD探元响应不一致造成的辐射差异，消除CCD片间色差，去除坏死像元，消除不同器件间的灰度不一致，并对拼接区辐亮度校正等。该产品保留相机原始成像的几何特征，附带绝对辐射定标系数和从星上下传的外方位元素测量数据、成像时间数据、卫星成像状态，以及相机内方位元素参数和载荷设备安装参数	类似于ALOS PRISM的Level 1A；IRS－P5的Level 2
2	传感器校正影像产品	传感器校正影像产品（SC）是指在辐射校正影像基础上进行传感器校正处理后形成的产品。传感器校正处理是通过修正平台运动和扫描速率引起的几何失真，消除探测器排列误差和光学系统畸变以消除或减弱卫星成像过程中的各类畸变或系统性误差，并实现分片CCD影像无缝拼接，构建影像成像几何模型	类似于SPOT5的Level 1A产品；DigitalGlobe的Basic级别产品
3	系统几何纠正影像产品	系统几何纠正影像产品（GEC）是指在传感器校正影像产品的基础上，按照一定的地球投影和该成像区域的平均高程，以一定地面分辨率投影在地球椭球面上的影像产品。该产品通过与SC之间像素对应关系，构建成像几何模型，用于摄影测量的立体处理	类似于SPOT5的Level 2A产品；DigitalGlobe的Ortho Ready Standard产品
4	精纠正影像产品	精纠正影像产品（EGEC）是指在传感器校正影像产品或系统几何纠正影像产品基础上，利用一定数量控制点消除或减弱影像中存在的系统性误差，并按照指定的地球投影和该成像区域的平均高程，以一定地面分辨率投影在地球椭球面上的几何纠正影像产品。该产品通过与SC或GEC之间像素对应关系，构建成像几何模型，用于摄影测量的立体处理	类似于SPOT5的Level 2B产品
5	正射纠正影像产品	正射纠正影像产品（GTC）是在传感器校正影像产品、系统几何纠正影像产品或精纠正影像产品基础上，利用一定精度数字高程模型数据和一定数量控制点，消除或减弱影像中存在的系统性误差，改正地形起伏造成的影像像点位移，并按照指定的地图投影、以一定地面分辨率投影在指定的参考大地基准下的几何纠正影像产品	类似于SPOT5的Level 3A产品；DigitalGlobe的Ortho产品

各级测绘影像产品间的处理关系示意图如图8.1所示[4]。

8.1.1.2　产品构成及要求

为了满足测绘影像产品在实际应用中的使用需要和便利性，各级测绘影像产品除了影像文件之外，还应附带一些其他必备或可选的辅助文件，如几何模型参数文件、元数据文件、影像浏览图文件等，共同构成一个完整的影像产品。从满足高分七号卫星测绘影像产品生产和应用的角度考虑，本小节定义了各级测绘影像产品的组成文件，如表8.2所列。

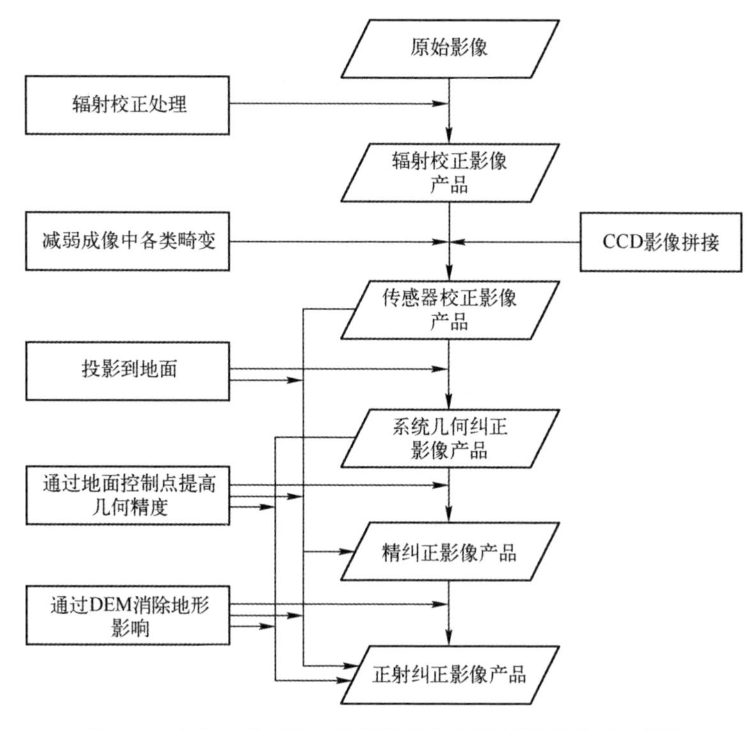

图 8.1　高分七号卫星各级测绘影像产品间处理关系示意图

表 8.2　高分七号卫星各级测绘影像产品文件构成

产品名称	构成文件	
	必备文件	可选文件
原始影像产品	影像文件、轨道测量数据文件、姿态测量数据文件、成像时间数据文件、卫星状态记录文件	
辐射校正影像产品	影像文件、轨道测量数据文件、姿态测量数据文件、成像时间数据文件、卫星状态记录文件、辐射模型参数文件、浏览图文件	拇指图文件
传感器校正影像产品	影像文件、RFM 参数文件、空间范围文件、元数据文件、浏览图文件	严密几何模型参数文件、辐射模型文件、拇指图文件、许可文件、README 文件
系统几何纠正影像产品	影像文件、空间范围文件、元数据文件、浏览图文件	RFM 参数文件、拇指图文件、许可文件、README 文件
精纠正影像产品	影像文件、空间范围文件、元数据文件、浏览图文件	RFM 参数文件、拇指图文件、许可文件、README 文件
正射纠正影像产品	影像文件、空间范围文件、元数据文件、浏览图文件	拇指图文件、许可文件、README 文件

测绘影像产品各组成文件内容和要求定义如下：

（1）影像文件存储了影像数据，数据格式采用标准的 GeoTIFF 格式，如果数据量大于 2GB 时，采用标准的 Erdas Image 格式。

（2）轨道测量数据文件存储卫星成像时刻星上轨道测量设备生成的卫星轨道位置和速度等信息，采用 ASCII 编码文本格式。

（3）姿态测量数据文件存储卫星成像时刻星上姿态测量设备生成的卫星姿态信息，采用 ASCII 编码文本格式。

（4）成像时间数据文件存储影像文件中每行影像的成像时刻信息，采用 ASCII 编码文本格式。

（5）卫星状态记录文件存储卫星成像时各种设备的状态信息，如积分时间、增益级数等，采用 ASCII 编码文本格式。

（6）辐射模型参数文件记录辐射处理过程中采用的辐射校正方法、绝对辐射定标系数等信息，采用可扩展标记语言（Extensible Markup Language，XML）描述的纯文本格式。

（7）浏览图文件存储针对产品影像降采样后生成的低分辨率快视图片，在保持产品影像原有宽高比前提下，快视图片宽度为 1024pixel，采用 JPEG 文件格式。

（8）拇指图文件存储针对产品浏览图进行降采样生成的更低分辨率的快视图，在保持数据原有宽高比前提下，重采样图片宽度为 256pixel，采用 JPEG 文件格式。

（9）严密几何模型参数文件记录严密成像几何模型构建所需的内外方位元素参数信息。如果严密几何模型保密，则采用加密的自定义二进制格式；如果严密几何模型公开，则采用 ASCII 编码文本格式。

（10）RFM 参数文件存储基于产品严密成像几何模型生成的有理函数模型的参数，采用 ASCII 编码文本格式。

（11）元数据文件存储遥感影像产品的文件组成、基本信息、生产过程信息、数据质量元素（产品质检项及质检结果）、分发信息等，采用 XML 语言描述的纯文本格式。

（12）空间范围文件存储影像产品数据体有效区域地理范围的矢量线画图（采用 WGS84 坐标系下的经纬度坐标），以及一些重要的元数据信息项，采用 ESRI Shapefile 格式。

（13）许可文件记录数据的许可权限及版权等信息，采用 ASCII 编码文本格式。

（14）README 文件记录一些必要的自叙信息，采用 ASCII 编码文本格式。

8.1.1.3　产品模式

高分七号卫星搭载了包含前视和后视的两线阵立体全色相机和一台包含 4 个谱段的多光谱相机，在一次推扫成像过程中就可以同步获取同轨的两个不同成像视角的全色影像，以及多光谱影像。因此高分七号卫星的各级测绘影像产品包括单片影像产品和由前后视全色影像捆绑组合而成的立体影像产品。

单片影像产品包括正视全色影像和多光谱影像，两者还可以通过影像融合生成同时兼具较高空间分辨率和较高光谱分辨率的融合影像。立体影像产品是由前视影像和后视影像捆绑组合构建的两视立体影像产品。组合构建立体影像对的先决条件是单片全色影像之间存在一定的交会角度，因此传感器校正影像产品可以包含立体影像对模式。系统几何纠正影像和精纠正影像是投影到指定投影参考面上的几何纠正后影像，虽然投影过程会影响影像之间的交会角度，但是并没有消除地形起伏造成的投影差，因此这两类影像产品也可以包含立体影像对模式。在开展立体测图应用时，推荐采用传感器校正影像的立体像对产品。

各级测绘影像产品的存储模式可分为标准景和长条带两种。为了便于影像产品的组织、管理、分发和使用，绝大多数卫星影像供应商一般按分景模式提供其影像产品，高分七号卫星的标准景影像是指从整轨影像中按一定规则截取与相机成像幅宽相等长度的分景影像，其宽度为相机实际成像幅宽。由于在同轨获取的条带影像中，各类误差一般表现出系统性，在使用较少控制点情况下就可以大幅消除误差，提升整个长条带影像的绝对定向精度，因此在测绘应用中，为了减少控制点数量，有时往往需要以长条带影像作为数据源开展测绘影像产品生产活动。针对这一需求，高分七号卫星也可以根据用户需要按长条带模式提供影像。

8.1.2　高分七号卫星标准测绘产品

高分七号卫星是以满足 1∶10000 比例尺测图需求而设计的立体测图卫星。

高分七号卫星的测绘影像产品的主要用途是作为数据源服务于全球范围1:10000比例尺测绘地理信息产品生产。结合高分七号卫星的主要测绘应用需求，本书将基于高分七号卫星测绘影像产品生成的1:10000比例尺的数字正射影像图（DOM）、数字表面模型（DSM）、数字高程模型（DEM）和数字线划图（DLG）等标准测绘产品作为高分七号卫星的标准测绘产品。

高分七号卫星标准测绘产品类型如表8.3所列。

表8.3　高分七号卫星标准测绘产品类型

产品名称	说　明
1:10000比例尺数字表面模型	以格网点形式表示的地面高程模型，包括建筑物、森林等人工建筑物和植被的高度
1:10000比例尺数字高程模型	以格网点形式表示的地面高程模型，扣除了建筑物、森林等人工建筑物和植被的高度
1:10000比例尺数字线划图	以点线面等实体形式表示水系、居民地及设施、交通、管线、境界与政区、地貌与土质等地理要素，是地形图上现有核心要素信息的矢量格式数据集。采用高斯-克吕格3°分带投影、2000国家大地坐标系，并按照国家基本比例尺地形图标准分幅和编号
1:10000比例尺数字正射影像图	在正射纠正影像产品的基础上附加地名、境界等地理要素之后的影像产品，范围一般按地形图分幅计算

8.2　高分七号卫星测绘影像产品生产技术

8.2.1　传感器校正影像产品生产方法

传感器校正影像产品较好地保留了卫星原始成像几何特点，是生产后续其他测绘影像产品和其他地理信息产品最重要的基础影像产品，其产品质量是影响高分七号卫星测图应用效果的关键因素之一，更是决定无控制测图应用精度的主要因素。根据本书8.1节对高分七号卫星影像产品的分级定义，传感器校正影像产品的生产是以辐射校正影像产品作为数据源，其中辐射校正影像产品仅针对原始影像开展了相对辐射校正、绝对辐射校正等辐射纠正处理（参见本书5.1节），并未对原始影像做任何形式的误差改正和几何处理，其影像组织形式和产品文件构成等都与原始影像基本一致。

8.2.1.1　虚拟重成像原理

结合高分七号卫星的成像几何机理，在理想情况下，假设卫星内外方位元素均不存在误差，则高分七号卫星推扫成像过程处于理想状态，具体包括：

（1）有具备理想线中心投影能力无畸变相机，包括：具备理想小孔成像能力的无畸变理想镜头；拥有不存在焦距误差和CCD安装倾斜的理想焦平面；多组CCD线阵在焦平面上为理想拼接，等效于单组直线CCD线阵；CCD探元尺寸一致且等间隔分布。

（2）有平滑的轨道，不存在噪声。

（3）有稳定或平缓变化的平滑姿态，不存在振动和抖动。

（4）行影像拥有相同的积分时间，保证影像沿轨向分辨率的一致。

从2.3节的分析可知，在实际成像过程中，卫星内外方位元素均存在各种类型和性质的误差，前述的理想假设情况是不存在的，导致影像存在较大的内部几何畸变和定位误差。为了满足高质量的测图应用，需要在传感器校正影像产品生产过程中减弱或消除这些误差。此外，卫星原始影像是以分片CCD影像的形式获取并下传的，为了提供较大幅宽影像以便于用户使用，还需要对各分片CCD影像进行几何无损拼接，这也是传感器校正影像产品生产的核心技术[5-7]。DigitalGlobe公司的QuickBird卫星和ASTRIUM公司的Pleiades卫星等均采用了类似虚拟重成像技术实现多CCD影像的拼接[8]。

为了有效消除卫星成像过程中存在的各类畸变和误差对传感器校正影像产品的影响，并实现分片CCD影像的高精度拼接，本节采用虚拟重成像技术来制作高质量的传感器校正影像产品。其基本设计原理是基于高分七号卫星真实内外方位元素，虚拟出理想情况下的卫星成像状态，通过重成像技术获取新的影像。具体过程为：基于真实相机参数，虚拟一个搭载单片理想CCD线阵且不存在各种内方位元素误差的理想相机；基于卫星真实轨道和姿态参数，通过姿态和轨道优化，虚拟一个不含噪声和振动的卫星轨道和姿态；基于卫星每行影像的真实成像时间，通过归一化积分时间，虚拟一个积分时间一致的每行影像成像时间；通过虚拟相机在虚拟轨道上保持虚拟姿态，并采用虚拟的每行影像成像时间，依据高分七号卫星成像几何原理就可以“摄影获取”一幅虚拟影像，该虚拟影像就是需要制作的传感器校正影像。

利用虚拟相机的内方位元素、虚拟姿态和轨道数据，以及虚拟的每行影像成像时间，就可以根据式（2.1）构建虚拟影像的严密成像几何模型。同时，利用卫星真实摄影成像过程中的内外方位元素参数，根据式（2.1）建立真实成像的各分片 CCD 影像的严密成像几何模型。通过选定成像区域的高程参考面（采用外部 DEM 数据或直接采用平均高程面），就可以建立虚拟影像和真实分片 CCD 影像之间的对应关系。通过逐像素计算虚拟影像像点位置对应的分片 CCD 影像像点位置，并将分片 CCD 影像的像点灰度值赋给虚拟影像对应像点，最终完成虚拟影像的生成，如图 8.2 所示。

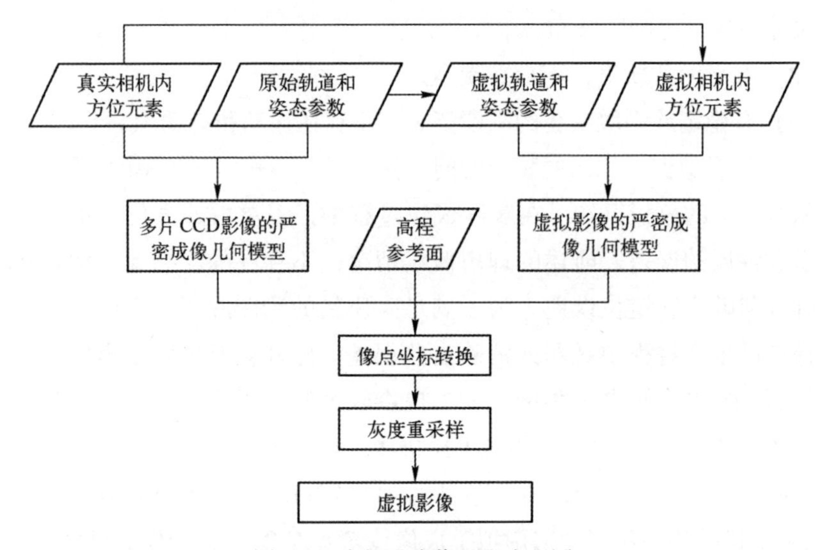

图 8.2　虚拟重成像过程流程图

需要注意的是，由于卫星内方位元素误差、星载设备安装误差、姿态和轨道测量中的系统误差等都将导致真实分片 CCD 影像的严密成像几何模型存在较大误差。为了减小在重成像过程中引入的额外误差，本章中若无特殊说明，均要求以在轨几何检校后的内、外方位元素为基础，开展虚拟内方位元素和虚拟外方位元素的构建。

8.2.1.2　虚拟内外方位元素构建

高分七号卫星搭载的两线阵相机均采用全反全透式光学拼接方式，其原理是在全反全透棱镜的透射区和反射区上分别安装时间延迟积分-电荷耦合器件（TDI CCD）线阵，地物光线入射棱镜，经分光后分别投射到透射区和反射区的 TDI CCD 线阵上，从而实现多片 TDI CCD 直线拼接，如图 8.3 所示。

前视相机焦平面由 4 片拥有 8192 个探元的 TDI CCD 拼接而成，相邻 TDI CCD 线阵间重叠探元数为 500 个，像元大小为 7μm×7μm。后视相机焦平面由 3 片全色/多光谱 TDI CCD 探测器拼接而成，探元尺寸 7μm×7μm（全色）/28μm×28μm（多光谱），每片 CCD 探测器含 12288 元（全色）/3072 元（多光谱）。相邻 TDI CCD 线阵间重叠探元数为 500 个（全色）/125 个（多光谱）。多光谱谱段分别为蓝、绿、红和近红外波段。

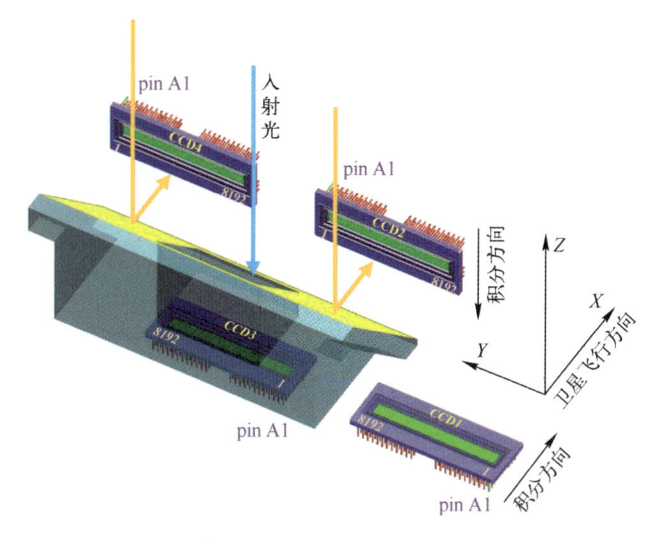

图 8.3　高分七号卫星前视相机安装示意图

由于制作工艺、安装以及在轨物理环境等多种因素影响，相机内部存在各种 CCD 误差，例如：制作工艺误差将造成 CCD 探元大小不一以及在沿线阵方向不是严格直线排列；安装误差将造成 CCD 线阵与理论安装位置存在偏移和旋转等偏差；多片 CCD 之间的拼接误差将导致多片 TDI CCD 在焦平面无法形成一条严格的连续直线。此外，相机内部还可能存在镜头光学畸变、焦距误差等。这些因素使得相机在实际成像过程中无法实现理想的线中心投影，导致影像中存在各种不规律畸变和几何定位误差，严重影响影像几何质量。

由 2.3 节分析可知，卫星成像过程中姿态、轨道和成像时间中存在的各种误差都将可能造成影像畸变及几何定位误差，也影响影像几何质量。虚拟外方位元素实质上是基于原有的姿态、轨道和影像行成像时间数据进行误差消除后生成的经过优化的姿态、轨道和影像行时间信息。在虚拟重成像过程中采用这些虚拟外方位元素，则生成的虚拟影像中能有效减弱或消除真实影像中由于外方位元素误差而导致的内部畸变。

1）虚拟相机的构建

虚拟相机的构造过程是在真实相机基础上构建一条理想的虚拟连续 CCD 线阵，同时采用相机的实际焦距（或者相机焦距的理论设计值）作为焦距，以虚拟相机主光轴与焦平面交点为主点，并设定相机镜头等部件不存在畸变和误差。

由于虚拟 CCD 线阵与真实各片 CCD 线阵的偏场角之差越大，地形起伏或 DEM 高程误差对虚拟影像构建过程中引入的误差影响也越大，因此将虚拟 CCD 线阵“安置”在焦平面上所有真实 CCD 线阵的正中间是最优选择。同时为了保证尽可能不改变影像地面分辨率和成像幅宽，虚拟 CCD 线阵的宽度应等于所有真实 CCD 线阵垂轨向的总体宽度，虚拟 CCD 探元的尺寸可采用真实 CCD 探元尺寸的理论设计值。

此外，后视相机中的全色和多光谱各个谱段 CCD 线阵的安装位置存在间隔，导致不同谱段影像上同一地物的成像时间不一致，由于相机光学系统畸变与影像位置相关，且不同成像时间外方位元素也存在轻微差异，这些因素都将引起各个谱段影像间畸变不一致，影响各谱段影像之间的高精度几何配准。因此在后视虚拟相机构建中，全色 1 个谱段和多光谱 4 个谱段的虚拟 CCD 线阵在焦面上应完全重合，即虚拟 CCD 阵列“安装”在所有谱段 CCD 沿轨向的中心线上，以保障多光谱各谱段之间、多光谱和全色谱段之间实现像素级几何配准精度。也就是说，在后视相机的虚拟 CCD 线阵设计时，以焦平面上所有谱段真实 CCD 线阵沿轨向的中心线为虚拟 CCD 线阵的“安装”位置，分别“安装”1 个全色谱段和 4 个多光谱谱段的虚拟 CCD 线阵，这些谱段的虚拟 CCD 线阵在焦面上几何位置完全重叠。5 个虚拟 CCD 线阵的宽度完全一致，均为所有谱段真实 CCD 垂轨向的整体宽度，虚拟全色 CCD 线阵和虚拟多光谱 CCD 线阵的探元数量及探元尺寸均为后视相机中对应谱段的 CCD 探元数量和尺寸的设计理论值。后视相机虚拟 CCD 和实际 CCD 在焦面位置相对关系示意图如图 8.4 所示。

在虚拟 CCD 线阵“安装”位置的实际计算过程中，首先根据真实 CCD 线阵各探元指向角计算出各探元在焦平面上的位置，然后统计获取所有真实 CCD 探元在沿轨向的正中间位置（虚拟 CCD 线阵安装位置），最后统计获取所有真实 CCD 探元在垂轨向的最大和最小安装位置，即虚拟 CCD 线阵的宽度，并计算得出每个虚拟 CCD 探元在理想焦平面上的安装位置。

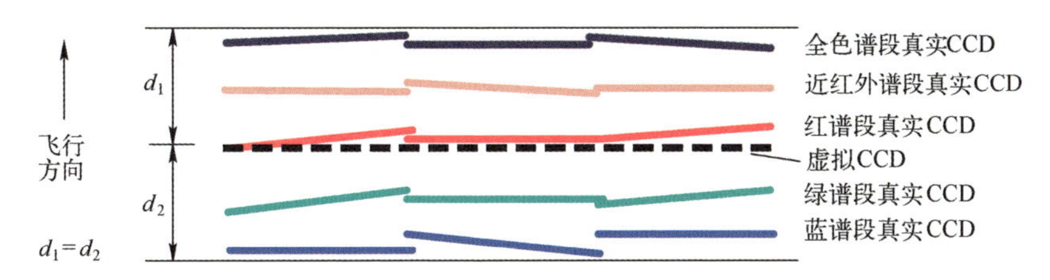

图 8.4 后视相机虚拟 CCD 和实际 CCD 在焦面位置相对关系示意图

完成虚拟相机设计后，就可以计算获取其内方位元素。虚拟相机采用虚拟 CCD 探元的指向角作为内方位元素。通过虚拟 CCD 线阵各探元在理想焦平面上的位置(x,y)，以及虚拟相机的焦距f和主点(x_0,y_0)信息，计算获取每个虚拟 CCD 探元的指向角，即

$$\begin{cases}\psi_x=\arctan\dfrac{x-x_0}{f}\\ \psi_y=\arctan\dfrac{y-y_0}{f}\end{cases}\tag{8.1}$$

通过前述虚拟相机的构建过程可知，虚拟相机中的虚拟 CCD 线阵是在焦平面上呈连续直线分布的单片线状 CCD，不存在真实 CCD 的非线性畸变和多片 CCD 之间的拼接误差，也不存在焦平面上的旋转、偏移和倾斜等误差。虚拟 CCD 线阵上所有探元的尺寸相同且等间隔分布，不存在探元大小误差。同时，虚拟相机在计算虚拟 CCD 探元指向角时，也是假定不存在镜头光学畸变和焦距误差的。因此通过虚拟相机重成像获取的虚拟影像在垂轨向为理想的无畸变线中心投影影像，不存在原始影像中由于相机内部误差导致的影像畸变。

2）虚拟影像行成像时间构建

高分七号卫星在每行影像摄影成像时均会记录成像时间，并且会随同影像数据一起下传到地面接收站。成像时间由 GPS 硬件秒脉冲发出的整秒时刻T、相机信号处理器内部的计数器值n，以及计数器计数的时钟频率F三部分组成。当整秒时刻发生改变的瞬间，计数器的计数归 0。影像行的成像时间计算公式为

$$t=T+n/F\tag{8.2}$$

由于各种因素影响，影像行积分时间可能会发生跳变现象，造成相邻影像行的成像时间间隔大于正常值，导致影像沿轨方向分辨率发生变化，并可能在外方位元素插值时引入高频分量。为在生成的虚拟影像中消除这些不良

现象及影响，需要以真实的影像行成像时间为基础，为整轨（或整景）影像设置一个统一积分时间，并重新计算生成一个拥有相同积分时间的影像行成像时间。在获取该统一积分时间 Δt 时，需要通过对真实的整轨（或整景）影像行积分时间统计获取，有

$$\Delta t=\frac{t_1-t_0}{l_1-l_0+1} \tag{8.3}$$

式中：t_0为真实影像中第一行有效影像 l_0的成像时间；t_1为真实影像中最后一行有效影像 l_1的成像时间。

利用统一积分时间 Δt，分别计算虚拟成像过程中每行影像的成像时间（虚拟成像时间），有

$$t_i=t_0+(i-1)\cdot\Delta t \tag{8.4}$$

式中：t_i为第 i 行影像的成像时间。

3）虚拟轨道数据构建

虚拟轨道数据的构建，实质上是通过改正或减弱原始轨道数据中的噪声等误差，获取一个经过优化的卫星轨道数据。

受到各种因素影响，卫星真实轨道测量数据中可能存在噪声，直接采用其作为外方位线元素，在构建虚拟影像时将会造成影像畸变和几何定位误差。为此需要消除轨道中的噪声等误差，构建虚拟轨道数据。其具体做法是通过一个拉格朗日多项式来拟合真实离散轨道测量数据[9]，在虚拟重成像过程中采用该多项式模型获取各个时刻的轨道数据作为外方位线元素。拉格朗日多项式的形式为

$$\boldsymbol{P}(t)=\sum_{j=1}^{n}\frac{\boldsymbol{P}(t_i)\times\prod_{\substack{i=1\\i\neq j}}^{n}(t-t_i)}{\prod_{\substack{i=1\\i\neq j}}^{n}(t_j-t_i)},\quad \boldsymbol{V}(t)=\sum_{j=1}^{n}\frac{\boldsymbol{V}(t_i)\times\prod_{\substack{i=1\\i\neq j}}^{n}(t-t_i)}{\prod_{\substack{i=1\\i\neq j}}^{n}(t_j-t_i)} \tag{8.5}$$

式中：$\boldsymbol{P}(t_i)$为卫星位置；$\boldsymbol{V}(t_i)$为卫星速度；t_i为卫星位置和速度对应的时间；n 值常用 4 或 8。

轨道模型构建过程中，通过将真实的定轨数据作为观测值，采用最小二乘法求解出相应的多项式模型。

4）虚拟姿态数据构建

受多种因素影响，真实的姿态数据中可能存在一定程度的抖动现象，如果直接将其用于虚拟重成像过程，将会导致虚拟影像出现扭曲变形与定位误

差，因此需要消除或减弱真实姿态数据中存在的抖动现象，生成优化后的姿态数据（虚拟姿态数据）。对姿态数据中抖动现象的消除，一般可以通过对姿态数据进行多项式拟合或对姿态数据进行频率域低通滤波两种方案来完成[10]。对姿态的多项式拟合可以在欧拉角的形式下采用拉格朗日多项式模型，其形式如式（8.6）所示。在四元数形式下可以采用球面线性内插模型[11]，其形式如式（8.7）所示。

$$\begin{cases} \varphi(t) = \sum_{j=1}^{n} \dfrac{\varphi(t_i) \times \prod_{i=1, i\neq j}^{n}(t - t_i)}{\prod_{i=1, i\neq j}^{n}(t_j - t_i)} \\ \omega(t) = \sum_{j=1}^{n} \dfrac{\omega(t_i) \times \prod_{i=1, i\neq j}^{n}(t - t_i)}{\prod_{i=1, i\neq j}^{n}(t_j - t_i)} \\ \kappa(t) = \sum_{j=1}^{n} \dfrac{\kappa(t_i) \times \prod_{i=1, i\neq j}^{n}(t - t_i)}{\prod_{i=1, i\neq j}^{n}(t_j - t_i)} \end{cases} \tag{8.6}$$

$$q(t)=\frac{\sin(\theta\cdot(t_{i+1}-t)/(t_{i+1}-t_i))}{\sin(\theta)}\cdot q_i+\frac{\sin(\theta\cdot(t-t_i)/(t_{i+1}-t_i))}{\sin(\theta)}\cdot q_{i+1} \tag{8.7}$$

$$\cos(\theta)=x\cdot y,\ \ t\in[t_i,t_{i+1}] \tag{8.8}$$

式中：$\varphi(t_i)$、$\omega(t_i)$、$\kappa(t_i)$分别为在时刻 t_i 时姿态俯仰角、滚动角和偏航角的数值；t_i为某个离散的姿态观测值获取时间；n 值常用 4 或 8。

由于高分七号卫星对地姿态角一般较小，多项式能够较好地描述卫星姿态。姿态数据的频率域低通滤波是在欧拉角的形式下选用理想的低通滤波器，如 Remez 交换算法滤波器[12]、Butterworth 滤波器[13]等，对姿态数据进行滤波处理。低通滤波在消除或弱化由姿态引起的影像畸变的同时将会引入新的误差，两者存在一种权衡关系[10]。

采用虚拟的轨道数据和姿态数据作为外方位元素，通过虚拟重成像过程生成的虚拟影像，可以消除或弱化真实影像中由于卫星平台外部误差造成的影像畸变及定位误差。

8.2.1.3　虚拟影像重成像

利用虚拟内方位元素和虚拟外方位元素，通过式（2.1）可以构建虚拟影像的严密成像几何模型；利用经辐射校正后的分片 CCD 影像（辐射校正影像产品）的真实内外方位元素，也可以构建分片 CCD 影像严密成像几何模型。在此基础上，完成虚拟影像的生产步骤如下：

（1）以全球 1km 格网的航天飞机雷达地形测绘任务（SRTM）数据作为高程面（或直接使用该区域平均高程），利用虚拟影像的严密成像几何模型，计算虚拟影像上像素 p 对应的物方点 P 的大地坐标。

（2）利用分片 CCD 影像的严密成像几何模型，计算物方点 P 在分片 CCD 影像上的像点 p'。

（3）将 p' 的灰度值赋予 p 点，如果 p' 为非整数像元，则通过对 p' 临近像元进行灰度插值后赋给点 p。

重复上述步骤直至完成整个虚拟影像的重成像过程，得到传感器校正影像。通过虚拟重成像技术生成的传感器校正影像，既实现了对分片 CCD 影像的无缝拼接，又消除了由于内外方位元素误差导致的影像畸变。

完整的传感器校正影像产品除了传感器校正影像外，还包括一些必要或可选的其他组成文件，其生产过程概要描述如下：

1）严密成像几何模型参数文件构建

用于构建虚拟影像（传感器校正影像）严密成像几何模型的各类参数，包括虚拟影像行成像时间、虚拟轨道数据、虚拟姿态数据、虚拟 CCD 阵列的探元指向角等。这些参数按要求的格式存储成严密成像几何模型参数文件。

2）RFM 参数文件构建

基于传感器校正影像严密成像几何模型，采用地形无关的 RFM 参数求解方法，获取 RFM 参数信息，并按要求的格式存储成 RFM 参数文件。

3）元数据文件构建

传感器校正影像产品的基本信息、生产过程信息、数据质量元素（即产品质检项及质检结果）、分发信息等数据，按要求的格式存储成元数据文件。

4）空间范围文件构建

采用传感器校正影像的严密成像几何模型，以一定的高程参考面或者平均高程面，计算传感器校正影像 4 个角点对应的大地经纬度坐标，构建矢量多边形面，按要求的格式存储成空间范围文件。同时，从元数据文件中摘取一些必要的元数据项，以矢量图形属性信息的方式存储到空间范围文件中。

5）浏览图文件构建

将传感器校正影像按原始宽和高的 1/5 进行降采样，生成分辨率为原始影像 25 倍的快视图像，同时将 16bit 的像素信息降位为 8bit，并采用 JPEG 格式进行存储。对于多光谱影像，生成的浏览图文件中仅保留红、绿、蓝波段，构建真彩色影像。

6）拇指图文件构建

拇指图文件构建与浏览图文件构建的操作相似，但降采样后的分辨率要求更低，生成的快视图像的分辨率要求为原始影像分辨率的 100 倍。

8.2.2　几何纠正影像产品生产方法

几何纠正影像（包括系统几何纠正影像、精纠正影像和正射纠正影像）是针对传感器校正影像进行误差消除或地形改正后按一定分辨率投影到特定投影系参考面上而形成的影像产品。误差消除和地形畸变改正的程度是区分上述三种影像产品的关键指标。在将传感器校正影像投影到某投影系下参考椭球面上时，如果不使用控制资料和地形数据，则制作的影像是系统几何纠正影像；如果使用了适量的控制资料，通过相应的改正模型消除或减弱了传感器校正影像中的误差以提高定位精度，则制作的影像是精纠正影像；如果通过使用适量控制点和数字高程模型数据，消除或减弱了影像中包括地形起伏在内的各类误差，则制作的影像是正射纠正影像。

传感器校正影像作为几何纠正影像的数据源，两者像素之间必然存在一一对应关系，通过传感器校正影像的成像几何模型，可以建立起几何纠正影像的像点与地面点坐标之间的变换关系，即几何纠正影像的成像几何模型。系统几何纠正影像和精纠正影像均可以附带成像几何模型，以便进一步用于后续高精度立体测图应用。

8.2.2.1　几何纠正原理

几何纠正是利用纠正后影像与待纠正影像之间的几何对应关系，实现两个二维影像之间的几何变换，通过灰度重采样及灰度赋值生成纠正后影像的过程。因此，几何纠正包含两个主要过程：一是纠正后影像与待纠正影像之间像素坐标的转换过程，即将待纠正影像上的像素坐标转变为纠正后影像上的像素坐标；二是从待纠正影像上进行像素灰度值重采样，并赋值给纠正后影像上的对应像素。

待纠正影像的像素坐标(x,y)与纠正后影像像素坐标(X,Y)之间的几何映射关系可以采用两种方法表示，即

$$x=f_x(X,Y),\quad y=f_y(X,Y) \tag{8.9}$$

$$X=\varphi_x(x,y),\quad Y=\varphi_y(x,y) \tag{8.10}$$

采用式（8.9）进行几何纠正，是通过纠正后影像上的像素坐标(X,Y)，反求出其在待纠正图像上对应的像素坐标(x,y)，称为反解法（或间接解法）。采用式（8.10）进行几何纠正，是通过待纠正图像上的像素坐标(x,y)，求解其在纠正后影像上的对应的像素坐标(X,Y)，称为正解法（或直接解法）。由于对待纠正影像逐像素使用正解法求得的纠正后影像上的对应像素坐标并非规则排列，例如局部区域可能没有像素分布，也可能出现重复像素，从而很难获取规则排列的纠正后影像。因此，一般情况下主要采用反解法进行几何纠正[14]。

在采用反解法进行几何纠正时，逐像素计算纠正后影像上像素对应的待纠正影像像素坐标，然后对待纠正影像上进行像素灰度重采样，并将赋值给纠正后影像，具体工作流程描述如下[10]：

（1）计算纠正后影像像素对应的地面点坐标。针对纠正后影像上像点$P(x',y')$，基于纠正后影像采用的地理参考和地球投影信息，计算其对应的地面大地坐标(X,Y)。

（2）计算地面点对应的待纠正影像像素坐标。利用给定的高程信息，通过待纠正影像的成像几何模型，计算出地面点(X,Y)对应的待纠正影像像素坐标$p(x,y)$。

（3）灰度内插。如果获取的待纠正影像上像素坐标$p(x,y)$没有落在整数像素的中心，就需要采用一定的插值算法进行灰度内插，获取像点p的灰度值$g(x,y)$。

（4）灰度赋值。将待纠正影像像点p的灰度赋值给纠正后影像像素P。

8.2.2.2 系统几何纠正影像产品生产

系统几何纠正影像是指以传感器校正影像作为数据源，按照给定的地面分辨率和地球投影方式，投影到地球椭球上成像区域平均高程面上的影像产品。系统几何纠正影像产品生产过程主要包括系统几何纠正影像生成、成像几何模型构建，以及其他组成文件的生成。

1）成像几何模型构建

系统几何纠正影像和作为数据源的传感器校正影像的像素之间存在一一

对应关系，在此基础上通过传感器校正影像的成像几何模型，就可以获取系统几何纠正影像的像素坐标和地面对应大地坐标之间的数学变换关系，构建系统几何纠正影像的成像几何模型。

为了便于描述系统几何纠正影像成像几何模型的构建过程，先介绍成像几何模型构建过程中涉及的相关坐标转换和变换公式。

传感器校正影像成像几何模型的正变换和反变换[15]可表示为

$$(\text{lon},\text{lat})=T_1(x_1,y_1,h) \tag{8.11}$$

$$(x_1,y_1)=T_1^{-1}(\text{lon},\text{lat},h) \tag{8.12}$$

式中：T_1为传感器校正影像成像几何模型正变换函数，表示通过成像几何模型实现从传感器校正影像像素坐标(x_1,y_1)到对应的地面大地经纬度坐标(lon, lat)的变换函数；T_1^{-1}为传感器校正影像成像几何模型反变换函数，表示从地面大地经纬度坐标(lon, lat)到对应的传感器校正影像像素坐标(x_1,y_1)的变换函数；h为地面高程值。

几何纠正影像是投影到特定的投影面上的影像，地图投影的本质是利用一定数学法则把地球表面（参考椭球）的经纬线转换到平面上的数学方法。由于地球是一个不规整的梨形球体，表现为赤道略宽两极略扁，其表面是不可展平的曲面，因此无论采用任何数学方法进行这种转换，都不可避免会产生变形和误差。为满足不同的误差限制需求，就产生了各种各样的投影方法。高分七号卫星系统几何纠正影像产品，一般主要采用高斯克-吕格投影、UTM投影，也可不进行投影而直接采用经纬度坐标。而参考椭球上的大地经纬度坐标和投影平面上对应像点坐标之间的数学变换关系，就是投影变换关系。从大地经纬度坐标变换到投影面坐标，称为投影正变换，见式（8.13）；反之，从投影面坐标变换到大地经纬度坐标，称为投影反变换，见式（8.14）。

$$(\text{east},\text{north})=N(\text{lon},\text{lat}) \tag{8.13}$$

$$(\text{lon},\text{lat})=N^{-1}(\text{east},\text{north}) \tag{8.14}$$

式中：N为投影正变换函数；N^{-1}为投影反变换函数。

投影面坐标与系统几何纠正影像像素坐标之间的转换关系可表示为

$$\begin{cases}\text{east}=x_{\text{lefttop}}+x_2\times d_x\\ \text{north}=y_{\text{lefttop}}+y_2\times d_y\end{cases} \tag{8.15}$$

$$\begin{cases}x_2=(\text{east}-x_{\text{lefttop}})/d_x\\ y_2=(\text{north}-y_{\text{lefttop}})/d_y\end{cases} \tag{8.16}$$

式中：(x_2, y_2)为系统几何纠正影像上像素坐标；$(x_{\text{lefttop}}, y_{\text{lefttop}})$为系统几何纠正影像左上角点的投影平面坐标；$d_x, d_y$为系统几何纠正影像所要求的地面分辨率。

在上述坐标转换基础上，可以构建系统几何纠正影像的成像几何模型为

$$(\text{lon}, \text{lat}) = T_1\{N^{-1}[F(x_2, y_2, h_2)]\} \tag{8.17}$$

式中：h_2为生产系统几何纠正影像过程中所采用的高程信息；F为像素坐标变换到投影面坐标的变换式（8.15）。

系统几何纠正影像成像几何模型的正变换定义为从系统几何纠正影像像素坐标到对应的大地经纬度坐标的变换过程，见式（8.17）。反变换定义为从大地经纬度坐标点到对应的系统几何纠正影像像素坐标的变换模型，见式（8.19）。

$$(\text{lon}, \text{lat}) = T_2(x_2, y_2, h) \tag{8.18}$$

$$(x_2, y_2) = T_2^{-1}(\text{lon}, \text{lat}, h) \tag{8.19}$$

式中：T_2为系统几何纠正影像成像几何模型的正变换函数；T_2^{-1}为反变换函数。

正变换过程推导的具体流程描述如下：

（1）采用式（8.15），将系统几何纠正影像上的像素坐标(x_2, y_2)变换为所采用投影面坐标(east, north)。

（2）采用投影反变换式（8.14），将投影面坐标(east, north)反投影获取大地经纬度坐标$(\text{lon}_0, \text{lat}_0)$。

（3）采用传感器校正影像成像几何模型的反变换式（8.12），基于生产系统几何纠正影像时所采用的高程信息h_2，将$(\text{lon}_0, \text{lat}_0, h_2)$变换为传感器校正影像的像素坐标$(x_1, y_1)$。

（4）可根据需要使用不同的高程值h，采用传感器校正影像成像几何模型的正变换式（8.11），根据传感器校正影像产品上的像素坐标(x_1, y_1)获取对应的大地经纬度坐标$(\text{lon}_2, \text{lat}_2)$。

反变换过程推导的具体流程描述如下：

（1）通过传感器校正影像成像几何模型反变换式（8.12），将已知点的大地经纬度坐标$(\text{lon}, \text{lat}, h)$变换为传感器校正影像上的像素坐标$(x_1, y_1)$。

（2）使用生产系统几何纠正影像时所选用的高程信息h_2，采用传感器校正影像成像几何模型的正变换式（8.11），将(x_1, y_1, h_2)变换为大地坐标$(\text{lon}_2, \text{lat}_2)$。

(3) 采用投影正变换式 (8.13)，将(lon_2, lat_2)变化为投影面坐标(east, north)。

(4) 根据式 (8.16)，计算投影面坐标(east, north)对应的系统几何纠正影像上像素坐标(x_2, y_2)。

在上述系统几何纠正影像成像几何模型的正、反变换关系基础上，可以构建其对应的 RFM 模型。

2) 系统几何纠正影像生产

按照上述的几何纠正基本方法，系统几何纠正影像具体生产过程如下：

(1) 确定待生产的系统几何纠正影像的基本规格要求，包括要求采用的地理参考信息 (例如参考椭球、大地基准、高程基准等)、地球投影信息、影像地面分辨率等，并获取影像覆盖区域的平均高程信息 (可通过全球 SRTM 数据获取)。

(2) 基于传感器校正影像的成像几何模型，利用区域平均高程面，通过获取传感器校正影像 4 个角点对应的大地经纬度坐标，利用系统几何纠正影像投影的正变换式 (8.13) 将 4 个角点的大地经纬度坐标转换为投影面坐标，获取这 4 个角点投影面坐标的最小外接矩形，以此作为系统几何纠正影像的覆盖范围，其中左上角点的投影面坐标为(X_{lefttop}, Y_{lefttop})。

(3) 针对系统几何纠正影像上的像点(x_2, y_2)，通过式 (8.15) 获取其在投影面上的投影坐标(east, north)，然后利用系统几何纠正影像投影的反变换式 (8.14) 将其变换为大地经纬度坐标(lon, lat)。

(4) 利用传感器校正影像的成像几何模型反变换式 (8.12)，采用给定的平均高程信息，将(lon, lat)投射到传感器校正影像，获取对应的像素坐标(x_1, y_1)。

(5) 获取像素坐标(x_1, y_1)的灰度值，如果该坐标位置不位于整像素上，可采用一定的插值算法进行灰度内插，常用的插值方法包括双线性插值法、Raised Cosine 六点法和双三次卷积插值法等。

(6) 将传感器校正影像像素坐标(x_1, y_1)的灰度值赋给系统几何校正影像像点(x_2, y_2)。

(7) 对整幅系统几何校正影像按照从上到下、从左到右的顺序，从左上角点开始，逐像素重复上述步骤，即可完成系统几何纠正影像的生产。

在完成系统几何纠正影像的生成后，可参照传感器校正影像产品组成文件生成方法，完成系统几何纠正影像产品其他组成文件的生产。

8.2.2.3 精纠正影像和正射纠正影像产品生产

精纠正影像产品是指在传感器校正影像或系统几何纠正影像基础上，利用一定数量控制点消除或减弱影像中存在的系统性误差，并按照指定的地球投影和该成像区域的平均高程，以一定地面分辨率投影在地球椭球面上的几何纠正影像产品。利用控制点消除影像中存在的系统误差，实质上是指消除作为数据源的传感器校正影像或系统几何校正影像成像几何模型中的误差。要实现这一目标，需要采用区域网平差方法，完成数据源影像的高精度绝对定向。

精纠正影像产品生产过程主要包括精纠正影像生成、成像几何模型构建，以及其他组成文件的生成。精纠正影像成像几何模型构建方法与系统几何纠正影像基本一致，唯一的区别就是系统几何纠正影像是直接利用了传感器校正影像的成像几何模型，而精纠正影像利用的是经过控制点精化后影像源（传感器校正影像或系统几何纠正影像）的成像几何模型。精纠正影像以及其他组成文件的生产过程也与系统几何纠正影像基本一致，在此不再赘述。

正射纠正影像产品是在传感器校正影像产品、系统几何纠正影像产品或精纠正影像产品基础上，利用一定精度的数字高程模型数据和适量控制点，消除或减弱影像中存在的系统性误差，改正地形起伏造成的影像像点位移，并以一定地面分辨率投影在指定的参考大地基准下的几何纠正影像产品。其生产过程与精纠正影像产品的生产过程基本一致，唯一的差别就是正射纠正影像产品几何纠正过程中使用的不是该区域的平均高程，而是使用外部提供的高精度数字高程模型数据。此外，正射纠正影像由于已经改正了地形起伏造成的投影差，因此也无需构建成像几何模型。

8.2.3 高分七号卫星测绘影像产品处理系统研制

依照前述的测绘影像产品生产技术方法，研制出一套全国产化的“高分七号卫星基本测绘影像产品并行处理系统”，可对每日获取的高分七号卫星原始数据进行自动化、标准化和快速化处理，生产传感器校正影像和系统几何纠正影像等测绘影像产品，为后续高分七号卫星的测图应用提供质量稳定、可靠的影像产品。

8.2.3.1　系统模块组成

该系统主界面如图8.5所示，主要功能模块构成如图8.6所示。

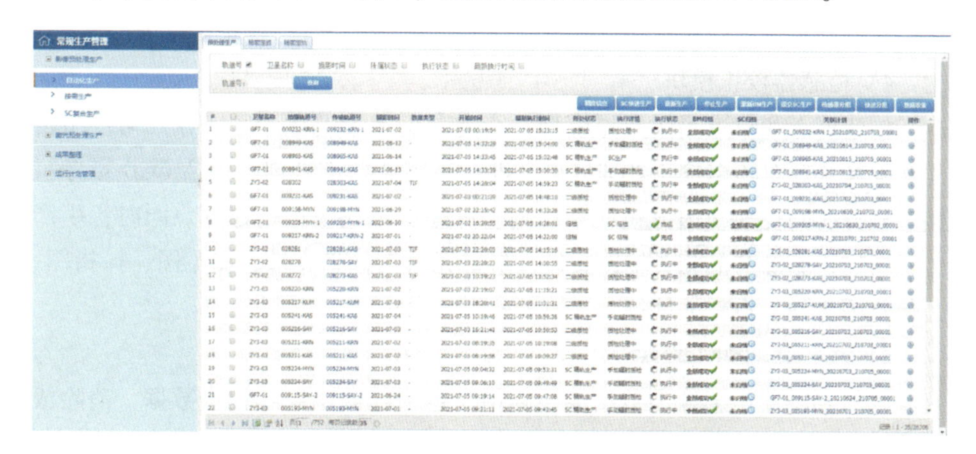

图8.5　高分七号卫星基本测绘影像产品并行处理系统主界面

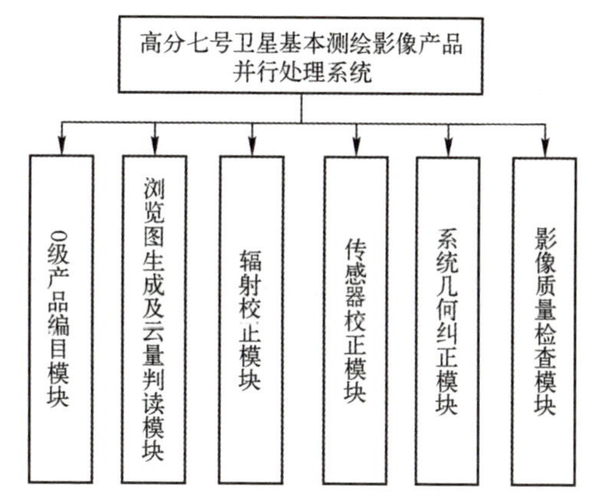

图8.6　高分七号卫星基本测绘影像产品并行处理系统主要功能模块构成

各功能模块主要包括以下内容。

1）0级产品编目模块

针对高分七号卫星原始数据，进行逻辑分景编目，解析和提取原始数据中测量辅助信息，生成各逻辑分景影像浏览图、拇指图。

2）浏览图生成及云量判读模块

对逻辑分景的影像生成浏览图；对逻辑分景的原始影像数据进行自动和

人工交互的含云量判断，生成 0 级景数据含云量判断信息，并更新元数据文件。

3）辐射校正模块

对原始影像开展相对和绝对辐射校正处理，生产辐射校正后影像。

4）传感器校正模块

构建姿态和轨道测量数据模型，实现高分七号卫星严密成像几何模型构建和解算。针对辐射校正处理成果，进行传感器校正处理，包括 CCD 影像拼接、积分时间规划、内方位元素规划、有理多项式模型构建等。同时，生产传感器校正影像产品相关辅助文件，包括元数据信息文件、浏览图、拇指图、几何范围文件、自叙文件等。

5）系统几何纠正模块

以传感器校正影像为数据源，利用一定精度数字高程模型数据，消除或减弱影像中存在的系统性误差，并以一定地面分辨率投影在指定的参考大地基准下的系统几何纠正影像产品。

6）影像质量检查模块

以全球已有高精度正射纠正影像和 SRTM-DEM 为参考源，对传感器校正影像产品的几何定位精度进行检查，主要目的是进行粗差判断，发现误差在 50m 以上的影像，确保传感器校正影像不存在较为严重的几何质量问题。自动计算辐射质量因子和云量因素的影响，结合人工判读程序，对每景传感器校正影像产品进行等级划分，最终获得每景影像的辐射质量等级及状况。

8.2.3.2 系统特点和硬件架构

该系统基于大容量、高吞吐量、高可靠集群架构的计算机业务支撑平台，支持多核 CPU-GPU 协同并行计算模式的像素级并行处理模型，建立了自动化辐射处理、传感器校正、系统几何校正等不同类别的算法函数库与功能模型库，并利用处理算法插件、并行处理组件、可视化流程定制、一体化处理等技术，制定支持海量数据并行处理的动态插件，实现对高分七号卫星数据处理算法的动态插入，灵活组合形成并行处理作业链，实现对数据的快速化、自动化、集群化、智能化处理。系统硬件架构如图 8.7 所示。

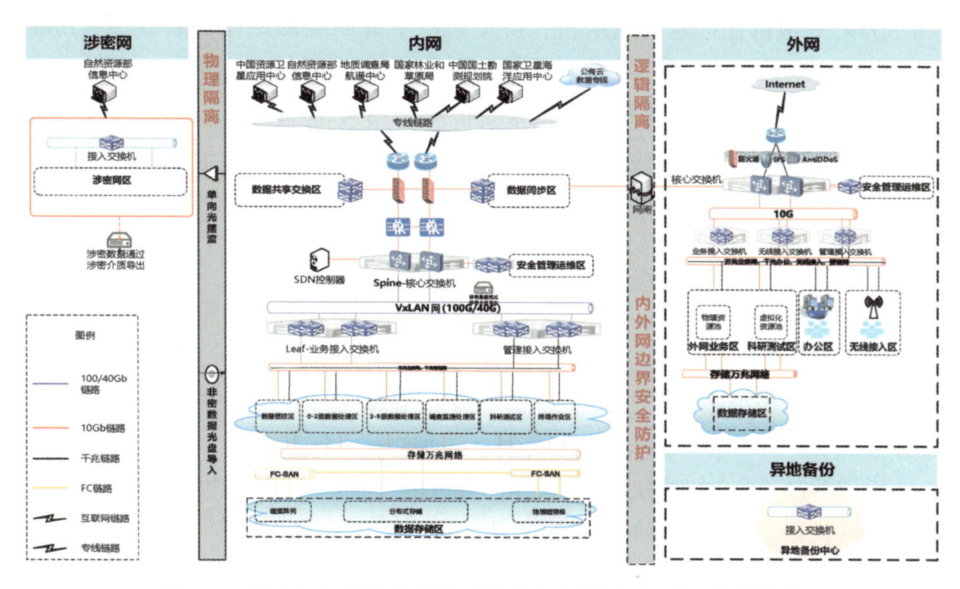

图 8.7　高分七号卫星基本测绘影像产品并行处理系统硬件架构

8.2.3.3　系统处理能力

该系统针对每日拍摄获取的高分七号卫星原始影像，可在 T+1 天时效内完成影像编目和传感器校正影像产品生成任务，平均每日完成的传感器校正影像生成量为 9~15 轨数据，合计约 800~1200 景对，数据量约 3~5TB。截至 2022 年 7 月底，高分七号卫星获取全球范围影像的覆盖面积约为 $5.13\times10^7\mathrm{km}^2$，共计 122.01 万景，其中国内区域覆盖面积约 $8.7\times10^6\mathrm{km}^2$，共计 18 万景。系统还可根据实际业务需求，按需生产系统几何纠正影像产品，具备每日完成 2000 景对的生成能力。

8.3　高分七号卫星标准测绘产品生产方法

8.3.1　高分七号卫星数字高程模型和数字表面模型生产方法

DEM 是通过有限的地形高程数据实现对地面地形的数字化模拟（地形表面形态的数字化表达），它是用有序数值阵列形式表示地面高程的一种实体地面模型。DEM 只包含了地形的高程信息，并未包含其他地表信息。

DSM 是指包含了地表建筑物、桥梁和树木等高度的地面高程模型。DSM 是在 DEM 的基础上，进一步涵盖了除地面以外的其他地表信息的高程。

DEM 是国家基础地理信息数字成果的主要组成部分，DSM 也正在逐渐成为一种用途广泛的标准测绘产品。高分七号卫星影像可以用于 1∶10000 比例尺规格的 DEM 和 DSM 产品生产。

8.3.1.1 高分七号卫星 DEM 和 DSM 产品规格要求

1）数学基础

平面坐标系采用 2000 国家大地坐标系。确有必要时，可采用依法批准的其他坐标系，如 84 世界大地坐标系等。

影像产品可采用大地经纬度坐标；也可采用高斯-克吕格投影，按 3°分带方式进行投影。确有必要时，可采用依法批准的其他投影方式。

高程系采用 1985 国家高程基准。确有必要时，可采用依法批准的其他高程基准系，如 84 世界大地坐标系椭球高程基准或与国家高程基准建立联系的独立高程系。

2）产品构成

DEM 和 DSM 均是由模型文件和元数据文件组成。

3）产品格式

DEM 和 DSM 数据以非压缩、包含坐标信息的 GeoTIFF 格式进行数据组织与存储。元数据采用 EXCEL（XLS）格式存储。

4）格网间隔

格网间距为 5m，其在 X、Y 轴方向的格网间距保持一致。

5）精度指标

根据影像产品生成过程中是否使用高精度控制点，在使用控制条件下和无控制条件下高分七号卫星 DEM 和 DSM 产品的高程中误差不大于表 8.4 所列的精度要求。

表 8.4 DEM（或 DSM）高程定位精度要求

精度类型	高程中误差/m		
	一级	二级	三级
使用控制	平地 0.5 丘陵地 1.2 山地 2.5 高山地 5.0	平地 0.7 丘陵地 1.7 山地 3.3 高山地 6.7	平地 1.0 丘陵地 2.5 山地 5.0 高山地 10.0

续表

精度类型	高程中误差/m		
	一级	二级	三级
无控制	平　地　2.0 丘陵地　2.5 山　地　4.0 高山地　5.0	平　地　2.5 丘陵地　3.5 山　地　6.0 高山地　7.0	平　地　3.5 丘陵地　5.0 山　地　8.5 高山地　10.0

格网点的高程最大误差不应超过高程中误差的 2 倍。内插点的高程精度按照格网点高程精度的 1.2 倍计。

对于沙漠、冰雪、森林、阴影等影像弱纹理区域，建筑物遮挡、反射率较低等困难区域，高山地、陡崖、山谷等地形变化剧烈的区域，DSM 高程中误差可放宽 0.5 倍。

DEM（或 DSM）接边处同名点的高程值应保持一致。换带接边图幅，接边限差按照 DEM（或 DSM）内插点高程精度的 2 倍执行。

8.3.1.2　总体技术路线和生产流程

采用高分七号卫星影像生产 DSM 产品生产作业流程见图 8.8。

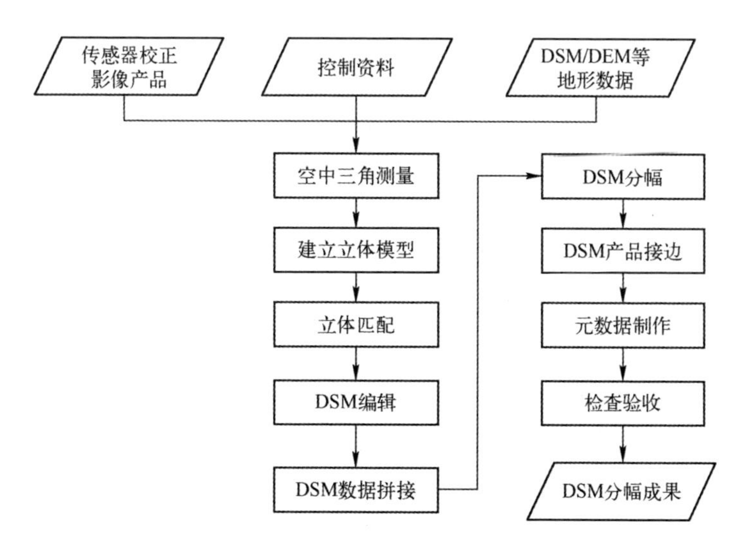

图 8.8　DSM 产品生产作业流程

高分七号卫星 DEM 产品是在 DSM 产品基础上通过编辑完成的，DEM 产品生产作业流程见图 8.9。

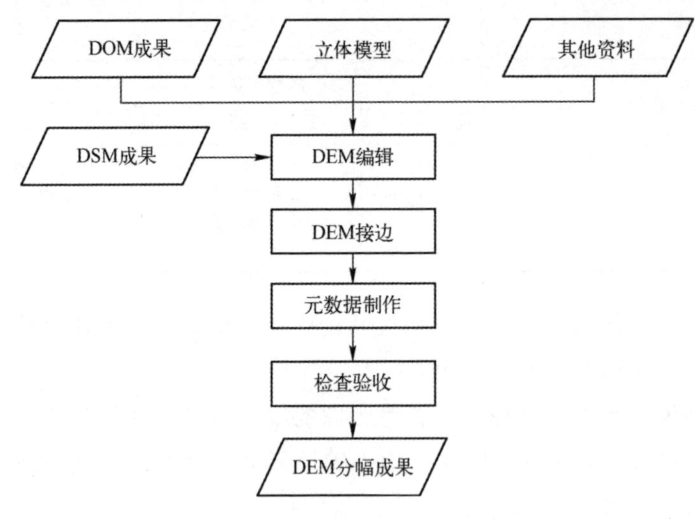

图 8.9　DEM 产品生产作业流程

8.3.1.3　资料准备及分析

1）卫星影像资料

收集覆盖测区的高分七号卫星立体影像数据，产品类型为传感器校正影像产品。

在收集高分七号卫星立体影像时，应遵循如下基本要求：

（1）卫星影像应纹理清晰，无明显噪声和坏线，影像无明显几何变形。对于水网地区，不得出现大面积水面反光。

（2）单景卫星影像的非永久积雪覆盖面积应小于 5%；云、雪累计覆盖面积应小于影像总面积的 20%，重要地物纹理不得被云、雪等遮挡，且影像接边处不应有大面积云覆盖。

（3）用于构建区域网的相邻卫星影像重叠度不应小于影像幅宽的 10%。

对收集到的卫星影像进行资料分析，查看收集到的卫星影像的成像信息和分布情况，综合分析影像的覆盖范围、数据文件内容、时相、侧视角、云雪覆盖、相邻影像重叠度、影像质量等情况，以确定其是否满足成图要求。

2）控制资料收集

收集测区内的控制资料，可包括：

（1）测区及周边野外实地测量获取的控制点成果；

（2）测区及周边满足控制点精度的已有 DOM、DSM、DEM 等成果；

（3）测区及周边满足控制点精度的基础影像控制网成果；

（4）境外区域或控制缺乏区域，还应收集测区及周边满足控制点精度的其他地理空间数据或资料（如开源地理信息产品、激光测高点、导航地图数据等）。

对收集到的控制资料进行资料分析，查看控制资料的时相、施测单位、空间参考、比例尺、成果精度、成图质量等信息，综合分析控制资料的类型、分布等情况，以确定其使用价值和使用方法。

3）用于 DEM 生产的 DSM 和区域网平差成果收集

为开展 DEM 产品生产时，还需要收集基于高分七号卫星影像生产的 DSM 成果、生产 DSM 时的区域网平差后立体影像，以及利用前述区域网平差影像生产的 DOM 成果（若有）等相关资料。

8.3.1.4　区域网平差

生产高分七号卫星 DSM 产品的区域网平差技术路线示例见图 8.10[16]。

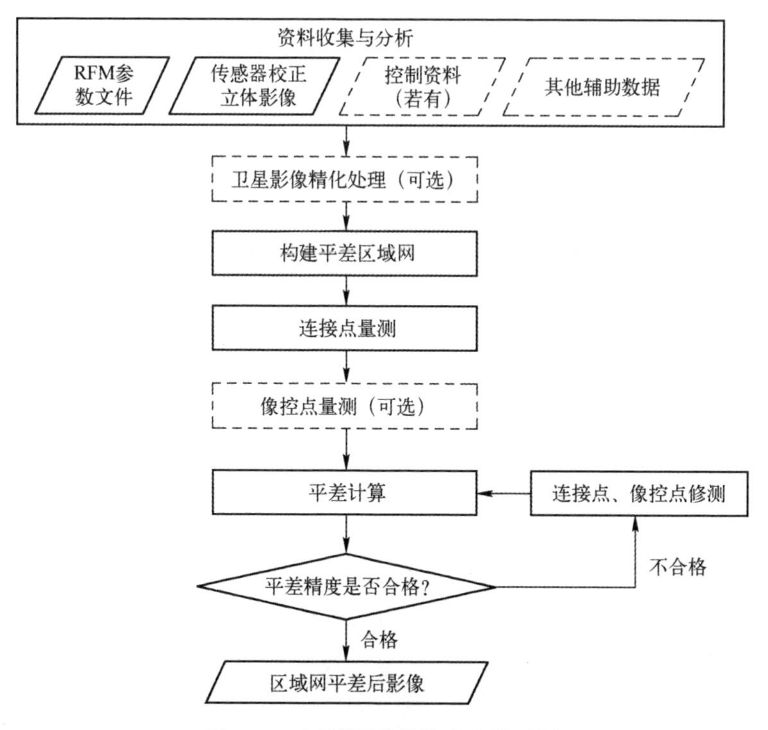

图 8.10　区域网平差技术路线示例

1）卫星影像精化处理

当平差区域网中缺乏控制资料且原始卫星影像几何精度远低于区域网平差目标精度时，可在开展区域网平差作业之前，对卫星影像开展精化处理，提升卫星影像原始定位精度，确保区域网平差精度。

卫星影像精化处理方法主要包括如下两种：

（1）分析卫星成像及原始影像生产过程中的误差来源和误差传递规律，增加必要处理措施（如合理提高几何检校频次、提升卫星姿态和轨道测量数据精度、优化传感器校正影像生产工艺等），重新生产原始定位精度较高的卫星传感器校正影像产品。

（2）利用其他外部辅助数据（如开源地理信息产品、激光测高点、其他地理信息产品等）作为控制参考，针对传感器校正影像产品开展系列摄影测量处理，提升卫星影像自身的几何精度。

卫星精化处理所采用的技术和方法，应经过实践验证并提供实验报告，同时在技术设计书中明确说明相关要求和规定。

2）平差区域网构建

将整个测区划分成多个平差区域网时，应遵循如下原则：

（1）优先考虑已有控制资料分布情况，使得各个平差区域网的边缘区域能够布设足够的控制点，尽可能避免出现完全无控制的平差区域网。

（2）各个平差区域网外形应尽可能规则，若测区边界不规则时，可适当外扩平差区域网的边界，优化平差区域网的网形。

（3）卫星影像区域网平差不应考虑地球曲率和跨投影带问题，在控制资料稀少或缺乏情况下，划分的平差区域网的面积应尽可能大，甚至可将整测区组成一个平差区域网，以便充分利用控制资料，并包含尽可能多的多时相卫星影像。

3）连接点量测

连接点可采用影像自动匹配和人工判读/量测两种方法获取。

优先采用影像自动匹配方法获取连接点。当影像自动匹配的连接点分布不均匀和数量不足时，应采用人工判读/量测方法补测连接点。人工判读/量测的连接点应位于影像清晰、特征明显、反差较大、易于转刺和量测的固定目标上。

4）控制点量测

在立体区域网中，控制点布点要求如下：

（1）将同一轨道获取的立体影像按单立体模型数量或沿轨向长度划分为分段条带，分段条带内包含的连续单立体模型数量一般不超过 3 个，特殊困难地区不超过 5 个，且分段条带沿轨向长度不超过 5 倍影像幅宽。

（2）以分段条带为基本布点单元，当测区内控制资料充足时，每个基本布点单元布设 4 个像控点和 1 个检查点。其中，4 个像控点应布设在分段条带首末两端单立体模型角点位置，1 个检查点布设在分段条带中间位置。需要说明的是，像控点应尽量位于同轨道相邻单立体模型和相邻条带单立体模型重叠范围内，且相邻立体模型和相邻轨道的像控点应尽量共用，见图 8.11。

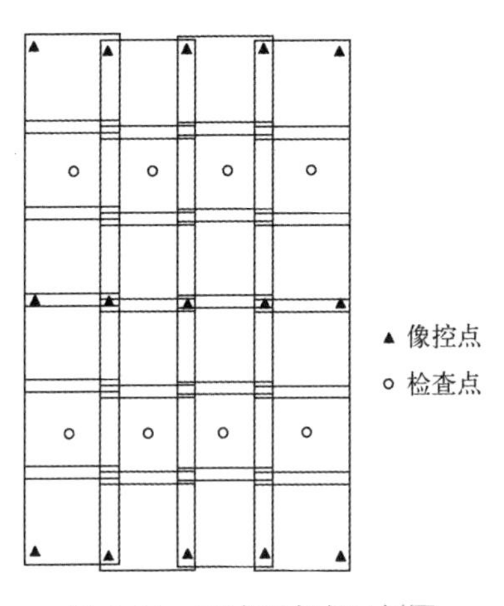

图 8.11　区域网布点示例图

（3）当测区内控制资料不足而无法满足前述布点要求时，应尽可能多地布设已有控制点。

（4）采用单独的平面控制点和高程控制点时，平面控制点和高程控制点均应遵照前述布点规定。

在平差区域网中的全色立体影像上布设像控点，要求如下：

（1）当测区内有多种来源或多种类型的影像控制资料时，应优先使用精度较高的影像控制资料。

（2）当 DOM、DSM、DEM、基础影像控制网资料作为控制资料时，应优先采用影像匹配的方法，从 DOM、DSM、DEM 和基础影像控制网中自动提取像控点。

（3）当激光测高点数据作为高程控制资料时，如有激光足印影像，则应优先采用影像匹配方法获取激光测高点在立体模型上的像点坐标；如无激光足印影像，则应选择地形平缓区域的激光测高点，先通过影像成像几何模型获取激光测高点在立体模型中侧视角较小影像上的像点坐标，再采用影像匹配方法获取激光点在立体模型其他影像上的像点坐标。

5）平差计算

在区域网平差时，对连接点、像控点、检查点进行粗差点检测，剔除影像自动匹配的连接点中的粗差点，在缺少连接点的位置采用人工判读/量测的方法补测连接点；对人工判读/量测的连接点、像控点中的粗差点进行修测。反复进行平差计算和粗差点剔除、补测、修测，直到像方平差精度和物方平差精度均满足精度要求。

区域网平差计算检查合格后，输出影像定向参数。

6）区域网平差精度要求

（1）像方平差精度。

影像自动匹配的连接点像点坐标残差中误差不应大于 1/3pixel，最大残差不应大于 1pixel，但允许有不超过 5%的连接点的像点坐标残差大于 1pixel 而小于 1.5pixel。人工判读/量测的连接点像点坐标残差中误差不应大于 0.5pixel，最大残差不应大于 1.5pixel。像控点的像点坐标残差中误差不应大于 0.5pixel，最大残差不应大于 1pixel。

特殊困难地区（两极区域、大面积森林、沙漠、戈壁、沼泽等）可按以上规定放宽至 1.5 倍。

（2）区域网平差后影像成果精度。

在有足量控制点情况下，高分七号卫星区域网平差的精度应参考《数字航天摄影测量 空中三角测量规范》[17] 1:10000 比例尺精度要求，见表 8.5；在缺乏足量控制点情况下区域网平差的精度应参考 CH/T 9038—2023《全球地理信息资源卫星遥感影像区域网平差生产技术规程》优于 1m 分辨率影像的精度要求，见表 8.6。

表 8.5 足量控制点情况下区域网平差的平面位置与高程中误差要求

成图比例尺	平面位置中误差/m				高程中误差/m			
	平地	丘陵地	山地	高山地	平地	丘陵地	山地	高山地
1:10000	3.5	3.5	5.0	5.0	0.3	1.0	2.0	3.0

注：1. 特殊困难地区（两极区域、大面积森林、沙漠、戈壁、沼泽等）的平面位置和高程中误差可按规定放宽至 1.5 倍。
2. 最大误差为两倍中误差

表 8.6　稀少和无控制点情况下区域网平差平面位置与高程中误差要求

影像源类型	平面位置中误差/m				高程中误差/m			
优于 1 米分辨率影像	平地 5.25	丘陵地 5.25	山地 7.5	高山地 7.5	平地 1.5	丘陵地 2.25	山地 3.0	高山地 4.5
注：1. 特殊困难地区（两极区域、大面积森林、沙漠、戈壁、沼泽等）的平面位置和高程中误差可按规定放宽至 1.5 倍。 2. 最大误差为两倍中误差								

需要注意的是，上述两个表中的精度值是指区域网平差加密点对最近野外控制点的平面位置中误差和高程中误差值，而加密点中误差一般采用检查点的中误差进行估算。

在区域网平差过程中，基本定向点残差限差为加密点中误差的 0.75 倍，检查点误差限差为加密点中误差的 1.0 倍，区域网间公共点较差限差为加密点中误差的 2.0 倍。

7）质量控制

区域网平差的质量控制基本要求如下：

（1）技术设计应符合规定的相关技术要求。

（2）每完成一道工序，应及时自检。

（3）在完成自查的基础上，可分工序、有重点地进行互检，也可分工作阶段进行互检。

（4）成果质量应依次通过测绘单位作业部门的过程检查、测绘单位质量管理部门的最终检查和生产委托方的验收。各级检查工作应独立进行，不应省略或代替。

（5）区域网平差影像成果的几何精度可利用已有控制资料进行质量检查。若缺乏满足精度要求的控制资料，可利用绝对精度与区域网平差目标精度基本接近的全球公开地理信息产品（如谷歌地图中的超高分辨率影像、SRTM 和 ALOS-DEM 等全球数字高程模型产品、全球 GLAS 激光测高点数据、导航地图数据等），以及其他精度可靠的地理信息产品或影像数据（如 WorldView 等卫星的高分辨率立体影像），对平差影像成果的几何精度进行质量检查，此时应对控制资料进行必要的可靠性分析和精度验证，并在技术设计书中明确说明相关要求和规定。

区域网平差的过程质量控制要求如下：

（1）准备工作。检查准备工作完成情况。内容包括：收集的资料是否齐全、准确、权威；资料分析和整合是否全面、准确、符合技术要求；技术设计是否科学、合理、适用。

(2) 卫星影像资料采用。核查影像数据的使用是否正确。内容包括：卫星影像分辨率、重叠度等指标是否符合设计要求；影像附属资料是否完整、正确。

(3) 平差区域网分区。核查平差区域网划分是否符合规范或设计的要求。

(4) 控制点选取与量测。核查控制点位置合理性和像方量测的准确性。内容包括：控制点精度是否满足项目要求；基本定向点、检查点分布是否符合设计要求；基本定向点、检查点坐标是否正确。

(5) 连接点选取与量测。核查连接点位置合理性和像方量测的准确性。内容包括：连接点和备查点位置及分布是否符合规范或设计要求；像点坐标残差是否符合规范或设计要求。

(6) 平差计算。核查基本定向点残差、检查点误差、区域网间公共点较差和检查点中误差、区域网间公共点接边精度等指标是否符合规范或设计要求。

(7) 成果整理。对照规范或设计要求，核查成果资料是否完整，以及成果形式、数据组织、数据格式、文件命名、数据内容等是否符合要求。

8.3.1.5 DSM 生成

利用区域网平差后立体影像，恢复前后视影像立体模型。针对各个两线阵立体影像，首先采用投影轨迹法生成近似核线立体影像，然后采用半全局密集匹配算法生成视差图，最后利用近似核线立体影像成像几何模型进行交会，获取每个像素的物方坐标，生成任务区域内的物方三维点云，并通过点云栅格化生成规则格网 DSM 产品。

(1) 针对构成双像立体的两张影像，分别采用投影轨迹法生成近似核线影像，消除了立体影像上下视差，将二维匹配搜索问题转化为一维搜索问题，从而降低影像匹配算法复杂性和计算量，并提升匹配的效率和正确率。具体步骤包括：

① 根据前后视立体影像的相互位置关系，选取一张影像作为左影像、另一张影像作为右影像，假设影像行数为 L，列数为 S。

② 在左影像第 i 行($i=1,2,3,\cdots,S$)上选取一点 $m(S_i,L_i)$，m 和左摄影中心 $S(X_S,Y_S,Z_S)$形成一条成像光线，在该光线上任意选取 10 个点 $a_j(j=1,2,$

3,…,10)，并根据区域平均高程值赋予其高程值 h_j，由 RFM 的正反算公式计算 a_j 在右影像上的坐标(S_{aj},L_{aj})。

③ 根据 a_j 在右影像上的坐标(S_{aj},L_{aj})采用最小二乘线性拟合法拟合出右核线。

④ 在右核线上选取若干点，按照步骤②和步骤③可以拟合出左核线，则 $m(S_i,L_i)$ 必然位于左核线上。

⑤ 通过上述方法得到左右影像近似同名核线，并利用一维灰度线性内插进行重采样，得到左右近似核线影像，分别计算生成左右近似核线影像的 RFM。

(2) 针对立体核线影像，采用半全局密集匹配算法，开展密集匹配，获取视差图。具体步骤包括：

① 基于 Census 变换法计算匹配代价影像各像素的匹配代价。

采用 Census 变换将图像像素的灰度值编码成二进制码流，以此来获取邻域像素灰度值相对于中心像素灰度值的大小关系，变换公式为

$$C_s(p)=\bigotimes_{q\in N_p}\xi(I(p),I(q)) \tag{8.20}$$

$$\xi(x,y)=\begin{cases}0, & x\leqslant y\\1, & x>y\end{cases} \tag{8.21}$$

式中：p 为某一像点位置；q 为以像点 p 为中心的邻域窗口中的其他像素；N_p 为中心像素 p 的邻域窗口；$\otimes$为比特位的逐位连接运算；$I(*)$为像点处的灰度值。

通过计算左右影像对应的两个像素的 Census 变换值的汉明 (Hamming) 距离，获取该像素的匹配代价，即

$$C(p,d):=\mathrm{Hamming}(C_{sl}(p),C_{sr}(d)) \tag{8.22}$$

式中：d 为其他影像上与像素 p 对应的像素。

② 采用动态规划的方法，合并至少 8 个方向的一维动态规划结果，实现二维的代价积聚。计算像素 p 沿某一路径 r 的匹配代价聚合值，即

$$L_r(p,d)=C(p,d)+\min\begin{Bmatrix}L_r(p-r,d)\\L_r(p-r,d-1)+P_1\\L_r(p-r,d+1)+P_1\\\min\limits_i L_r(p-r,i)+P_2\end{Bmatrix}-\min_k L_r(p-r,k) \tag{8.23}$$

式中：p 为像素位置；d 为像素 p 在立体影像上的左右视差值；$L_r(p,d)$为像素

p 路径 r 上在视差 d 处的代价积聚值；$C(p,d)$ 为像点 p 视差为 d 时的匹配代价；等式右边第 2 项表示像素 p 在 r 方向上的前一个像素代价累计的最小值；等式右边最后一项是为了防止数值过大，对最优路径的选择没有影响；P_1 和 P_2 分别是当前像素 p 在路径 r 方向上前一个像素的视差差异为 1 的惩罚系数和视差差异大于 1 的惩罚系数，且 $P_2>P_1$。

将像素 p 所有方向的匹配代价聚合值相加得到像素的最终匹配代价，即聚合代价立方体，有

$$S(p,d)=\sum_{r=1}^{8}L_r(p,d) \tag{8.24}$$

③ 对于每一个像素，从式（8.24）选择聚合代价最小的视差作为最优视差，从而生成最终的视差图 D，即

$$D=\min_d S(p,d) \tag{8.25}$$

④ 为了获得更加精细平滑的视差图，对计算得到的视差图进行进一步的优化，包括：利用左右一致性检查剔除粗差；使用二次曲线拟合相邻匹配代价进行亚像素插值；基于快速双边算子进行平滑处理等。

⑤ 根据视差图获取核线影像同名点，通过立体核线影像的空间前方交会得到密集的地面三维点云数据，在剔除粗差后，根据 DEM 要求的分辨率规格，将高程点云数据进行规则内插，生成该双像立体影像提取的 DSM 数据。

需要注意的是，当立体匹配时，若有多景影像重叠，则可以适当地进行取舍，选择能保证立体匹配后 DSM 细节丰富的影像，避免随意选用影像。在地形高差特别大的山区和高山区，若出现山头消失、山谷达不到底的情况，则可以通过指定初始的 DEM 数据，提高山头、山谷等地形急剧变化区域的匹配效果。

8.3.1.6 DSM 编辑

DSM 编辑主要是消除自动匹配出现的错误区域，保证编辑后的 DSM 与立体套合，地貌晕渲状态正常。具体编辑要求如下：

（1）DSM 应与实地地形地貌保持一致，不存在明显的飞点、跳点等情况。

（2）水域范围内的高程原则上应根据周围地形进行平滑过渡，保证无明显地形异常。对于主要静止水域，高程值尽可能保持一致，其高程值取数据获取时的瞬时水面高程；对于主要流动水域，水面依据实际使用影像保持自上而下平缓过渡，并且与周边地势过渡自然、合理。对于范围大、跨度长、

上下游高程相差较大或跨越多景卫星影像，且时相水面高程差异较大的水库、湖泊，则水面高程应依据岸边地形平缓过渡。对于大面积连片或多个毗邻的坑塘区域、水系形状较复杂的辫状河流区域，可按实际地貌表示。海域边界以影像为准，海域高程以影像瞬时水位为准。

（3）山脊或沟谷等区域的 DSM 应符合实际地貌特征；山体阴影区域的 DSM 高程值和其表现出来的纹理特征应尽可能保证与实际地貌特征保持一致。

（4）对于小面积云、云影、雪、冰川覆盖以及缺少影像等匹配困难区域，可采用直接内插、拟合和平滑处理，或利用同等或优于本产品质量的同类数据进行替换，并对接边处进行平滑过渡，同时记录替换区域的矢量范围。对于大面积云、云影、雪、冰川覆盖区域，以及立体像对不全、缺少影像和像对视差超限等无法匹配得到 DSM 的区域，若 DOM 满图幅为漏洞则不生产 DSM，否则 DSM 可利用同等或优于本产品质量的同类数据进行满幅替换，并对接边处进行平滑过渡，同时记录替换区域的矢量范围。

（5）特殊地物（由于技术限制等原因，不能完全获取表面模型的地物，其主要表现为：同一平面位置有多个高程值的复杂地物，如散热塔、宝塔；网状外形的地物，如索道、铁丝网、电线塔；局部运动的地物，如风车；横截面积小的杆状地物，如路灯、电杆）不做特殊处理，精度不做要求。

（6）非地面附着物（位置随时间变化的地物，如车辆、船舶、飞机等）不包含在 DSM 成果中，应人工删除。

8.3.1.7　DEM 编辑

基于 DSM 成果数据，对非地面高程区域进行 DEM 编辑，主要是将建筑、桥梁、林地等地表高程降至地面，编辑后的区域需与周围合理过渡，消除局部高程异常。

1）总体要求

（1）在 DSM 已满足 DEM 精度要求和总体地形特征的区域，DEM 可以和 DSM 保持一致。

（2）在 DEM 生产需要降高处理的区域，降高后需保证 DEM 精度及地形特征的正确。

（3）在无需降高处理的区域，如果参与了滤波处理，则需保证处理后地形特征的正确，不能出现不合理的高程急剧变化情况。

2）房屋建筑区域

高于地面的建筑应通过编辑处理，将高程值从建筑物表面降至地面高程。

（1）对于具有可见边界的建筑物覆盖区域，可采用局部自适应滤波或移除地物滤波编辑，将显著的建筑物非地面高程区域降至地面。

（2）对于占地面积较大的房屋建筑（如大型楼宇、工厂厂房、体育文化设施等），可采用滤波方式处理生成 DEM，且满足 DEM 精度要求和符合地形特征。

（3）对于大面积成片的建筑区，如 DSM 数据生产时未匹配到房屋顶部，经过滤波后的 DEM 高程精度没有超限且保持了地形特征，则不要求降高必须达到房屋建筑原有高度。对于分布稀疏的房屋，如在 DSM 上无明显特征，则滤波后的 DEM 整体形态符合地形特征和满足精度要求即可，即 DEM 和 DSM 保持一致。

3）桥梁

对于桥梁，应将桥梁上的高程值通过编辑处理，降至桥梁下的水面或地面高程。

4）林地

对于林地，应降低林地冠层高程至地面高程。

（1）对于 DSM 上存在明显特征的林地，应按照 DEM 精度要求和地形特征进行滤波处理生产 DEM。

（2）对于具有可见边界的林地覆盖区域，参考建筑物区域滤波编辑方式，可将高于地面的林地冠层高程降至地面。

（3）对于成片林地覆盖且地表信息不可见的区域，应以 DSM 数据为基准，通过滤波编辑降低高程。林地覆盖区域的高程可通过立体判读获取，经滤波编辑后的数据需保持山脊、山谷等地形特征。

（4）对于低矮或稀疏分布的林地，如在 DSM 上无明显特征，则滤波后的 DEM 整体形态符合地形特征和满足精度要求即可，即 DEM 和 DSM 保持一致。

5）水域

水域范围内的高程原则上应根据周围地形进行平滑过渡，保证无明显地形异常。

（1）对于主要静止水域，高程值应尽可能保持一致；

（2）对于主要流动水域，水面高程应依据实际使用影像，保持自上而下平缓过渡，并且与周边地势过渡自然、合理。

（3）对于范围大、跨度长、上下游高程相差较大，或跨越多景卫星影像且时相水面高程差异较大的水库、湖泊，水面高程应依据岸边地形平缓过渡。

（4）对于大面积连片或多个毗邻的坑塘区域、水系形状较复杂的辫状河流区域，高程值可按实际地貌表示。

（5）海域边界应以影像为准，海域高程以影像瞬时水位为准。

6）其他区域

对于裸露地表等其他区域，可以进行适当的编辑处理，保证编辑后的DEM不存在明显的局部高程突变和高程过渡异常的情况。

8.3.1.8　分幅与接边

根据指定的分幅要求和规则，对DSM（或DEM）进行分幅裁切并进行接边处理。

如果接边重叠带内同名格网点的高程差不大于2倍高程中误差，则取同名点高程的平均值作为该点高程；如果接边重叠带内同名格网点的高程差大于等于2倍高程中误差，则视为超限。

8.3.1.9　元数据制作

DSM和DEM的元数据由数据基本情况、数据生产与质量、产品分发信息三部分组成。元数据应按图幅填写，一幅成果对应一个元数据文件。

8.3.1.10　质量控制

针对DSM和DEM成果，质量控制的主要内容包括空间参考系、高程精度、逻辑一致性、时间精度、格网质量、附件质量等。

数据生产中，可采纳如下三种检查方法：

（1）人工核对检查。检查各种实物或数据成果，包括存储数据的介质、文档等，确认数量或填写的内容是否正确。

（2）人机交互检查。在软件中对检查数据进行查询和显示，通过晕渲、等高线或立体等方式人工判断其正确性。

（3）软件自动检查。通过编制计算机程序，利用高程数据的逻辑关系和分布规律，自动检查和发现数据中存在的错误，主要内容包括数据的接边、裁切范围、投影信息、异常及无效值等。

8.3.1.11　高分七号卫星DSM和DEM产品示意图

高分七号卫星DSM和DEM产品渲染示意图分别如图8.12和图8.13所示。

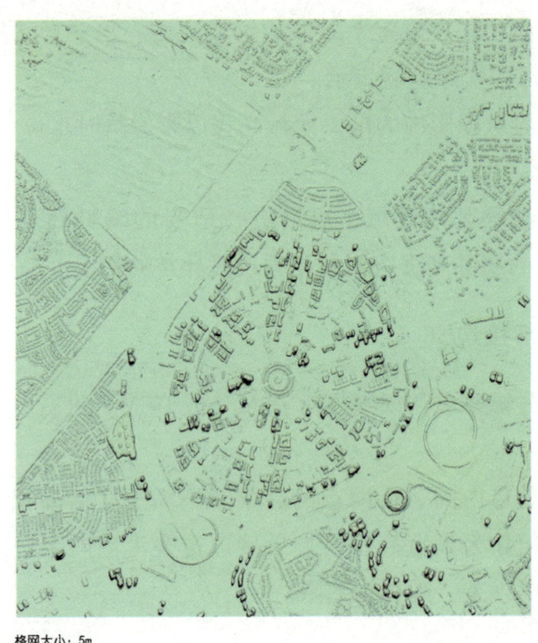

图 8.12 高分七号卫星 DSM 产品渲染示意图

图 8.13 高分七号卫星 DEM 产品渲染示意图

8.3.2　高分七号卫星正射纠正影像产品生产方法

正射纠正影像也称为 DOM，是对航空（或航天）像片进行数字微分纠正和镶嵌，按一定图幅范围裁剪生成的数字正射影像集。它的信息丰富直观，同时具有地图几何精度和影像特征的图像，具有良好的可判读性和可量测性，从中可直接提取自然地理和社会经济信息。DOM 是国家基础地理信息数字成果的主要组成部分，是一种用途广泛的标准测绘产品。

高分七号卫星影像可以用于 1∶10000 比例尺规格的 DOM 产品生产。

8.3.2.1　高分七号卫星 DOM 产品规格要求

1）数学基础

平面坐标系采用 2000 国家大地坐标系。确有必要时，可采用依法批准的其他坐标系，如 84 世界大地坐标系等。

DOM 产品可采用大地经纬度坐标；也可采用高斯-克吕格投影，按 3°分带方式进行投影。确有必要时，可采用依法批准的其他投影方式。

高程系采用 1985 国家高程基准。确有必要时，可采用依法批准的其他高程基准系，如 84 世界大地坐标系椭球高程基准或与国家高程基准建立联系的独立高程系。

2）产品构成

根据应用需求不同，高分七号卫星 DOM 产品包含标准分幅和整景两种成果形式。

标准分幅 DOM 按照 1∶10000 比例尺标准分幅裁切，一个 1∶10000 比例尺图幅内应存在 1 个影像数据文件、1 个影像信息文件、1 个投影信息文件和 1 个元数据文件，其中影像数据文件应含投影信息。

整景 DOM 一般包括全色影像、多光谱影像、融合后的影像和元数据，包含 3 个影像数据文件和 1 个元数据文件，其中影像数据文件应含投影信息。

3）产品格式

标准分幅 DOM 数据采用非压缩、包含坐标信息的 GeoTIFF 格式进行数据组织与存储。全色影像以灰度模式存储，彩色影像以 RGB 色彩模式存储。影像信息文件采用 ASCII 的 TFW（TIFF WORLD）文档格式。投影信息文件采用 PRJ 格式。元数据采用 EXCEL（XLS）格式。

整景 DOM 数据文件采用 IMG 格式存储，以全色影像、多光谱影像模式存储。元数据采用 EXCEL（XLS）格式。

4）色彩模式及像素位

标准分幅的 DOM 采用 RGB 色彩模式，每个像素的像素位为 24bit。整景全色 DOM 采用全色色彩模式，像素位为 16bit；整景多光谱 DOM 采用 4 谱段多光谱色彩模式，像素位为 16bit × 多光谱波段数；整景融合 DOM 采用 4 谱段多光谱色彩模式，像素位为 16bit × 多光谱波段数。

5）影像分辨率

全色 DOM 和融合后 DOM 的分辨率应与高分七号卫星后视影像的原始分辨率保持一致。多光谱 DOM 分辨率应与高分七号卫星多光谱影像原始分辨率保持一致。

6）精度指标

高分七号卫星 DOM 产品在有控制条件下和无控制条件下可执行不同的精度要求，DOM 的平面中误差不大于表 8.7 所列的精度要求。

表 8.7　DOM 平面位置精度

类型	地形类别	数字正射影像平面中误差/m
有地面控制点	平地、丘陵地 山地、高山地	5 7.5
无地面控制点	平地、丘陵地 山地、高山地	7.5 10

DOM 与相邻影像图接边，其中：整景影像的接边误差不超过表 8.7 所列中误差的 2 倍；分幅影像的接边误差不应大于 2pixel。

8.3.2.2　总体技术路线和生产流程

采用高分七号卫星影像生产 DOM 产品，可采用平面条件和立体条件两种模式。其中，平面条件下 DOM 产品生产作业流程见图 8.14。立体条件下 DOM 产品生产作业流程见图 8.15。

8.3.2.3　资料准备及分析

1）卫星影像资料

收集覆盖测区的高分七号卫星影像数据，产品类型为传感器校正影像产品。采用平面条件下 DOM 产品生产时，影像数据包括后视全色影像和多光谱影像文件；采用立体条件下 DOM 产品生产时，影像数据包括前后视全色立体影像和多光谱影像文件。

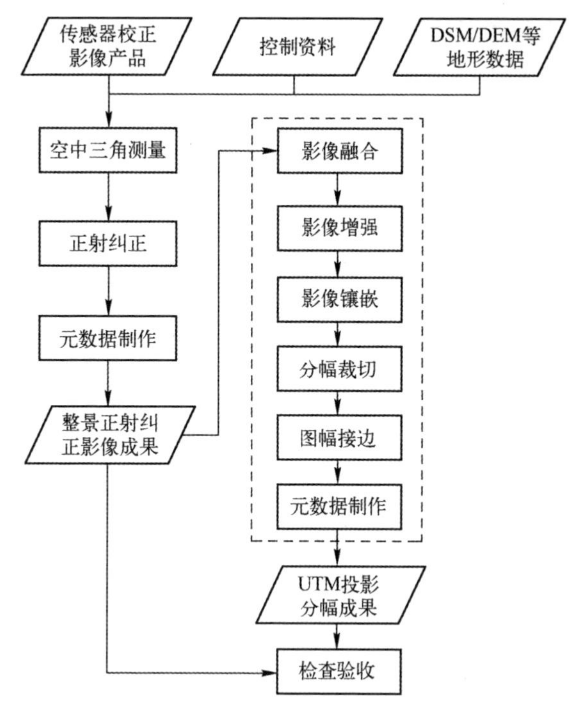

图 8.14　平面条件下 DOM 产品生产作业流程

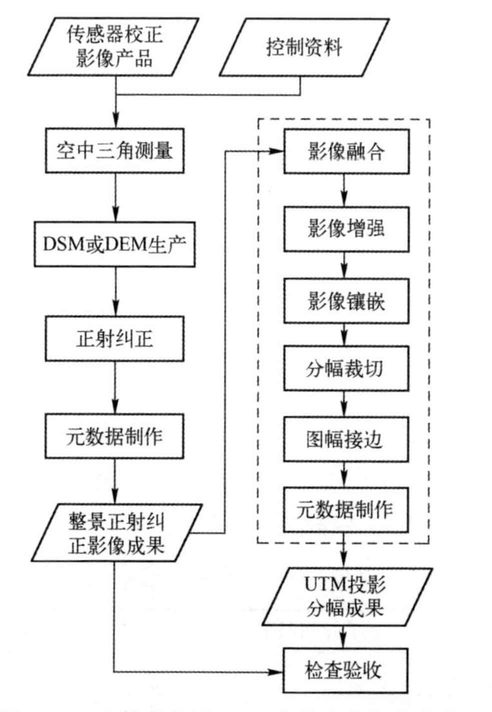

图 8.15　立体条件下 DOM 产品生产作业流程

在收集高分七号卫星影像时，应遵循如下基本要求：

（1）为了保障影像纠正质量，影像侧视角在平地和丘陵地不应大于25°，在山地和高山地不应大于20°。

（2）卫星影像应纹理清晰，无明显噪声和坏线，影像无明显几何变形。对于水网地区，不得出现大面积水面反光。

（3）单景卫星影像的非永久积雪覆盖面积应小于5%；云、雪累计覆盖面积应小于影像总面积的20%，重要地物纹理不得被云、雪等遮挡，且影像接边处不应有大面积云覆盖。

（4）用于构建整区域DOM影像的相邻卫星影像重叠度不应小于影像幅宽的10%。

对收集到的卫星影像进行资料分析，查看收集到的卫星影像的成像信息和分布情况，综合分析影像的覆盖范围、数据文件内容、时相、侧视角、云雪覆盖、相邻影像重叠度、影像质量等情况，以确定其是否满足成图要求。

2）控制资料收集

收集测区内的控制资料，可包括：

（1）测区及周边野外实地测量获取的控制点成果。

（2）测区及周边满足控制点精度的已有DOM、DSM、DEM等成果。

（3）测区及周边满足控制点精度的基础影像控制网成果。

（4）境外区域或控制缺乏区域，还应收集测区及周边满足控制点精度的其他地理空间数据或资料（如开源地理信息产品、激光测高点、导航地图数据等）。

对收集到的控制资料进行资料分析，查看控制资料的时相、施测单位、空间参考、比例尺、成果精度、成图质量等信息，综合分析控制资料的类型、分布等情况，以确定其使用价值和使用方法。

3）DSM或DEM数据收集

采用平面条件下DOM产品生产时，还应收集相应的DSM或DEM数据。DSM或DEM的格网间距和高程精度应优于表8.8所列的规定要求。

表8.8　数字表面模型或数字高程模型格网间距及其精度要求

地形类别	格网间距/m	格网点高程中误差/m
平地	5	3
丘陵地	5	3

续表

地 形 类 别	格网间距/m	格网点高程中误差/m
山地	5	5
高山地	5	7

8.3.2.4　区域网平差

生产高分七号卫星DOM产品的高分七号卫星区域网平差技术路线示例图见图8.16。

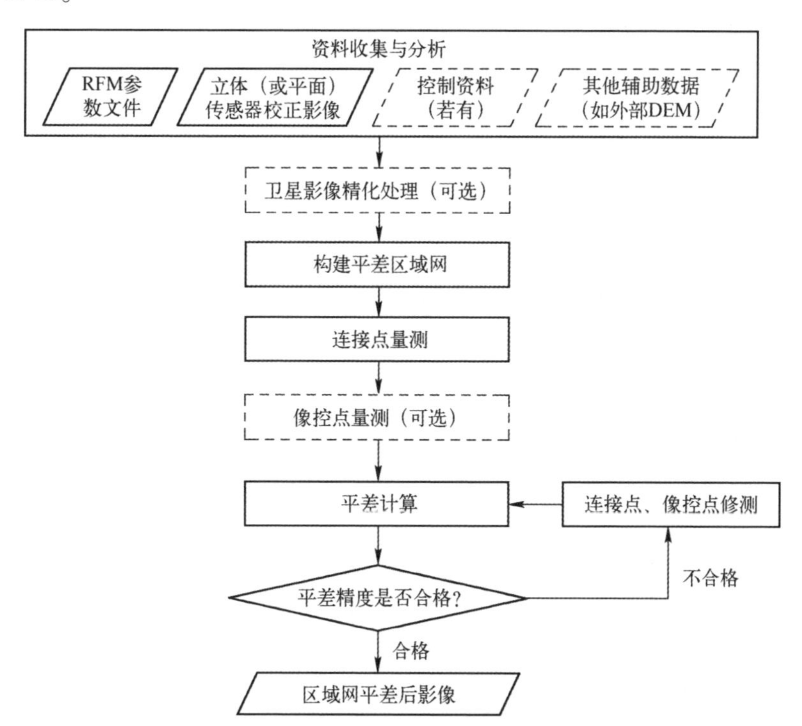

图8.16　区域网平差技术路线示例图

具体各步骤的详细要求参见8.3.1.4节。

8.3.2.5　DSM/DEM生产

DSM和DEM生产具体方法参见8.3.1节。

8.3.2.6　正射纠正

对全色后视影像、多光谱影像分别进行正射纠正，全色影像和多光谱影像纠正后的分辨率应分别与影像源分辨率保持一致。纠正时按整景纠正，重采样采用双线性或者三次卷积法内插的方式。纠正过程中不得对影像的灰度和反差进行拉伸，不得改变像素位数，纠正后的正射影像有效数据范围内不得有漏洞区。

为保证正射影像融合效果，可采用多光谱与全色后视影像配准纠正的方法。正射纠正后应进行多光谱影像和全色影像的套合检查，两景影像之间的配准精度原则上不得大于1pixel（按多光谱影像像素计算），个别地物稀少区、地形急剧变化区可适当放宽，但典型地物和地形特征（如山谷、山脊）不能有重影。如达不到配准精度要求，则应认真核查原因。如果问题是由于多光谱影像精度造成的，应增加同名点，重新纠正至和全色影像套合。

8.3.2.7 影像融合与增强

遥感影像融合是将在空间、时间、波谱上冗余或互补的多源遥感数据按照一定的规则（或算法）进行运算处理，获得比任何单一数据更精确、更丰富的信息，生成具有新的空间、波谱、时间特征的合成影像数据。通过影像融合，既可以提高多光谱影像空间分辨率，又可以保留其多光谱特性。影像融合不仅仅是数据间的简单复合，而且强调信息的优化，突出有用的专题信息，消除或抑制无关的信息，改善目标识别的影像环境，从而增强影像解译的可靠性，减少模糊性（即多义性、不确定性和误差），提高分类精度，扩大应用范围和效果。

高分七号卫星影像全色和多光谱的融合方法推荐采用PanSharp算法。多光谱彩色影像合成方案为：蓝色波段、绿色波段、红色波段、近红外波段分别按照1、2、3、4波段号的顺序融合。融合影像应色彩自然，层次丰富，反差适中。影像纹理清晰，无影像发虚和重影现象。

整景影像纠正成果（含全色和多光谱）不需要进行增强处理，而融合后的整景正射影像和分幅正射影像数据成果要求进行增强处理。融合后的整景正射影像和分幅正射影像数据灰度图像为单通道8bit，彩色影像为3通道24bit，每个像元统一转换为无符号8bit，即影像的灰度值在0~255之间。

8.3.2.8 镶嵌和裁切

对于有重叠影像的区域，应当尽量选择质量较好、时相较新的影像进行镶嵌。在影像范围内，云、雾、冰雪等覆盖面积应较小。影像整体对比度、色差等应无异常，无纹理损失。涉及地物地貌有重大变化的，则优先选择时相更新的影像。当原始影像存在噪音、色带、色彩异常、拼接缝等问题时，应优先使用其他重叠影像替换进行生产，若同区域内无其他重叠影像替换的则可以不处理，并在技术总结中进行记录。

进行镶嵌时，应保持景与景之间接边处色彩过渡自然，地物合理接边，无重影和发虚现象。如镶嵌区内有人工地物，应尽量勾划拼接线绕开人工地物，使镶嵌结果保持人工地物的完整性和合理性。如相邻影像时相相近，但是数据色彩差异明显的，应当尽量保持接边影像色彩一致。对于时相相差较远，且无重叠影像可以替换的，则可以不做色彩调整，只在接边处做自然过渡处理即可。

分幅正射影像裁切应按 GB/T 13989—2012《国家基本比例尺地形图分幅和编号》中的 1:10000 比例尺图幅规定的范围裁切，并确保成果影像的有效范围内均为正常有效像素。

8.3.2.9　正射影像接边

当正射影像接边误差超过限差时，应对其进行接边处理，使相邻正射影像重叠区域内的纹理、色调基本一致，改正后的接边差应满足接边差要求。

8.3.2.10　元数据制作

数字正射影像数据元数据由数据基本情况、数据源情况、生产过程信息和产品分发信息 4 部分组成。

元数据项中的数据名称、数据版权单位名、数据生产单位名、数据出版单位名、数据生产时间、所采用大地基准、地图投影名称、数据格式、卫星名称、全色卫星影像获取时间、多光谱卫星影像获取时间，均为重要元数据项，其他元数据项为一般元数据项。

元数据按景和图幅填写，一景和一个图幅分别对应一个元数据文件。

8.3.2.11　高分七号卫星 DOM 产品示意图

高分七号卫星 DOM 产品示意图分别如图 8.17 和图 8.18 所示。

图 8.17　高分七号卫星全色 DOM 产品示意图

图 8.18　高分七号卫星融合 DOM 产品示意图

参考文献

[1] USGS. LDCM CAL/VAL algorithm description document version 3.0 [R/OL]. (2013-02-25). https://www.yumpu.com/en/document/view/19265723/ldcm-cal-val-algorithm-description-document-landsat-usgs.

[2] 顾行发，田国良，余涛，等. 航天光学遥感器辐射定标原理与方法 [M]. 北京：科学出版社，2012.

[3] 周平，唐新明，曹宁，等. SRTM 约束的无地面控制立体影像区域网平差 [J]. 测绘学报，2016，45(11)：1318-1327.

[4] 周平. 资源三号卫星遥感影像高精度几何处理关键技术与测图效能评价方法 [D]. 武汉：武汉大学，2016.

[5] 唐新明，张过，祝小勇，等. 资源三号测绘卫星三线阵成像几何模型构建与精度初步验证 [J]. 测绘学报，2012，41(2)：191-198.

[6] JACOBSEN K. Orientation of high resolution optical space images [C]//Proceedings of the ASPRS 2007 Annual Conference, May 7-11, 2007, Tampa, Florida.

[7] 胡芬. 三片非共线 TDI CCD 成像数据内视场拼接理论与算法研究 [D]. 武汉：武汉大学，2010.

[8] DE L F, KUBIK P, GRESLOU D, et al. PLEIADES-HR image system products and quality—PLEIADES-HR image system products and geometric accuracy [C]//Proceedings of the ISPRS International Conference, 2005, Istanbul, Turkey.

[9] EBNER H, KORNUS W, OHLHOF T. A simulation study on point determination for the MOMS-02/D2 space project using an extended functional mode [J]. International Archives of Photogrammetry and Remote Sensing, 1993, 29: 458-464.

[10] 潘红播. 资源三号测绘卫星基础产品精处理 [D]. 武汉：武汉大学，2014.

[11] 德劳拉. 游戏编程精粹 1 [M]. 王淑礼，张磊，译. 北京：人民邮电出版社，2004.

[12] RABINER L R, GOLD B. Theory and application of digital signal processing [M]. Englewood Cliffs, NJ: Prentice-Hall, Inc, 1975.

[13] OPPENHEIM A V, SCHAFER R W, OPPENHEIM A, et al. Discrete-time signal processing: 2nd Edition [M]. Upper Saddle River (NJ): Prentice-Hall Inc, 1998: 1-39.

[14] 陈钽. 高分辨率光学推扫式影像产品分级体系研究与验证 [D]. 武汉：武汉大学，2012.

[15] 张过，厉芳婷，江万寿，等. 推扫式光学卫星影像系统几何校正产品的3维几何模型及定向算法研究［J］. 测绘学报，2010，39(1)：34-38.

[16] 全国地理信息标准化技术委员会卫星应用分技术委员会. 全球地理信息资源卫星遥感影像区域网平差生产技术规范：CH/T 9038-2023［S］. 北京：中华人民共和国自然资源部，2023.

[17] 数字航天摄影测量 空中三角测量规范［S］. 北京：测绘科学出版社，2023.

第9章 卫星影像应用

9.1 1∶10000比例尺立体测图生产

9.1.1 试验数据[①]

利用高分七号卫星立体数据，开展高山地、山地、丘陵地、平地等4种地形类别1∶10000比例尺立体测图及数字高程模型（DEM）、数字地表模型（DSM）、数字正射影像图（DOM）、数字线划地图（DLG）等基础地理信息产品的生产和精度分析评价。

根据测试数据和地形类别情况，选择平地、丘陵地、山地、高山地4幅1∶10000比例尺图幅进行DEM、DSM、DOM、DLG等基础地理信息产品的生产。其中，平地地形对应图幅为H48G036030，丘陵地地形对应图幅为H48G038031，位于成都平原的双流县、新津县范围内，如图9.1（a）所示；山地地形对应图幅为H48G051017，高山地地形对应图幅为H48G051015，位于雅安市雨城区范围内，如图9.1（b）所示。

影像数据情况如表9.1所列。

表9.1 1∶10000比例尺立体测图使用GF7影像情况

序号	地形	景号	区域	云量
1 2	平地 丘陵地	GF701_002724_E103.9_N30.5_ 20200430115630	新津 双流	少量 少量
3 4	山地 高山地	GF701_003164_E103.0_N29.9_20200529120529	雨城	少量 少量

① 本节产品生产内容由四川测绘局完成。

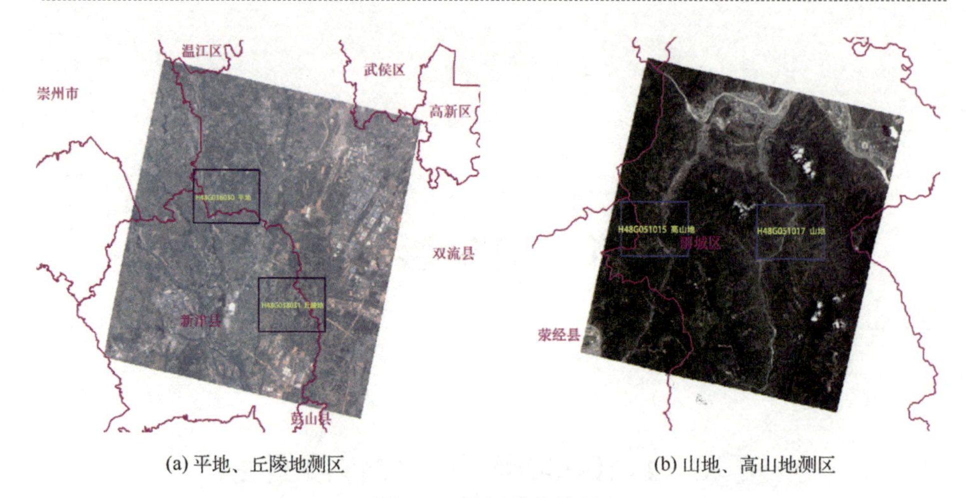

(a) 平地、丘陵地测区　　(b) 山地、高山地测区

图 9.1　图幅分布情况

用于区域网平差的像控点，用于检查区域网平差精度的检查点，用于 DEM、DSM、DOM、DLG 产品精度评价的检查点，均为外业实测。在连续运行参考站（CORS）网络覆盖且信号良好的地区，采用动态网络实时动态载波相位差分技术（RTK）等方法，直接施测像控点及检查点。在 CORS 网络信号未覆盖或原有基础控制点不能满足像控点联测的地区，采用与全省范围内建成的 100 座全球卫星导航系统连续运行基准站静态联测的方法，施测临时骨架基准点，联测时间大于 4h，其他技术指标按 D 级美国全球定位系统（GPS）点标准执行。像控点及检查点和临时骨架基准点进行联测，观测时间大于 1h，其他各项技术指标按 E 级 GPS 点精度指标执行。实测时间为 2020 年 7 月 13 日至 7 月 19 日，点位的平面精度与高程精度均优于 20mm。区域网平差的像控点分布如图 9.2 所示，区域网平差的检查点分布如图 9.3 所示，用于 DEM、DSM、DOM、DLG 产品精度评价的检查点分布如图 9.4 所示。

9.1.2　4D 产品应用实例

1）区域网平差成果及精度情况

利用外业采集的像控点资料，分别对影像 GF701_002724_E103.9_N30.5_20200430115630 和 GF701_003164_E103.0_N29.9_20200529120529 进行区域网平差。利用外业采集的检查点对区域网精度进行评价，检查点均匀分布于区域网范围内。区域网平差的像控点、连接点、检查点（红色为像控点，绿色为检查点，蓝色为连接点）分布如图 9.5 所示。

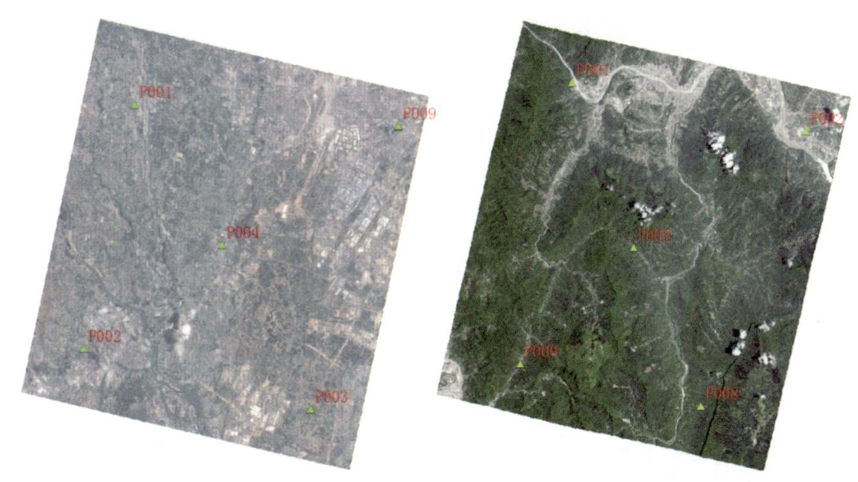

(a) 平地、丘陵地测区　　(b) 山地、高山地测区

图 9.2　像控点分布

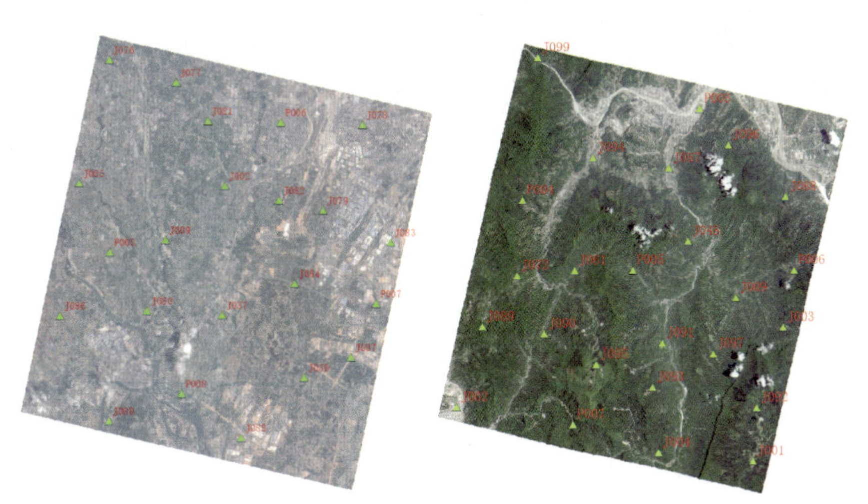

(a) 平地、丘陵地测区　　(b) 山地、高山地测区

图 9.3　检查点分布

试验影像 GF701_002724_E103.9_N30.5_20200430115630 区域网平差点位精度如表 9.2 所列。

表 9.2　区域网平差点位精度

	点数	平面最大误差/m	平面中误差/m	高程最大误差/m	高程中误差/m
像控点	5	0.641	0.341	0.688	0.521
连接点	481	0.495	0.165	0.076	0.025
检查点	21	0.863	0.497	0.772	0.361

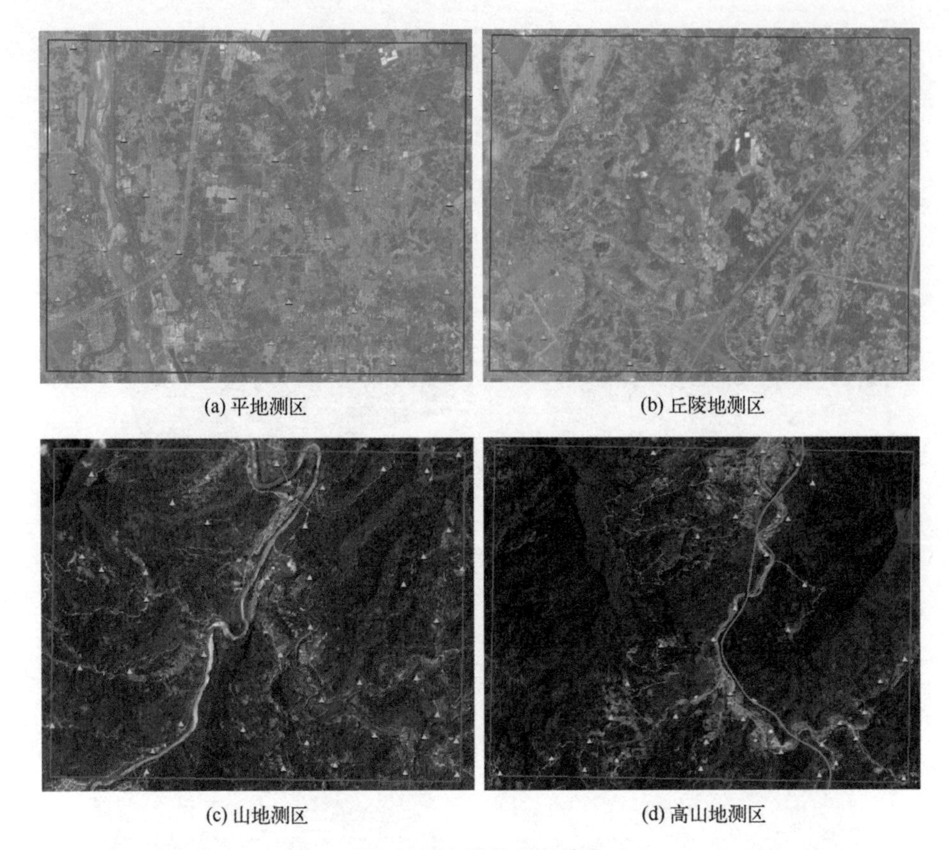

(a) 平地测区　(b) 丘陵地测区

(c) 山地测区　(d) 高山地测区

图 9.4　产品检查点分布

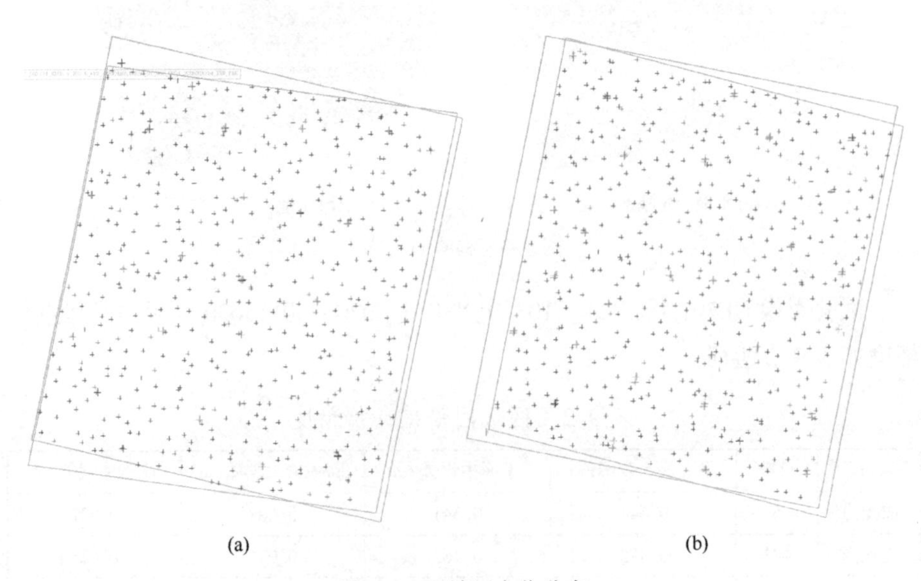

(a)　(b)

图 9.5　区域网点位分布

试验影像 GF701_003164_E103. 0_N29. 9_20200529120529 区域网平差点位精度如表 9. 3 所列。

表 9. 3　区域网平差点位精度

	点数	平面最大误差/m	平面中误差/m	高程最大误差/m	高程中误差/m
像控点	5	0. 329	0. 198	0. 614	0. 322
连接点	487	0. 456	0. 152	0. 046	0. 016
检查点	25	1. 157	0. 399	1. 827	0. 918

2）区域网平差成果分析

表 9. 2 和表 9. 3 所列的精度情况说明，在像控点分布合理的情况下，高分七号卫星在平地、丘陵、山地、高山地地形条件下，区域网平差精度能够满足 1∶10000 比例尺的区域网平差精度要求。4D 产品的结果及精度如下：

（1）DOM 成果及其精度。DOM 成果如图 9. 6 所示。

(a) 平地DOM成果　　(b) 丘陵地DOM成果

图 9. 6　平地和丘陵地 DOM 成果

利用外业采集检查点对平地和丘陵地 DOM 成果进行精度检查，如表 9. 4 所列。

表 9. 4　平地和丘陵地 DOM 成果精度

地形类别	点数	最大误差/m	最小误差/m	中误差/m
平地	36	1. 958	0. 189	1. 018
丘陵地	41	4. 175	0. 267	1. 415

表 9. 4 所列的精度情况说明，高分七号卫星在平地、丘陵地条件下，DOM 成果能够满足 1∶10000 比例尺 DOM 产品精度要求。

（2）DLG 成果及其精度。利用外业采集检查点对立体测图模型进行精度检查，如表 9.5 所列。

表 9.5　立体测图模型精度

地形类别	精度类型	点数	最大误差/m	最小误差/m	中误差/m
平地	平面	35	1.76	0.094	0.85
	高程	35	0.75	0.01	0.29
丘陵地	平面	40	1.45	0.064	0.61
	高程	40	0.77	0.03	0.42
山地	平面	49	2.064	0.047	0.64
	高程	49	1.48	0	0.61
高山地	平面	47	1.94	0.08	0.63
	高程	47	1.10	0.03	0.44

（3）DEM 成果及其精度。DEM 成果如图 9.7 所示。

(a) 平地DEM成果

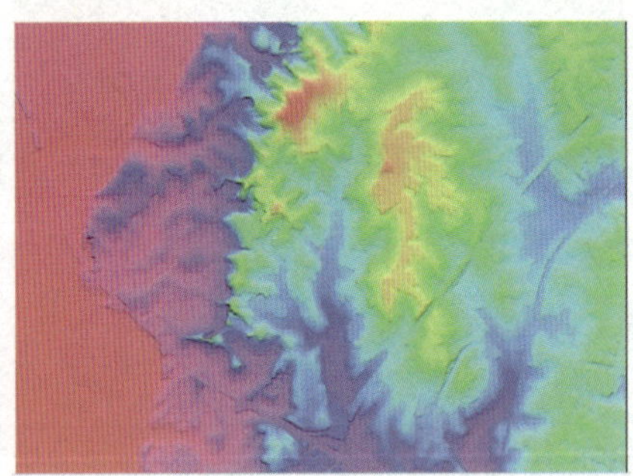

(b) 丘陵地DEM成果

图 9.7　平地和丘陵地 DEM 成果

利用外业采集检查点对平地和丘陵地 DEM 成果进行精度检查，如表 9.6 所列。

表 9.6　平地和丘陵地 DEM 成果精度

地形类别	点数	最大误差/m	最小误差/m	中误差/m
平地	33	1.274	0.018	0.601
丘陵地	40	2.693	0.124	1.203

表 9.6 所列的精度情况说明，高分七号卫星在平地、丘陵地形条件下，DEM 成果能够满足 1:10000 比例尺的 DEM 产品精度要求，其中：平地图幅精

度介于一级精度和二级精度之间；丘陵地图幅基本满足一级精度。

（4）DSM 成果及其精度。DSM 成果如图 9.8 所示。

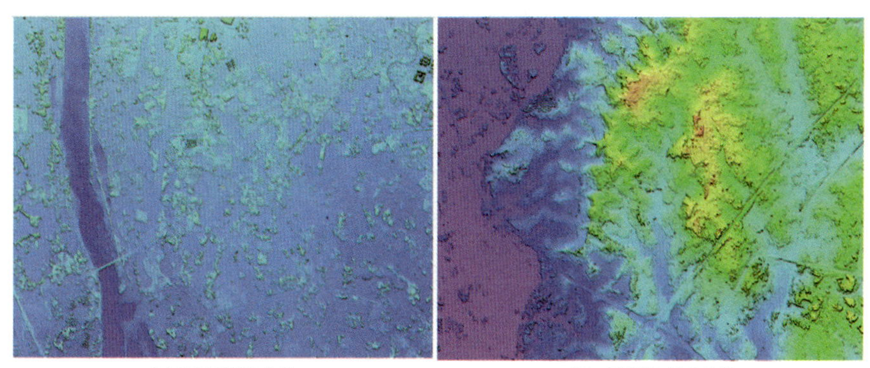

(a) 平地DSM成果　　(b) 丘陵地DSM成果

图 9.8　平地和丘陵地 DSM 成果

利用外业采集检查点对平地和丘陵地 DSM 成果进行精度检查，如表 9.7 所列。

表 9.7　平地和丘陵地 DSM 成果精度

地形类别	点数	最大误差/m	最小误差/m	中误差/m
平地	33	1.428	0.018	0.690
丘陵地	41	−2.921	0.008	1.106

表 9.7 所列的精度情况说明，高分七号卫星在平地、丘陵地条件下，DSM 成果能够满足 1:10000 比例尺的 DSM 产品精度要求。

9.2　自然资源管理

9.2.1　三维信息提取①

长期以来，城市建筑物三维模型重建主要以航空摄影测量（含倾斜摄影测量）、机载三维激光扫描测量（Lidar）作为主要的数据采集手段，卫星遥感在城市应用方面仍主要应用于二维自然资源或地理空间信息服务，鲜有提供三维模型。受限于卫星本身的立体成像能力和卫星成像空间分辨率，卫星

① 本节内容由深圳大学王伟玺团队完成。

遥感长期处于发展劣势，成为技术短板，在城市内鲜有成功应用。

高分七号卫星具有同轨道前后视立体成像能力，可直接获取覆盖同一地区的立体影像，具备了卫星立体成像及测量的条件；空间分辨率全色波段星下点达到0.65m，具备了城市级别高精度建模的基础。本示范选择深圳市南山区粤海街道和沙河街道作为典型片区，面向高度城市化地区建成区特色，基于深度学习等先进技术，开展城市大范围建成区的建筑物三维模型重建技术试点研究。

本示范首先利用高分七号卫星的立体像对，综合提取建筑物点特征与线特征，并利用近似核线模型完成同名特征点/线的匹配，生成密集匹配点云及边缘框架；然后利用点云特征和影像特征构建出多维的特征样本，采用深度卷积神经网络、SVM 等分类方法对样本点进行训练并指导分类，完成建筑物点云的提取分类，进而根据点云的规整性、垂直性、平整性、法线分布等特征，利用区域增长的方式对建筑物的点云按照距离进行聚类；最后利用数学形态学方法对建筑物提取结果进行填补空洞，平滑边界等处理，形成城市建筑物的三维特征点云聚类集合。考虑到示范区内建筑物类型的复杂性和多样性，采用兼顾建筑物语义信息的数据驱动方式完成建筑物模型的三维重建。

本示范基本打通了基于深度学习的高分立体影像城市建筑物三维模型快速重建技术流程，为验证高分七号卫星立体影像在构建城市高精度三维模型能力、构建高分立体影像生产城市建筑物三维模型的关键技术体系、开拓国产卫星立体影像服务城市建设的应用领域等提供参考。

9.2.1.1　示范总体技术路线

利用高分七号卫星同轨道前后视立体成像能力及空间分辨率优势，首先进行高分七号卫星影像预处理，完成立体影像平差、点云数据匹配生成，并进行正射影像纠正和数据融合；然后提取建筑物点云特征和影像特征数据，通过建筑物检测、边界点提取、优化等处理技术，完成建筑物三维模型构建和编辑。总体技术路线如图 9.9 所示。

针对高精度三维地表模型的现实需求，利用点云漏洞修补、三角网构建、纹理映射模型构建等研究方法，构建一套基于高分七号卫星立体影像进行地表三维模型自动构建的关键技术体系，为实现基于卫星立体影像的三维地表建模及其应用提供技术保障。地表三维建模技术方案如图 9.10 所示。

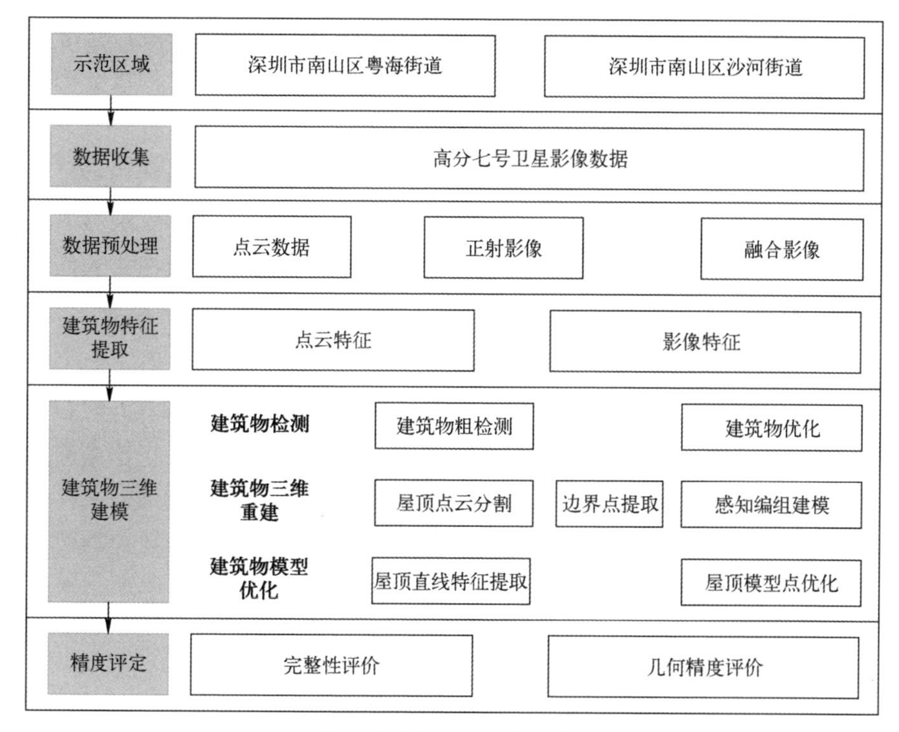

图 9.9　城市建筑物三维建模总体技术路线

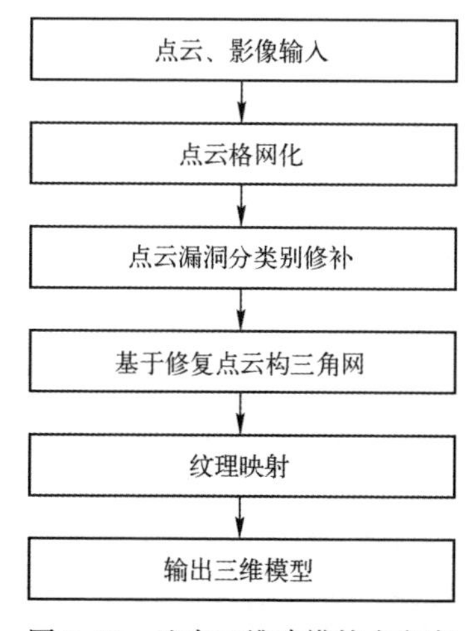

图 9.10　地表三维建模技术方案

（1）点云漏洞修补。遮挡、厚云、水体、弱纹理、曝光过度等因素都会导致立体匹配获取的点云不连续而出现漏洞。其中，大面积的漏洞区域一般需要其他时相的数据修补。大面积的厚云、水体、阴影都会导致大面积匹配漏洞，但水体导致的漏洞不同于其他两者，可以通过周围的高程数据进行置平。遮挡导致的漏洞一般出现在城市建筑区，修复遮挡漏洞的难点是准确确定遮挡区域的边界，仅仅依靠点云数据难以准确识别边界，需要借助影像信息和初始点云信息进行综合分析。

(2) 构建三角网。一方面，修复后的点云信息不包含表面结构特征，需要进一步提取点云的几何特征，构建矢量三角网；另一方面，建筑等人工地物的点云与地面点云是混合在一起的，如果通过点云数据处理把非地面点分离出来，对地面点和非地面点分别构网，可以得到单体化的三维地物信息，与直接对混合点云数据构网相比更具应用价值。

(3) 纹理映射。除了几何模型，三维模型还包括三角网对应的纹理模型。由于摄影角度的局限，在城市区域或地形变化很大的区域，仅仅依靠高分七号卫星本身的影像进行纹理贴图难以达到理想的效果，需要借助多角度的影像数据择优选取纹理影像。除了选择合理拍摄角度的影像外，还应通过几何平差和颜色均衡方法，实现几何信息和色彩信息的自然过渡。

9.2.1.2 示范成果

示范成果如下：

(1) 南山区粤海街道和沙河街道基本三维模型数据，$47km^2$。

(2) 粤海街道建筑物精细化三维模型数据，$20km^2$。

(3) 南山区粤海街道和沙河街道建筑物三维变化检测矢量数据，$47km^2$。

(4) 粤港澳大湾区典型区域 1m 分辨率三维及立体产品，$10000km^2$。

图 9.11 ~ 图 9.14 展示了部分成果示意图。

图 9.11 城市区域建筑白模效果图

图 9.12　粤港澳大湾区数据集成和共享服务系统

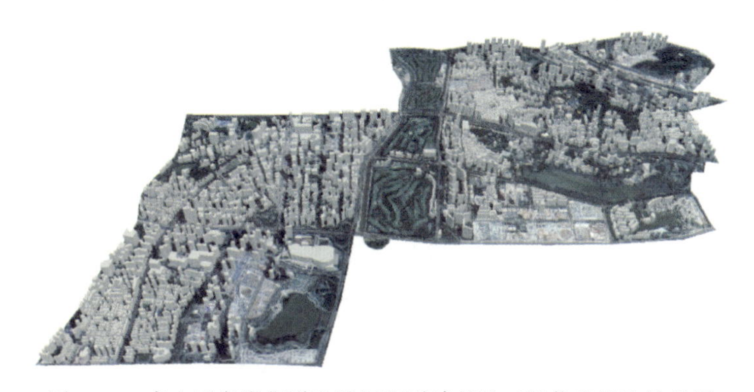

图 9.13　南山区粤海街道和沙河街道建筑物三维信息提取效果图

图 9.14　建筑物三维模型渲染图

9.2.2　湖泊水位测量

湖泊水位对气候变化和人类活动的响应非常敏感，是湖泊动态变化监测的一个重要内容。传统的湖泊水位获取方式是通过地面水文监测站，虽然具有测量精度高、观测频次连续等优点，但也存在因地域及成本问题而无法大规模建立水文站的问题。与传统的湖泊水位获取方式相比，卫星遥感在湖泊水位监测方面具有重要的应用价值。

近年来，对分布在环境恶劣的青藏高原或者偏远地区的大型湖泊，卫星测高技术因其独特的优势而受到广泛的关注。相比于卫星雷达测高，卫星激光测高的地面足印更小，且受湖岸及波浪干扰概率更低，在湖库水面测高方面更具有优势。为了验证高分七号卫星在湖泊表面的绝对测量精度，选取冬季结冰后的北方湖泊，结合高分七号卫星激光的落点位置，用 RTK-GPS 的测量方式实地采集了若干个湖面高程值，其中 RTK-GPS 实地测量的绝对高程测量精度优于 3cm。图 9.15（a）展示的是高分七号卫星第 6252 和 6329 轨分别

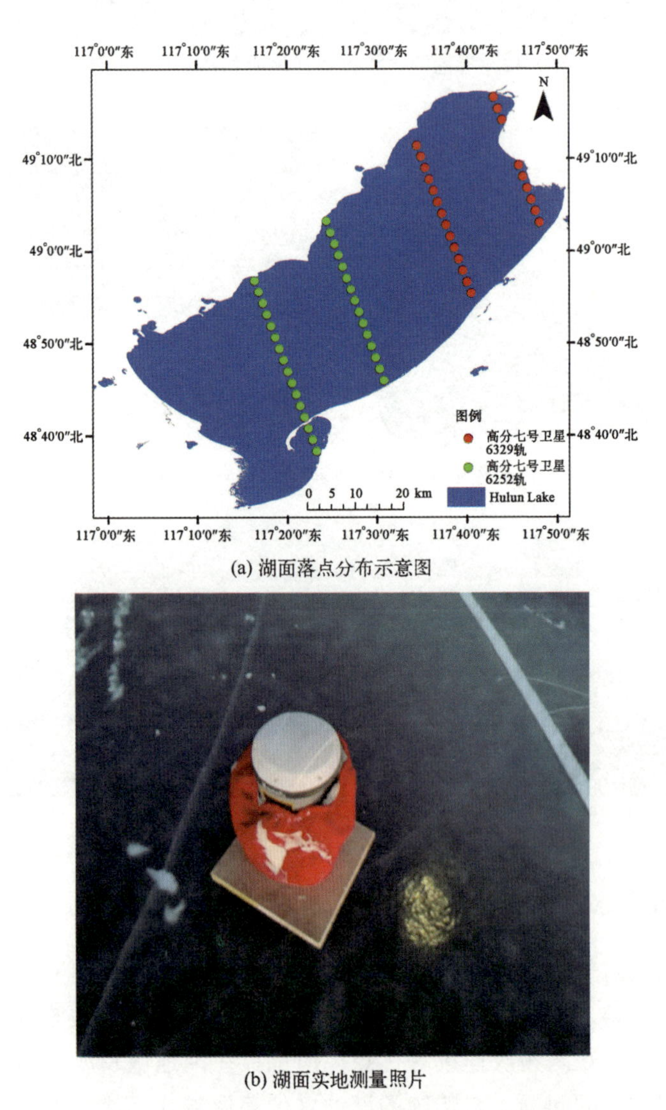

(a) 湖面落点分布示意图

(b) 湖面实地测量照片

图 9.15　呼伦湖面高分七号卫星激光点及实地测量照片

于2020年12月18日和12月23日经过内蒙古呼伦湖区的激光点轨迹，由于卫星为夜间升轨开机，无法获取同期的影像，当地气象记录显示呼伦湖在该时段已经全部结冰。图9.15（b）为2021年2月湖面冰冻实后外业实地测量时按激光落点位置在冰面放置的GPS接收机，其中激光落点平面误差优于6.0m。

由于高分七号卫星激光点的间距较大，如果深入湖中心进行实地测量，交通和安全保障都有一定难度，因此最终选取了靠近湖岸且冰面平坦、波形没有饱和的6个激光点，统计绝对高程误差，如表9.8所列。表9.8中高程误差均为负值，即激光点高程计算值比实测值偏低，特别是波束2，有可能包含了因测量时间不一致导致冰面膨胀而产生的部分误差。

表9.8 高分七号卫星激光点湖面高程绝对精度统计表

波束	点号	激光点高程/m	实测高程/m	高程误差/m	统计结果/m
1	1127964749	533.317	533.271	−0.046	−0.030±0.109
	1127964745	533.370	533.308	−0.062	
	1127964741	533.433	533.298	−0.135	
2	1127964718	533.105	532.960	−0.145	−0.195±0.049
	1127964722	533.079	532.836	−0.243	
	1127964730	532.938	532.740	−0.198	

取青海湖面2008年10月5日的ICESat和2020年9月28日的高分七号卫星及ICESat-2卫星激光数据，如图9.16所示。

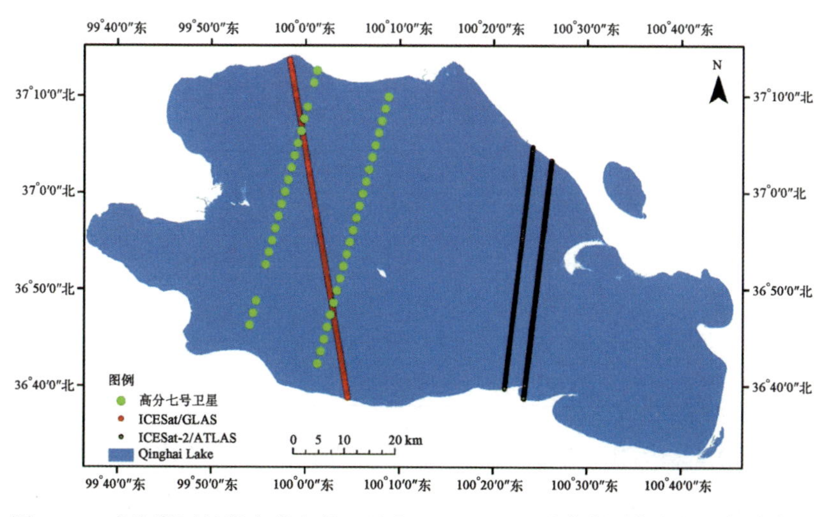

图9.16 青海湖区域的高分七号卫星和ICESat-2卫星激光测高点及局部放大图

由于高分七号卫星和ICESat-2激光点基准为WGS84椭球下的大地高，而ICESat激光点采用TOPEX/Poseidon（T/P）卫星椭球下的大地高，因此需要将3种卫星的高程基准进行统一。首先将ICESat-2激光点高程归算到WGS84大地高，然后采用EGM2008大地水准面改正模型统一对3种卫星激光点进行基准转换，有

$$H = H_g - \Delta h - \xi \tag{9.1}$$

$$\Delta h = -\cos^2 B \mathrm{d}a - \sin^2 B \mathrm{d}b \tag{9.2}$$

式中：H为大地水准面高（m）；H_g为激光点在T/P椭球下的大地高（m）；ξ为采用EGM2008模型计算的大地水准面改正值（m）；Δh为T/P和WGS84两个椭球间的差距（m）；B为纬度（°）；da、db为两个参考椭球长轴、短轴之间的差值（m）。

ICESat/GLAS数据同样采用了线性体制的全波形采样记录模式，跟高分七号卫星激光数据有一定的可比性，但考虑到两个卫星时间间隔较远、没有重复观测的湖面数据，因此主要对比分析了两者的内部一致性。ICESat-2则与高分七号卫星在2020年9月28日同一天经过青海湖，理论上湖面高程应该具有一致性，因此对两者进行了绝对高程精度对比分析。统计在同轨内连续多个激光点高程的标准偏差，除高分七号卫星激光点进行筛选外，ICESat和ICESat-2的激光点也采用中位数绝对偏差方法进行了粗差点剔除，激光点高程精度对比如表9.9所列。

表9.9　青海湖ICESat和高分七号卫星激光点高程精度对比

卫星名称		ICESat	ICESat-2	高分七号卫星	
激光器		GLAS(L3K)	ATLAS	波束1	波束2
获取日期		2008-10-05	2020-09-28	2020-09-28	2020-09-28
剔除前	点数	371	4055	24	26
	高程均值/m	3195.361	3197.803	3197.749	3197.583
	高程标准偏差/m	0.108	0.054	0.084	0.103
剔除后	点数	305	3776	19	23
	高程均值/m	3195.370	3197.798	3197.733	3197.563
	高程标准偏差/m	0.079	0.045	0.051	0.080

从表9.9可以看出，高重频的光子体制的ICESat-2在湖面的高程标准偏差最优，达到了0.045m；ICESat和高分七号卫星同为全波形线性体制，高程标准偏差分别为0.079m、0.051m和0.080m，两者水平基本相当，其中高分

七号卫星的波束1略优。此外，对于同一天经过青海湖的高分七号卫星和ICESat-2，在绝对高程精度方面，高分七号卫星的波束1与ICESat-2分别为3197.733m和3197.798m，两者相差仅6.5cm，但高分二号卫星（GF-2）的波束2与波束1、ICESat-2分别相差17cm和23.5cm，与已有文献中的结论基本一致。

考虑到高分七号卫星与ICESat-2虽然在同一个湖区但地理位置相差较远，因此选取过顶时间相近且激光落点位置相近的哈拉湖，进一步对比ICESat-2和高分七号卫星激光测高数据，验证高分七号卫星激光点的精度及水位测量能力。如图9.17所示，绿色和红色分别代表高分七号卫星和ICESat-2于2020年6月26日、6月18日经过哈拉湖区的激光点，对比结果如表9.10所列。

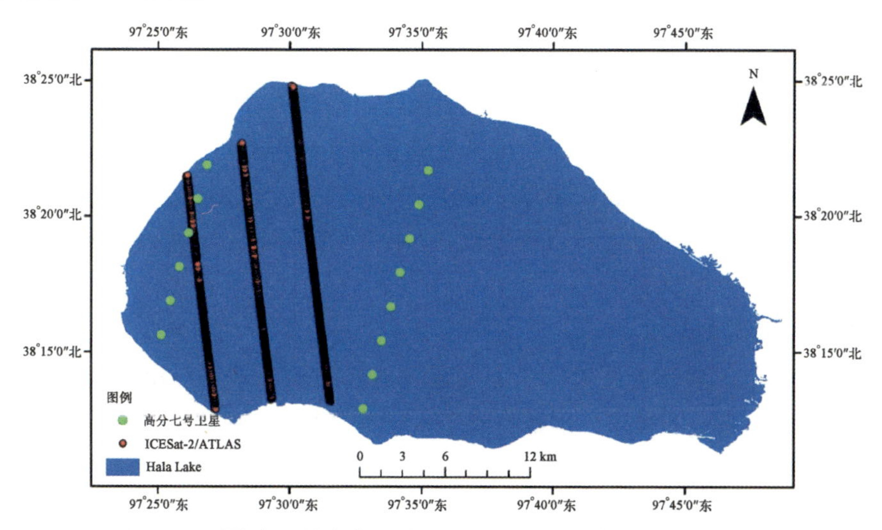

图9.17　哈拉湖区的高分七号卫星和ICESat-2激光点分布示意图

表9.10　哈拉湖区高分七号卫星和ICESat-2激光高程精度对比结果

卫星	ICESat-2						高分七号卫星	
激光器	ATLAS						波束1	波束2
	gt1L	gt1R	gt2L	gt2R	gt3L	gt3R		
获取日期	2020-06-18						2020-06-26	
点总数	485	148	439	171	888	311	6	8
高程均值/m	4081.858	4081.827	4081.924	4081.862	4081.879	4081.860	4081.824	4081.796
高程标准偏差/m	0.033	0.029	0.035	0.093	0.038	0.037	0.035	0.062

从表 9.10 中可以看出，哈拉湖区的高分七号卫星激光点较为稀疏，但内部一致性较好，两波束激光高程偏差分别为 3.5cm 和 6.2cm；高分七号卫星波束 1 与 ICESat-2 的多波束的高程偏差基本接近，GF-2 波束 2 略差但稍好于 ICESat-2 弱波束 gt2R 的高程偏差。取 ICESat-2 的多波束高程平均值 4081.876m 作为参考值，高分七号卫星的两个波束与该值的差值分别为 -5.2cm 和-8.0cm。

9.3 相关行业应用

9.3.1 城市精细化管理[①]

9.3.1.1 城市房屋建筑调查

房屋高度信息对国土空间规划、地震应急和减灾等方面具有非常重要的作用。利用高分七号卫星双线阵相机和激光测高传感器观测数据，计算城市房屋建筑的高度、建筑底面面积、估算建筑层数，分析在城市建筑规模调查业务中的应用能力，可为城市建设规划、城市建筑面积、容积率计算、城区范围划定等业务提供支持。

1）实验区概况

实验区位于陕西省西安市。西安是陕西省省会、副省级市、特大城市、关中平原城市群核心城市，国务院批复确定的中国西部地区重要的中心城市，国家重要的科研、教育、工业基地。同时，西安是国务院公布的首批国家历史文化名城，是世界四大古都之一。房屋建筑高度调查的 4 个区域主要分布在西安市的碑林区和未央区，如图 9.18 所示，建筑类型主要为居住建筑。

2）数据源

数据主要采用高分七号卫星双线阵和激光测高数据，辅助数据包括高分影像底图数据、DEM 数据、城市房屋建筑现状资料、外业采集的建筑物高度数据等。

（1）双线阵数据：GF7_E109.0_N34.3_20200217。

（2）激光测高数据：GF7_0000001613_20200217113812。

---

① 本节内容由住建部卫星遥感应用中心团队完成。

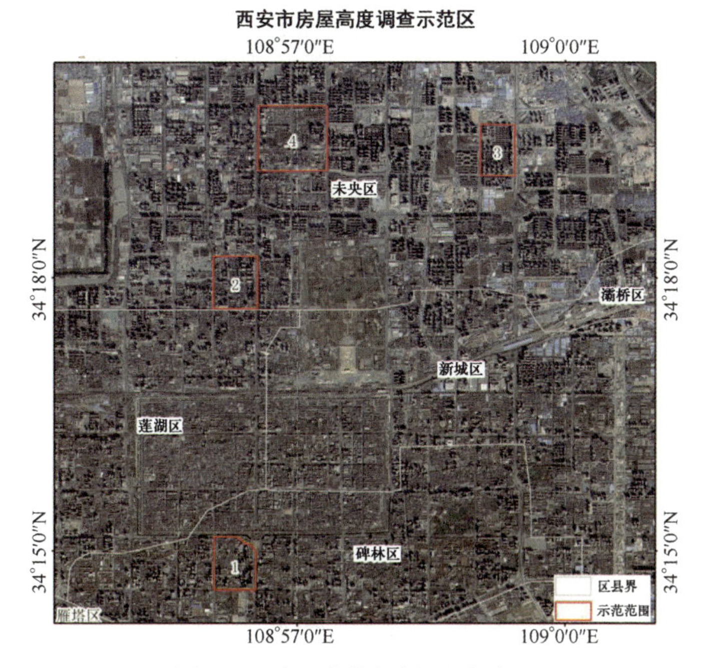

图 9.18 房屋建筑高度调查实验区

3）技术流程

利用高分七号卫星双线阵相机数据制作 DOM 和 DSM 产品，利用 DOM 数据解译建筑物底面，根据 DSM 数据计算建筑物高度，分别评价低层建筑、多层建筑、高层建筑的相关信息，比照参考业务数据和实地调查数据做出评价结论，技术流程如图 9.19 所示，具体步骤如下：

（1）利用实地测量像控点对影像进行预处理，基于高分七号卫星双线阵相机多光谱数据制作 DOM，采用面向对象的监督分类与人工目视解译相结合的方法提取房屋建筑底面。

（2）利用高分七号卫星双线阵相机和激光测高数据制作 DSM，对提取的城市房屋建筑信息赋予高程信息，在每个建筑矢量图斑上赋予具有统计意义的高程值。

（3）高程值小于 9m 的房屋建筑图斑分类为低层建筑，大于 18m 的房屋建筑图斑分类为高层建筑，9~18m（含）的房屋建筑图斑分为多层建筑。

4）结果分析

从建筑物地面识别、建筑物高度识别、建筑物层数识别、最小可识别建筑物底面面积和最小可识别建筑物高度 5 个方面进行应用效果评价分析。调

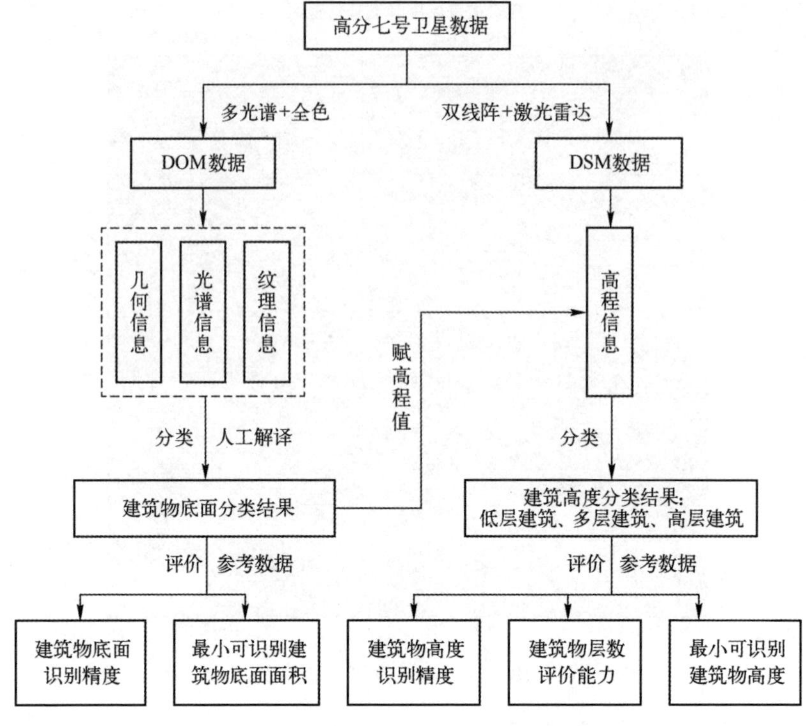

图 9.19　城市房屋建筑高度调查技术流程

查精度统计表如表 9.11 所列。结果显示，高分七号卫星影像对建筑物地面面积和高度的测量能力相对较强，可满足城镇应用评价的需求。

表 9.11　城市建筑调查精度统计表

序号	分析项	指标	指标值
1	建筑物地面面积	房屋数量	16 个
		平均面积差值	9.82m^2
		总体精度	97.61%
2	建筑物高度	房屋数量	47 个
		立体测量高度误差	0.99m
		激光测高数据修正后误差	0.542m
3	建筑物层数	房屋数量	47 个
		平均精度	92.86%
4	最小可识别建筑物底面面积		20m^2
5	最小可识别建筑物高度		2.5m

（1）建筑物地面识别。

通过对西安市多个小区的建筑物提取可以发现，高分七号卫星影像清晰度较高，目视解译可以有效地识别城市建筑物。以城市房屋建筑现状资料做参考，将建筑地面分类结果建立起混淆矩阵，评价建筑物地面面积识别精度。如表 9.11 所列，建筑物地面面积检测的房屋数量为 16 个，平均面积偏差为 9.82m^2，建筑物地面面积估算总体精度为 97.61%。

（2）建筑物高度识别。

以城市房屋建筑现状资料做参考，在立体环境实测建筑物在高分七号卫星影像上的高度，并采用全站仪设备实地测量建筑物高度，将实测高度与立体测量高度进行比对，评价建筑物高度识别精度。同时，将处理后的西安市高分七号卫星激光测高数据与激光点位的实测数据进行对比分析，进行绝对高度的激光测量误差分析。根据立体影像与足印相机影像等效平差处理的模型，通过将立体影像的局部区域等效成面阵影像，根据等效面阵影像与足印影像上同名像点坐标差异，将足印影像和立体影像进行联合区域网平差处理，并针对立体测量建筑物高度进行误差修正，获得修正后立体像对建筑物高度，并对其进行精度评价。

通过实地测量西安建筑物高度对高分七号卫星立体影像进行精度验证，从表 9.11 所列的验证结果可以看出，高分七号卫星立体测高精度中误差为 0.99m，经过激光测高数据与双线阵数据联合平差并修正线阵测高数据后，高分七号卫星立体测高中误差为 0.542m。

（3）建筑物层数识别。

在保证建筑物分类结果可靠的前提下，测试建筑物层数的识别能力，首先进行精度分析（1-偏差层数/总层数）×100%，然后根据精度分析结果给出定性结论。建筑物层数估算平均精度如表 9.11 所列，根据实地测量楼房层数与在高分七号卫星立体影像中测量高度估算层数进行对比，平均层数估算精度约 92.86%。经现场调查分析，误差原因在于部分楼层包含底层商铺，实际层高高于估算时采用的 3m 平均层高，因此误差偏大；若去除包含底层商铺的商业楼宇，实测楼层数与高分七号卫星评估层数几乎一致。

（4）最小可识别建筑物底面面积。

在保证建筑物分类结果可靠的前提下，评价具有一定统计意义的建筑物底面最小可识别面积。如表 9.11 所列，最小可识别建筑物底面面积约 5×6pixel，面积约 20m^2。

（5）最小可识别建筑物高度。

以城市房屋建筑现状资料做参考，建立起建筑高度的卫星估算值与真实值的相关关系，评价具有一定统计意义的最小可识别高度。如表 9.11 所列，最小可识别建筑物高度约 2.5m。

9.3.1.2　城市绿地垂直结构分类

城市绿地垂直结构一般是乔木植被和灌木植被。从城市园林应用角度出发，灌木一般不超过 1m，而乔木多为 3m 以上。城市绿地垂直结构信息是城市绿量和生物量估算的重要信息之一，利用高分七号卫星双线阵相机和激光测高仪，计算城市绿地覆盖区域的植被高度信息，区分城市绿地中的乔木植被和低矮灌木植被，可为城市园林绿化管理、城市人居环境和城市体检等业务提供技术支持。

1）实验区概况

实验区位于广州市海珠区、越秀区，选定上涌果树公园、广州动物园、中山大学广州校区南校园。广州地处中国南部、珠江下游、濒临南海，是国家物流枢纽，国家综合性门户城市，首批沿海开放城市，是中国通往世界的南大门，粤港澳大湾区、泛珠江三角洲经济区的中心城市，以及“一带一路”的枢纽城市。3 个区域涵盖了典型的城市绿地垂直结构分类类型，如图 9.20 所示。

2）数据源

数据主要采用高分七号卫星双线阵相机和激光测高数据，辅助数据包括高分影像底图数据、DEM 数据、城市绿地业务管理资料、外业采集的城市绿地数据等。

（1）双线阵数据：GF7_E113.3_N23.1_20200314。

（2）激光测高数据：GF7_0000002010_20200314124546。

3）技术流程

利用高分七号卫星双线阵相机数据制作 DOM 和 DSM 产品，利用 DOM 光谱和纹理差异提取城市绿地，根据 DSM 高程信息对城市绿地垂直结构进行分类，识别出乔木植被和低矮植被两种类型，比照参考业务数据和实地调查数据做出评价结论，技术流程如图 9.21 所示，具体步骤如下：

（1）利用高分七号卫星多光谱数据制作 DOM，采用分类方法采用监督分类与人工目视解译相结合的方法提取城市绿地。

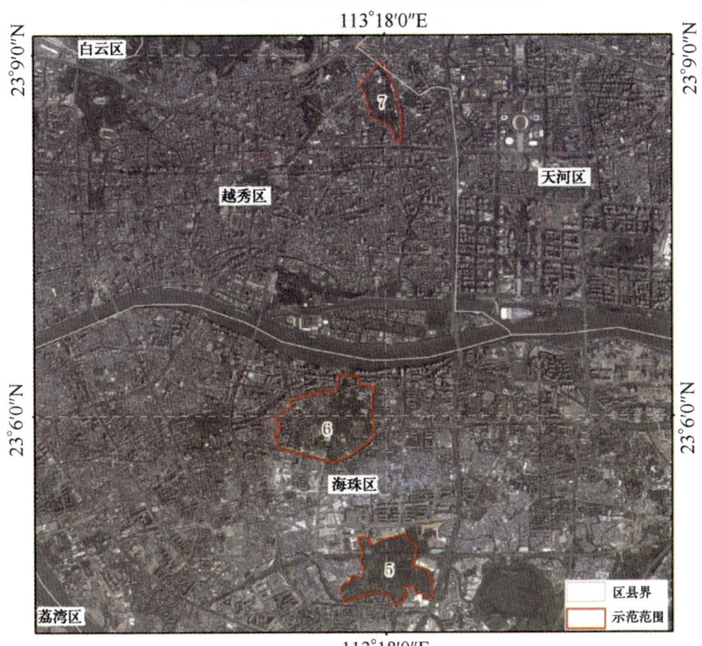

图 9.20　城市绿地垂直结构分类实验区

（2）利用高分七号卫星双线阵相机和激光测高数据制作 DSM，对提取的城市绿地信息赋予高程信息，结合 DOM 光谱纹理信息，对城市绿地矢量图斑进行图像分割处理，在每个矢量图斑上赋予具有统计意义的高程值。

（3）高程值大于 1.5m 的绿地图斑分类为乔木植被，小于等于 1.5m 的绿地图斑分类为低矮植被。

4）结果分析

从城市绿地识别精度、城市绿地垂直结构分类精度、绿地垂直结构最小可识别面积、绿地垂直结构最小可识别高度 4 个方面进行应用效果评价分析。垂直结构分类精度统计表如表 9.12 所列。结果显示，高分七号卫星数据可以满足城市园林绿化管理、城市人居环境和城市体检等业务应用需求。

表 9.12　城市绿地垂直结构分类精度统计表

序号	分析项	指标	指标值
1	城市绿地识别分类	分类总体精度	92%
2	垂直高度检测	绿地数量	40 个
		立体测量高度误差	0.67m
		激光测高数据修正后误差	0.54m

续表

序号	分析项	指标	指标值
3	垂直结构分类	绿地数量	127个
		总体精度	92.91%
4	绿地垂直结构最小可识别面积		20m²
5	绿地垂直结构最小可识别高度		2.5m

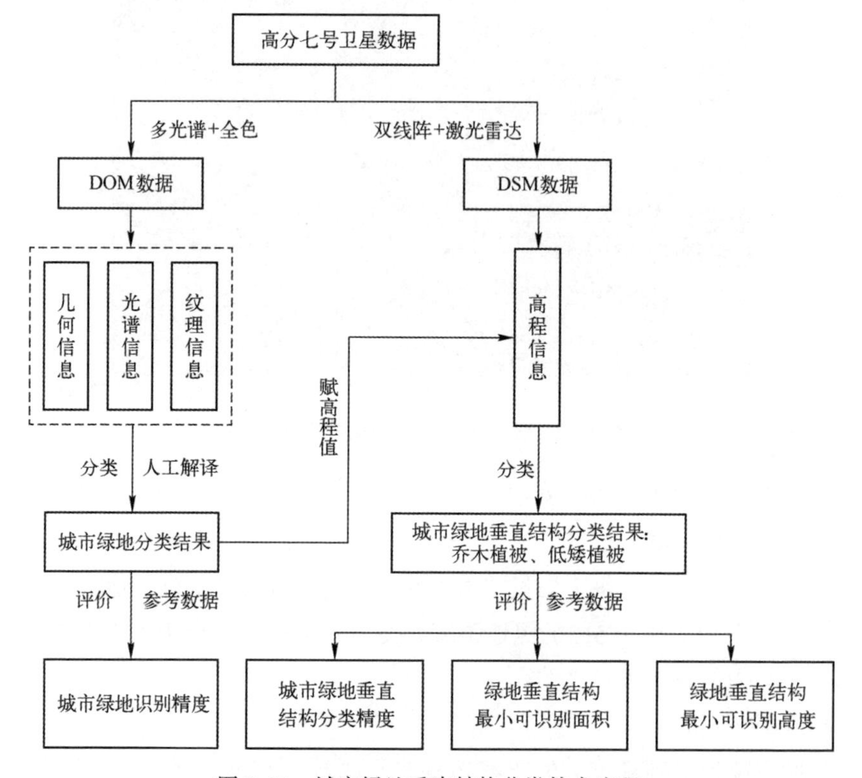

图9.21 城市绿地垂直结构分类技术流程

(1) 城市绿地识别精度。

针对广州市城市内部的上涌果树公园、广州动物园、中山大学广州校区南校园范围内的城市绿地进行解译识别。以实地调查的绿地类型作为验证，并与绿地图斑分类结果建立起混淆矩阵，评价城市绿地识别精度。经分析，分类总体精度达到92%，其中附属绿地、防护绿地、公园绿地基于面向对象思想，采用自动分类+人机交互解译修正的方式进行分类。对每一类别进行精度分析，其中：附属绿地生产者精度与用户精度均为87.5%；防护绿地生产者精度与用户精度分别为87.5%；公园绿地生产者精度与用户精度均为 100%。

（2）城市绿地垂直结构分类精度。

以实地测量城市绿地高度数据作为参考，将绿地垂直结构分类结果（乔木植被和低矮植被）建立起混淆矩阵，评价城市绿地垂直结构分类精度。同时，将处理后的高分七号卫星激光测高数据与激光点位的实测数据进行对比分析，进行绝对高度的激光测量误差分析。根据立体影像与足印相机影像等效平差处理的模型，通过将立体影像的局部区域等效成面阵影像，根据等效面阵影像与足印影像上同名像点坐标差异，将足印影像和立体影像的联合区域网平差处理，并针对立体测量建筑物高度进行误差修正，获得修正后立体像对建筑物高度，以对其进行精度评价。

结果显示，高分七号卫星立体测量植被高度的中误差为 0.672m，经激光测高数据与线阵影像联合平差后修正线阵影像立体测高精度中误差修正为 0.538m。城市绿地垂直结构分类总体精度为 92.91%，其中：低矮植被分类生产者精度为 91.23%，用户精度 92.86%；乔木植被分类生产者精度 94.29%，用户精度 92.96%。

（3）绿地垂直结构最小可识别面积。

在保证城市绿地垂直结构分类结果可靠的前提下，评价具有一定统计意义的最小可识别面积。城市绿地分类测试试验区主要涉及的是广州市的影像，覆盖该测区的影像中可识别的最小地物。考虑了人眼识别存在误差以及个人主观原因，在真彩色合成中，最小可识别图斑以树木为例，由于树木的边界比较模糊，单个树木的可识别图斑约为 5×6pixel，面积约为 $20m^2$。

（4）绿地垂直结构最小可识别高度。

以城市绿地现状资料做参考，建立起绿地高度与绿地垂直结构的相关关系，评价具有一定统计意义的最小可识别高度。考虑了人眼识别存在误差以及个人主观原因，在立体环境中，最小可识别图斑以楼房为例，由于楼房的边界比较模糊，单体楼房的可识别最小高度约为 2.5m。

9.3.1.3　市政道路立体交通设施调查

市政道路信息是城市市政管理的基础，立交桥等立体交通设施是市政道路管理的重点，利用高分七号卫星双线阵相机和激光测高传感器，提取市政道路要素，并通过高度信息识别出立体交通设施，评价其在市政道路立体交通设施调查业务中的应用能力，可为城市市政基础设施管理、城市内涝监测等提供支持。

1）实验区概况

实验区位于广州市天河区、越秀区，如图 9. 22 所示。三个区域包含了主干路、次干路、快速路、支路等多种城市道路类型。

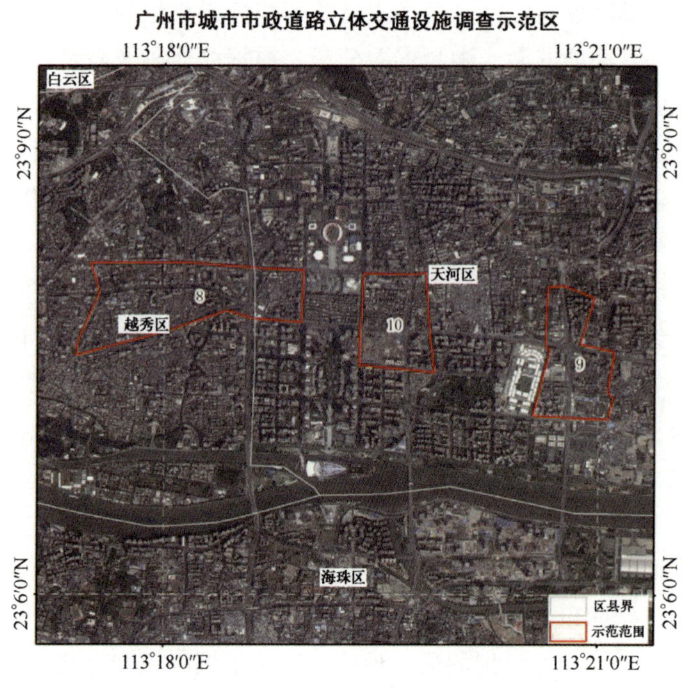

图 9. 22　市政道路立体交通设施调查实验区

2）数据源

数据主要采用高分七号卫星双线阵和激光测高数据，辅助数据包括高分影像底图数据、DEM 数据、广州市道路网矢量数据、外业采集的城市道路信息等。

（1）双线阵数据：GF7_E113. 3_N23. 1_20200314。

（2）激光测高数据：GF7_0000002010_20200314124546。

3）技术流程

利用高分七号卫星双线阵相机数据制作 DOM 和 DSM 产品，利用 DOM 数据解译城市市政道路，根据 DSM 数据计算城市市政道路的高度，进而识别出立体交通设施，对立体交通设施的规模进行评价，比照参考业务数据和实地调查数据做出评价结论，技术流程如图 9. 23 所示，具体步骤如下：

（1）利用高分七号卫星双线阵相机多光谱数据制作 DOM，采用监督分类与人工目视解译相结合的方法提取城市道路。

（2）利用高分七号卫星双线阵相机和激光测高数据制作 DSM，对提取的城市道路信息赋予高程信息，将道路拆分成一定长度的路段，在每条路段上赋予具有统计意义的高程值。

（3）相交道路（路段）高差值大于 4.5m 的路段是为立交桥。

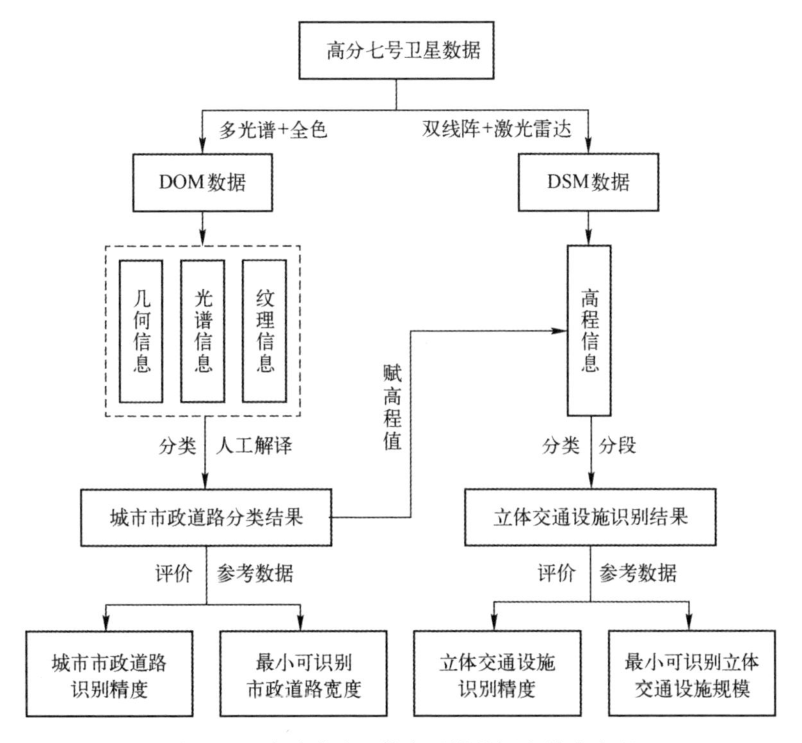

图 9.23　市政道路立体交通设施调查技术流程

4）结果分析

从城市市政道路识别精度、立体交通设施识别精度、最小可识别市政道路宽度、最小可识别立体交通设施规模 4 个方面进行应用效果评价分析。市政交通设施调查精度统计表如表 9.13 所列。结果显示，高分七号卫星对城市市政交通设施类型、交通设施高度的识别精度较高，可满足城市交通规划设计等相关应用需求。

表 9.13　市政交通设施调查精度统计表

序号	分　析　项	指　标	指标值
1	城市市政道路识别	分类总体精度	97.22%

续表

序号	分 析 项	指 标	指标值
2	垂直高度检测	立体交通设施数量	40个
		立体测量高度误差	0.71m
		激光测高数据修正后误差	0.57m
3	立体交通设施分类	立体交通设施数量	101个
		总体精度	95.45%
4	最小可识别市政道路宽度		1.5m
5	最小可识别立体交通设施规模		$20m^2$

（1）城市市政道路识别精度。

以城市市政道路现状资料做参考，将城市市政道路分类结果建立起混淆矩阵，评价城市市政道路识别精度。结果显示，城市市政道路识别总体精度为97.22%，其中：次干路识别用户精度和生产者精度均为100%；快速路用户精度为91.67%，生产者精度为100%；支路用户精度和生产者精度均为100%；主干路用户精度为100%，生产者精度92.30%。

（2）立体交通设施识别精度。

以城市市政道路现状资料做参考，将各类市政道路立体测量结果与实地测量结果进行对比，评价立体交通设施测量精度，并以4.5m为阈值，区分立交桥与普通道路，针对分类结果构建混淆矩阵，评价立体交通设施分类精度。通过实地测量广州市道路及立交桥高度对高分七号卫星立体影像进行精度验证，验证结果可见，高分七号卫星道路立交桥立体测高精度中误差为0.707m，经激光测高联合平差后，对双线阵相机测高数据进行修正，修正后高分七号卫星立交桥立体修正后测高中误差为0.573m。立体交通设施识别的总体精度为95.45%，其中：立交桥识别用户精度为94.12%，生产者精度均为88.89%；普通道路用户精度为95.92%，生产者精度为97.92%。

（3）最小可识别市政道路宽度。

在保证城市道路分类结果可靠的前提下，评价具有一定统计意义的最小可识别市政道路宽度，并根据融合后真彩色影像解译分析。如表9.13所列，在无树木等遮挡情况下，最小可识别市政道路宽度约为1.5m。

（4）最小可识别立体交通设施规模。

在保证城市道路和立体交通设施分类结果可靠的前提下，评价最小可识别立体交通设施规模，包括多层立体交通设施高度、道路宽度、立体结构等。

如表 9.13 所列，最小可识别天桥宽度约 1.5m，最小可识别交通设施面积约 $20m^2$。

9.3.1.4　历史文化街区保护

历史文化街区是经省、自治区、直辖市人民政府核定公布的保存文物特别丰富，历史建筑集中成片，能够较完整和真实地体现传统格局和历史风貌，并具有一定规模的区域。我国《历史文化名城名镇名村保护条例》要求，对于历史文化街区应实行分类保护，历史建筑应当保持原有的高度、体量，新建构筑物、建筑物要符合保护规划确定的建设控制要求。利用高分七号卫星数据提取历史文化街区内的建筑物及其高度信息，结合保护规划，识别提取核心保护范围和建设控制地带中违法建设的建筑物和违反高度控制的建筑物。

1）实验区概况

实验区位于江西省景德镇市。景德镇是世界瓷都，国务院首批公布的 24 座历史文化名城之一和国家甲类对外开放地区。实验区范围示意图如图 9.24 所示，区域内涵盖了历史文化街区的核心保护范围和建设控制地带。

景德镇市城市历史文化街区保护应用示范范围

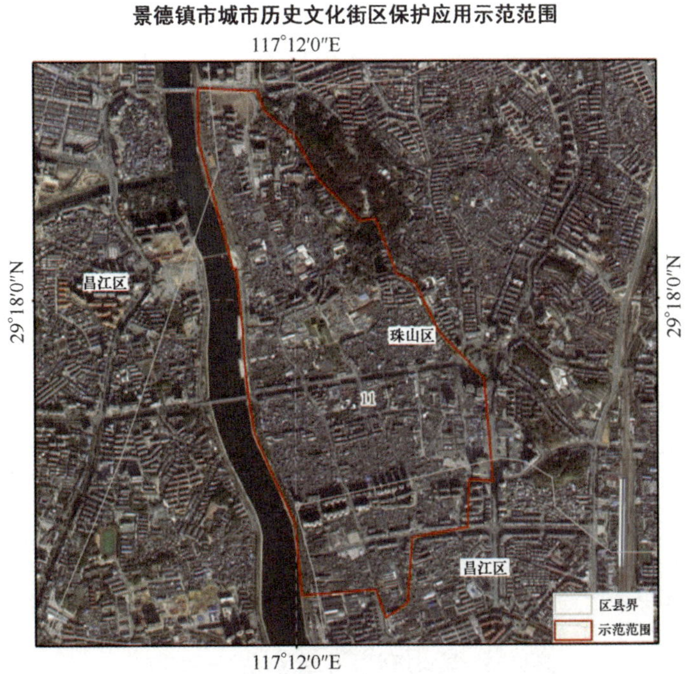

图 9.24　历史文化街区保护实验区范围示意图

2）数据源

数据主要采用高分七号卫星双线阵和激光测高数据，辅助数据包括高分影像底图数据、DEM 数据、景德镇市历史文化名城保护规划资料、外业采集的城市道路信息等。

（1）双线阵数据：GF7_E117.2_N29.3_20191212。

（2）激光测高数据：GF7_0000000595_20191212110005。

3）技术流程

利用高分七号卫星双线阵相机数据制作 DOM 和 DSM 产品，提取核心保护范围中的建筑物，与规划相对比，识别违法建筑物；提取建设控制地带的建筑物高度，与规划相对比，识别违法建筑物，通过实地调查数据做出评价结论。技术流程如图 9.25 所示，具体步骤如下：

（1）利用高分七号卫星双线阵相机多光谱数据制作 DOM，采用监督分类与人工目视解译相结合的方法，提取核心保护范围和建设控制地带的历史建筑物底面。

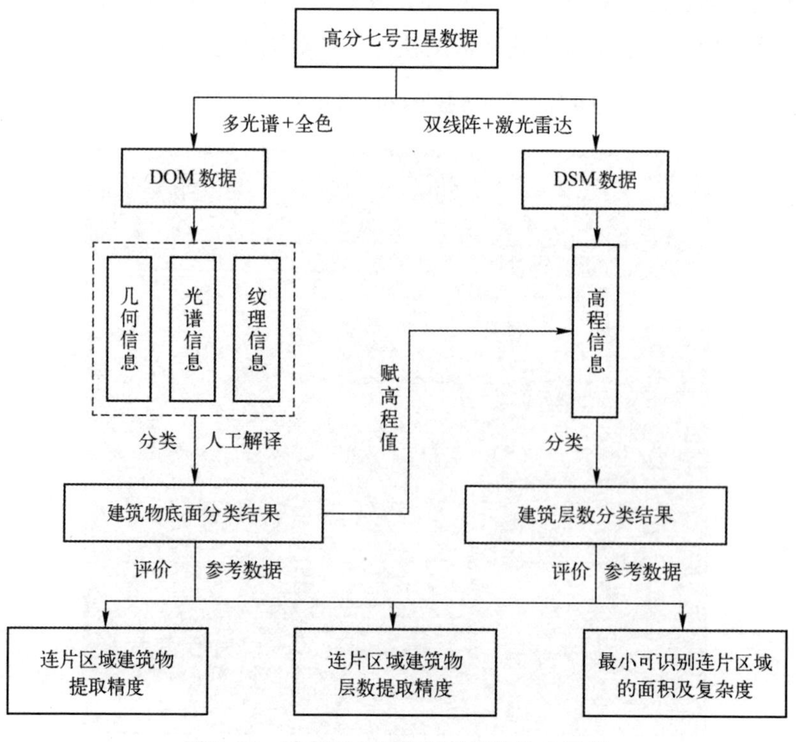

图 9.25　城市历史文化街区保护技术流程

（2）利用高分七号卫星双线阵相机和激光测高数据制作 DSM，对提取的历史建筑信息赋予高程信息，在每个历史建筑矢量图斑上赋予具有统计意义的高程值。

（3）计算建设控制地带新增建筑物和建筑高度信息，计算核心保护范围内历史建筑底面和高度的变化情况，分析相关违法违规的建设行为。

4）结果分析

从连片区域建筑物提取精度、连片区域建筑物层数提取精度、最小可识别连片区域的面积三个方面进行应用效果评价分析。历史文化街区保护信息提取精度统计表如表 9.14 所列。结果显示，高分七号卫星对于历史文化街区内核心保护范围建筑物类型识别和建设控制地带建筑物高度测量精度可满足要求，可为历史文化街区保护提供信息支撑。

表 9.14　历史文化街区保护信息提取精度统计表

<table>
<tr><th>序号</th><th>分析项</th><th>指标</th><th>指标值</th></tr>
<tr><td rowspan="3">1</td><td rowspan="3">连片区域建筑物高度检测</td><td>建筑数量</td><td>41 个</td></tr>
<tr><td>立体测量高度误差</td><td>0.95m</td></tr>
<tr><td>激光测高数据修正后误差</td><td>0.75m</td></tr>
<tr><td rowspan="3">2</td><td rowspan="3">连片建筑物面积</td><td>建筑数量</td><td>25 个</td></tr>
<tr><td>平均面积差值</td><td>4.46m^2</td></tr>
<tr><td>总体精度</td><td>97.87%</td></tr>
<tr><td rowspan="2">3</td><td rowspan="2">连片区域建筑层数</td><td>建筑数量</td><td>36 个</td></tr>
<tr><td>总体精度</td><td>83.59%</td></tr>
<tr><td>4</td><td colspan="2">最小可识别建筑物底面面积</td><td>20m^2</td></tr>
<tr><td>5</td><td colspan="2">最小可识别连片区域的面积</td><td>200m^2</td></tr>
</table>

（1）连片区域建筑物提取精度。

以保护规划作参考，将建筑分类结果建立起混淆矩阵，评价历史文化街区内连片区域建筑物提取精度，并针对处理后的景德镇的高分七号卫星激光测高数据与激光点位的实测数据进行对比分析，进行绝对高度的激光测量误差分析。根据立体影像与足印相机影像等效平差处理的模型，通过将立体影像的局部区域等效成面阵影像，根据等效面阵影像与足印影像上同名像点坐标差异，将足印影像和立体影像的联合区域网平差处理，并针对立体测量建筑物高度进行误差修正，获得修正后立体像对建筑物高度，以对其进行精度评价。

通过实地测量景德镇古城保护区连片区的建筑物高度对高分七号卫星立体影像进行精度验证，验证结果可见，高分七号卫星立体测高精度中误差为0.95m，经与激光测高数据联合平差并修正后，高分七号卫星双线阵影像测高精度中误差为0.75m，平面面积精度为97.87%。

（2）连片区域建筑物层数提取精度。

以保护规划做参考，计算建筑层数，根据建筑层数估算结果建立起混淆矩阵，评价历史文化街区内连片区域建筑物层数提取精度。根据实地测量景德镇历史街区房屋层数与在高分七号卫星立体影像中测量高度估算层数进行对比，平均层数估算误差约83.59%。经现场调查分析，误差原因在于部分房屋底层为商铺，层高为较高，层高度高于估算时采用的3m平均层高，因此误差偏大；去除部分单层高度较高房屋后，平均层数估算精度可提高至92.5%以上。

（3）最小可识别连片区域的面积。

在保证建筑物底面和层数分类结果可靠的前提下，评价具有一定统计意义的建筑物底面最小可识别连片区域的面积。以景德镇历史文化名城保护规划资料做参考，结合实地调查测量数据，评价具有一定统计意义的建筑物底面最小可识别面积，最小可识别建筑物底面面积约5×6pixel，面积约$20m^2$。以景德镇三间庙历史文化名城保护规划资料做参考，结合实地调查测量数据，评价具有一定统计意义的建筑物最小可识别连片区域的面积。如表9.14所列，最小可识别连片区域的面积约$200m^2$。

9.3.2 农业统计调查①

9.3.2.1 主要粮食作物识别

利用高分七号卫星数据，识别提取冬小麦种植区域。基于参考野外实地调查数据，辅助专家目视解译冬小麦分布，将人工数字化的冬小麦分布结果作为参考值评估高分七号卫星影像机器学习算法自动识别冬小麦的精度。

1）实验区

实验区位于河北省衡水市景县，地处河北省东南部，衡水市东部，紧邻山东省德州市，大运河西岸，地处环京津、环渤海经济开发地区和京津、石家庄、济南三角经济中心地带，总面积$1188km^2$，县内耕地约125万亩。

① 本节内容由国家统计局数据管理中心团队完成。

2）数据源

主要采用的数据源包括高分七号卫星后视多光谱、后视全色和前视全色数据以及冬小麦野外调查数据。其中，高分七号卫星数据为连续的三景，数据 ID 为 GF7_E116. 2_N37. 4_20200427、GF7_E116. 3_N37. 6_20200427、GF7_E116. 3_N37. 8_20200427。数据分布如图 9. 26 所示。

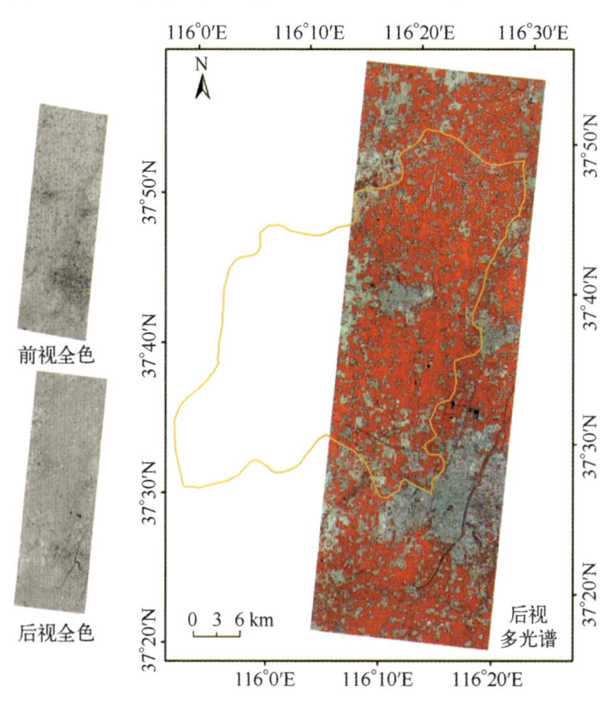

图 9. 26　高分七号卫星遥感影像及研究区范围示意图

野外调查数据共采集 131 个地表覆盖点位信息，共调查了冬小麦、林地、草地、裸地、油菜、大棚、地膜蔬菜和向日葵等地物类型，其中：冬小麦 67 个样点；林地 14 个样点；草地 7 个样点；裸地 15 个样点；蔬菜 11 个样点；油菜采集 7 个样点；其他地物类型 10 个样点。

为获取大面积冬小麦的参考值分布情况，依据野外数据和高分融合影像，在研究区耕地范围内，进行了为期三天的冬小麦的人工目视解译工作，获取了人工数字化的冬小麦分布范围数据，作为真值对遥感解译结果进行验证。

3）技术方法

本实验采用面积识别精度、空间识别精度指标进行冬小麦识别精度的评价。

4）结果分析

基于高分七号卫星影像的2020年景县冬小麦识别结果如图9.27所列和表9.15所列。经统计，冬小麦空间识别精度达到93.04%，面积识别精度达到92.53%。统计人工数字化识别冬小麦面积为54.74万亩，遥感识别冬小麦面积为50.65万亩，计算得到冬小麦识别面积偏差为-0.0747，故区域面积识别精度为92.53%。结果说明，高分七号卫星影像在作物面积测量方面具有良好的应用潜力，可为农业统计提供高分辨率影像数据源保证，进一步提高农业统计调查的空间技术水平。

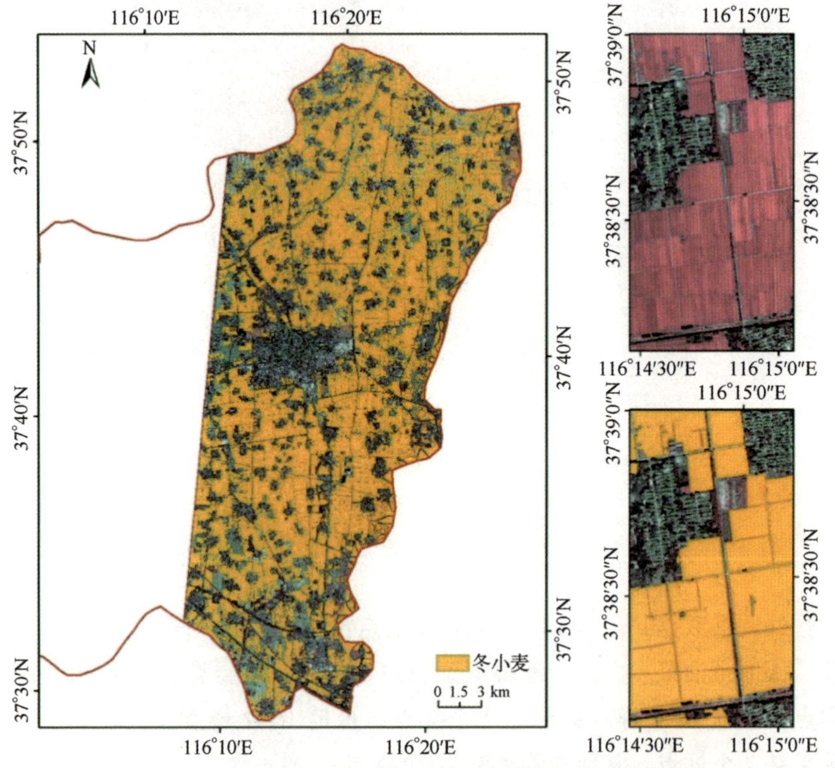

图9.27　基于高分七号卫星影像的景县冬小麦分布识别

表9.15　冬小麦识别混淆矩阵

分　类	真值/pixel			用户精度/%
	冬小麦	其他	汇总	
冬小麦	15235	1405	16640	94.53
其他	881	13225	14106	90.40
汇总	16116	14630	30746	
制图精度/%	91.56	93.75		

9.3.2.2　农作物用地动态变化检测

利用高分七号卫星、高分一号（GF-1）卫星数据，基于深度学习模型进行农作物用地动态变化检测。通过对比野外参考数据，提取农作物用地变化的发生区域，并与已有的监测成果数据、农作物覆盖历史数据进行比对分析，评价卫星数据对农作物用地动态变化检测的适用性。

1）实验区概况

实验区与主要粮食作物识别的一致，均为河北省衡水市景县。

2）数据源

数据源包括高分七号卫星影像、多期GF-1卫星影像以及两期人工数字化的农作物分布范围数据。其中，高分七号卫星影像与主要粮食作物识别的数据源相同；GF-1影像的获取时间为2015年10月20日、2016年1月6日、2016年2月16日和2016年4月9日，影像分布如图9.28所示；两期参考数据分别为2016年和2020年农作物范围数字化结果。

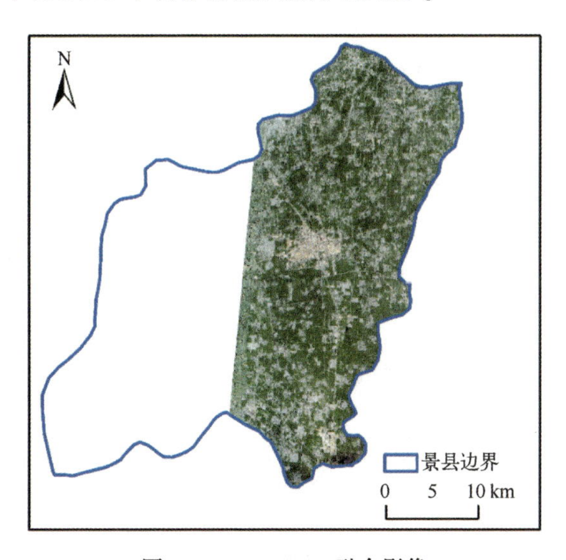

图9.28　GF-1 2m融合影像

3）技术方法

采用农作物用地识别精度和动态变化检测精度作为精度评价指标。

农作物用地识别精度评价是以农作物用地的数字化结果为依据，对深度学习模型识别出的农作物用地分布构建误差矩阵，进行农作物用地遥感识别。

农作物用地动态变化检测精度评价是在农作物用地识别的基础上进一步

进行变化检测，以变化检测误差矩阵的总体精度作为农作物用地变化检测的变更情况识别精度。

4）结果分析

（1）农作物识别精度分析。

农作物用地识别结果如图9.29所示，由右边的细节展示图可以发现农作物用地可以较好地被提取出来。根据农作物用地识别混淆矩阵（表9.16），计算得到的基于深度学习的农作物用地识别精度为91.53%。

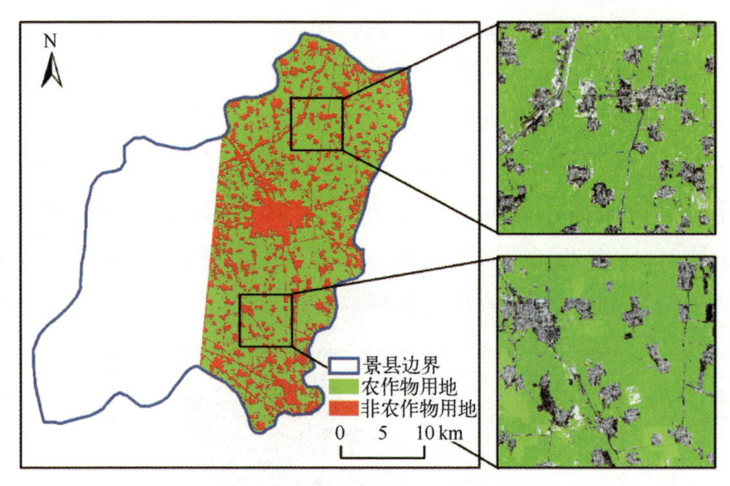

图9.29 基于深度学习模型的农作物用地识别结果

表9.16 农作物用地识别混淆矩阵

单位：pixel

真实结果	分类结果		
	农作物用地	非农作物用地	总数
农作物用地	887252850	132437876	1019690726
非农作物用地	36442573	356212145	392654718
总数	923695423	488650021	1412345444

（2）农作物用地变化检测及其精度分析。

农作物用地变化检测结果如图9.30、图9.31所示，表9.17所列为农作物用地变化检测混淆矩阵。由图9.30和图9.31可以明显看出，存在不变化区域被误分为变化区域，经过细节放大展示发现其原因在于比较亮的未种植作物的农作物用地和道路旁边的一些农作物用地被误分为非农作物用地。定量评价结果可得，基于深度学习模型的农作物用地变化检测检测精度为88.04%，变更区域面积识别精度为85.8%。

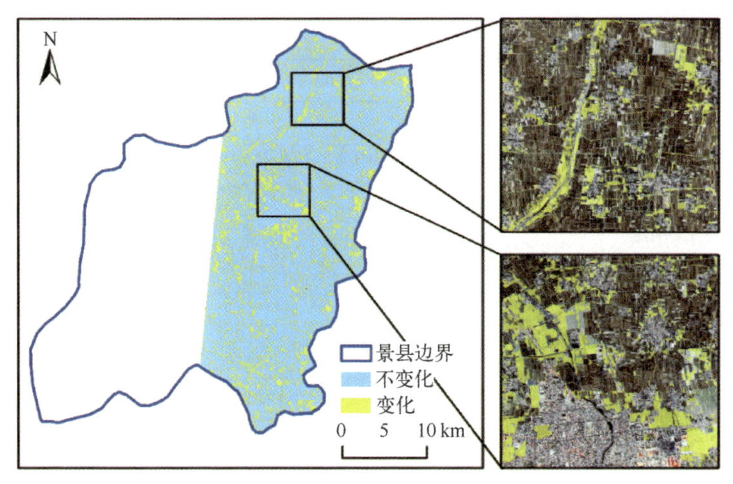

图 9.30　基于深度学习模型的农作物用地变化检测结果

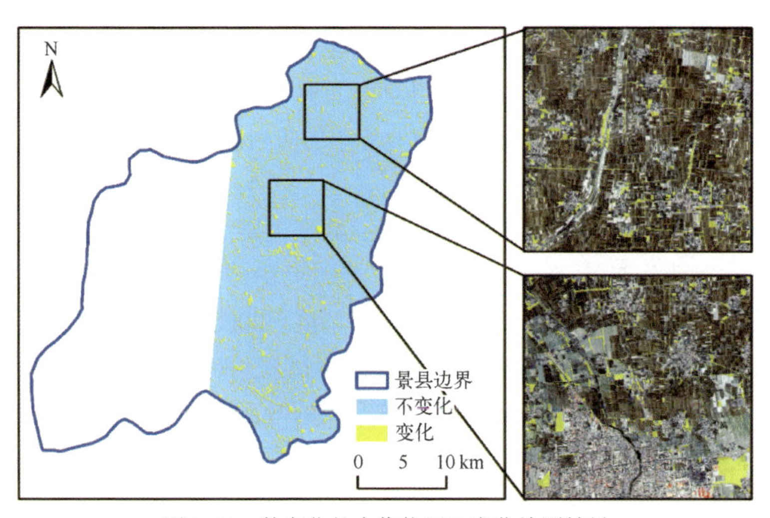

图 9.31　数字化的农作物用地变化检测结果

表 9.17　农作物用地变化检测混淆矩阵

单位：pixel

真实结果		分类结果				总数
		不变化	不变化	变化	变化	
		农作物用地→农作物用地	非农作物用地→非农作物用地	农作物用地 非农作物用地	非农作物用地→农作物用地	
不变化	农作物用地 农作物用地	876689970	0	119688929	0	996378899
不变化	非农作物用地 非农作物用地	0	304431416	0	13511918	317943334

续表

真实结果		分类结果				总数
		不变化	不变化	变化	变化	
		农作物用地→农作物用地	非农作物用地→非农作物用地	农作物用地非农作物用地	非农作物用地→农作物用地	
变化	农作物用地非农作物用地	22930655	0	51780729	0	74711384
变化	非农作物用地农作物用地	0	12748947	0	10562880	23311827
总数		899620625	317180363	171469658	24074798	1412345444

9.3.2.3 农作物叶面积指数遥感反演应用测试

利用高分七号卫星影像多光谱数据，通过计算 NDVI、IDVI 等植被指数，构建统计模型，反演获得冬小麦的叶面积指数，测试高分七号卫星影像多光谱数据在农作物叶面积指数遥感反演业务中的应用能力。

1）实验区及数据源

实验区位于北京市顺义区张镇区域，数据主要为高分七号卫星影像多光谱数据，空间分辨率 2.63m×2.61m。数据 ID 为 GF7_E117.0_N40.2_20200427。为了验证遥感叶面积指数估算精度，2020 年 4 月 23 日和 4 月 27 日，开展了两次高分七号卫星观测野外同步试验。利用 LAI-2000 冠层分析仪，在高分七号卫星计划观测地区对冬小麦的叶面积指数进行测量，最终形成了一套与高分七号卫星影像获取时间相匹配的 2020 年 4 月 27 日地面实测数据。

2）技术方法

通过高分七号卫星影像多光谱数据，进行冬小麦叶面积指数反演，利用地面实测数据计算反演精度，并依据反演精度评价高分七号卫星影像可见光、近红外数据在农作物叶面积指数反演方面的应用潜力。具体方法如下：

（1）遥感数据预处理。在原始数据的基础上进行辐射定标，从而获得大气层顶表观辐亮度数据。在获得经辐射定标的大气层顶表观辐亮度数据后，利用 ENVI 软件的 FLAASH 模块进行大气校正，从而获得地表反射率数据。在此基础上，利用红光波段和近红外波段的地表反射率数据，计算归一化差值植被指数（NDVI）和反转差值植被指数（IDVI），并结合地面实测冬小麦叶面积指数数据，构建冬小麦叶面积指数反演模型。

1）实验区及数据源

实验区为云南省昆明市24个项目和北京市房山区的6个项目。高分七号卫星光学数据ID为GF7_E102.8_N24.9_20191224和GF7_E116.0_N39.8_20200228。同时，为了对大型工程设备识别精度以及图斑变化的识别精度进行验证，选取北京房山区的6个项目进行实地数据的采集，对投资项目建设的图斑变化情况进行统计。

2）技术方法

采用高分七号卫星全色影像与多光谱影像，在经过配准融合的预处理后，按照投资项目动态监测技术相关规范和要求，开展固定资产投资项目真实性检验，识别项目区大型工程设备、项目区变化情况评价，评估高分七号卫星光学立体数据在判别固定资产投资统计项目真实性方面的应用潜力。大型工程设备精度识别主要是对比分析前后时相遥感影像，解译表达图斑位置、范围和变化前后类型的过程。以监测区为评定单元，逐图斑检查，计算图斑正确率。

3）结果分析

为了验证大型工程设备识别检测的精度，利用实地采集数据，对比影像识别提取的结果，计算大型工程设备的检测精度为85.71%。大型工程设备（主要是施工塔吊）识别结果示例如图9.33所示。

图9.33　大型工程设备识别结果示例

随机选取10个项目，利用多时相高分辨率历史影像对图斑变化进行识别，对比高分七号卫星影像图斑变化检测的结果。计算可知，图斑变化识别正确率为 88.24%。图斑变化识别结果示例如图 9.34 所示。结果显示，高分七号卫星影像对固定资产投资的重大项目真实性检验具有良好的适用性。

图 9.34　图斑变化识别结果示例

9.3.3.2　项目投资进度监测应用测试

利用高分七号卫星双线阵立体相机数据（前后视相机立体像对数据、多光谱数据、激光雷达数据）综合获取在建建筑物的高度，实现对投资项目的在建面积检测、建筑物高程检测，实现投资项目进度的立体估计；结合其他成果资料及外业查证资料，综合评价其在固定资产投资项目分类的适用性。

1）实验区与数据源

实验区与固定资产投资项目核查相同。数据源方面，在高分七号卫星两线阵影像数据的基础上，增加了激光测高数据 GF7_0000000778_20191224115701。为了验证项目建筑物高度检测精度，选取了北京市房山区项目区域的 10 个建筑物进行实地的建筑物高度调查与测量。

2）技术方法

采用 DSM 法、阴影法和激光测高法对建筑物的高度信息进行提取。

（1）DSM 法。基于高分七号卫星立体成像数据获取试验区域的 DSM（数字地表模型），进而提取建筑物高度信息。利用计算机自动识别同名点，使同名点匹配误差控制在 1pixel 以内，再利用三维立体测量工具获取对应地面点的高度信息。通过分析计算建筑物与地面在 DSM 中的高程差值，即可得到建筑物高度信息。

（2）阴影法。基于高分七号卫星立体像对的倾斜观测，在成像条件有利的情况下，利用建筑物的阴影进行建筑物高度的计算。

（3）激光测高法。激光雷达可以直接量测激光扫描仪与地形之间的距离，获取地面反射点的三维坐标。因此，可以利用激光测高数据提取建筑高度信息。

3）结果分析

DSM 法和阴影法提取的建筑物高度、10 个实地调查或测量的建筑物高度及对应两种方法提取的建筑物高度如表 9.18 所列。计算可得，DSM 提取的建筑物高度均方根误差为 1.49m，整体精度达到 97.06%；阴影法提取建筑物高度均方根误差为 3.51m，整体精度达到 95.08%。由此可见，利用高分影像的立体像对提取 DSM 进行建筑物高度信息的提取更加具有优势。

表 9.18　建筑物高度信息统计表

序号	实地采集高度/m	DSM 法			阴影法		
		提取高度/m	差值/m	精度/%	提取高度/m	差值/m	精度/%
1	64.4	62	-2.4	96.27	64.13	-0.27	99.58
2	64.4	65	0.6	99.07	63.64	-0.76	98.82
3	15.27	15	-0.27	98.23	14.79	-0.48	96.86
4	89.6	88	-1.6	98.21	85.62	-3.98	95.56
5	92.4	94	1.6	98.27	101.73	9.33	89.90
6	98.22	96	-2.22	97.74	100.55	2.33	97.63
7	22.5	21	-1.5	93.33	20.26	-2.24	90.04
8	20.39	20	-0.39	98.09	19.14	-1.25	93.87
9	14.5	14	-0.5	96.55	13.96	-0.54	96.28
10	34.8	33	-1.8	94.83	32.11	-2.69	92.27
整体精度			1.49	97.06		3.51	95.08

通过激光测高数据的光斑对应的高分辨率光学影像，选择建筑物较多的采样点开展建筑物高度的识别测试。从 2019 年 12 月 24 采集到的激光测高数据中，选择 279 号和 280 号两个采样点进行测试。如图 9.35 所示，通过 279 号和 280 号采样点的波形分解结果可以看到，高分七号卫星激光雷达数据能够很好地分解到多个建筑物的高度和分布。其中，279 号采样点共得到 3 个建筑物高度，分别为 2.1m、4.95（2.1+2.85）m 和 14.77（2.1+2.85+9.82）m；280 号采样点得到 2 个建筑物高度，分别为 6.45m 和 7.65（6.45+1.2）m。同时，通过波峰的强度也可以较为明确地判断出各光斑点中的建筑物比例情况，其中：279 号采样点以高度为 4.95m 的建筑物分布为主；280 号采样点绝大部分为高度 7.65m 的建筑物。

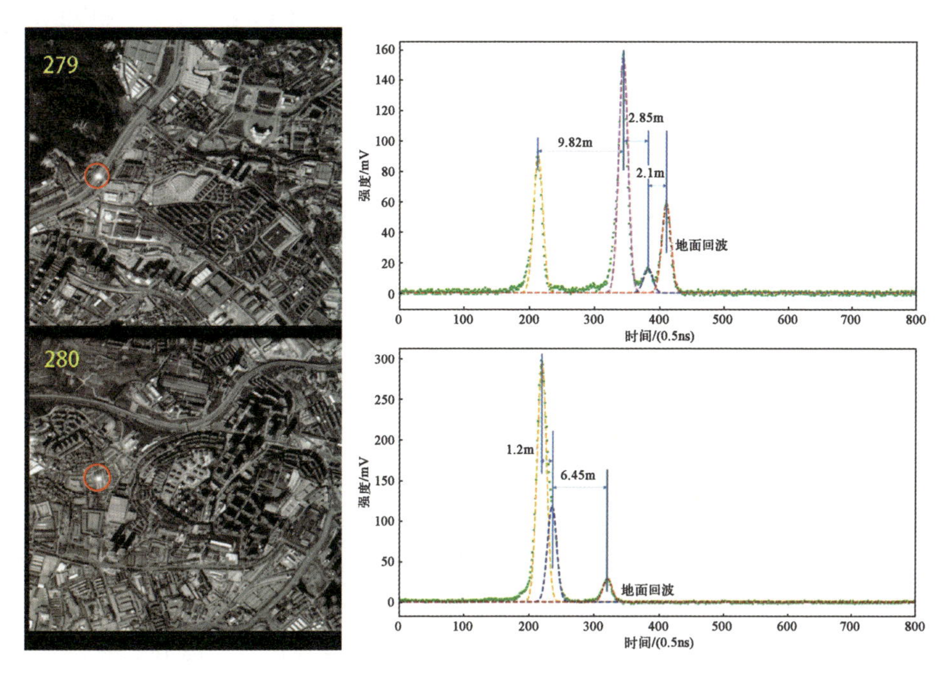

图 9.35　高分七号卫星激光雷达测试结果

通过上述分析可知，利用高分七号卫星全色立体像对数据进行 DSM 的提取和分析计算，以及利用高分七号卫星的倾斜观测和太阳高度产生的建筑阴影分析计算，可以准确地提取固定资产投资项目中建筑物的高度信息；利用高分七号卫星激光雷达数据，通过波形分解，可以得到建筑物的高度信息。三种方法的精度说明，高分七号卫星影像对固定资产投资项目中建筑物的高度信息提取具有良好的适用性。

致　谢

卫星测绘是卫星、传感器和测绘技术的交叉领域，高精度的卫星测绘可快速获取全球三维立体空间地理信息，是一个国家高技术水平的重要标志。以1∶10000、1∶5000、1∶2000等比例尺立体测图为代表的高精度卫星测绘，涉及卫星工程天地一体化总体设计、卫星及传感器研制和地面数据处理以及卫星应用等诸多环节。

在国家国防科工局的领导下，在国防科工局重大专项工程中心的组织下，在中国航天科技集团和中国空间技术研究院、中国资源卫星应用中心、中国科学院上海技术物理研究所等单位的支持下，在各方的大力配合下，高分七号卫星工程实现了1∶10000比例尺立体测图。经过在轨测试，卫星影像立体测图在无地面控制点条件下平面精度达到3.5m，高程精度达到1.2m（丘陵地区），其中，激光测高在平坦的检校区域实现了0.1m的测高精度，为影像高程精度的提升起到了举足轻重的作用。

衷心感谢国家国防科工局和国防科工局重大专项工程中心的领导，特别是吴艳华副局长、田玉龙总工程师、李国平司长、许洪亮司长、杨晓宇副司长以及重大专项工程中心童旭东主任（原）、赵坚主任、孟令杰书记、赵文波总工程师以及邢进处长等多位领导，他们为高分七号卫星的工程立项、工程建设和应用示范的组织管理做出了重大贡献。

衷心感谢自然资源部和原国家测绘地理信息局的领导，特别感谢王春峰副局长，几十年来始终把中国卫星测绘事业放在首位，坚持不懈地组织开展卫星测绘的各项工作。从资源三号到高分七号，都凝聚着他们的智慧和汗水。

衷心感谢自然资源部国土卫星遥感应用中心的王权主任、孙承志副主任

（原），在他们的努力下，高分七号卫星的各项管理工作、协调工作、立项论证工作都稳步开展，高分七号卫星凝聚着他们的大量努力和辛勤付出。

衷心感谢自然资源部科技发展司高平司长（原）、赵财胜处长（现任国土整理中心副主任），衷心感谢姚华军司长、辛红梅副司长和重大项目处的各位同事，他们为高分七号卫星的立项、工程的组织管理、卫星的在轨测试和应用技术的研发做出了大量的指导和管理工作。

衷心感谢李德仁院士、刘先林院士、刘经南院士、张祖勋院士、杨元喜院士、龚健雅院士、李建成院士、郭仁忠院士和谭述森院士。李德仁院士和龚健雅院士为高分七号卫星的总体设计提出了许多宝贵的意见，龚健雅院士还直接参与了高分七号卫星工程的多次论证，刘先林院士和张祖勋院士为高分七号卫星的数据处理提出了丰富的指导，刘经南院士还率领赵其乐教授和团队解决了卫星高精度的事后定轨问题，李建成院士团队的金涛勇教授为高分七号卫星激光测高的潮汐改正提供了直接的支持，郭仁忠院士团队包括王伟玺教授为高分七号卫星的城市三维建模做出了重要的示范。

衷心感谢航天五院王祥总指挥、曹海翊总师和张新伟副总师以及高分七号卫星研制团队，他们为卫星平台和传感器的研制付出了大量的心血，成功研制了我国自主的高分七号平台、高分七号相机和激光测高系统。衷心感谢五院 508 所的杨居奎总师团队，他们为高分七号相机的研制做出了巨大的贡献。

衷心感谢中国科学院上海技术物理研究所舒嵘副所长团队、黄庚华研究员为激光测高仪的设计和研制付出的大量努力，感谢他们为国家研制了精度质量稳定的激光测高仪，为高分七号的立体测图精度提供了坚实的基础。

衷心感谢中国资源卫星应用中心的领导和龙小祥团队，他们为高分七号卫星的数据预处理做了大量的工作，为高分七号卫星数据的预处理提供了坚实的组织和工程保障。

特别感谢自然资源部国土卫星遥感应用中心的同仁，是他们的努力才使得高分七号卫星 1∶10000 比例尺立体测图技术得以最终实现，如果说卫星制造和数据预处理是高分七号卫星的核心保障，那么高分七号卫星立体测图精度的实现就是集体的贡献。祝小勇博士为高分七号卫星相机几何检校的具体实现付出了艰苦的努力，谢俊峰、李国元、莫凡、刘诏、赵利平、唐洪钊、窦显辉等同事为高分七号卫星的姿态精处理、影像辐射检校、激光检校等做出了大量的工作，岳庆兴博士为高分七号卫星的数据仿真开展了大量工作。

高分七号是2019年11月3号发射的，2020年初爆发了新冠疫情，是他们在疫情期间赴内蒙古苏尼特右旗开展了激光检校。记得第一次检校的时候，试验没有成功，但他们没有气馁，认真排查失败的原因，终于成功在地面找到了激光光斑。实践证明，光有理论和经验的推动是不够的，卫星测绘必须精益求精，每一步都不能有半点闪失，否则即使卫星做得再好，也难以实现整体精度。

衷心感谢付兴科、唐洪钊等同事为高分七号卫星完成的大量辐射处理的技术研发和在轨测试的相关工作。感谢王霞、周平、李鸿洲及其数据处理部的同事为高分七号卫星的复合数据处理所做的大量工作。感谢王光辉等同事为高分七号卫星应用开展了大量卓有成效的工作。感谢高小明、周晓青和胡芬等同事为高分七号卫星开展的大量前期论证工作。

衷心感谢武汉大学张过教授及其团队，张过教授团队为高分七号的激光检校提供了大力支持，为首次激光几何检校奠定了坚实的保障。

衷心感谢上海海洋大学的邱振戈研究员，为高分七号卫星立项论证做出的大量工作。

感谢住房和城乡建设部、国家统计局等行业遥感应用团队，张宁团队、郭航团队为高分七号卫星的数据应用开展了大量的先行示范。本书的应用部分材料就是来源于他们的工作。

高分七号卫星是我国自主研发的测绘卫星，实现了我国卫星测绘从1∶50000到1∶10000比例尺立体测图的新跨越，不仅可以实现全国的1∶10000比例尺立体测图，还可以实现全球南北纬84°以内的全球1∶10000比例尺立体测绘。这是测绘行业的进步，也是航天领域的进步，是所有航天人和测绘人共同努力的结晶。

真诚地感谢为高分七号卫星工程做出努力的所有领导、专家和同事！

“雄关漫道真如铁，而今迈步从头越”。虽然我们已经突破了1∶10000比例尺立体测图的整体技术，但是要实现更高分辨率、更高精度的测绘卫星，还有相当多的技术难题需要攻克，需要我们继续撸起袖子加油干，精益求精，让更高精度的测绘卫星飞向太空，把更高水平的科研成果写在祖国的大地上。

唐新明

2023年10月

（2）农作物叶面积指数反演。基于高分七号卫星影像多光谱数据，以统计模型为基础，计算主要农作物的叶面积指数。

（3）反演精度验证。比照地面实测数据，计算冬小麦叶面积指数反演的平均相对误差。

3）结果分析

利用高分七号卫星影像多光谱数据以及配套的地面实测数据，构建所得冬小麦叶面积指数反演模型，反演结果如图9.32所示。利用地面同步实测数据验证冬小麦叶面积指数的反演精度，计算可得冬小麦叶面积指数反演的平均相对误差为12.40%，冬小麦叶面积指数的反演精度为87.60%。结果显示，高分七号卫星影像多光谱数据可以准确反演冬小麦的叶面积指数，在农作物叶面积指数遥感反演应用方面具有较好的应用潜力。

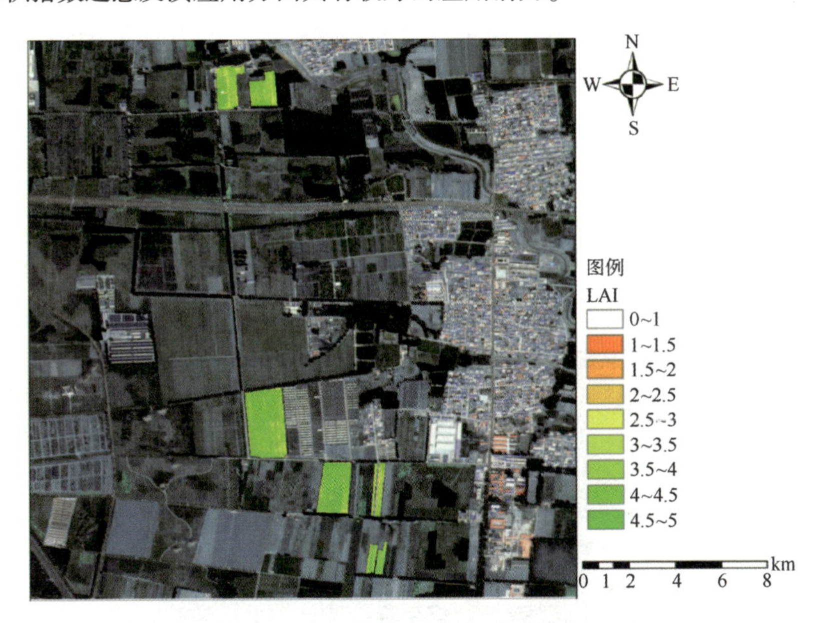

图9.32　冬小麦叶面积指数反演结果

9.3.3　固定资产投资项目核查及进度监测

9.3.3.1　固定资产投资项目核查

利用高分七号卫星光学卫星影像，按照投资项目动态监测技术相关规范和要求，评价高分七号卫星数据在投资项目真实性判别情况；结合其他成果资料及外业查证资料，综合评价其在固定资产投资项目真实性检验的适用性。